국가·지적·공공기준점 측량을 위한

GNSS 측량실무

문승주 지음

예문사

PROLOGUE

GPS에 대한 이론적인 지식은 있었으나 현장에서는 막상 무엇부터 시작해야 할지 난감한 적이 있었다. 당시 현장업무에서 나에게 큰 도움이 된 것이 Jan Van Sickle교수의 『A Guide for Land Surveyors』(최근 도서명 : 『GPS for Land Surveyors』)라는 책이었다. 이론뿐만 아니라 현장에서의 적용방법을 쉽게 안내해 주는 마치 내비게이션 같은 책이었다.

수십 년이 지난 지금 우리는 GPS측량을 GNSS측량이라고 부른다. 그만큼 과거에 비해 많은 위성군이 만들어지면서 그 활용과 역할이 높아지고 있는 것이다. 특히 측량분야에서는 정확도가 높아지고, 보다 간편한 측량도구들이 늘어나기 시작하였다. 그러나 여전히 측량의 기본골격이 되는 국가기준점·지적기준점·공공기준점측량은 GNSS에 의한 정지측량방법으로 이루어지고 있다. 본 교재는 GNSS에 의한 정지측량방법을 중점적으로 다루고자 한다.

국가·지적·공공기준점은 각각의 목적에 따라 설치하지만, 기준점마다 측량기술이 다른 것은 아니다. 따라서 GNSS기본이론과 현장작업, 데이터의 기선해석은 기본적으로 동일하다. 다만, 법령상 규정하는 서식이나 허용공차 등의 차이를 보이고 있다. 이와 같은 특징을 갖는 GNSS측량업무에 맞추어 저자는 본 교재를 이러한 공간(국토)정보 취득에 있어서 가장 기본이 되는 기준점측량의 방법과 절차를 각각의 규정을 토대로 효율적인 현장실무서가 될 수 있도록 집필하였다. 현장업무만을 기술하는 것은 업무매뉴얼과 차별성이 없고, 그러한 절차만 익히는 것이 과연 측량기술자인가라는 의문이 든다. 따라서 전문가로서 업무절차 단계별 GNSS의 기본적인 이론을 가미하여 법령에서 왜 이러한 내용을 규정하고 있는지, 나아가 규정의 의미를 이해할 수 있도록 구성하였다. 이를 위해 펜실베니아 주립대학 Van Sickle교수의 『GPS for Land Surveyors』 및 해당 학과의 온라인 자료를 주로 참고하였고, 이 외에도 전문가 및 관련기관의 많은 자료를 참고하였다.

본 교재에는 다양한 실습자료들이 제공되는데, 이러한 방대한 자료의 활용에는 ㈜지오시스템(Trimble), ㈜라이카 지오시스템즈 코리아(Leica), ㈜코세코(Hi-target), ㈜제이와이시스템(CHC) 등 유수 장비회사의 적극적인 지원이 있었기에 가능했으며, 국토지리정보원 신상호 사무관님, ㈜대아엔지니어링 김성진 이사님의 적극적인 지지와 도움이 있었다. 또한 항상 지적의 발전을 위해 아낌없는 격려와 지지를 보내 주시는 윤한필 본부장님을 비롯한 많은 분들께 감사드리며, 어려운 사업환경에서도 출판할 수 있도록 허락해 주신 예문사 관계자분들께 감사드린다.

그 동안의 이론서적 위주를 탈피하여 본 교재를 통해 많은 후학들이 보다 체계적으로 GNSS측량업무를 익히고, 대한민국 공간(국토)정보의 영토를 넓히는 초석이 되기를 기원한다.

2022년 8월

저 자 문승주

❶ GNSS 관련 실무서로, 지적, 측지, 토목 등 다양한 분야에 활용할 수 있으며 GNSS의 이론부터 현장실무까지 이 한 권의 책에 담았습니다.

GNSS
측량실무

▲ GPS 운행궤도

출처 : http://www.gps.gov

2022년 현재 BLOCK ⅡR 7대, BLOCK ⅡR-M 7대, BLOCK ⅡF 12대, BLOCK Ⅲ 4대가 운행 중이다.

▲ GPS 운영현황

출처 : http://www.gps.gov

(2) 제어부문

제어부문은 주관제국, 감시국, 지상안테나로 구성되어 있으며 이를 이용하여 위성의 궤도를 추적한 후 실시간으로 모니터링하고, 위성을 제어하는 역할과 사용자에게 보정정보 등을 제공하는 역할을 한다. 특히 위성으로부터 수신기에 제공되는 데이터 중 항법메시지에는 위성의 활성화상태에 대한 정보와 전리층, 대류층에서의 보정정보를 제공함으로써 측위결정에 있어 성과의 질을 높일 수 있도록 하고 있다.

전 세계에 배치되어 있는 감시국에서 실시간으로 GPS위성을 추적하고, 거리와 변화율, 기상정보 등을 측정하여 주관제국에 보내면, 주관제국(미국 Colorado Springs에 위치)은 감시국의 정보를 취합하여 정해진 궤도로 운행하도록 관리한다. 주관제국의 분석정보는 지상안테나를 통해 위성에 전송되어 정확한 궤도정보로 위성의 운행정보를 관리하고, 항법메시지를 다시 사용자에게 보내는 반복적인 역할을 수행한다.

CHAPTER 01 · 개요 | 15

GNSS
측량실무

⑧ App의 화면을 터치하면 다양한 모드가 나타나는데, 그중에서 다음 그림과 같이 오른쪽 하단에 방위각과 상하각이 표현되는 모드를 선택 → ⑨ 하늘과 지상의 구조물이 맞닿는 지점(점선)에 측정선( ) 을 일치시키도록 함 → ⑩ 오른쪽 하단의 방위각과 상하각을 읽어 기재

위 그림의 읽음값은 방위각 118도, 고도 17도이므로 다음 그림과 같이 상공장애도에 표시할 수 있다.

일반적으로 상공장애도는 방위각 30도 단위로 작성하고, 장애물이 있어 급격히 변화하는 경우에는 자세히 작성하는 것이 좋다. 관측지점에서 방위각 0도부터 330도까지 공제선과 측정선을 일치시켜 관측한 고도각을 모두 측정한 다음 아래 그림의 좌측과 같이 상공장애도에 표시하고, 각 점을 우측과 같이 연결하여 상공장애도를 완성한다.

CHAPTER 02 · 계획수립 | 59

❷ GNSS측량과 관련된 규정들을 함께 수록하여, 어떠한 법령에 근거하여 측량 및 측량 관련 작업들을 실시하는지 쉽게 알 수 있도록 하였습니다.

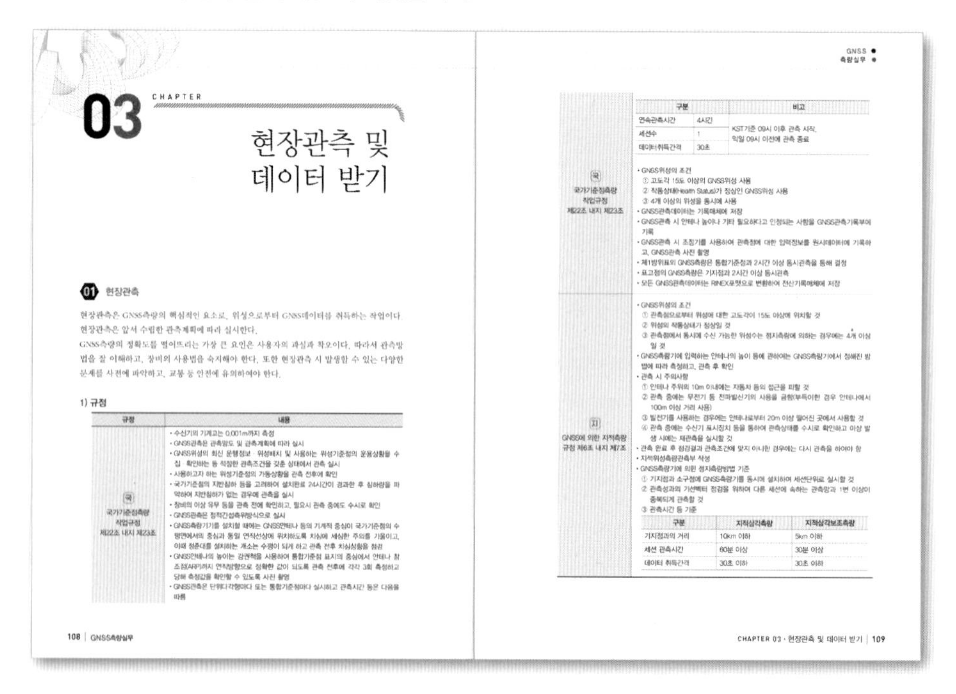

CHAPTER 03

현장관측 및 데이터 받기

01 현장관측

현장관측은 GNSS측량의 핵심적인 요소로, 위성으로부터 GNSS데이터를 취득하는 작업이다. 현장관측은 앞서 수립한 관측계획에 따라 실시한다.

GNSS측량의 정확도를 떨어뜨리는 가장 큰 요인은 사용자의 과실과 착오이다. 따라서 관측방법을 잘 이해하고, 장비의 사용법을 숙지해야 한다. 또한 현장관측 시 발생할 수 있는 다양한 문제를 사전에 파악하고, 교통 등 안전에 유의하여야 한다.

1) 규정

규정	내용
국 국가기준점측량 작업규정 제22조 내지 제23조	· 수신기의 기계고는 0.001m까지 측정 · GNSS관측은 관측망도 및 관측계획에 따라 실시 · GNSS위성의 최신 운행정보 · 위성배치 및 사용하는 위성기준점의 운용상황을 수집 · 확인하는 등 적정한 관측조건을 갖춘 상태에서 관측 실시 · 사용하고자 하는 위성기준점의 가동상황을 관측 전후에 확인 · 국가기준점의 지반침하 등을 고려하여 설치완료 24시간이 경과한 후 침하량을 파악하여 지반침하가 없는 경우에 관측을 실시 · 장비의 이상 유무 등을 관측 전에 확인하고, 필요시 관측 중에도 수시로 확인 · GNSS관측은 정적간섭측위방식으로 실시 · GNSS측량기기를 설치할 때에는 GNSS안테나 등의 기계적 중심이 국가기준점의 수평면에서의 중심과 동일 연직선상에 위치하도록 치심에 세심한 주의를 기울이고, 이때 정준대를 설치하는 개소는 수평이 되게 하고 관측 전후 치심상황을 점검 · GNSS안테나의 높이는 강권척을 사용하여 통합기준점 표지의 중심에서 안테나 참조점(ARP)까지 연직방향으로 정확한 값이 되도록 관측 전후에 각각 3회 측정하고 당해 측정값을 확인할 수 있도록 사진 촬영 · GNSS관측은 단위다각형마다 또는 통합기준점마다 실시하고 관측시간 등은 다음을 따름

108 | GNSS측량실무

GNSS
측량실무

국
국가기준점측량 작업규정 제22조 내지 제23조

구분		비고
연속관측시간	4시간	KST기준 09시 이후 관측 시작, 익일 09시 이전에 관측 종료
세션수	1	
데이터취득간격	30초	

· GNSS위성의 조건
① 고도각 15도 이상의 GNSS위성 사용
② 작동상태(Health Status)가 정상인 GNSS위성 사용
③ 4개 이상의 위성을 동시에 사용
· GNSS관측데이터는 기록매체에 저장
· GNSS관측 시 안테나 높이나 기타 필요하다고 인정되는 사항을 GNSS관측기록부에 기록
· GNSS관측 시 조정기를 사용하여 관측점에 대한 입력정보를 원시데이터에 기록하고, GNSS관측 사진 촬영
· 제1방위표의 GNSS측량은 통합기준점과 2시간 이상 동시관측을 통해 결정
· 표고점의 GNSS측량은 기지점과 2시간 이상 동시관측
· 모든 GNSS관측데이터는 RINEX포맷으로 변환하여 전산기록매체에 저장

지
GNSS에 의한 지적측량 규정 제6조 내지 제7조

· GNSS위성의 조건
① 관측점으로부터 위성에 대한 고도각이 15도 이상에 위치할 것
② 위성의 작동상태가 정상일 것
③ 관측점에서 동시에 수신 가능한 위성수는 정지측량에 의하는 경우에는 4개 이상일 것
· GNSS측량기에 입력하는 안테나의 높이 등에 관하여는 GNSS측량기에서 정해진 방법에 따라 측정하고, 관측 후 확인
· 관측 시 주의사항
① 안테나 주위의 10m 이내에는 자동차 등의 접근을 피할 것
② 관측 중에는 무전기 등 전파발신기의 사용을 금함(부득이한 경우 안테나에서 100m 이상 거리 사용)
③ 발전기를 사용하는 경우에는 안테나로부터 20m 이상 떨어진 곳에서 사용할 것
④ 관측 중에는 수신기 표시장치 등을 통하여 관측상태를 수시로 확인하고 이상 발생 시에는 재관측을 실시할 것
· 관측 완료 후 점검결과 관측조건에 맞지 아니한 경우에는 다시 관측을 하여야 함
· 지적위성측량관측부 작성
· GNSS측량기에 의한 정지측량방법 기준
① 기지점과 소구점에 GNSS측량기를 동시에 설치하여 세션단위로 실시할 것
② 관측성과의 기선벡터 점검을 위하여 다른 세션에 속하는 관측망과 1변 이상이 중복되게 관측할 것
③ 관측시간 등 기준

구분	지적삼각측량	지적삼각보조측량
기지점과의 거리	10km 이하	5km 이하
세션 관측시간	60분 이상	30분 이상
데이터 취득간격	30초 이하	30초 이하

CHAPTER 03 · 현장관측 및 데이터 받기 | 109

❸ 실무서로 활용할 수 있도록 올 컬러로 사진 및 일러스트를 충분히 수록하여 언제 어디서나 쉽게 참고할 수 있도록 하였습니다.

CHAPTER 02

(4) 장비별 구성

GNSS장비의 필수구성품으로는 GNSS수신기, 배터리, 정준대, 자, 데이터전송용 케이블 등이 있으며, 정준대 자체가 특수하게 제작된 경우는 필요 없으나 10cm 정도의 연장폴은 수신기의 높이를 경사측정하는 경우 정준대의 자가 꺾이는 것을 방지하기 위함이므로 연장폴이 있는지 확인해야 한다. Controller는 최근에는 필수적으로 구성하지 않고, 스마트폰 App을 활용하도록 하는 경우도 있다. 다음의 시판되고 있는 장비구성품을 살펴보자.

① R12(Trimble)

② CHC i-90(JY System)

78 | GNSS측량실무

GNSS 측량실무

측하는 방법이 있다. 관측 시작방법은 장비사별 운용방법을 참고한다.

장시간 관측하는 경우, 가급적이면 삼각대는 GNSS수신기 전용 삼각대(목재)를 사용하고 주위에 큰 차량의 이동이 빈번하거나 강풍이 부는 경우에는 다음 그림과 같이 삼각대 하단을 단단히 고정하여 움직이지 않도록 한다. 계절적으로 살펴보면 무더운 여름에는 아스팔트가 녹아내리는 현상이 있으며, 겨울에는 눈 또는 얼음이 햇볕에 의해 녹아내리므로 장비 설치 시 삼각대를 단단히 고정하도록 한다.

▲ 삼각대 고정 사례

CHAPTER 03 · 현장관측 및 데이터 받기 | 111

❹ GNSS제조사프로그램인 "Trimble TBC"와 "Leica Infinity"의 운용방법을 자세하게 다루어 두 프로그램의 공통점 및 차이점을 직접 체험해 봄으로써 알 수 있도록 하였습니다.

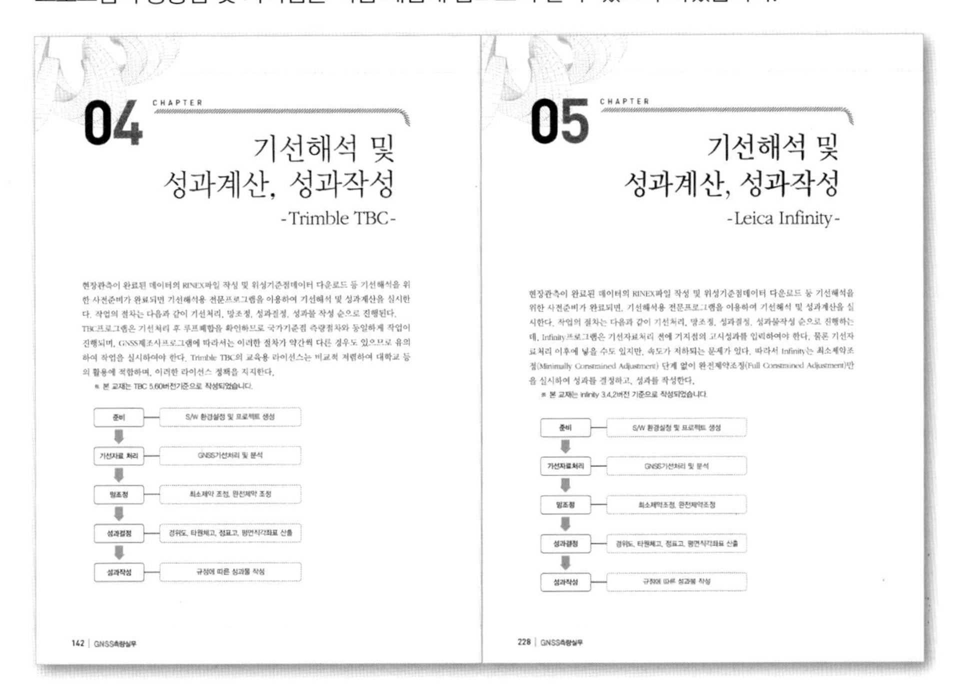
CHAPTER 04

기선해석 및 성과계산, 성과작성
-Trimble TBC-

현장관측이 완료된 데이터의 RINEX파일 작성 및 위성기준점데이터 다운로드 등 기선해석을 위한 사전준비가 완료되면 기선해석용 전문프로그램을 이용하여 기선해석 및 성과계산을 실시한다. 작업의 절차는 다음과 같이 기선처리, 망조정, 성과결정, 성과물 작성 순으로 진행된다. TBC프로그램은 기선처리 후 루프폐합을 확인하므로 국가기준점 측량절차와 동일하게 작업이 진행되며, GNSS제조사프로그램에 따라서는 이러한 절차가 약간씩 다른 경우도 있으므로 유의하여 작업을 실시하여야 한다. Trimble TBC의 교육용 라이선스는 비교적 저렴하여 대학교 등의 활용에 적합하며, 이러한 라이선스 정책을 지지한다.

※ 본 교재는 TBC 5.60버전기준으로 작성되었습니다.

142 | GNSS측량실무

CHAPTER 05

기선해석 및 성과계산, 성과작성
-Leica Infinity-

현장관측이 완료된 데이터의 RINEX파일 작성 및 위성기준점데이터 다운로드 등 기선해석을 위한 사전준비가 완료되면, 기선해석용 전문프로그램을 이용하여 기선해석 및 성과계산을 실시한다. 작업의 절차는 다음과 같이 기선처리, 망조정, 성과결정, 성과물작성 순으로 진행하는데, Infinity프로그램은 기선자료처리 전에 기지점의 고시성과를 입력하여야 한다. 물론 기선자료처리 이후에 넣을 수도 있지만, 속도가 저하되는 문제가 있다. 따라서 Infinity는 최소제약조정(Minimally Constrained Adjustment) 단계 없이 완전제약조정(Full Constrained Adjustment)만을 실시하여 성과를 결정하고, 성과를 작성한다.

※ 본 교재는 Infinity 3.4.2버전 기준으로 작성되었습니다.

228 | GNSS측량실무

CONTENTS

Chapter

03

현장관측 및 데이터 받기

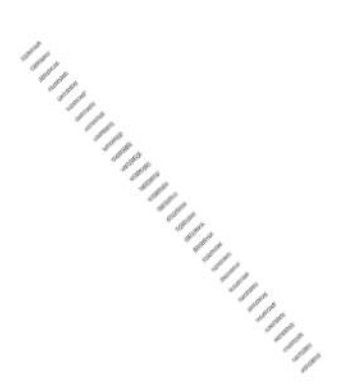

CONTENTS

Chapter

04

기선해석 및 성과계산, 성과작성 -Trimble TBC-

Chapter
05
기선해석 및 성과계산, 성과작성 -Leica Infinity-

G N S S 측 량 실 무

CHAPTER 01

개요

CHAPTER

01 개요

본 교재는 GNSS측량방법 중에서도 정지측량방법에 의한 현장관측과 성과계산을 중점적으로 다루는 현장실무서이다. 따라서 국가기준점 · 지적기준점 · 공공기준점을 신설하는 절차와 방법을 관련 법령을 중심으로 기술하였다.
이 장은 GNSS측량실무를 실시하기에 앞서 GNSS에 대한 기본지식과 본 교재의 주 대상인 기준점, 그리고 관련 법령에 대해 알아보기로 하자.

01 GNSS측량이란?

1) GNSS측량의 시작

「공간정보의 구축 및 관리 등에 관한 법률」(이하 "공간정보관리법") 제2조에서는 "측량"이란 공간상에 존재하는 일정한 점들의 위치를 측정하고 그 특성을 조사하여 도면 및 수치로 표현하거나 도면상의 위치를 현지(現地)에 재현하는 것을 말하며, 측량용 사진의 촬영, 지도의 제작 및 각종 건설사업에서 요구하는 도면작성 등을 포함한다고 규정하고 있다. 이러한 측량을 기본측량, 지적측량, 공공측량으로 구분하며, 다음과 같이 정의하고 있다.

구분	정의
기본측량	모든 측량의 기초가 되는 공간정보를 제공하기 위하여 국토교통부장관이 실시하는 측량
지적측량	토지를 지적공부에 등록하거나 지적공부에 등록된 경계점을 지상에 복원하기 위하여 필지의 경계 또는 좌표와 면적을 정하는 측량을 말하며, 지적확정측량 및 지적재조사측량을 포함
공공측량	가. 국가, 지방자치단체 그 밖에 대통령령으로 정하는 기관이 관계 법령에 따른 사업 등을 시행하기 위하여 기본측량을 기초로 실시하는 측량 나. 가목 외의 자가 시행하는 측량 중 공공의 이해 또는 안전과 밀접한 관련이 있는 측량으로서 대통령령으로 정하는 측량

모든 측량에 있어서 기준점측량이 선행되어야 하는데, 기본측량에 의한 국가기준점이 가장 상위개념의 기준점이며, 이를 기초하여 지적측량 또는 공공측량이 이루어진다. 우리나라에서 근대식 측량방식이 처음 도입되었던 1910년대에는 3km 내외 정도의 평탄지 양 끝에 표석을 매설하고 두 점 간의 거리를 수차례 왕복 관측하여 거리를 결정하였으며, 이를 기초로 하여 경위의(세오돌라이트)로 각을 측정하는 삼각측량방법에 의한 측량을 실시하였다. 그 이후인 1940년대에는 전파 · 광파에 의한 거리측량이 가능해졌고, 삼각법에 의한 각 측량뿐만 아니라 각 변의 거리를 측정하여 위치를 결정하는 삼변측량도 실시할 수 있게 되었다.

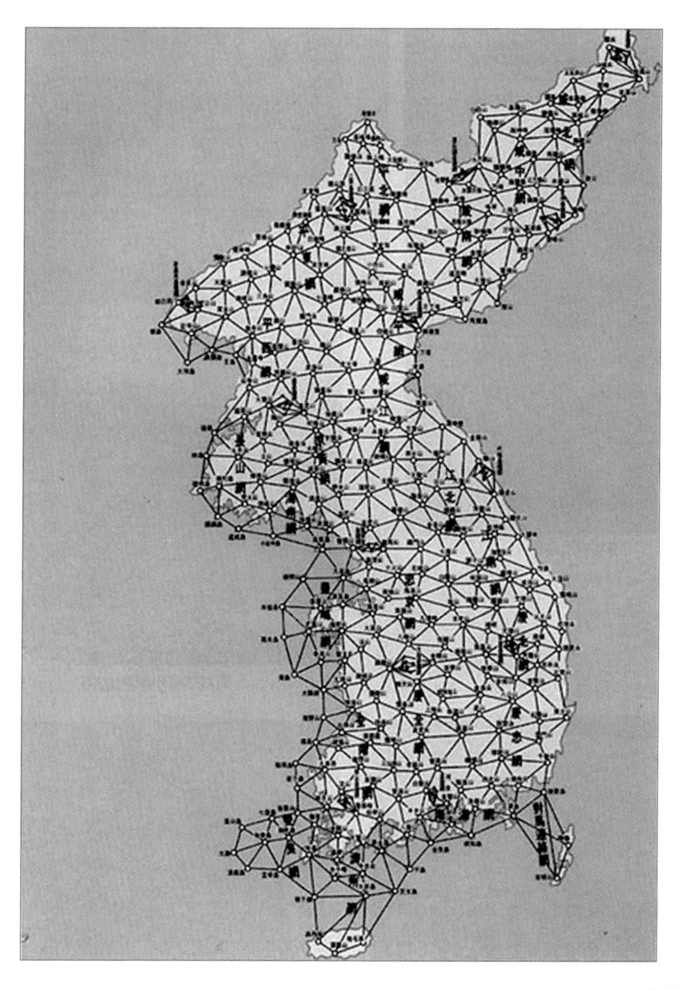

출처: 한국 지적백년사

제2차 세계대전 이후 미국과 소련의 냉전체제에서 군비경쟁이 치열하던 시기, 소련에서는 인류 최초의 위성인 스푸트니크 1호 위성 발사에 성공하였다. 이에 자극을 받은 미국은 인공위성 개발에 나섰고, 24시간 내내 지구로 위성신호를 보내어 관측자의 위치측정이 가능한 GPS(Global Positioning System)위성이 개발되었다. GPS위성은 잠수함, 함선, 전투기 등의 위치를 신속하게 결정하고, 목표물에 정확한 타격을 하기 위한 군사적인 목적으로 개발되었다.

1983년 뉴욕에서 앵커리지를 경유하여 서울에 도착 예정이었던 KAL 747 민간항공기가 항법장치의 결함으로 소련의 영공을 침범하자 전투기에 의해 피격되어 269명 전원이 사망하는 참사가 있었다. 이 사건을 계기로 미국의 레이건 대통령은 GPS의 민간개방을 약속하였고, 1996년부터 민간의 사용이 자유롭게 되었다(이상욱 · 유준규 · 변우진, 2021).

초기 GPS위성을 이용한 위치측정기술은 100m 이상의 오차를 보일 정도로 다소 낮은 정확도를 보였다. 이후 다양한 측량방법과 오차제거방법 등의 연구로 현재는 토털스테이션측량방법과 함께 활용도가 높은 측량방법이 되었으며, 넓은 지역의 정밀측량 시 없어서는 안 되는 측량방법으로 자리잡았다. 현재는 거의 대부분의 기준점측량에서 활용되고 있다.
위성측위시스템 중 GPS가 가장 먼저 개발되어 활용되다가 군사적인 목적으로 구소련에서 GLONASS를 개발하였고, 민간활용을 위해 EU에서 Galileo를 개발하는 등 점차 위성측위시스템이 늘어나기 시작하여 이를 총칭하는 용어로 GNSS(Global Navigation Satellite System)를 사용하고 있다.
GNSS는 기존의 측량방식과 달리 기지점을 찾아다니거나 상호 시통이 되어야 하는 등의 번거로움이 없고, 기상(날씨) · 조명(주야간) 등의 영향을 많이 받지 않기 때문에 그 사용량이 증가하고 있다. 다만 GNSS위성이 지구를 궤도운동하는 특성이 있으므로 GNSS 수신기의 상공시계 확보는 반드시 필요하다.
최근 GNSS(Global Navigation Satellite System)가 제공하는 위치와 시각을 사용하는 응용서비스의 급격한 증가로 사회 기반시설로 인식되고 있으며, GPS(Global Positioning System, 미국), GLONASS(GLObal NAvigation SatelliteSystem, 러시아), Galileo(유럽연합), BDS(BeiDou navigation Satellite system, 중국)위성이 전 지구를 대상으로 서비스를 하고 있다. 또한 자국의 지역 위주로 운행하는 QZSS(Quasi Zenith Satellite System, 일본), NavIC[Navigation with Indian Constellation, 인도(舊 명칭 IRNSS(Indian Regional Navigation Satellite System)]위성도 운행하고 있으며, 우리나라도 KPS(Korea Positioning System)를 구축 중으로 2025년에 서비스를 제공할 예정이다.

2) GNSS의 구성요소

GNSS 중 대표적인 GPS의 구성요소를 살펴보기로 하자. GPS 구성요소는 크게 우주부문, 제어부문, 사용자부문으로 나뉜다.

(1) 우주부문

우주부문은 위성군을 가리키는 것으로, 여기에는 위성의 개발, 제조, 발사 및 위성 배치 등이 포함된다. GPS위성의 경우 지구 어디에서나 최소 6개 이상의 위성전파를 수신할 수 있도록 계획하여 다음 그림과 같이 6개의 궤도면으로 나누고, 각 궤도에 4개 이상의 위성을 배치하도록 설계하였다.

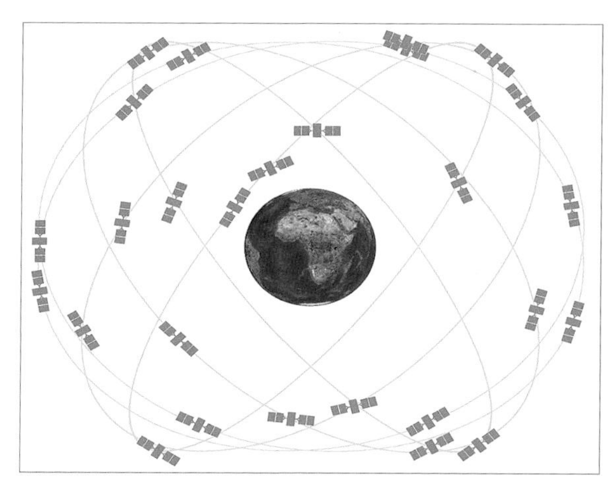

▲ GPS 운행궤도

출처: http://www.gps.gov

2022년 현재 BLOCK ⅡR 7대, BLOCK ⅡR-M 7대, BLOCK ⅡF 12대, BLOCK Ⅲ 4대가 운행 중이다.

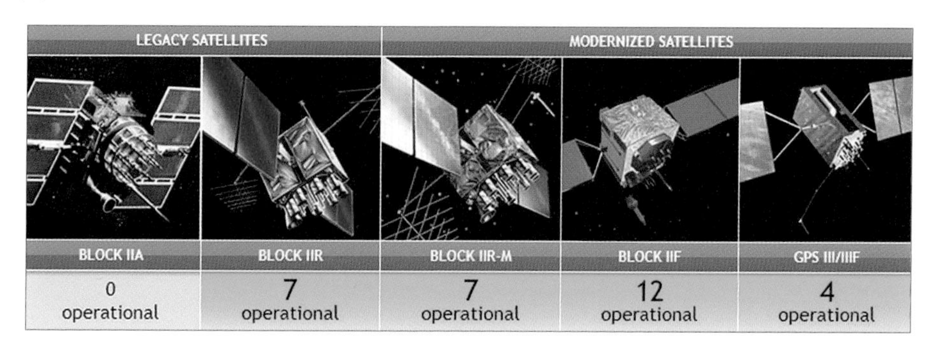

▲ GPS 운영현황

출처: http://www.gps.gov

(2) 제어부문

제어부문은 주관제국, 감시국, 지상안테나로 구성되어 있으며 이를 이용하여 위성의 궤도를 추적한 후 실시간으로 모니터링하고, 위성을 제어하는 역할과 사용자에게 보정정보 등을 제공하는 역할을 한다. 특히 위성으로부터 수신기에 제공되는 데이터 중 항법메시지에는 위성의 활성화상태에 대한 정보와 전리층, 대류층에서의 보정정보를 제공함으로써 측위결정에 있어 성과의 질을 높일 수 있도록 하고 있다.

전 세계에 배치되어 있는 감시국에서 실시간으로 GPS위성을 추적하고, 거리와 변화율, 기상정보 등을 측정하여 주관제국에 보내면, 주관제국(미국 Colorado Springs에 위치)은 감시국의 정보를 취합하여 정해진 궤도로 운행하도록 관리한다. 주관제국의 분석정보는 지상안테나를 통해 위성에 전송되어 정확한 궤도정보로 위성의 운행정보를 관리하고, 항법메시지를 다시 사용자에게 보내는 반복적인 역할을 수행한다.

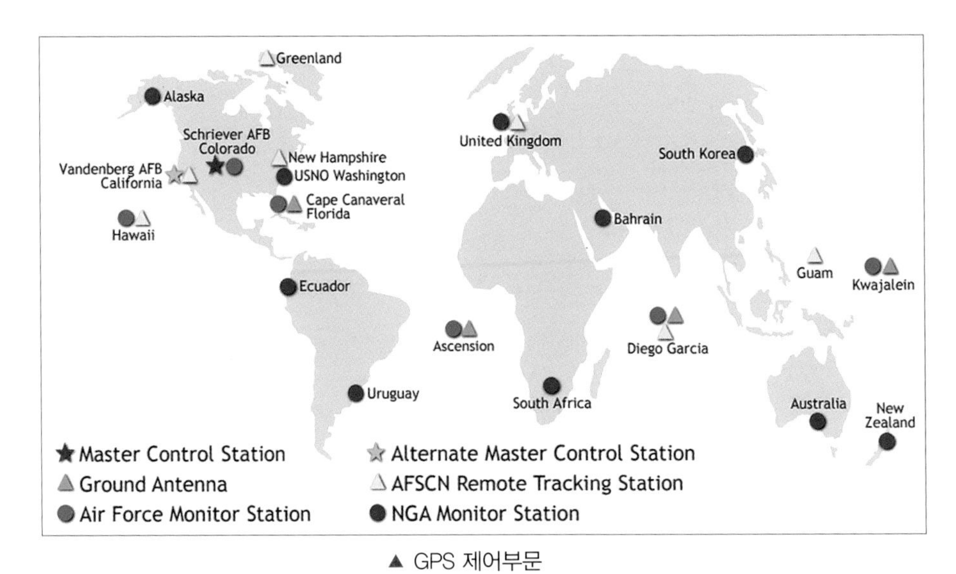

▲ GPS 제어부문

출처: http://www.gps.gov

(3) 사용자부문

사용자부문은 GPS를 이용하는 측량전문가를 비롯하여 군사 작전, 차량 내비게이션까지 다양하며, 어떠한 목적에 사용하느냐에 따라 수신장비와 용도가 달라진다. 가령 근처 맛집을 찾을 용도라면, 스마트폰의 GPS앱을 이용하는 것만으로도 충분하지만 특정 좌표를 정확히 찾아야 하거나 측량을 위해 기준점을 설치하는 경우라면, 고정밀측량이 가능한 수준의 장비와 계획 등이 필요할 것이다. 본 교재에서는 이 부분에 집중하여 알아볼 것이다.

지금까지 설명한 GPS의 구성요소 중 어느 하나라도 미흡하다면 기준점의 성과결정에 적용하기에 부적합할 수 있으므로 GNSS관측에 앞서 법 규정뿐만 아니라 GNSS의 특성에 따른 필요한 사항을 꼼꼼히 살펴야 한다. 특히 우주부문과 제어부문을 통제할 수 없는 사용자의 입장에서는 최적의 계획수립과 관측환경 조성, 기선해석방법의 적용을 통해 위치결정의 정확성을 높이도록 노력해야 한다.

3) GNSS측량의 원리

운동장 어디엔가 보물을 숨겨 놓은 후, 운동장에 있는 구조물들을 특정한 다음, 그 구조물들로부터 각각의 거리를 측정한 자료가 있다면(국기게양대 10m, 그네기둥 12m, 축구골대 기둥 15m), 이후에 그 보물을 어떻게 찾을까? 우선 국기게양대를 중심으로 10m 원을 그리고, 그네기둥을 중심으로 12m의 원을 그리면 2개의 교차점이 생기게 된다. 마지막으로 축구골대기둥을 중심으로 15m의 원을 그리면 하나의 점으로 특정되어 정확한 보물의 위치를 특정할 수 있게 된다. 이와 마찬가지로 GNSS측량은 위성으로부터 GNSS수신기까지 전파가 도달하는 거리를 측정하여 수신기의 위치를 결정하는 방법으로, 여기서 위성은 기준점의 역할을 하게 된다. 즉, 위성의 위치가 결정되어 있으므로 각각 위성으로부터의 거리를 측정하여 수신기의 위치를 결정하는 삼변측량기법의 후방교회법이다.

여기서 위성과 수신기 간의 거리 측정이 관건이다. 수신기에서 전파를 수신한 시간(t_2)에서 위성에서 전파를 발생한 시간(t_1)을 빼면 위성으로부터 수신기까지 도달한 소요시간을 계산할 수 있고, 여기에 빛의 속도(c)를 곱하여 다음 그림과 같이 거리를 계산할 수 있다. 참고로 GPS위성으로부터 수신기까지의 소요시간은 약 0.07초이다(오재홍, 2019).

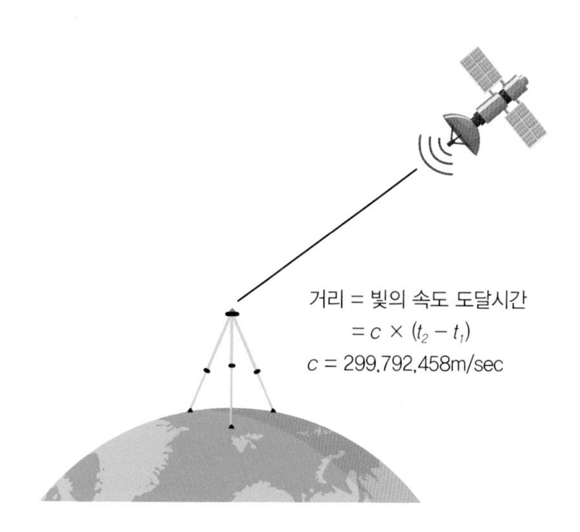

GNSS측량에서는 평면과 달리 3차원의 위치를 결정해야 하므로 최소 4점 이상의 위성으로부터 전파를 수신받아 결정해야 한다. 특히 여기서 주의해야 할 점은 GNSS위성군별로 각각 4점 이상이라는 것이다. 즉 GPS위성군 4점 이상, GLONASS위성군 4점 이상이 수신되어야 각 위성군별로 계산이 가능하며, 단순히 전체 위성의 숫자는 의미가 없다.

다음으로 위성은 궤도운동을 하고, 전파가 전리층, 대기권 등을 통과하여 수신기에 도달하므로 관측과정에서 발생할 수 있는 다양한 오차가 있다. 따라서 오차를 최소화해야 더 정확한 결과를 얻을 수 있다. 이를 위해 국제기구인 IGS(International GNSS Service)는 다음 그림과 같이 전 세계에 걸쳐 있는 GNSS기준국의 보정정보를 이용하여 더 높은 성과를 얻기 위해 지속적인 노력을 기울이고 있다.

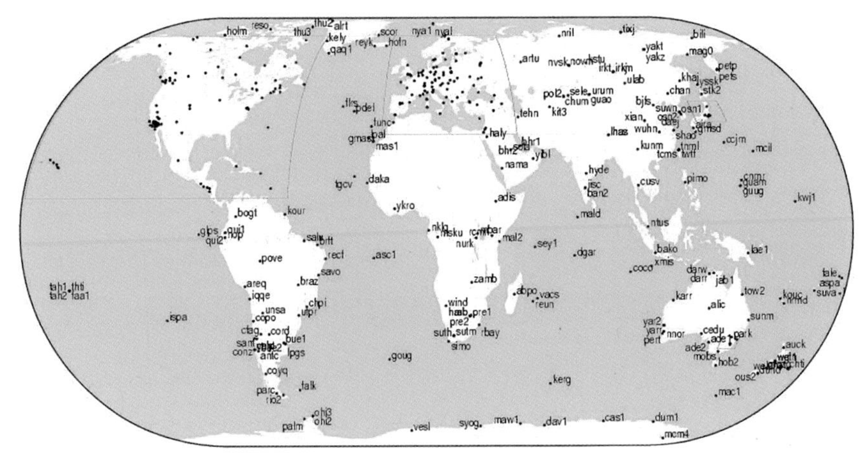

▲ IGS GNSS기준국 현황

출처: http://www.igs.org

4) 위성기준점(상시관측소)의 역할

GNSS위성으로부터 발신된 전파를 실시간으로 수신받기 위한 지상의 관측소를 상시관측소라 하며 이는 물리적 개념의 명칭이고, 「공간정보관리법」(「공간정보의 구축 및 관리 등에 관한 법률」의 약칭)에서는 기준점의 역할로서 위성기준점을 규정하고 있다.

위성기준점은 당초 국토지리정보원이 DGPS측량활용을 목적으로 1995년 국토지리정보원 원 내(SUWN)에 최초로 설치하면서 시작되었다. 이후 위성기준점을 통해 장기간 관측된 데이터를 기초로 하여 전국적인 망을 구축하고, 위치정보서비스를 하고 있다. 2009년「측량 · 수로조사 및 지적에 관한 법률」제정으로 기존에 사용하던 좌표체계에 GRS80타원체와 ITRF 좌표체계(이른바 '세계측지계')를 적용하면서 위성기준점의 고시성과를 모든 측량분야에 활용할 수 있게 되었다.

(1) 기지점 역할

위성기준점의 역할 중 측량분야에서의 가장 큰 비중은 정지측량에서 정확성과 업무의 효율성을 높인다는 점이다. 다음 그림과 같이 전국에 위치한 위성기준점을 통해 관측자가 관측하는 동시간대 관측성과를 연결하여 계산함으로써 넓은 망 관측을 통해 기준점의 정확성을 높일 수 있게 되었다. 또한 과거에는 기지점(이미 성과를 알고 있는 점)에 GNSS수신기를 설치하여 동시 관측함으로써 최종 계산성과를 결정할 수 있었으나 현재에는 위성기준점의 성과를 바로 적용할 수 있기 때문에 측량장비 및 인력, 시간을 절약할 수 있게 되었으며, 성과의 결정도 한결 수월해졌다. 이러한 서비스는 위성기준점의 RINEX데이터 제공을 통해 이루어지는데, 제3장 내지 제5장에서 RINEX데이터의 다운로드와 활용에 관한 설명이 있으므로 참고하기 바란다.

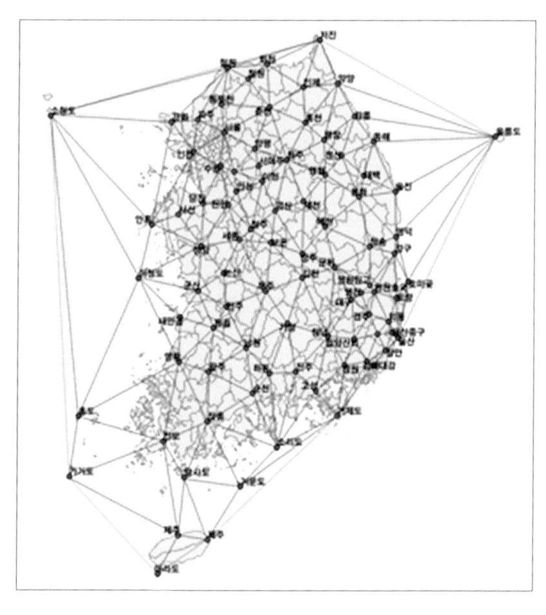

▲ 위성기준점망

▲ 새만금 상시관측소(SMAN)

출처: http://www.ngii.go.kr

(2) 실시간 서비스제공

국토지리정보원에서 제공하는 서비스 중 사용빈도가 높은 서비스 중의 하나로 RTK(Real Time Kinematic)서비스가 있다. RTK서비스는 크게 Single-RTK, Network-RTK로 나뉘는데, 국가기준점 등에 의한 현지화(Localization) 또는 보정(Calibration) 등 별도의 작업이 불필요한 Network-RTK의 서비스에는 VRS(Vertual Reference Station)방식과 FKP(Flachen-Korrektur-Parameter), MAC(Master Auxiliary Concept)방식이 있다. 각각의 서비스방법은 다음 그림과 같으며, 국토지리정보원은 VRS, FKP서비스를 하고 있다. 또한 측량 외에도 드론, 자율형 자동차 등의 저가형 수신기에 고정밀위치정보서비스를 제공하는 SSR(State Space Representation)보정정보서비스도 실시하고 있다(국토정보플랫폼 누리집).

또한 서울특별시는 서울 전체를 포함하는 5개의 위성기준점을 이용하여 자체적으로 VRS 서비스를 하고 있으며, 한국국토정보공사는 전국에 설치된 30개의 상시관측소를 이용하여 MAC서비스를 통해 공간(국토)정보 활성화에 기여하고 있다.

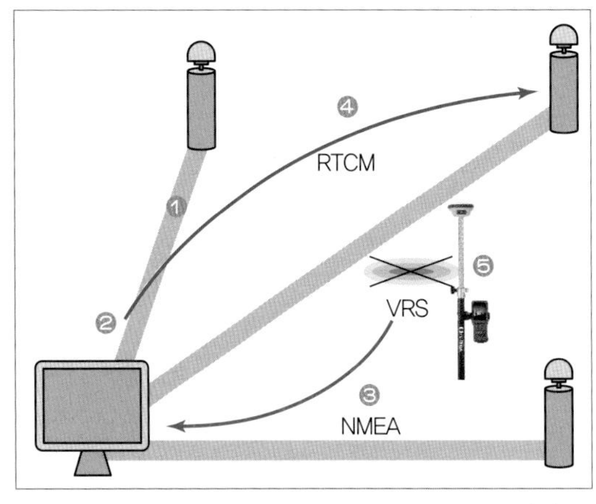

1	기준국은 GNSS데이터를 수신하여 제어국으로 전송
2	제어국은 수집된 기준국 데이터를 통해 보정정보 생성
3	사용자는 제어국에 현재의 위치 전송
4	제어국은 사용자가 요청한 위치에 해당하는 보정정보 전송
5	전송받은 보정정보를 통해 정밀좌표 취득

▲ VRS서비스

출처: http://gnss.eseoul.go.kr

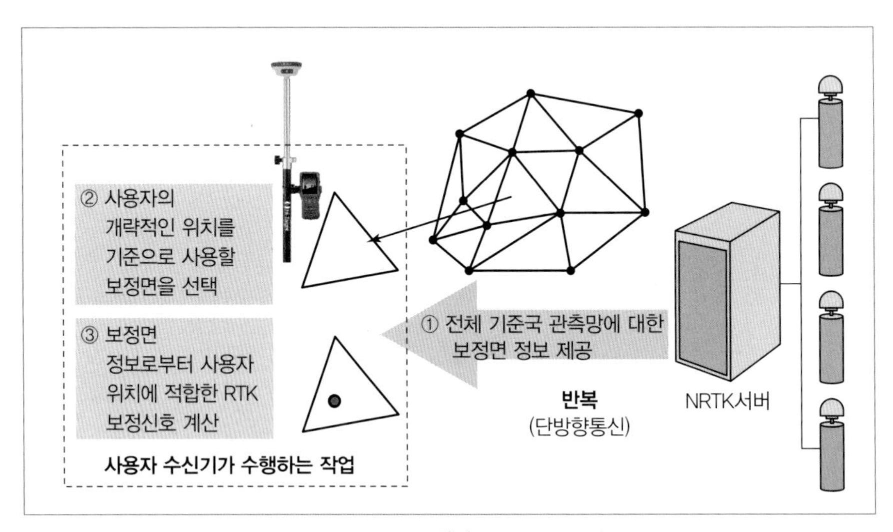

▲ FKP서비스

출처: http://gnss.eseoul.go.kr

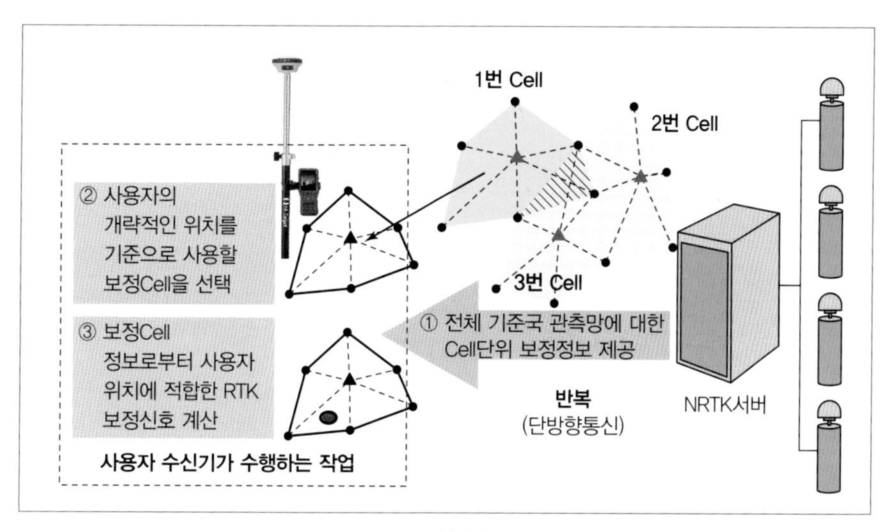

▲ MAC서비스

출처: http://gnss.eseoul.go.kr

상기와 같이 상시관측소는 위치결정에 있어 정확성과 효율성을 높이고 있으며, 다음 그림과 같이 국토지리정보원 이외에도 한국국토정보공사 공간정보연구원, 기상청 국가기상센터 등 8개 기관에서 약 170여 개소의 상시관측소를 운영하고 있으므로 정지측량 등에서 적절히 활용할 필요가 있다. 다만 국토지리정보원에서 성과가 고시되는 상시관측소(위성기준점)만 성과계산에서 기지점으로 활용할 수 있으므로 고시되지 않는 상시관측소는 관측데이터를 다운로드 받아서 기선해석에서 활용은 가능하지만, 기지점으로는 활용할 수 없는 것에 유의해야 한다. 물론 해당 상시관측소의 관측데이터가 존재해야 하므로 관측 전에 www.gnssdata.or.kr에 접속하여 데이터서비스 여부를 확인해야 한다.

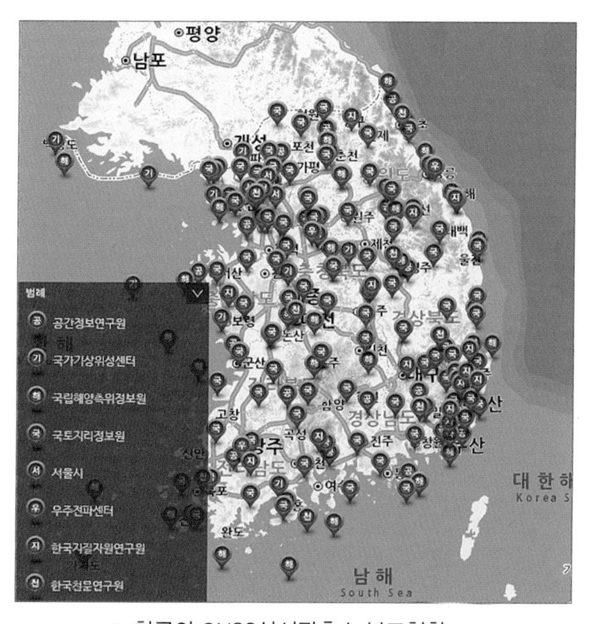

▲ 한국의 GNSS상시관측소 분포현황

출처: http://www.gnssdata.or.kr

(3) 사용상 주의사항

상시관측소 또는 위성기준점의 활용에 있어서 다음과 같은 주의가 필요하다.

첫째, 상시관측소 활용에서 주의할 사안으로 상시관측소가 설치될 당시에는 주변의 수목 등 환경이 좋았으나 설치 이후 오랜 시간이 흐르는 동안 수목이 자라거나 건물 신축 등으로 GNSS위성신호의 잡음, 멀티패스 등의 위험요인이 늘고 있다. 따라서 상시관측소의 활용에 있어서 사용 전에 데이터가 잘 수신되고 있는지, 품질은 어떠한지 등을 확인할 필요가 있다. 위성기준점은 국토정보플랫폼에서 품질정보를 서비스하고 있으므로 사전에 확인해야 한다.

둘째, 성과결정에 중요한 기지점으로 사용되는 위성기준점의 고시성과를 반드시 확인해야 한다. 위성기준점의 고시는 현재까지 10여 차례 이루어졌으며, 일본의 대지진 등에 의해 전체 위성기준점에 대한 성과의 변경고시가 이루어지는 경우도 있고, 부분적으로도 변경고시가 이루어지므로 관측 당시의 성과를 정확히 확인하여 사용하여야 한다.

셋째, 섬지역에 위치한 상시관측소는 대부분 국립해양측위정보원(해양수산부)에서 관리하고, 그 성과(위성기준점)는 국토지리정보원(국토교통부)에서 결정하여 고시하고 있는데, 관측 전에 서비스 여부 등에 관한 사전 확인이 필요하다. 대부분 바닷가 또는 섬에 위치해 있기 때문에 GNSS수신기의 교체가 잦으며, 태풍 등의 기상여건에 따라 일시적으로 데이터의 수신이 지연되거나 성과가 바뀔 수 있기 때문이다. 이러한 경우에는 인근에 위치한 통합기준점 등을 사용하는 등 사전대비책이 필요하다.

02 기준점의 연혁과 구분

1) 삼각점

대한제국시기에는 전 국토의 토지를 조사하기 위해 대삼각점 2,700점, 소각점 27,000점의 측량을 실시하였다. 이를 "구소삼각원점(舊小三角原點)"지역 기준점이라 한다(별도의 원점 체계를 갖춤). 대한제국에서는 토지조사법을 제정하여 전 국토의 토지측량을 실시하고자 하였으나 일제의 강제병합으로 인하여 일제강점기에 토지조사사업이 이루어지게 되었다.

토지조사사업을 위해 한반도의 지리적 특성을 고려하여 북위 38도와 동경 125, 127, 129도를 축으로 하는 투영원점을 설정하였다. 투영면의 일치를 위해 경위도원점을 결정해야 하지만, 시간을 절약하기 위해 일본의 동경에 위치한 원점과 연결하여 성과를 결정하는 방식을 도입하였다. 이를 "통일원점(統一原點)"지역 기준점이라 한다(전국적인 기준점 체계를 갖춤).

전국을 23개 삼각망으로 구획(변장 평균 30km)하여 400점의 대삼각본점측량을 실시하였고, 삼각점 간 거리가 약 10km가 되도록 2,401점의 대삼각보점측량을 실시하였다. 또한 시가지를 빠르게 등록하기 위한 특별소삼각측량도 실시되었다. 특별소삼각점은 측량 후 통일원점과 연결하여 최종성과를 결정하였다.

이와 같이 대한민국정부 수립 이전까지는 구소삼각점, 대삼각본점, 대삼각보점, 특별소삼각점 등이 있었으며, 한국전쟁으로 남한에 위치한 16,080점 중 약 75%(약 12,000점)의 기준점이 망실되어 1956년부터 육군에서 현지조사를 실시하고 복구계획을 수립하였다. 이후 건설부 국립건설연구소(1961년, 現 국토지리정보원)에서 복구 및 정비사업을 실시하여 현재 삼각점(1~4등)으로 관리하고 있다(대한측량협회, 1993). 따라서 토지조사사업을 위해 설치한 기준점이 지형도 등의 제작에도 널리 사용되게 되었다. 다만 한국전쟁으로 많은 기준점이 망실되고, 복구 및 정비과정에서 당초의 성과와 달라지는 지역들이 발생하게 되었다. 기존의 지적도 또는 지형도 등의 성과를 확인하는 경우에는 삼각점에 의한 성과를 기초로 하여 확인하는 절차를 반드시 거쳐야 한다.

2) 세계측지계 도입

인공위성 및 전파 · 광파 기술의 발달로 새로운 방식에 의한 측량이 가능해졌다. 삼각측량이 아닌 삼변측량방식에 의한 위치결정방법의 활용이 가능해진 것이다. 국토지리정보원이 전국에 약 77개소의 위성기준점을 설치하여 GNSS측량의 기반 인프라를 조성하였고, 국토교통부는 「측량 · 수로조사 및 지적에 관한 법률」에서 GRS80타원체와 ITRF2000좌표체계를 적용하도록 규정함으로써 GNSS에 의한 측량이 본격적으로 시작되었다.

새로운 법령에 따라 국가기준점으로 우주측지기준점, 위성기준점, 통합기준점, 삼각점(1~4등)을 세계측지계성과로 새로이 정비하였다(그림 참조).

우주측지기준점

위성기준점

통합기준점

삼각점

▲ 국가기준점

출처: http://www.ngii.go.kr

3) 통합기준점

통합기준점(Unified Control Points)이란 평탄지에 설치 · 운용하여 다양한 측량분야에 통합 · 활용할 수 있는 다차원, 다기능 기준점을 말한다. 경위도(수평위치), 높이(수직위치), 중력 등의 통합관리 및 제공, 영상기준점의 역할 등을 한다.

2008~2010년 설치

2012~2016년

2017년~현재

▲ 통합기준점

통합기준점은 위의 그림과 같이 3가지 형태로 설치되었다. 2008~2010년까지 설치한 통합기준점은 전국에 10km*10km로 배치계획하여 약 1,200여 점이 설치되었다. 기준점의 명칭은 Unified Control Points의 앞 글자를 따서 U+숫자 4자리를 설치순서에 따라 부여하였다. 예를 들면, 211번째 설치된 기준점에는 U0211을 부여하였다.

2008~2010년까지 설치된 통합기준점은 기존 기준점에 비해 상당히 무거운 중량으로 인하여 지반이 연약한 곳에서는 침하 또는 밀림현상이 발생하고 있으므로 사용에 주의를 요하고 있다. 특히 ±3cm의 성과를 요구하는 지적재조사측량의 성과계산에 있어서는 성과검증 등 확인용으로만 사용하는 것이 적합하며, 해당 기준점에 의한 성과결정은 신중해야 한다. 이러한 이유로 2012년부터는 기존 기준점과 형태와 무게가 유사한 통합기준점을 제작하여 3km*3km로 배치하여 설치하였다. 이는 전국단위가 아닌 지형도 도엽단위 지역 위주로 설치하였으며, 2017년부터는 기존에 설치된 수준점을 활용하여 통합기준점으로 재고시하고 있다. 2012년 이후에 설치된 통합기준점은 U+도엽명+숫자 2자리를 설치순서에 따라 부여하여, 용인 도엽에 29번째 설치된 기준점에는 U용인29를 부여하였다.

위성기준점은 실시간으로 GNSS전파를 수신하며, 이동이 발생한 경우에는 성과를 재고시하지만, 통합기준점은 한번 지상에 설치되면 장기간 재고시가 이루어지지 않는 특성이 있다. 최근 경주, 포항, 제주 등 지각변동현상에 의한 지진 발생이 증가하여 지상에 설치된 기준점(통합기준점, 수준점, 삼각점 등)의 성과를 사용하기에 앞서 관측일, 성과고시일, 조사일 등을 반드시 확인하여 양질의 성과를 얻도록 해야 한다.

4) 지오이드모델

국토지리정보원은 높이의 기준점을 이용한 지오이드모델을 서비스함으로써 GNSS에 의한 3차원 위치정보의 신속한 결정에 도움을 주고 있다. 일반적으로 높이를 결정하기 위해서는 통합기준점 또는 수준점으로부터 직접수준측량을 실시하여 성과를 결정한다. 그러나 기복이 심한 물리적인 지구 표면을 투영하기 위해 사용하는 타원체면에 지오이드모델을 이용하여 지오이드고를 가감하면, 표고를 쉽게 계산할 수 있다(그림 참조).

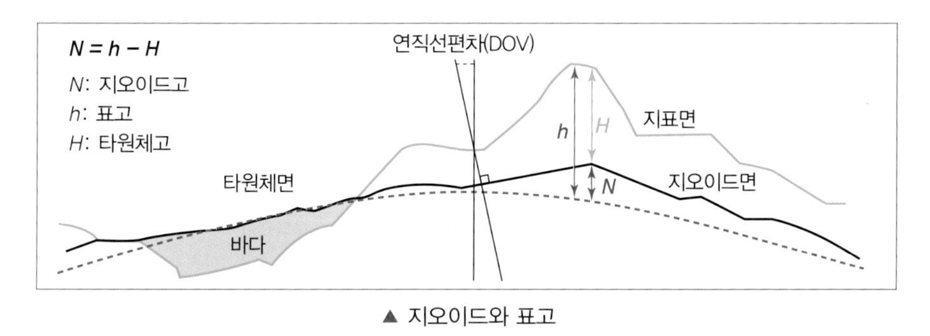

▲ 지오이드와 표고

출처: http://www.ngii.go.kr

따라서 범지구중력장모델과 중력자료, 지형자료, GNSS/Leveling자료를 융합하여 지오이드모델을 작성하여 제공하고 있다. 특히 GNSS/Leveling자료는 전국에 분포되어 있는 통합기준점 관측자료를 이용하고 있다.

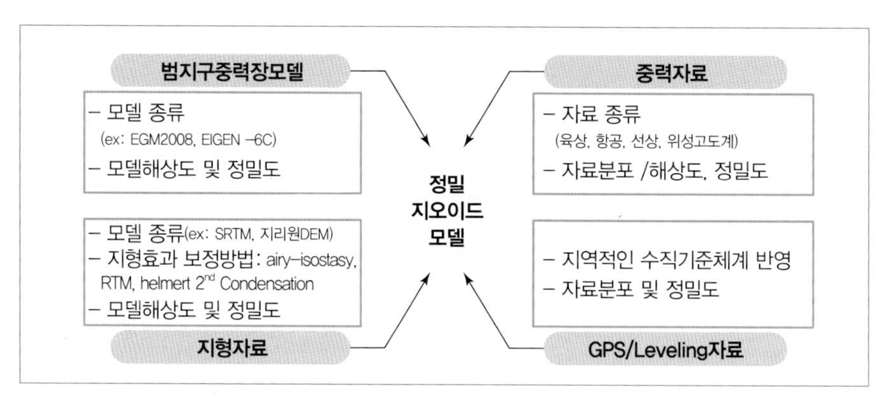

▲ 지오이드모델 기초자료

출처: http://www.ngii.go.kr

국토지리정보원에서 서비스하는 지오이드모델의 명칭은 KNGeoid로 2014년에 개발된 KNGeoid14와 2017년도에 개발된 KNGeoid18이 있으며, 모델의 신뢰도는 약 2.3cm 수준이다. 해당 모델은 GNSS장비 판매회사별로 제작되어 해당 회사로부터 받으면 된다. 드론 등에 의한 정사영상의 해석에도 지오이드모델을 사용하는데, 일반적으로 EGM96 또는 EGM 2008이 적용되며, KNGeoid가 적용되지 않는 영상해석 S/W가 많다. 다만, 영상해석 시 좁은 지역에서는 큰 영향을 미치지 않으므로 EGM2008을 적용해도 무방하다.

규정에서는 신설 기준점의 높이를 지오이드모델에 의해 결정할 수 있도록 하고 있으므로 GNSS정지측량에서 적절히 활용하면 효과적이다.

03 GNSS측량 관련 법령

GNSS측량은 「공간정보관리법」을 근거로 하고 있으며, 세부적인 측량방법은 각 기준점별로 다음의 규정에 따라야 한다.

구분	규정	비고
국가기준점	국가기준점 작업규정	
지적기준점	• GNSS에 의한 지적측량규정 • 지적재조사측량규정 • 지적확정측량규정 • 지적공부 세계측지계 변환규정	GNSS에 의한 지적측량규정이 기준임
공공기준점	공공측량작업규정	

통합기준점, 삼각점은 국가기준점작업규정을 따르며, 지적삼각점, 지적삼각보조점은 GNSS에 의한 지적측량규정을 따르고, 공공삼각점은 공공측량작업규정을 따른다. 각 기준점별 업무절차는 다음 표와 같이 규정되어 있다.

<table>
<tr><th>작업절차</th><th>국가기준점작업규정</th><th colspan="2">GNSS에 의한
지적측량규정</th><th>공공측량
작업규정</th></tr>
<tr><td>작업계획</td><td>제6조</td><td>제4조</td><td rowspan="6">지적업무
처리규정
제9~10조</td><td>–</td></tr>
<tr><td>계획망도작성</td><td>제8~9조</td><td>–</td><td>제14조</td></tr>
<tr><td>답사</td><td>제13조</td><td>–</td><td>–</td></tr>
<tr><td>선점</td><td>제14조</td><td>제5조</td><td>제19조</td></tr>
<tr><td>매설</td><td>제16~18조</td><td>–</td><td rowspan="2">제20조</td></tr>
<tr><td>기타 표지설치</td><td>제20~21조</td><td>–</td></tr>
<tr><td>장비점검</td><td>제11조</td><td colspan="2">제19조</td><td>「공간정보관리법」 제92조</td></tr>
<tr><td>관측</td><td>제22~23조</td><td colspan="2">제6조, 제7조, 제9조</td><td>제21조</td></tr>
<tr><td>계산(기선해석)</td><td>제30조, 제33조</td><td colspan="2">제10조</td><td>제23조 제4항</td></tr>
<tr><td>재관측</td><td>제32조</td><td colspan="2">–</td><td>–</td></tr>
<tr><td>성과계산(망조정)</td><td>제33조</td><td colspan="2">제12조, 제15조</td><td>제25조</td></tr>
<tr><td>점검</td><td>제31조</td><td colspan="2">제11조</td><td>제24조</td></tr>
<tr><td>좌표변환</td><td>–</td><td colspan="2">제14조</td><td>–</td></tr>
<tr><td>성과작성</td><td>제36조</td><td colspan="2">제16조</td><td>제15조</td></tr>
<tr><td>성과검사</td><td>별도 규정</td><td colspan="2">제17조</td><td>제10조</td></tr>
</table>

국가기준점이나 지적기준점, 공공기준점은 각각의 목적에 따라 설치되는 것으로, 설치목적이 다른 것일 뿐 GNSS에 의한 정지측량방법의 절차나 기선해석 등 기술이 다른 것은 아니다. 다만 법 규정에서 정하는 공차한계나 성과품, 서식 등 약간의 차이는 존재한다. 따라서 공통적인 내용을 기술하되 규정상 다른 부분은 쉽게 구분하기 위해 본 교재에서는 국가기준점은 국, 지적기준점은 지, 공공기준점은 공으로 표기하여 구분하고자 한다.

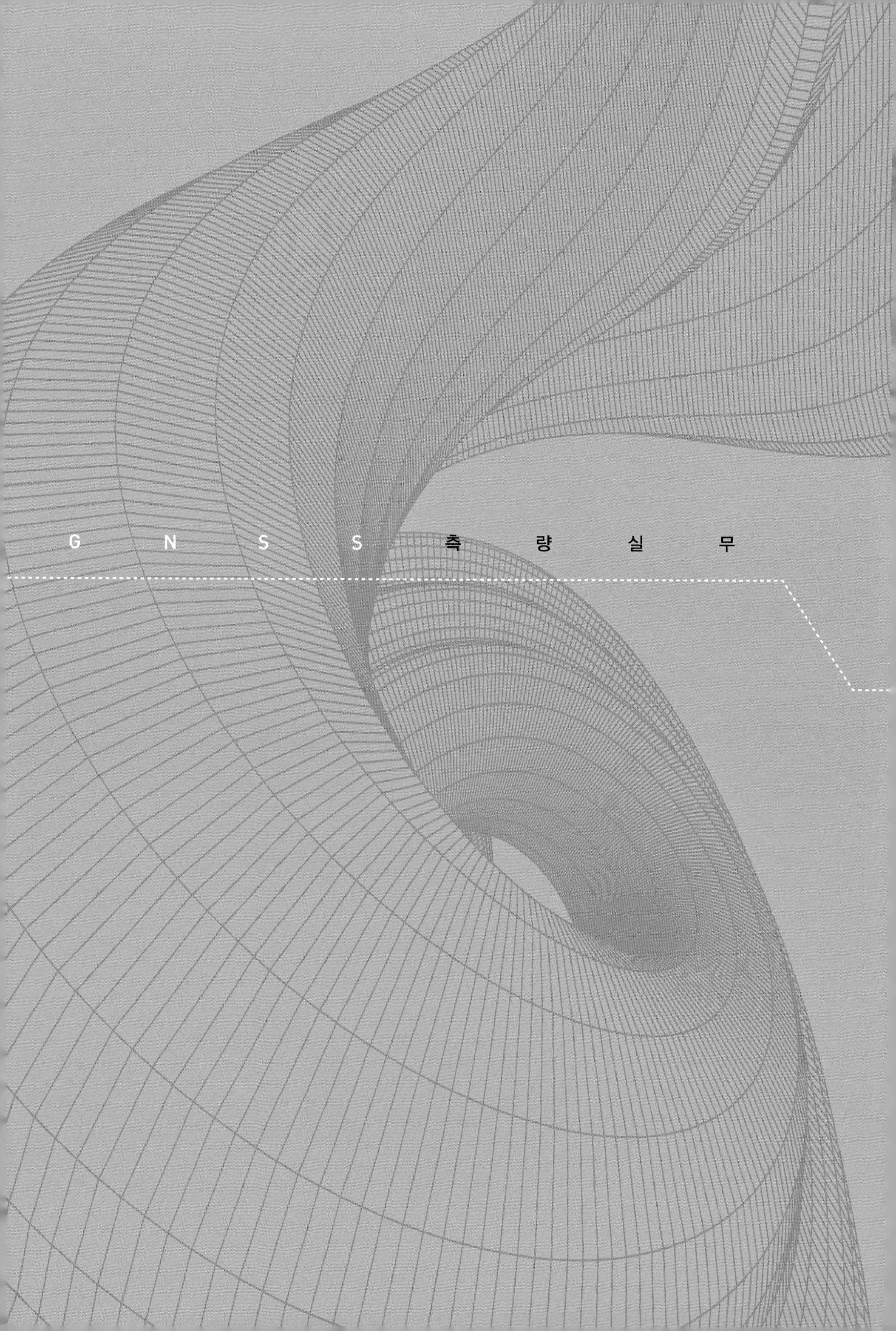
GNSS 측량실무

CHAPTER 02

계획수립

CHAPTER

02 계획수립

01 작업계획

작업계획수립의 결과로 도상계획망도를 작성하게 되는데, 우선 각 기준점별 측량방법을 확인해 보자. 기준점은 다음과 같은 측량방법을 적용한다.

구분		측량방법
국가기준점	통합기준점	GNSS측량(정지측량)
	1 · 2 · 3 · 4등 삼각점	GNSS측량(정지측량)
지적기준점	지적삼각점	GNSS측량(정지측량), 삼각측량(T/S)
	지적삼각보조점	GNSS측량(정지측량), 교회법 · 다각망도선법(T/S)
	지적도근점	GNSS측량(정지측량, 이동측량), 도선법 · 교회법 · 다각망도선법(T/S)
공공기준점	1 · 2급 공공삼각점	GNSS측량(정지측량), 결합트래버스측량 · 삼각측량 · 삼변측량(T/S)
	3 · 4급 공공삼각점	GNSS측량(정지측량, 신속정지측위법, 이동측위법), 결합트래버스측량(T/S)

국가기준점, 지적기준점, 공공기준점 모두 공통적으로 GNSS정지측량으로 성과를 결정할 수 있으며, 지적도근점과 3 · 4급 공공삼각점의 경우에는 GNSS이동측량으로 성과결정이 가능하다.

이동측량은 지적기준점측량에서는 단일기준국 실시간이동측량(Single-RTK) 및 다중기준국 실시간이동측량(Network-RTK)으로 나뉘며, 공공기준점측량에서는 RTK-GNSS측량으로 실시한다. 다중기준국 실시간이동측량(Network-RTK) 또는 RTK-GNSS측량의 기법으로는 국토지리정보원에서 서비스하는 VRS방식과 FKP방식이 있으며, 한국국토정보공사에서 서비스하는 MAC방식이 있다. 본 교재에서는 Network-RTK라는 용어로 통일하여 사용하기로 하자.

위의 측량방법 중 본 교재는 정지측량에 중점을 맞춰 기술할 것이다. GNSS정지측량을 실시함에 있어서 신설하는 기준점의 요건에 맞게 자료를 수집하는 작업으로 다음과 같은 작업이 요구된다.

구분	작업내용
통합기준점 · 삼각점	위성기준점, 통합기준점, 삼각점 및 수준점 등 배점밀도를 고려하여 관측계획도를 작성하고, GNSS위성의 최신 운행정보를 고려하여 작업기간 · 작업반 편성 · 작업계획공정 등을 결정

지적기준점	GNSS측량기 대수, 투입인력, 위성기준점 및 기지점 분포현황을 조사하고, 관측망은 기지점과 소구점을 결합한 폐합다각형이 되도록 구성하여 지적위성측량 관측계획망도 작성
공공기준점	사업수행계획서 또는 지형도상에서 사용할 기지점의 현황 등을 고려하여 미지점의 개략적인 위치를 결정하고 작업계획도를 작성하는 등 계획을 수립

즉 도상계획망도 작성부터 현장관측 실시 이전까지의 일련의 작업을 말하는 것으로, 기존의 자료를 통해 1차적으로 도상계획을 수립하고, 현장답사 등을 통해 계획망도를 확정하는 절차를 거치게 된다.

그렇다면 기존 자료는 어느 것이 있으며, 어떻게 수집할 것인가?

첫째, 사업의 목적에 따라 나눠 판단할 필요가 있다. 국가기준점과 같이 국가 전체의 기준점을 관리하는 목적의 경우에는 기존에 설치되어 운영되는 기준점의 배치 등에 관한 자료를 우선 수집하고, 부족한 지역을 검토하는 작업이 필요할 것이고, 공공기준점과 같이 특정지역의 사업을 위해 기준점을 신설하는 경우라면, 사업지구를 위주로 기준점을 검토해야 할 것이다.

둘째, 어느 등급의 성과를 취득하느냐의 문제이다. 예를 들면, 통합기준점이 사업지구 내에 있어 활용이 가능하다면, 해당 지점은 공공기준점을 별도로 신설하지 않고 통합기준점을 활용하는 것이 합리적일 것이다. 반대로 통합기준점을 신설해야 하는 지역 인근에 지적기준점이나 공공기준점이 있더라도 국가기준점이 상위 기준점이므로 새로이 신설해야 한다.

셋째, 어떠한 기준의 성과를 필요로 하는가이다. 2009년 법령개정으로 측량의 기준이 통일되어 GRS80-ITRF2000좌표체계를 사용하는 것이 일반적이지만, 법원감정측량 등 다양한 이유로 과거에 사용했던 성과를 취득해야 하는 경우가 있다. 예를 들면, 과거에 사용하던 Bessel1841-TM좌표체계로 성과를 결정해야 한다면, 해당 지역에 기존의 성과를 가지고 있는 기준점에 대한 조사가 필요할 것이다. 물론 기준점의 성과와 함께 해당 기준점이 현장에 완전히 보존되어 있어야 한다.

1) 기존 삼각점의 자료수집

정부는 한국전쟁 이후 대한민국의 영토 내에 존재하는 삼각점(1~4등)을 전수조사하여 다음과 같이 분류하였다.

- 완전 : 상부표석과 하부반석이 완전 또는 양호한 것
- 요복구 : 상부표석은 파괴 또는 망실되고 하부반석이 완전한 것
- 요재설 : 상부표석과 하부반석이 훼손되거나 망실 또는 파괴되어 성과에 이상이 있는 것

1958~1960년까지 조사한 결과 16,089점 중 11,929(약 75%)점에 대하여 복구 또는 재설을 추진하였다. 이러한 삼각점의 사용에 있어서는 복구 및 재설 이력을 확인하기 위해 성과표를 면밀히 검토하여야 한다. 다음 사례를 보면서 자세히 살펴보자.

(1) 복구 사례

다음 그림(左)의 삼각점은 표지 상단에 "삼가 469, 2002 복구"라고 기재되어 있으므로 지형도도엽은 "삼가"이며, 4등 삼각점으로 69번째 점이다. 또한 2002년에 복구되었음을 알 수 있다. 복구된 삼각점이므로 하부반석의 이동은 없었다고 판단되어 상부표석만 새로이 설치한 경우 이므로 1910년대 작성된 성과를 확인하여, 인근의 삼각점과 점간거리 등에 이상이 없다면, 기존의 성과를 그대로 사용할 수 있다.

현재 성과표를 확인하면, 가산수치가 X = 600,000이 적용되어 세계측지계기준으로 되어 있는 것을 확인할 수 있다. 현재 고시되는 성과 이전에는 1960년대부터 적용된 가우스-크뤼거투영법에 의한 성과가 고시되었으며, 최초에 고시된 성과는 가우스상사이중투영법에 의한 성과가 고시되었을 것이다. 따라서 최초에 등록된 성과를 확인하여 사용하도록 한다. 기존 고시자료는 국토지리정보원에서 별도로 발급신청이 가능하다.

국토교통부 국토지리정보원

기준점의 조서(삼각점)

점의번호	삼가469	이력사항		조사현황	
도엽명	삼가	매설일	2002년 05월 29일	조사년월	2018년 09월 28일
도로명 주소	-	고시번호	2008-655	조사기관	경상남도 의령군
지번주소	경상남도 의령군 칠곡면 도산리 산 171	고시일	2008년 12월 31일	점의상태	사용 가능

삼각점 성과	위도	35-19-47.2983	X(m)	303994.969	원점	동부원점
	경도	128-10-39.4308	Y(m)	125228.016		
	타원체고(m)	371.29	표고(m)	342.8990		
삼각점의 경로	군북IC에서 내려 79번 국도를 타고 가다 20번 국도로 직진해서 1013번 지방도로 빠져서 가서제수지에서 우측 유수마을 아스팔트 도로 끝 정면 산으로 약 600m 오르면 위치.					

삼가 469(복구) 기준점의 조서

▲ 복구삼각점

(2) 재설 사례

다음 그림의 삼각점은 표지 상단에 "창원 24, 1992 재설"이라고 기재되어 있으므로 지형도도엽은 "창원" 도엽이며, 2등 삼각점으로 4번째 기준점이다. 또한 1992년에 재설되었음을 알 수 있다. 창원 24는 이미 망실되어 새로이 설치된 것으로, 1910년대 성과는 사용할 수 없으며, 현재 고시되어 있는 성과는 세계측지계기준인 것을 알 수 있다.

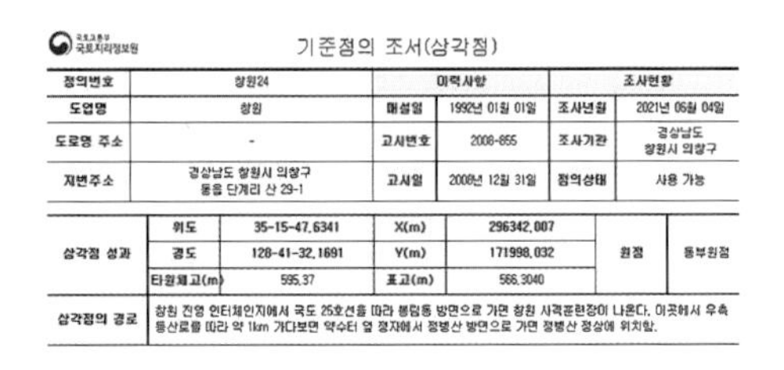
국토교통부 국토지리정보원

기준점의 조서(삼각점)

점의번호	창원24	이력사항		조사현황	
도엽명	창원	매설일	1992년 01월 01일	조사년월	2021년 06월 04일
도로명 주소	-	고시번호	2008-855	조사기관	경상남도 창원시 의창구
지번주소	경상남도 창원시 의창구 동읍 단계리 산 29-1	고시일	2008년 12월 31일	점의상태	사용 가능

삼각점 성과	위도	35-15-47.6341	X(m)	296342.007	원점	동부원점
	경도	128-41-32.1691	Y(m)	171998.032		
	타원체고(m)	595.37	표고(m)	566.3040		
삼각점의 경로	창원 진영 인터체인지에서 국도 25호선을 따라 봉림동 방면으로 가면 창원 사격훈련장이 나온다. 이곳에서 우측 등산로를 따라 약 1km 가다보면 약수터 옆 정자에서 정병산 방면으로 가면 정병산 정상에 위치함.					

창원 24(재설) 기준점의 조서

▲ 재설삼각점

(3) 10.405″ 가산

1910년대에 설치된 삼각점은 일본의 동경원점을 기준으로 하는데, 동경원점은 1898년 정밀천문측량과 유선시계에 의하여 경 · 위도 관측을 실시하여 그 성과를 고시하였다. 그러나 1918년 이를 다시 관측(무선 시계)한 결과 당초 1898년 당시 사용하였던 유선시계에 0.7초의 시계오차(각도로는 10.405″)가 있었음을 확인하였고, 경도성과에 10.405″를 더하여 사용하게 되었다. 성과표상에는 이를 가산하여 기재한 경우(별도 가산이 필요 없음)와 그림과 같이 "가산하여야 함"이라는 스탬프(오른쪽 하단)가 찍힌 경우가 있는데 이러한 경우에는 가산하여 사용하여야 한다.

경위도 Lat.& Lon.	B	37°34′06″.076	직각좌표 Grid Coor.	X(−) 47,900.00	기록 및 평가 Description & Decision
	L	127°05′41″.805		Y(+) 8,386.94	
UTM 직각좌표	N	4,159,210.12(52)	표고 Height	348.02 / 좌표원점 Origin 中	(1) 1958.11.28 보수
	E	332,033.10(m)			(2) 調査者 3급 작성
Name of Object		Mean Direction Angle	Observed D.A.	Logarithm of Distance	(3) 標石実態
Meridian Convergence		0°3′28″.40			標石位置에는 直径 33cm 깊이 60cm의 구멍이며 盤石만이 남아 있음
14 天軲山		13°42′22″.6		4.2856382	(4) 현지에서 1961.5.8 복구
山		30°16′31″.34		4.5974131	
16 龍尾山		32°28′23″		3.433075	
13 文山		42°1′38″.6		4.0398626	
1 天磨山		62°12′24″.8		4.2968069	
15 山		60°11′12″		3.844051	

▲ 구 삼각점 성과표

출처: http://www.ngii.go.kr

(4) 성과표의 활용

구소삼각지역의 기준점의 경우 다음 그림과 같이 구소삼각기준점과 통일원점체계기준점을 병기하여 사용하는 경우가 있다. 이를 통해 해당 기준점이 어느 기준점과 연결하여 성과가 결정되었는지 확인할 수 있다. 그 결과 기존의 기준점 성과결정에서 사용된 망구성을 확인하여 기지점을 효과적으로 선택할 수 있다.

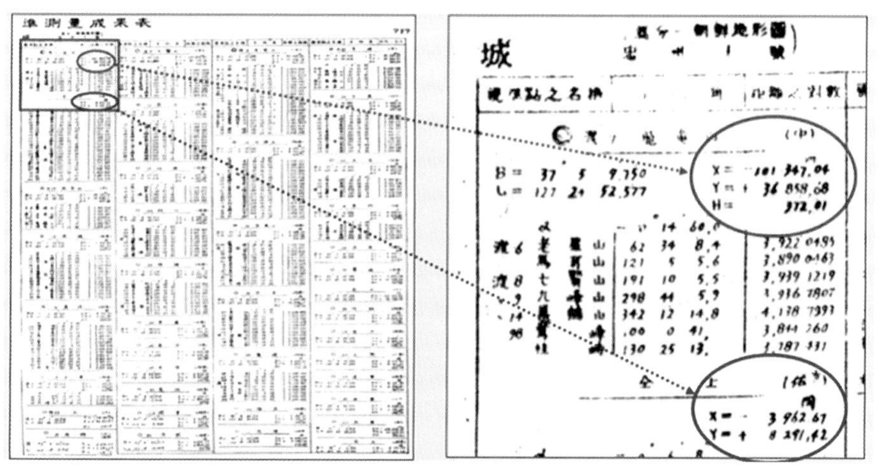

▲ 구소삼각점 성과표(중부원점, 고초)

출처: 국토정보교육원 교재

2) 국가기준점 자료수집

국가기준점은 국토정보지리원에서 관리한다. 국토지리정보원의 국토정보플랫폼에 들어가서 필요한 지역을 지정한 후 영역검색을 하면 주변에 위치한 기준점(통합기준점, 삼각점, 수준점 등)을 확인할 수 있다. 해당 작업은 사업지역 위주로 계획을 수립하는 경우에 사용하면 효과적이며, 전국 단위의 기준점 배치 등을 확인하고자 한다면, 국토교통부에서 구축하여 한국국토정보공사에서 관리하는 국가공간정보포털을 활용해야 한다.

국가공간정보포털에서는 국가(국토)정보와 관련된 많은 정보를 다운로드 받을 수 있다. 다만 데이터의 최신성 확보를 위해서는 반드시 데이터 작성기관의 데이터와 비교하여 활용하여야 한다.

국토정보플랫폼에서는 다음 그림과 같이 통합기준점을 검색한 후 조서/고시보기를 클릭하면 해당 기준점의 정보를 확인할 수 있다.

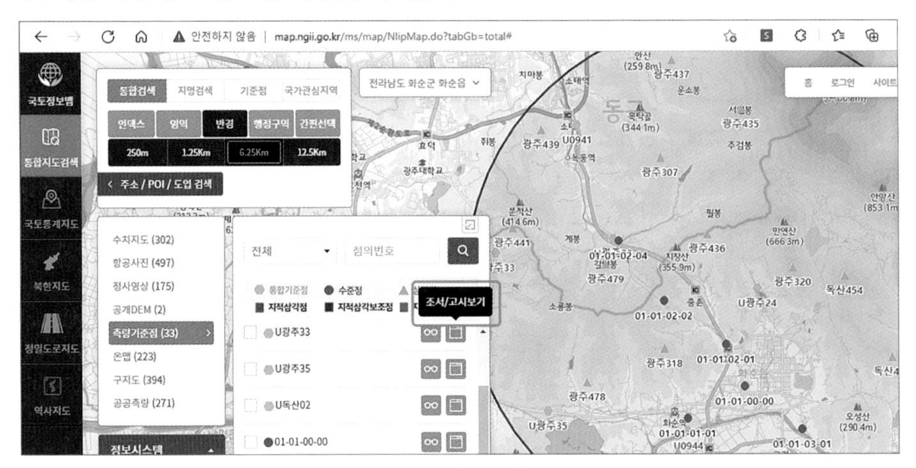

▲ 국토정보플랫폼

출처: http://www.ngii.go.kr

국가공간정보포털을 활용하는 경우에는 우선 회원가입을 한 후 통합검색에서 찾고자 하는 데이터를 검색하면 된다. "통합기준점"으로 검색하여 오픈마켓에서 통합기준점을 클릭한다(❶).

데이터 리소스를 확인하면, 테이블정의서와 데이터가 있으므로 압축된 데이터를 다운로드 받는다(❷).

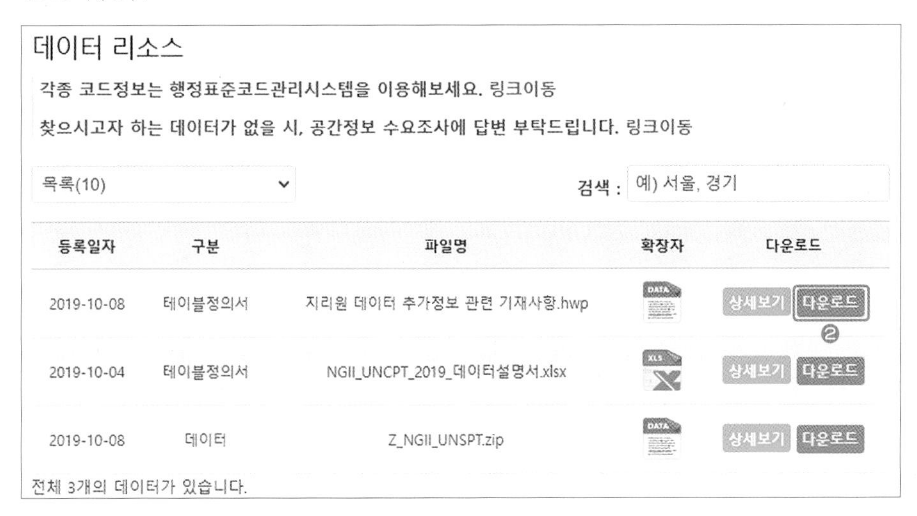

데이터 리소스

각종 코드정보는 행정표준코드관리시스템을 이용해보세요. 링크이동

찾으시고자 하는 데이터가 없을 시, 공간정보 수요조사에 답변 부탁드립니다. 링크이동

목록(10) 검색 : 예) 서울, 경기

등록일자	구분	파일명	확장자	다운로드
2019-10-08	테이블정의서	지리원 데이터 추가정보 관련 기재사항.hwp	DATA	상세보기 다운로드 ❷
2019-10-04	테이블정의서	NGII_UNCPT_2019_데이터설명서.xlsx	XLS	상세보기 다운로드
2019-10-08	데이터	Z_NGII_UNSPT.zip	DATA	상세보기 다운로드

전체 3개의 데이터가 있습니다.

다음 그림과 같이 데이터의 추가 정보를 확인하면, 갱신주기가 매년이며, 최종갱신시기도 매년으로 되어 있지만, 현재 데이터는 2019.10.08. 데이터이다(최종갱신시기와 작업시기 사이에 신설 · 변경된 성과는 국토지리정보원에서 확인해야 한다). 구축범위는 전국이며, 좌표계는 GRS80중부이므로 EPSG코드로는 "EPSG:5186"을 적용하면 된다. 참고로 서부는 "EPSG:5185", 동부는 "EPSG:5187"이다. 데이터 포맷은 SHP이므로 벡터형태의 데이터임을 알 수 있다.

추가 정보

* 리소스의 추가정보를 원하시면 데이터리소스 영역의 버튼을 클릭해주세요.

필드	값
데이터셋명	통합기준점
데이터유형	공간
데이터설명	국가기준점이며, 지리학적 경위도, 직각좌표 및 지구중심 직교좌표, 표고의 측정기준으로 사용하기 위하여 대한민국 경위도원점과 수준원점을 기초로 정한 기준점
갱신주기	매년
최종갱신시기	매년
구축범위	전국
데이터 좌표계	GRS80중부
데이터 포맷	SHP
공간정보분류	지도 > 기준점
기본공간정보분류	위치기준 > 측량기준점

다운로드 받은 데이터를 오픈소스인 QGIS를 이용하여 불러오도록 한다. QGIS의 자세한 사용은 “스마트한 QGIS 활용서” 등 관련 서적을 이용하기 바란다. 본 교재에서는 GNSS측량을 위해 필요한 사항만 간략히 기술한다.

❸ QGIS 시작 → ❹ 새 프로젝트 → ❺ 배경지도 불러오기(웹 – TMS for Korea – Kakao Maps – Kakao Satellite)

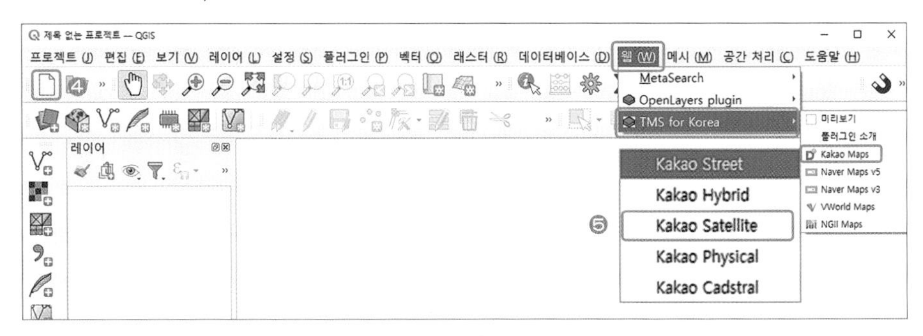

❻ On The Fly 설정(우측 하단 EPSG좌표 (Click) – 5186 검색 – 선택 – 확인 (Click))

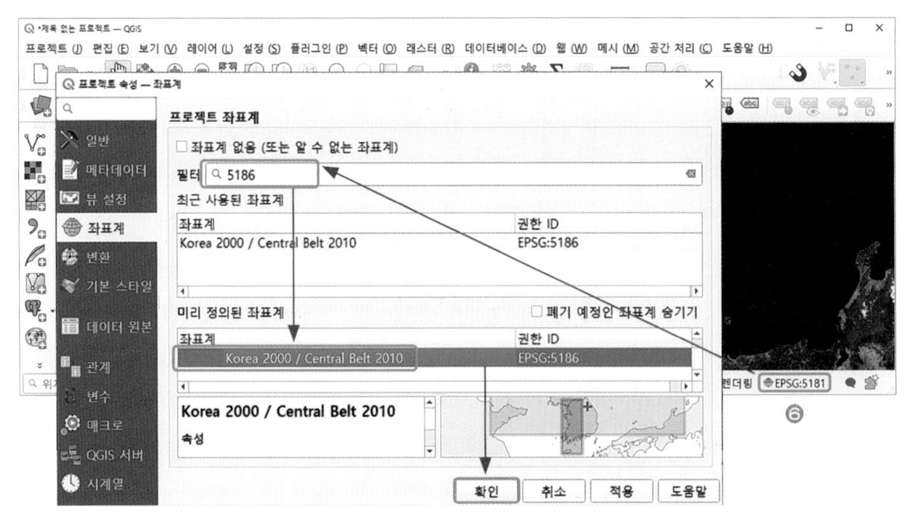

Tip◆ OTF는 현재 사용 중인 프로젝트의 좌표계를 설정하는 것으로, 최근에는 세계측지계(GRS80–ITRF2000좌표계)를 사용하므로 EPSG:5186으로 설정하였다.

❼ 통합기준점 불러오기(벡터레이어 추가 – 데이터 선택 – 추가 – 닫기 (Click))

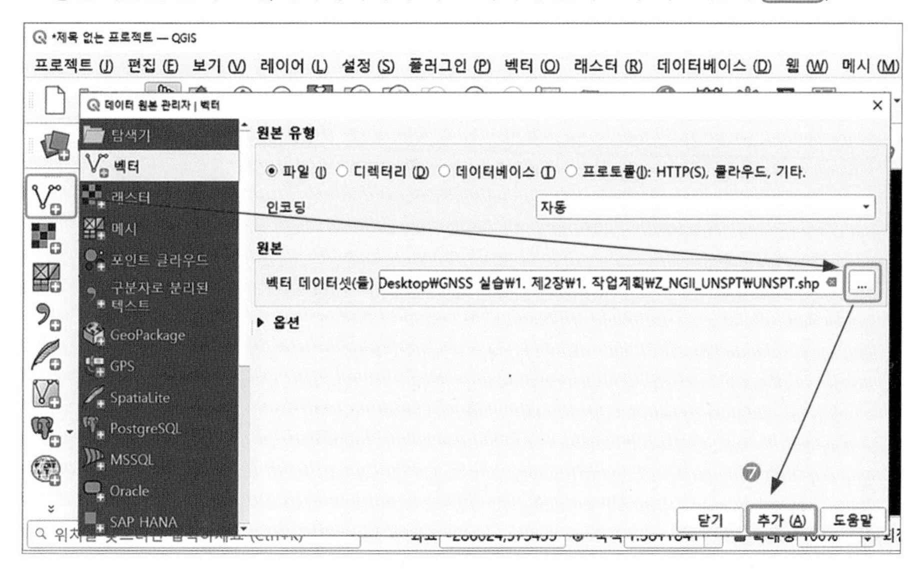

❽ 통합기준점레이어 마우스 우클릭 – 속성 (Click)

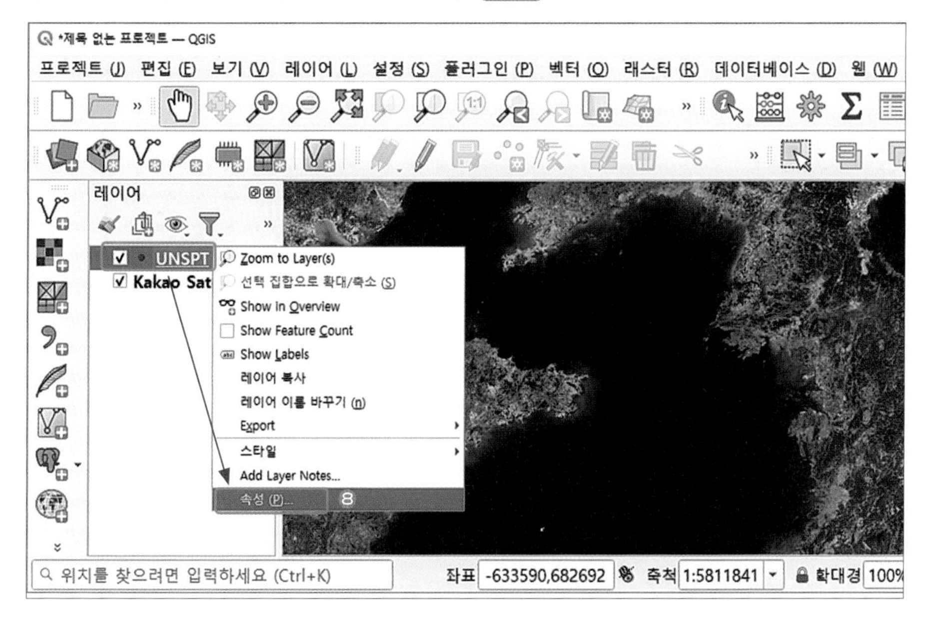

⑨ 원본 탭 – EPSG:5179 선택 – 확인 Click

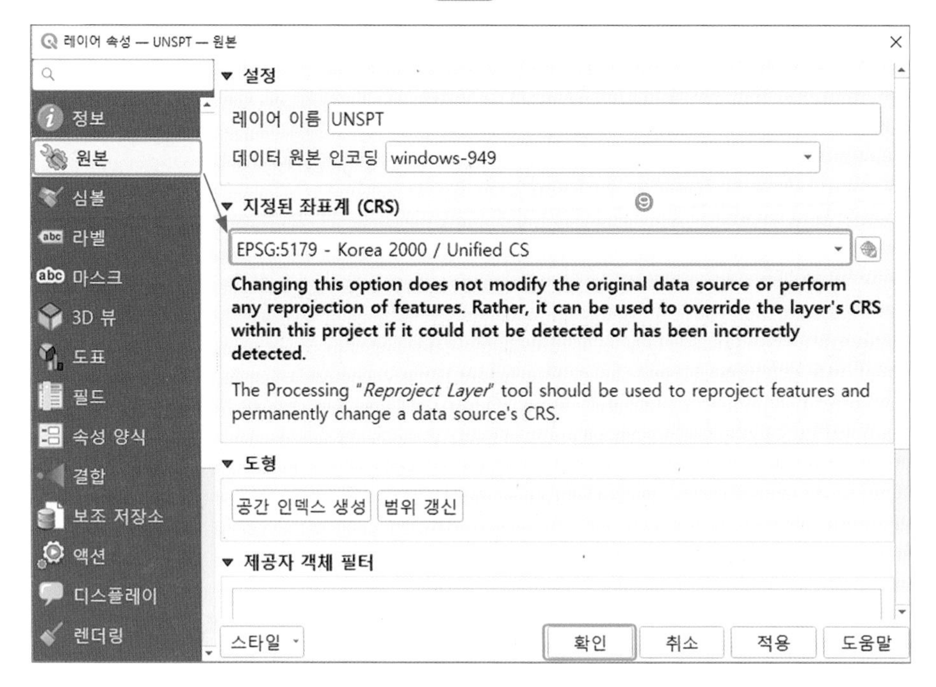

다음 결과화면과 같이 통합기준점이 배경지도 위에 정상적으로 표현되는 것을 확인할 수 있다. 데이터 설명에는 'GRS80중부'로 되어 있었지만 통합기준점의 경우 전국단위로 구축되다 보니 하나의 좌표계로 표현할 수 있는 EPSG:5179를 사용하고 있다는 것에 유의해야 한다.

3) 지적기준점 자료수집

지적기준점은 국가공간정보포털에서 서비스한다. 통합검색에서 "기준점"을 검색한 다음 오픈마켓에서 오픈마켓 더보기를 클릭한다(❶).

지적기준점인 지적삼각점, 지적삼각보조점, 지적도근점이 서비스되고 있으며, 본 실습에서는 지적삼각보조점 중 공주시 데이터를 다운로드 받아 활용해 보기로 하자. 지적삼각보조점을 클릭한다(❷).

충남데이터를 다운로드 받는다. 다운로드를 클릭한다.(❸)

등록일자	구분	파일명	확장자	다운로드
2022-01-04	데이터	LPTD_LDREG_TRAG_POINT_INFO_강원.zip	DATA	상세보기 다운로드
2022-01-04	데이터	LPTD_LDREG_TRAG_POINT_INFO_충북.zip	DATA	상세보기 다운로드
2022-01-04	데이터	LPTD_LDREG_TRAG_POINT_INFO_충남.zip	DATA	상세보기 ❸ 다운로드

다음 그림과 같이 데이터의 추가 정보를 확인하면, 갱신주기는 '변경발생시'이며, 최종갱신시기도 '변경발생시'로 현재 받은 데이터는 2022.01.04. 데이터이다. 구축범위는 전국이며, 좌표계는 Bessel 중부이므로 EPSG코드로는 "EPSG:5174"를 적용하면 된다. 참고로 서부는 "EPSG:5173", 동부는 "EPSG:5175"이다. 데이터 포맷은 SHP이므로 벡터형태의 데이터임을 알 수 있다.

추가 정보

* 리소스의 추가정보를 원하시면 데이터리소스 영역의 버튼을 클릭해주세요.

필드	값
데이터셋명	지적삼각점정보
데이터유형	공간
데이터설명	지적측량시 수평위치측량의 기준으로 사용하기 위하여 국가기준점을 기준으로 하여 정한 기준점정보
갱신주기	변경발생시
최종갱신시기	변경발생시
구축범위	전국
데이터 좌표계	Bessel 중부원점 (TM)
데이터 포맷	SHP
공간정보분류	지도 > 기준점
기본공간정보분류	해당없음

❹ 지적삼각보조점 불러오기(벡터레이어 추가 – 데이터 선택 – 추가 – 닫기 Click)

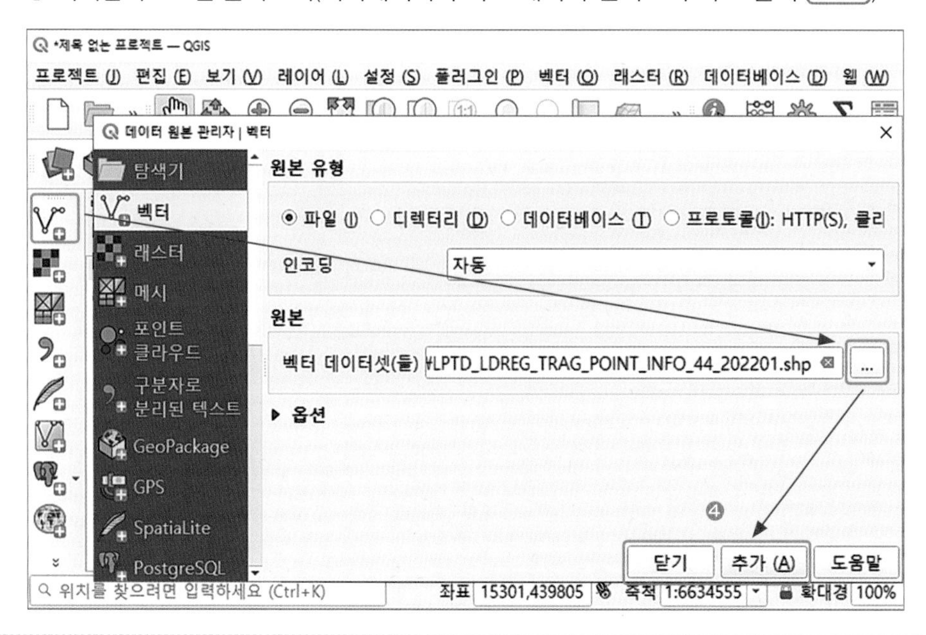

⑤ 통합기준점레이어 마우스 우클릭 – 속성 (Click) → ⑥ 원본 탭 – EPSG:5174 선택 – 확인 (Click)

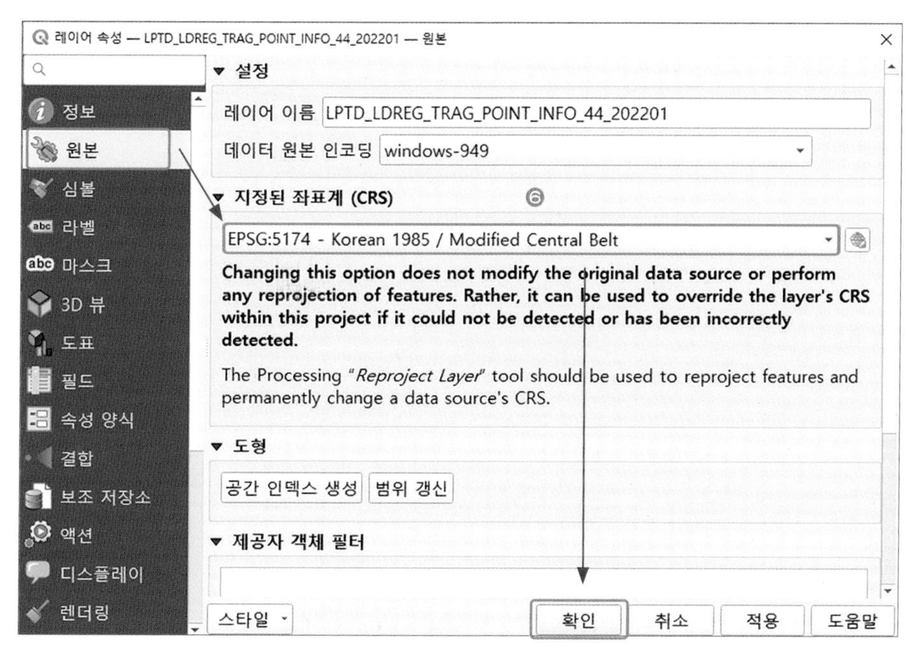

다음 결과화면과 같이 지적삼각보조점이 배경지도 위에 정상적으로 표현되는 것을 확인할 수 있다. 데이터 설명에는 'Bessel 중부'로 되어 있으므로 EPSG:5174를 적용하였다.

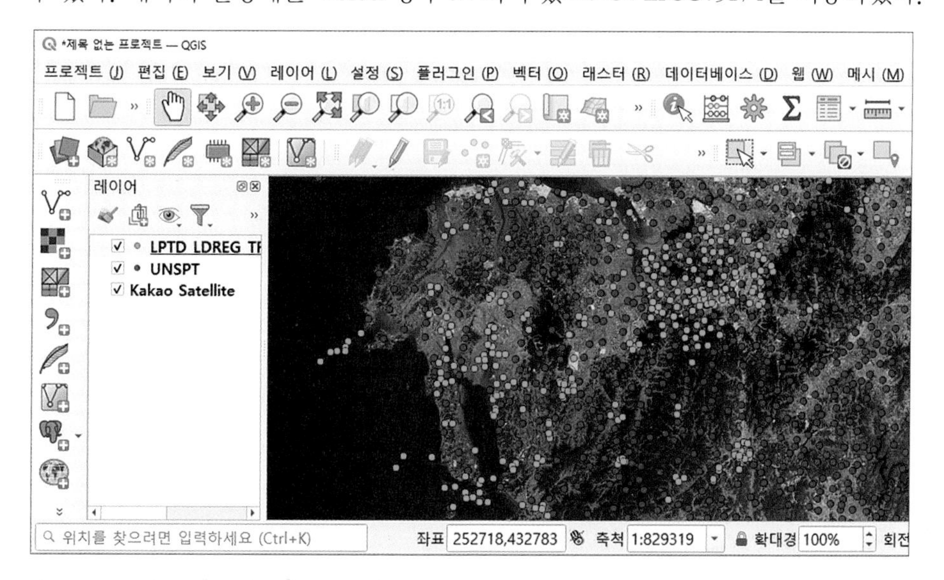

기타 도시기준점 등은 별도 서비스가 없으므로 해당 지자체의 담당부서를 통해서 받아야 한다. 앞에서 설명한 바와 같이 서비스하는 데이터와 현재 데이터 간에는 차이가 있을 수 있다. 우선 국가공간정보포털에 고시된 정보가 오래된 경우 해당 기준점이 국가기준점이라면 국토정보플랫폼 고시정보와 비교하기를 권장한다. 또한 현장에는 기준점이 매설되어 있고 관측은 이루어졌으나 성과가 미고시된 기준점도 있음을 주의해야 한다.

4) 시각화를 통한 기준점밀도 분석

도상계획에 들어가기 전에 기존의 기준점 자료를 이용하여 시각적으로 밀도를 분석해 보기로 하자. 특히 국가기준점의 경우 위성기준점, 통합기준점, 삼각점 및 수준점 등 배점밀도를 고려하여 관측계획을 수립해야 하는데, 단순히 지도에 전개하여 보는 것보다는 분석방법을 이용하는 것이 효과적이다.

분석방법에는 기준점 간의 위치를 연결하는 델로네삼각분할(TIN구성과 동일)과 기준점과 기준점 간의 영역을 분할하는 보로노이폴리곤방법을 적용할 수 있다. 샘플데이터를 이용해 실습해 보자.

❶ 웹 – TMS for Korea – Kakao Maps – Kakao Satellite (Click) → ❷ 하단 좌표계(OTF) EPSG:5186 설정 → ❸ 벡터레이어 추가 아이콘 (Click) → 기준점_세종.shp 입력 → ❹ 벡터 – 도형도구 – 델로네 삼각분할 (Click)

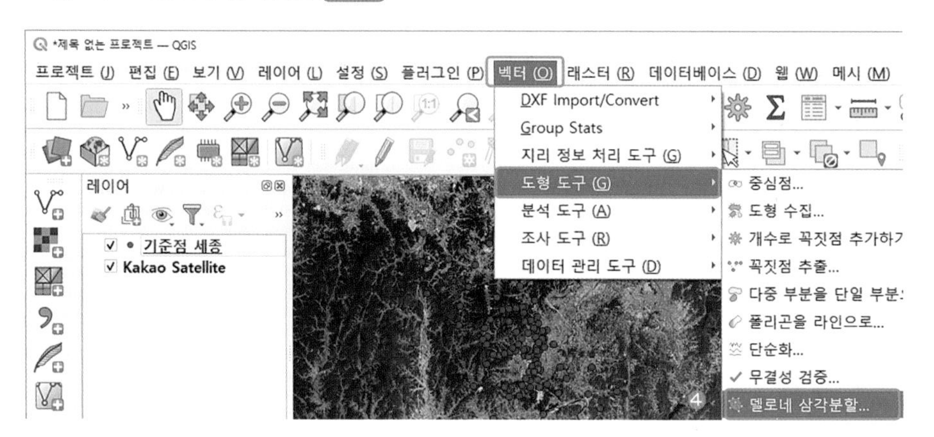

❺ 입력 레이어: 기준점_세종 – 실행 (Click)

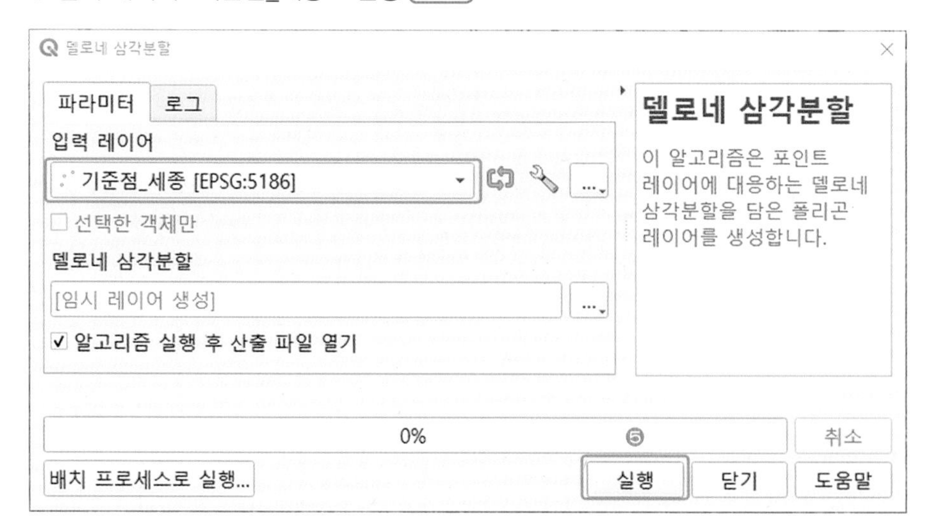

⑥ 벡터 – 도형 도구 – 보로노이 폴리곤 Click

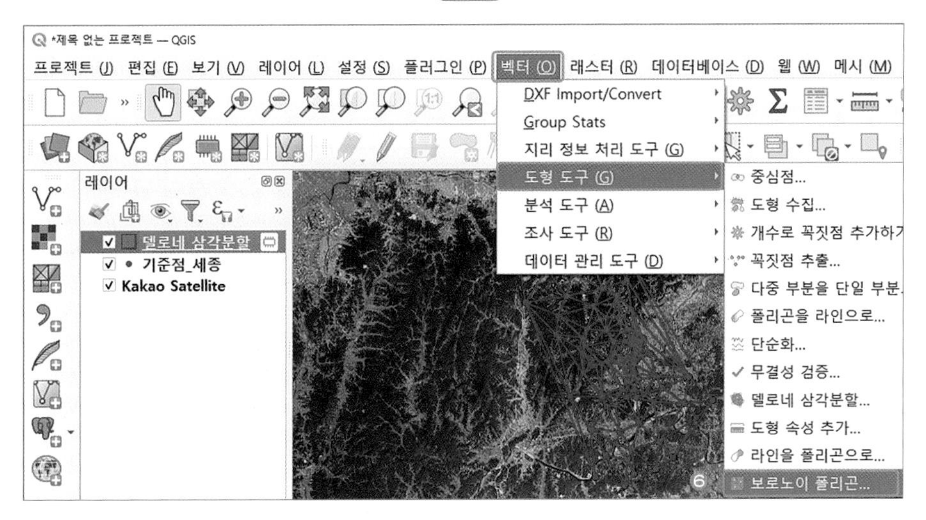

⑦ 입력 레이어: 기준점_세종 – 실행 Click

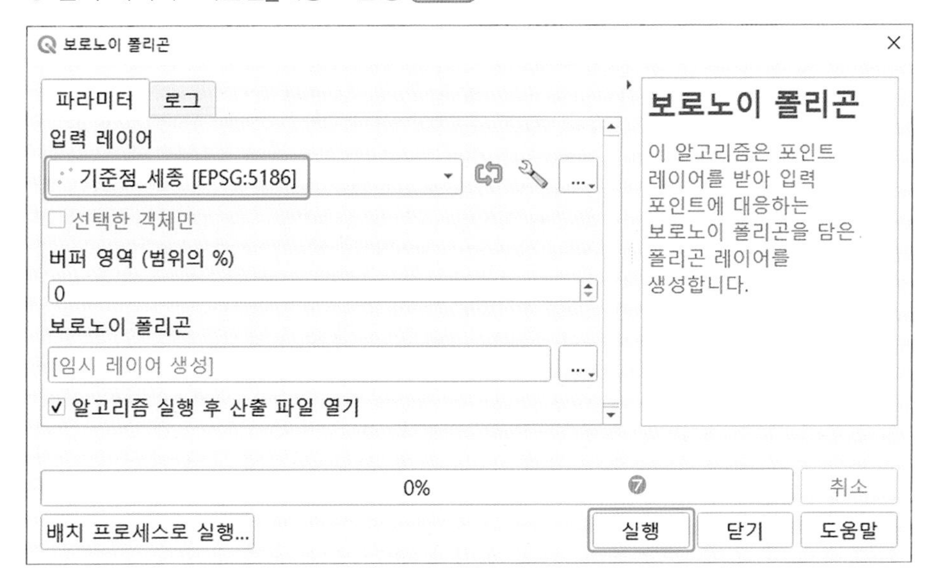

⑧ 산출된 레이어(델로네, 보로노이) – 속성 마우스 우클릭

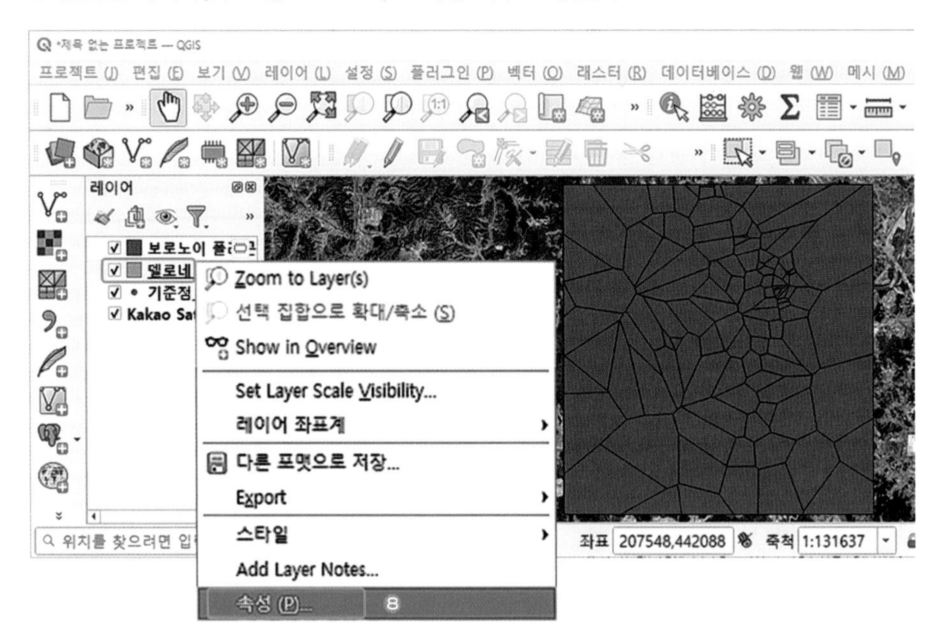

⑨ 심볼 탭 – 채우기 – 단순 라인 선택 – 심볼 레이어 유형 – 외곽선: 단순 라인 선택 – 색상, 획 너비 등 설정 – 확인 Click

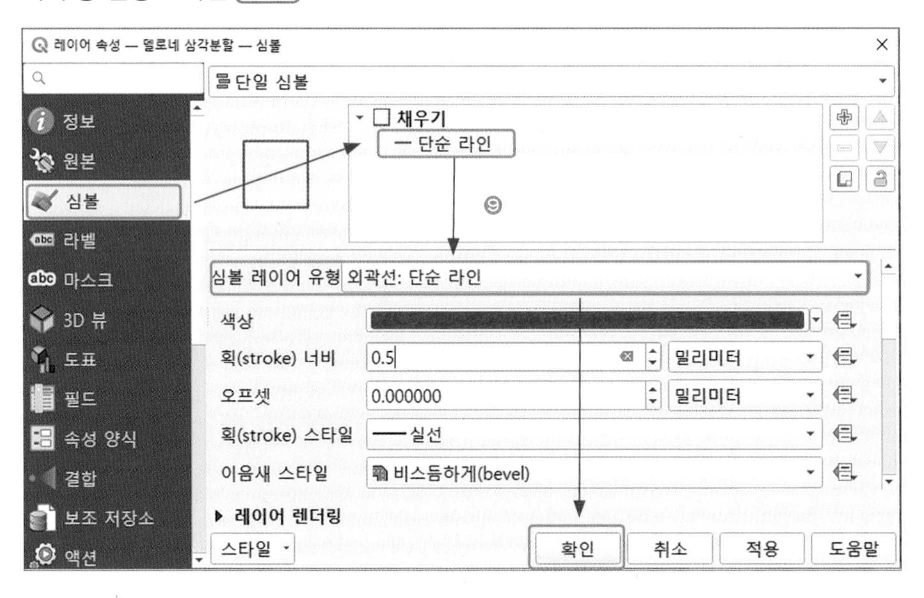

다음과 같이 보로노이폴리곤과 델로네삼각분할을 이용한 분석결과를 확인할 수 있다.

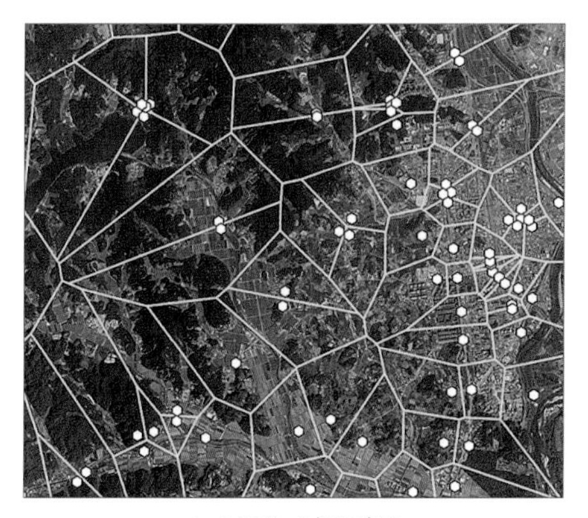

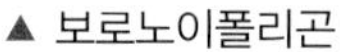

▲ 보로노이폴리곤

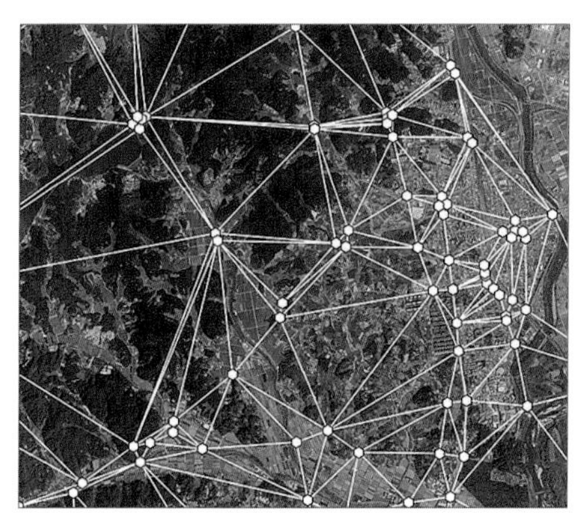

▲ 델로네삼각분할

분석결과 우측부분인 조치원읍에는 기준점이 많지만 좌측부분은 기준점이 적게 보인다. 특히 A부분은 기준점이 거의 없는 것으로 보이는데, 해당 지역은 산과 호수가 있기 때문에 기준점 설치 및 수요가 상대적으로 적을 것이다. 반면 B부분은 평야지역으로 도심지에 인접해 있어서 기준점의 수요가 많을 것으로 예상되므로 추가적인 설치가 필요할 것이다.

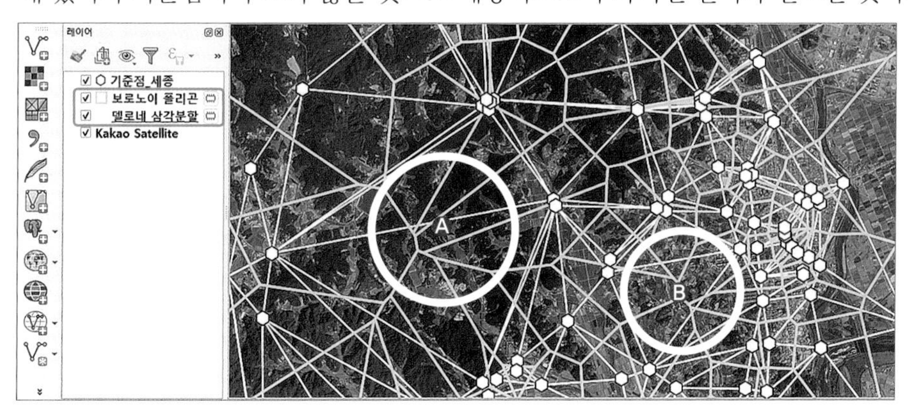

5) 도상계획

(1) 데이터 불러오기

특정지역의 토지개발사업이 있는 경우 과거에는 지형도에 사업지구의 위치를 제도하고, 기존의 기준점을 제도하여 시통여부 등을 대략적으로 검토한 후 신설될 기준점의 위치를 도상에 계획하였다. 트랜싯에 의한 삼각측량을 실시해야 하므로 유심다각망, 삽입망, 사각망, 트래버스망 등을 기본으로 지형에 맞게 기준점 신설계획을 수립하였다. 그러나 최근에는 GNSS에 의한 측량방법의 적용으로 기지점과 시통되지 않더라도 신설점의 설치가 가능해져 기존보다 수월하게 되었다.

앞의 2)와 3)에서 통합기준점과 지적삼각보조점을 다운로드 받았다. 통합기준점은 세계측지계기준이며, 지적삼각보조점은 지역측지계기준으로 판단된다. 실습은 세계측지계기준으로 진행하기로 한다. 또한 도상계획에서는 기존의 기준점을 도면에 전개한 후 사업지구 위치를 파악하고 후속측량을 고려하여, 신설될 기준점의 위치를 도상에서 선정하고자 한다. 실습파일에서 통합기준점, 지적삼각보조점, 사업지구계, 공주시 읍면경계를 불러와서 인근 기준점을 파악하기로 하자.

구분	폴더명	좌표계
통합기준점	02_Z_NGII_UNSPT	EPSG:5179
지적삼각보조점	03_LPTD_LDREG_TRAG_POINT_INFO_충남	EPSG:5174
사업지구계	05_도상계획-사업지구 경계	EPSG:5186
공주시 읍면계	05_도상계획-충남_공주_읍면계	EPSG:5186

사업지구계 및 공주시 읍면계와 같이 폴리곤형태의 데이터는 해당 레이어 마우스 우클릭 – 속성 Click 하여 아래와 같이 단순 라인으로 표현한다.

❶ 심볼 탭 – 채우기–단순 라인 선택 – 심볼 레이어 유형 – 외곽선: 단순 라인 선택 – 색상, 획 너비 등 설정 – 확인 Click

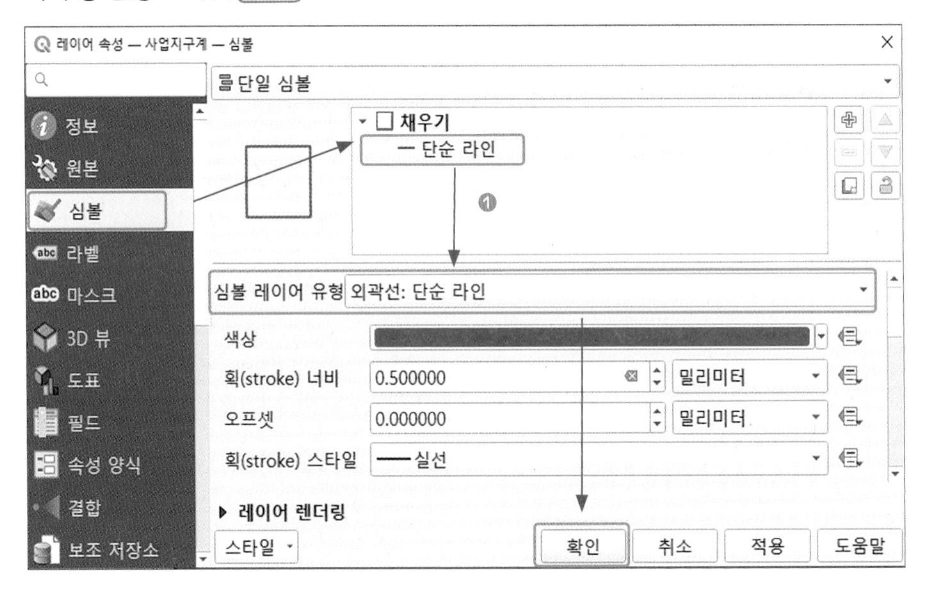

Tip◆ 사업경계는 QGIS메뉴에서 레이어–레이어 생성–새 Shapefile에서 만들고, 공주시 읍면계는 국가공간정보포털에서 행정구역 검색–행정구역_읍면동–충남데이터를 다운로드 받은 후 QGIS에서 공주시에 해당하는 데이터만 따로 추출하였다. QGIS 사용법을 알아두면 업무에 많은 도움이 된다.

기준점번호를 확인해 보자.

❷ 통합기준점레이어 마우스 우클릭 – 속성 Click

❸ 라벨 탭 – 단일 라벨 / 값: CTRLPNT_NM / 글꼴, 크기, 색상 선택 – 확인 Click

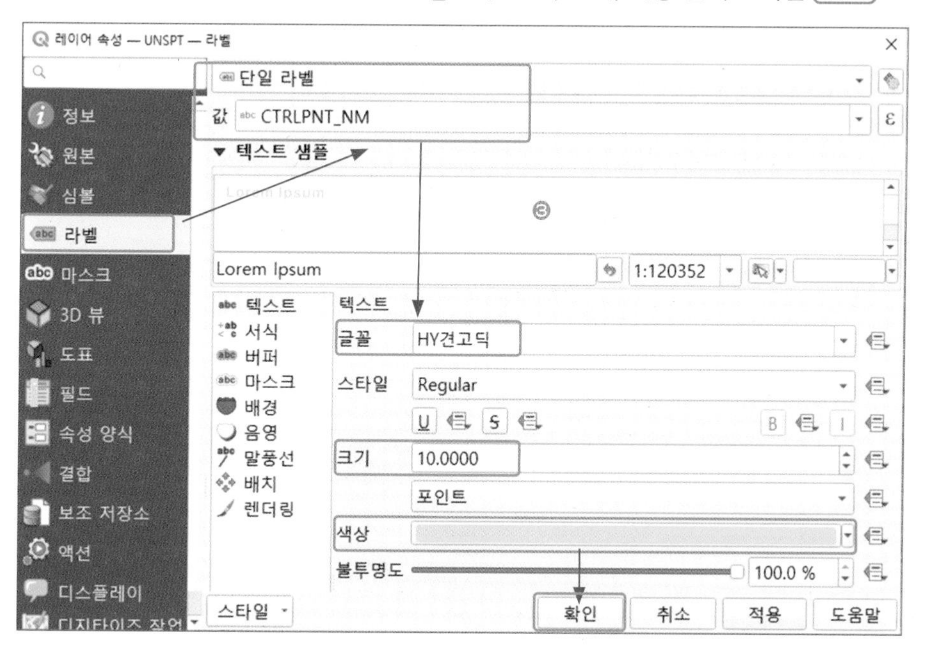

사업지구 주위에 U전의23, U전의24, U전의91, U공주02가 있음을 확인하였다.

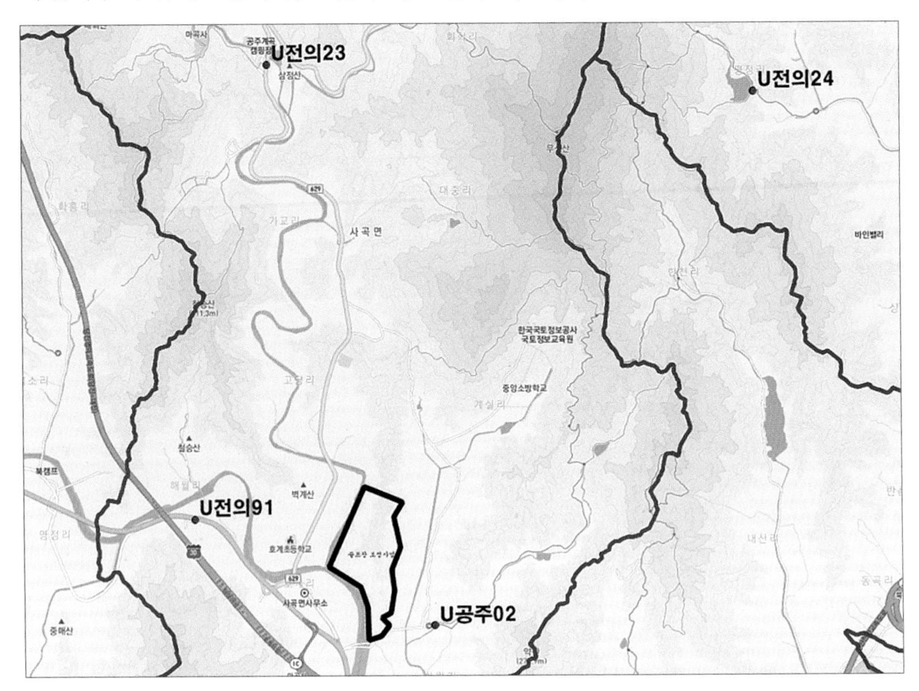

U전의23

점의번호	U전의23	이력사항		조사현황	
도엽명	전의	매설일	2012년 07월 10일	조사년월	2021년 04월 15일
도로명주소	충청남도 공주시 사곡면 마곡상가길	고시번호	2015-2060	조사기관	충청남도 공주시
지번주소	충청남도 공주시 사곡면 운암리 731-2	고시일	2015년 09월 25일	점의상태	완전

통합기준점 성과 (세계측지계)						
	위도	36-33-22.58182	X(m)	439771.1927	원점	중부원점
	경도	127-01-14.84446	Y(m)	201861.2617		
	타원체고(m)	120.6002	표고(m)	96.2469		직접수준측량

U전의24

점의번호	U전의24	이력사항		조사현황	
도엽명	전의	매설일	2012년 07월 10일	조사년월	2021년 04월 15일
도로명주소	충청남도 공주시 정안면 느진목길	고시번호	2018-525	조사기관	충청남도 공주시
지번주소	충청남도 공주시 정안면 평정리 665	고시일	2018년 02월 02일	점의상태	완전

통합기준점 성과 (세계측지계)						
	위도	36-33-11.98628	X(m)	439447.7040	원점	중부원점
	경도	127-05-04.00097	Y(m)	207560.3043		
	타원체고(m)	150.0885	표고(m)	125.5054		직접수준측량

U전의91

점의번호	U전의91	이력사항		조사현황	
도엽명	전의	매설일	2017년 06월 13일	조사년월	2021년 04월 15일
도로명주소	-	고시번호	2017-3895	조사기관	충청남도 공주시
지번주소	충청남도 공주시 사곡면 해월리 371-1	고시일	2017년 12월 14일	점의상태	완전

통합기준점 성과 (세계측지계)						
	위도	36-30-35.11782	X(m)	434609.0192	원점	중부원점
	경도	127-00-39.10913	Y(m)	200973.1640		
	타원체고(m)	72.9778	표고(m)	48.6721		직접수준측량

U공주02

점의번호	U공주02	이력사항		조사현황	
도엽명	공주	매설일	2012년 07월 16일	조사년월	2021년 04월 15일
도로명주소	충청남도 공주시 사곡면 월은길 110	고시번호	2015-2060	조사기관	충청남도 공주시
지번주소	충청남도 공주시 사곡면 화월리 323-1	고시일	2015년 09월 25일	점의상태	완전

통합기준점 성과 (세계측지계)						
	위도	36-29-55.61139	X(m)	433392.0329	원점	중부원점
	경도	127-02-32.68207	Y(m)	203799.7692		
	타원체고(m)	58.8302	표고(m)	34.4400		직접수준측량

국토지리정보원의 국토정보플랫폼에서 확인결과 4개의 통합기준점은 2021년 4월15일 조사일 현재 '완전'상태로 사용이 가능하다. 그러나 반드시 현장 확인을 통해 기준점의 존재 여부와 데이터 수신 시 방해요인이 있는지 등을 면밀히 살펴야 한다.

(2) 도상계획

실습데이터의 주변에는 4개의 통합기준점이 있지만 해당 기준점에서 바로 측량을 실시하기에는 상당한 거리가 있으며, 시통의 문제도 존재하기 때문에 기준점의 신설이 필요하다. 다만 사업의 성격에 따라 업무는 달라질 수 있다. 국가에서 발주한 기본측량(「공간정보관리법」 제12조 등)이나 공공기관에서 발주한 공공측량(「공간정보관리법」 제17조 등) 등의 경우 통합기준점측량 또는 공공삼각점측량(1~4등)에 있어서 필요한 기준점의 관측 및 방위표 등도 확보해야 하므로 시통관계를 사전에 살펴볼 필요가 있다. 또한 지적확정측량을 실시해야 하는 경우에는 지적삼각보조점측량과 세부측량을 실시하기 위한 망구성(지 결합도선, 복합다각망, 공 결합트래버스, 트래버스망)을 고려하여 도상계획이 수립되어야 한다. 설계 및 시공을 위한 일반측량도 마찬가지로 세부측량까지 염두에 두어야 한다. 최근에는 세부측량이 Network-RTK측량(공 RTK-GNSS 또는 지 단일/다중기준국실시간이동측량)으로 가능하기 때문에 지적삼각보조점 또는 공공삼각점의 설치를 생략하는 경우도 있다. 하지만 성과에 대한 검증과 사업의 지속적인 관리를 위해서는 정지측량에 의한 지적삼각보조점 또는 공공삼각점을 설치하여 사업종료 시까지 관리하는 것이 합리적이다.
기준점을 신설함에 있어서 각 기준점마다 다음 표와 같이 설치간격을 별도로 정하고 있으므로 점간거리 또는 기지점간 거리, 미지점간 거리 등도 고려하여 계획해야 한다.

구분		기지점간 거리	미지점간 거리	기지점과의 거리
지적기준점	지적삼각점	–	2~5km	10km 미만
	지적삼각보조점	–	1~3km	5km 미만
	지적도근점	–	50~300m	2km 미만
공공기준점	1급 공공삼각점	5,000m	1,000m	–
	2급 공공삼각점	2,500m	500m	–
	3급 공공삼각점	1,000m	200m	–
	4급 공공삼각점	500m	50m	–

본 실습에서는 사업지구의 지구계를 결정하는 지적확정측량과 이를 기초하여 설계측량을 실시한다는 가정으로 도상계획을 수립하고자 한다. 따라서 지적삼각보조점 또는 4등 공공삼각점의 설치위치를 선정하는 데, 신설되는 점간에 시통이 가능하도록 도상에서 계획하고자 한다.
다음 그림과 같이 웹 – TMS for Korea – Kakao Maps에서 Satellite 배경과 Street 배경을 이용하여 계획을 수립한다. 특히 Satellite 배경은 주위의 산이나 건물, 가로수 등에 관한 직관적인 정보를 이용하면 대략적인 계획에 편리하다.
세부측량을 위한 망구성에서 실제 현장에 설치되는 기준점들은 사업지구의 공사기간 동안의 망실을 최소화하기 위해 사업지구 경계외곽에 보존이 잘 될 수 있는 곳에 설치되어야 한다. 다만 세부측량을 위한 기준점은 본 교재의 범위가 아니므로 본 교재에서 기술은 생략한다. QGIS의 레이어–레이어 생성기능을 이용하여 계획에 활용하는 부분에 대한 Shp파일 작성은 "스마트한 QGIS활용서" 등 전문서적이 있으니 참고하기 바란다.
다음 그림을 보면 기존에 설치되어 있는 U전의91과 U공주02를 활용하여 'H'형태의 망을 구성하였다(지 복합다각망, 공 트래버스망). 지형의 특성상 남북이 긴 형태로, 북쪽에 기지점으로 사용할 기준점이 최소 4점 이상 필요하다. 이 기준점의 신설 예정지에 대하여 현장답사 및 매설을 실시하고, 정지관측을 실시해 보자.

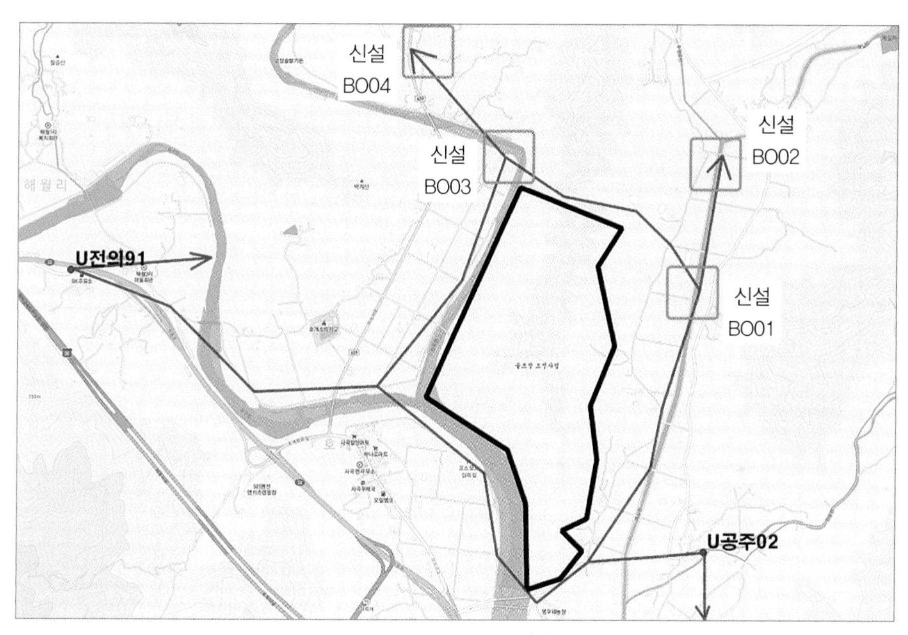

▲ Kakao Street 배경

Tip◆ U전의91 및 U공주02는 방위표가 기재되어 있으므로 현장답사 시 방위표를 확인하고 방위표에 이상이 없으면, 그대로 사용한다.

도상계획에 있어서 최대한 현장의 여건을 사전에 고려하기 위해서는 다음 그림과 같이 위성영상 등을 배경으로 하는 것이 좋다. 현장 확인이 필요하지만, 임야나 도로, 건물 등의 위치 파악이 쉬워 대략적인 계획에 적합하다. 다만 촬영시점 이후에 신축된 건물 또는 지형의 높낮이 등은 현장에서 직접 확인이 필요한 사항이다.

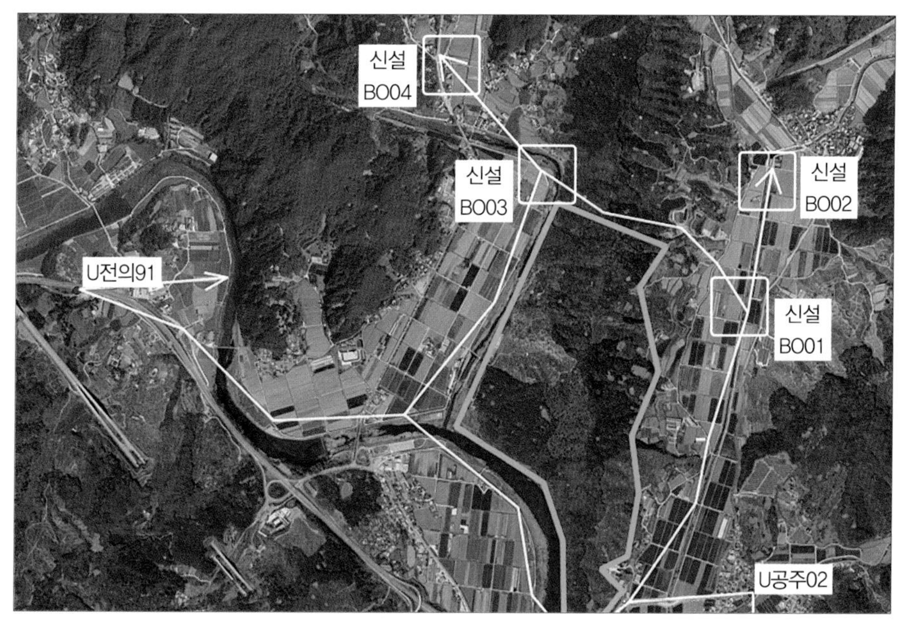

▲ Kakao Satellite 배경

도상계획 시 GNSS측량원리와 관련된 주의할 사항은 위성의 운행이다. 특히 가장 많이 활용되는 GPS의 운행은 우리나라에서는 다음 그림과 같이 이루어진다. 북반구에 위치해 있기 때문에 방위각 315~45도, 고도 60도 이하의 지역에서는 GPS위성이 운행하지 않는다. 즉 GNSS관측 시 북쪽에 어느 정도 높이의 장애물이 있더라도 상관없는 것이다. 다만 반사물체 등 멀티패스효과를 일으키는 물체는 되도록 최소화하도록 해야 한다. 시청이나 군청 앞에 설치되어 있는 위성기준점, 통합기준점 등은 주로 건물의 앞쪽 화단에 설치된 경우가 많은데, 일반적으로 건물을 남향으로 건축하기 때문에 기준점의 위치에서는 건물이 북쪽에 위치하게 된다.

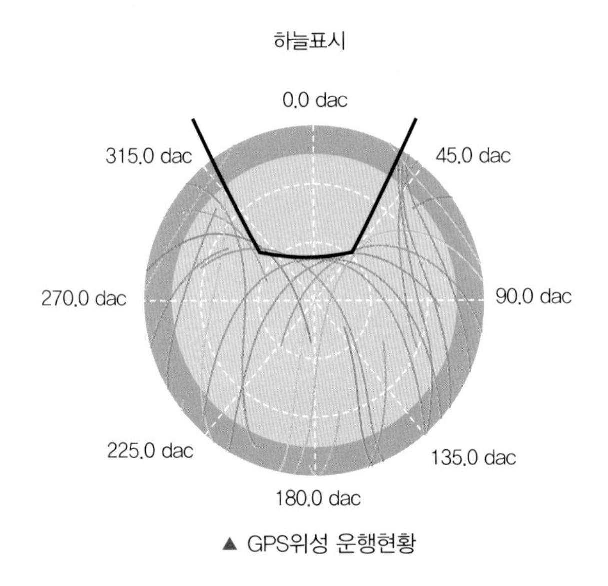

▲ GPS위성 운행현황

출처: LGO 소프트웨어

02 답사 및 관측계획수립

1) 답사

(1) 규정

규정	내용
국 국가기준점측량 작업규정 제13조	• 기지점으로 사용할 국가기준점들에 대한 이상 유무를 판단하기 위하여 현장조사를 반드시 실시 → 점검내용에 대한 기준점 총괄표 및 조사서 작성 • 기 설치된 국가기준점 상황을 조사하여 멸실, 훼손 등에 따른 복구 및 보수 여부를 결정 → 작업계획 마련한 후 국토지리정보원장에게 보고
지 지적업무처리규정 제10조	• 사용하고자 하는 삼각점 · 지적삼각점 및 지적삼각보조점의 변동유무를 확인 → 기지각과의 오차가 ±40초 이내인 경우는 기지점에 변동이 없는 것으로 판단

현장답사를 통해 기지점으로 사용할 기준점의 이동 유무, 파손 등 이상 유무, 기준점 간 성과 등을 확인한 후에 기지점으로 사용해야 한다. 과거 트랜싯에 의한 삼각측량에서는 지상에 설치된 기지점이 중요한 역할을 하였고, 최근까지도 측량분야에서 중요하게 사용되었다. 그러나 세계측지계 도입과 위성기준점의 활용으로 기존의 통합기준점, 삼각점, 지적삼각점, 공공삼각점 등을 기지점으로 사용하는 경우는 희박한 것이 현실이다. 다만, 기존의 성과를 확인해야 하는 측량에서는 기지점의 확인이 필요하며, GNSS인프라가 부족한 해외 국가의 측량 등에서는 기지점을 이용한 GNSS정지측량이 필요하다. 본 실습에서는 위성기준점을 기지점으로 사용하지만, 주변의 통합기준점 4점을 관측하여 통합기준점에 의한 성과결정도 실시하고자 한다.

국가기준점(통합기준점 및 삼각점 등)의 설치에 있어서는 주변의 기지점을 답사한 후 다음의 기준점 총괄표 및 조사서를 작성하여 보고하여야 한다.

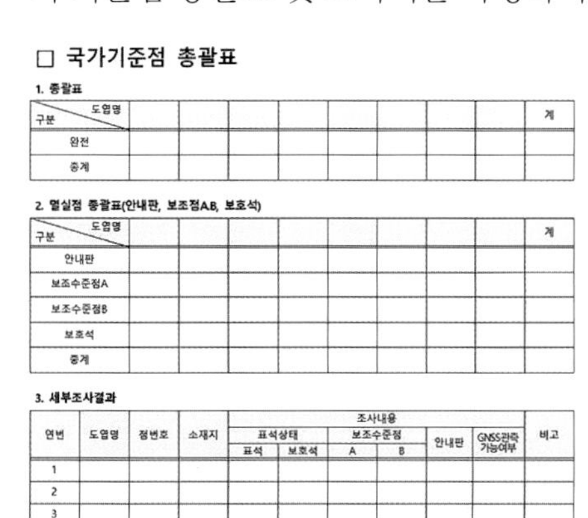

□ 국가기준점 총괄표

1. 총괄표

구분 \ 도엽명									계
완전									
총계									

2. 멸실점 총괄표(안내판, 보조점A,B, 보호석)

구분 \ 도엽명									계
안내판									
보조수준점A									
보조수준점B									
보호석									
총계									

3. 세부조사결과

연번	도엽명	점번호	소재지	조사내용						비고
				표석상태		보조수준점		안내판	GNSS관측 가능여부	
				표석	보호석	A	B			
1										
2										
3										

▲ 국가기준점 총괄표

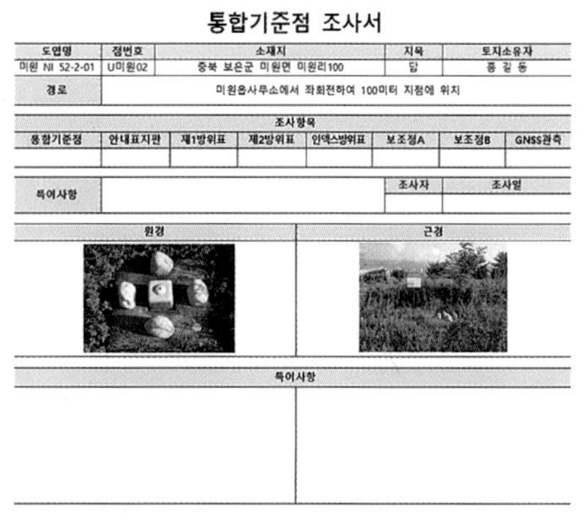

통합기준점 조사서

도엽명	점번호	소재지	지목	토지소유자
미원 NI 52-2-01	U미원02	충북 보은군 미원면 미원리100	답	홍 길 동
경로	미원읍사무소에서 좌회전하여 100미터 지점에 위치			

조사항목

통합기준점	안내표지판	제1방위표	제2방위표	인덱스방위표	보조점A	보조점B	GNSS관측

특이사항		조사자	조사일

원경	근경

특이사항

▲ 통합기준점 조사서

지적측량에서는 다음과 같이 필요한 경우 별표의 상공장애확대도 하단에 해당 기준점까지의 접근경로 및 조사내용을 기재하고 있다.

특기사항	측점현황	
10:00 사무실 출발	점명	U전의24
10:20 노송삼거리 우회전하여 원삼방향	측점기계고	1.6m
10:40 "칠성문방구" 앞 주차	위도	36-33-11
10:50 뒷산길 따라 진입	경도	127-05-04
11:00 측점도착 총 소요시간 1시간	표고	125.5054
※ 나무숲이 우거져 연장폴 1개 이상 필요	조사일	2023.12.01
	조사자	홍길동

(2) 답사의 필요성

현장을 답사하는 것은 GNSS측량을 성공적으로 수행하기 위한 필수요건으로 기지점과 신설점의 양호한 관측환경 확보와 상공장애요소를 사전에 제거함으로써 양질의 위성데이터를 수신하여 최적의 성과를 산출할 수 있다. 다음의 사례를 통해 현장답사의 중요성을 알아보자.

① 현장 미확인

다음 그림과 같이 기준점 성과표에 있는 좌측의 조사사진을 확신하고, 답사를 생략한 후 기지점으로 사용하고자 측량을 실시하였으나 현장에는 우측 사진과 같이 공원이 조성되어 있어 주변정리 및 타워폴 준비를 위해 1시간 이상 관측이 지연되었다. 기존 조사 당시에는 아파트나 공원이 조성되어 있지 않았으나 1~2년 사이에 조성된 것으로, 주로 토지개발로 급격하게 지형이 변화하는 지역에서 나타나는 현상이다. 기지점으로 사용하거나 기존 성과와 연계하여 관측을 실시해야 하는 경우는 반드시 현장을 답사하는 것이 중요하다. 또한 현장답사 시 톱, 낫 등의 주변정리를 위한 간단한 도구 등을 구비하여 주변정리를 위한 준비를 해야 한다.

▲ (左)기준점 성과표 자료

▲ (右)현장측량 당시 상황

출처: 국토정보교육원 교재

② 기준점 이동 유무 미확인

다음 그림과 같이 기준점 옆에 산림감시 초소가 새로이 건축되었는데, 건축과정에서 기준점 표석이 이동되었는지 유무를 확인할 수 없고, 건축물로 인하여 GNSS신호가 일부 차단되고 있으므로 기지점으로 사용하기에는 부적합하다.

③ 현장 설명 부족 및 기준점 혼동

현장답사를 실시하지 않고 측량 당일 대략적인 현장 위치를 측량자에게 설명하였으나 계획된 기준점이 아닌 다른 기준점에 설치되는 경우가 있다. 일반적으로 기준점이 설치되는 지역은 수평적으로 시야가 확보되고 상공시계가 좋은 지점을 선택하는데, 국가기준점, 지적기준점, 공공기준점, 기타 다른 기준점들이 동일지역에 여러 개가 존재하는 경우가 있기 때문에 종종 이런 실수가 발생하기도 한다. 일부 기준점의 경우 풀이나 장애물, 도로 옆에 있는 경우는 모래 등에 덮여 쉽게 발견되지 않는 경우가 있다. 따라서, 현장답사 시 GNSS장비를 지참하여 Network-RTK측량으로 기준점의 성과를 확인한 후 사용하는 것이 바람직하다. 또한 답사 시 현장의 상황을 사진 등으로 남겨 현장관측에서 해당 자료를 참고할 수 있도록 하는 것이 바람직하다.

아울러 접근경로도를 작성해 두거나 내비게이션앱 등을 활용하는 것도 도움이 된다. 특히, 업무를 처음 접하는 측량자를 위해서는 다음 그림과 같이 "산길샘" 등 무료 앱을 활용하면 이동경로를 쉽게 안내받을 수 있다.

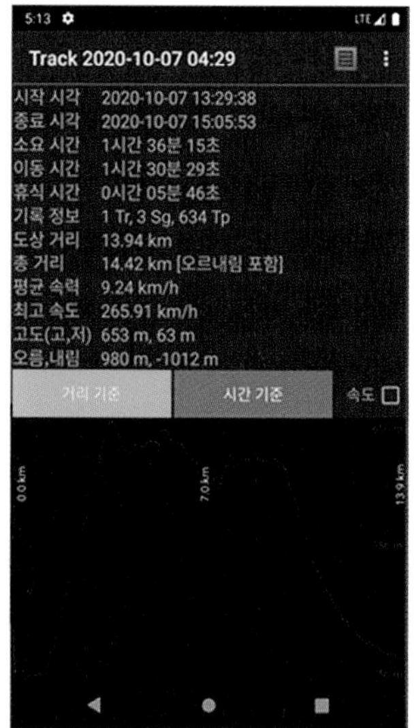

▲ 산길샘 App

출처: Google Play

④ 기준점의 혼재

기존에 사용되었던 기준점이 주변환경 등의 이유로 폐쇄되는 경우가 있다. 이러한 경우 기준점대장폐쇄뿐만 아니라 현장의 기준점표지도 제거해야 하는데, 가끔 제거되지 않은 경우가 있으므로 관리청에 반드시 제거하도록 신고해야 한다. 이 경우에도 사전에 답사 시 GNSS장비를 지참하여 Network-RTK측량으로 기준점의 성과를 확인하고, 현장사진 등을 확보하는 것이 바람직하다.

Network-RTK측량으로 기지점의 성과를 취득하는 경우에는 좌표변환 S/W 등으로 기존 성과와의 차이 등을 점검할 수도 있다.

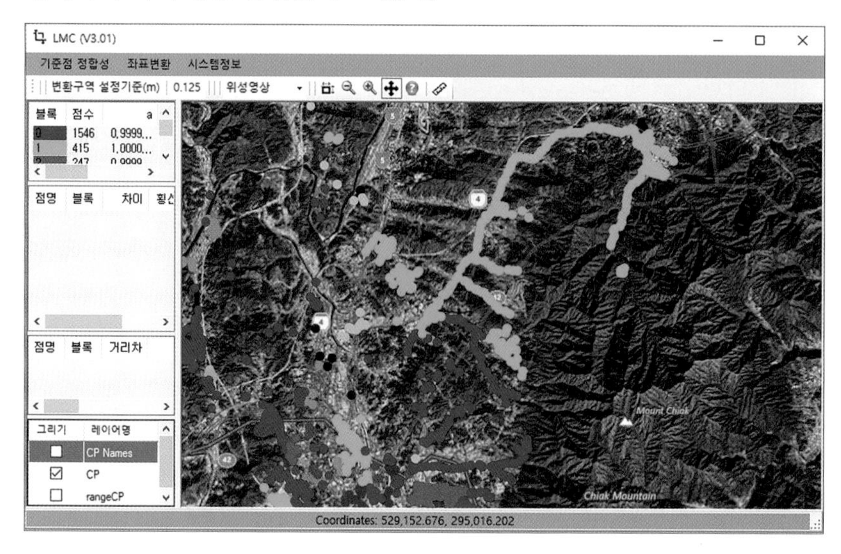

▲ 좌표변환 S/W

출처: 한국국토정보공사

(3) 답사 및 선점 준비물

현장을 답사하여 기존 기준점을 조사하거나 신설점을 선점하는 경우에 다음과 같은 준비물을 갖추도록 권장한다.

첫째, GNSS관측환경 확인 및 기지점으로 사용하는 점 간 성과확인과 신설점의 대략적인 위치확인을 위해 Network-RTK장비를 지참할 것을 권장한다. GNSS관측환경만을 검토하기 위한 경우라면 “GPS Test”앱을 사용해도 된다.

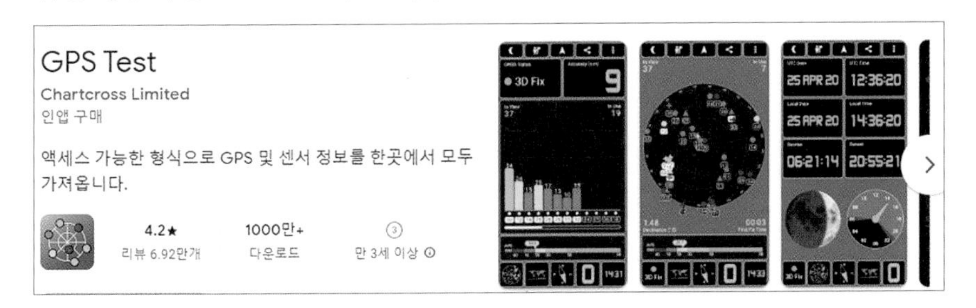

출처: Google Play

둘째, 기준점 주위를 정비할 도구로 톱, 낫 등의 준비가 필요하다.

셋째, 기준점경로 등을 기록할 접근경로 작성 서식이나 필기구 또는 “산길샘”앱을 이용한 기록 등을 권장한다. 산길샘앱은 상단의 기록 메뉴( )를 이용하여 경로를 저장하고 메뉴기능을 이용하여 경로관리 또는 공유가 가능하다.

넷째, 선점장소의 위치를 표식하기 위한 준비물 또는 위성수신 환경 등 상공장애도 작성을 위한 각종 도구들의 준비가 필요하다. 최근에는 “항공계기판-속도계”앱 등이 많이 활용되며, “Smart Measure”앱 등을 이용하여 주위 지장물의 대략적인 거리 등을 측정할 수 있다.

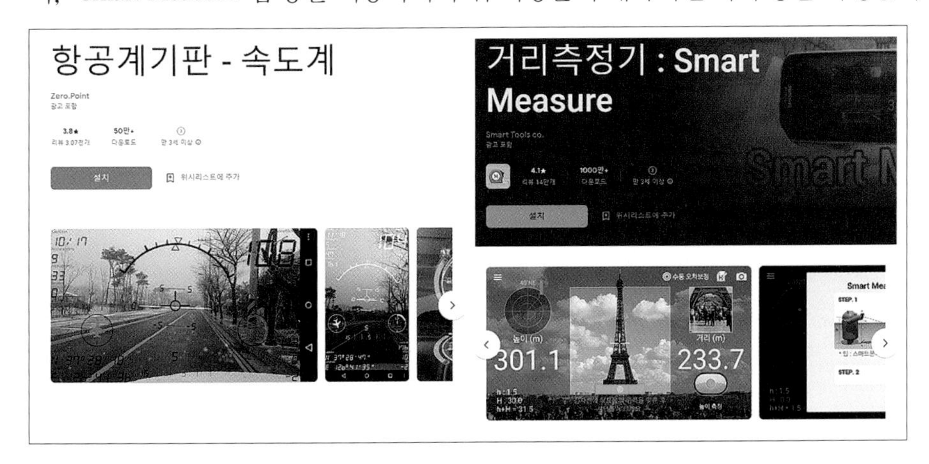

출처: Google Play

(4) 상공장애도 작성 [지]

상공장애도는 지적기준점 설치에 필요한 작업으로, 기지점의 조사 시 주변정리 후 상공장애도를 작성한다. 상공장애도는 정지측량관측 서식에 기재하는데, 필요한 경우 다음과 같은 확대도를 별도 작성하며, 주로 기지점을 위주로 작성한다.

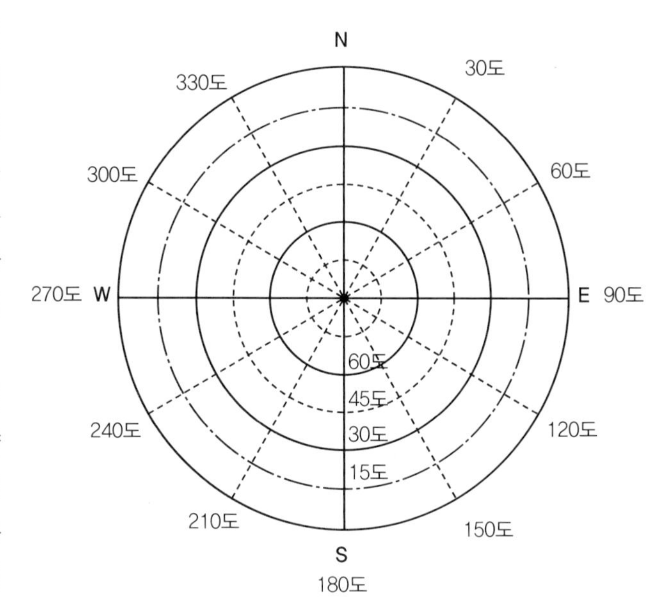

상공장애도는 관측점을 중심으로 GNSS수신기의 높이(약 1.5m)를 기준으로 하여 주변 360도 전체에 대한 장애요소들을 작성하는 것으로, 외곽에 기재된 각도는 북방향을 기준으로 한 방위각이며, 내부 원은 15도마다 고도를 표시한 것이다.

상공장애도의 작성을 위해서는 방위각과 고도를 알아야 하지만, "항공계기판–속도계"앱을 활용하면, 손쉽게 작성할 수 있다.

❶ Google Play에서 항공계기판 – 속도계 무료버전 설치

❷ App 실행 – 하단부를 터치하면 메뉴가 보임 – 카메라 아이콘 Click

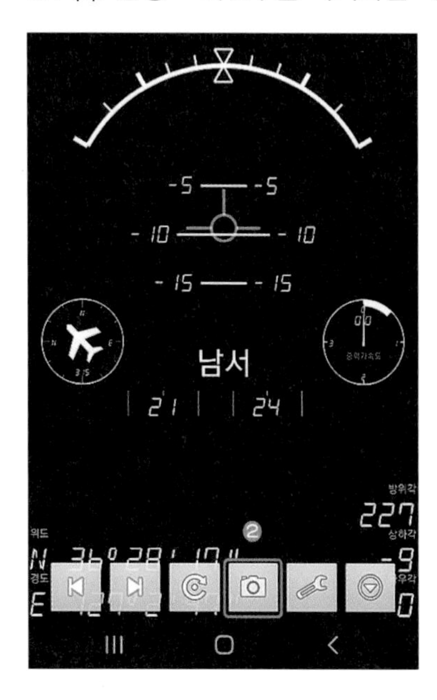

❸ App의 화면을 터치하면 다양한 모드가 나타나는데, 그중에서 다음 그림과 같이 오른쪽 하단에 방위각과 상하각이 표현되는 모드를 선택 → ❹ 하늘과 지상의 구조물이 맞닿는 지점(점선)에 측정선(-ტ-)을 일치시키도록 함 → ❺ 오른쪽 하단의 방위각과 상하각을 읽어 기재

위 그림의 읽음값은 방위각 118도, 고도 17도이므로 다음 그림과 같이 상공장애도에 표시할 수 있다.

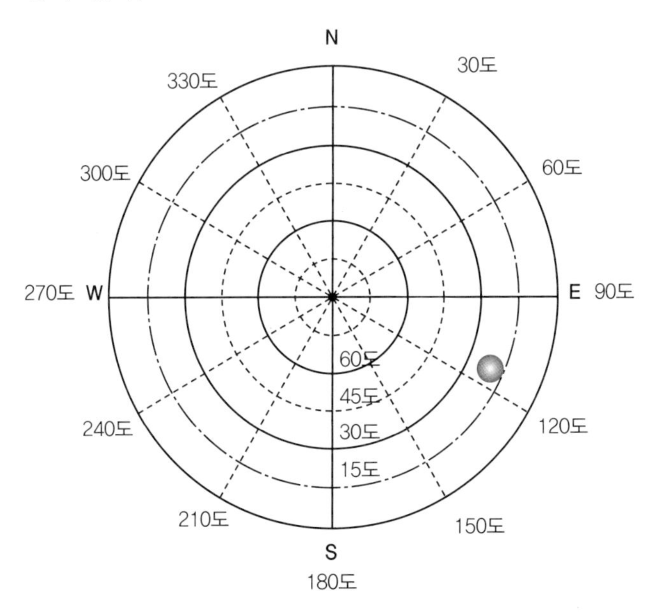

일반적으로 상공장애도는 방위각 30도 단위로 작성하고, 장애물이 있어 급격히 변화하는 경우에는 자세히 작성하는 것이 좋다. 관측지점에서 방위각 0도부터 330도까지 공제선과 측정선을 일치시켜 관측한 고도각을 모두 측정한 다음 아래 그림의 좌측과 같이 상공장애도에 표시하고, 각 점을 우측과 같이 연결하여 상공장애도를 완성한다.

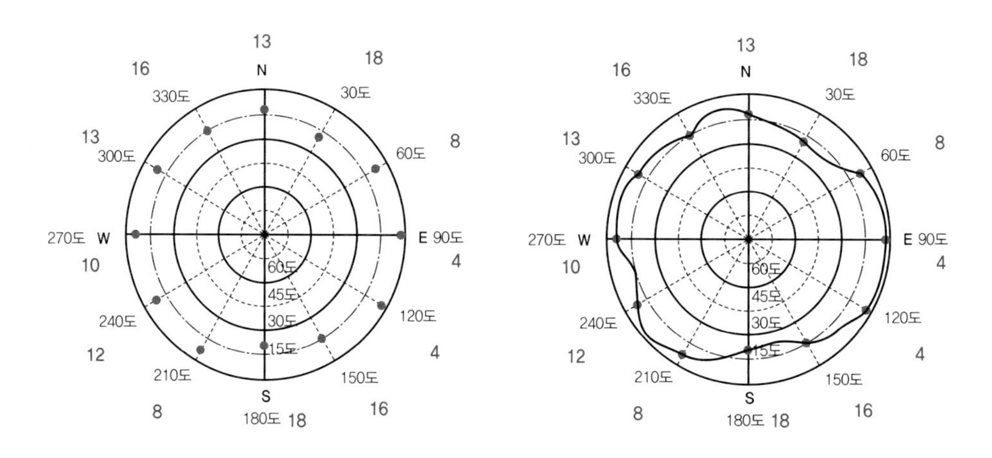

앞에서 설명한 현장답사 시 조사된 접근경로와 함께 작성하며, 다음 그림과 같이 작성된다. 다만 교재의 내용은 현장상황을 좀더 자세히 분석하고 관리하기 위한 것으로 반드시 작성해야 하는 의무는 없다.

▲ 상공장애도 확대도

방향	1	2	3	4	5	6	7	8	9	10	11	12	13	14	15
방위각	0	30	60	90	120	150	180	210	240	270	300	330			
고도각	12	18	8	4	4	16	18	8	12	10	13	16			

특기사항	측점현황	
10:00 사무실 출발	점명	U전의24
10:20 노송삼거리 우회전하여 원삼방향	측점기계고	1.6m
10:40 "칠성문방구" 앞 주차	위도	36-33-11
10:50 뒷산길 따라 진입	경도	127-05-04
11:00 측점도착 총 소요시간 1시간	표고	125.5054
※ 나무숲이 우거져 연장폴 1개 이상 필요	조사일	2023.12.01
남쪽 15m부분 10m 나무 존재	조사자	홍길동

위와 같이 관측된 자료를 이용하여 상공장애도를 완성하고, 특이사항은 하단에 별도로 기재하여 현장관측자가 참고할 수 있도록 한다.

항공계기판-속도계앱의 사용에 있어서는 다음과 같은 주의가 필요하다.

① 일부 기종은 App 기능 중 카메라 기능이 적용되지 않는 기종이 있으므로 사전에 사용 가능 여부를 확인해야 한다.

② 나침반과 App의 방위각이 일치하는지 미리 확인해야 한다.

③ 방위각이 정상적으로 인식되지 않는 경우에는 스마트폰 설정에서 GPS를 켠다. 다만 스마트폰 자체의 결함이 있는 경우에는 해당 제조사 서비스센터를 통해 수리 등의 조치를 받아야 한다.

2) 선점

(1) 규정

규정	내용
국 국가기준점측량 작업규정 제14조	• 관측계획도에 의거하여 지반의 견고성, 지형의 변형 예상, 전파 장해 유무, 5년 이내 공사계획, 식생 등 현지상황을 조사하여 → 선점조서 작성 및 작업방법과 측량표지 매설위치 등을 확인 · 결정 • 매설위치 : 국가 또는 지방자치단체 소유의 토지로, 영구보존 및 유지관리가 용이한 부지 내 지반이 견고하고 이용이 편리한 장소 • 전파발신기지 등으로 전파 장해가 예측되는 경우 GNSS측량기기를 사용한 사전데이터 수집 등으로 관측 가능 여부 확인 • 고도각 15도 이상의 상공시계를 확보할 수 있는 장소 • 제1방위표 선점 시 통합기준점과 방위표까지의 거리는 500m 이상을 표준으로 함(인덱스방위표 및 제2방위표도 동일)
지 GNSS에 의한 지적측량규정 제5조 지적업무처리규정 제10조	• 소구점은 인위적인 전파 장애, 지형 · 지물 등의 영향을 받지 않도록 다음 각 호의 장소를 피하여 선점 1. 건물 내부, 교량 아래 등 상공시계 확보가 어려운 곳 2. 초고압송전선 등 전기불꽃의 영향을 받는 곳 3. 레이더안테나 등 강력한 전파의 영향을 받는 곳 • 1방향 이상의 기지점 또는 소구점 시통이 가능하도록 선점 • 후속측량에 편리하고 영구적으로 보존할 수 있는 위치
공 지적업무처리규정 제19조	• 작업계획도를 기초로 기지점 현황을 조사하여 미지점위치를 선정 및 선점도 작성 • 선점도에는 미지점위치 등을 지형도에 기입 • 기지점 현황조사 완료 후 기준점 현황조사서 작성

선점은 도상계획 자료를 기초로 하여 현장에 신설점의 위치를 선정하는 작업으로, GNSS측량에 의한 현장관측과 후속측량을 고려하여 신설점의 위치를 선정해야 한다. GNSS측량 시 신설점의 현장위치 선정에 관한 고려사항은 다음과 같다.

고려사항	내용
견고한 지반 O, 지형변형 X	기준점의 이동 가능성이 적고 영구히 관리될 수 있는 지점 선정
후속측량의 편리성(시통 가능 지역)	지적도근점측량 및 세부측량 등을 편리하게 할 수 있는 지점 선정
상공시계 확보(고도각 15도 이상)	관측지점을 기준으로 고도각 15도 이상 수신된 GNSS데이터만으로 기선 해석을 해야 하므로 최대한 데이터 수신 여건이 좋은 지점 선정
전파영향이 적은 곳	GNSS관측 시 전파 등에 의한 오차를 최소화하기 위한 지점 선정
GNSS데이터 수신 장애 및 Multi – Path가 적은 곳	GNSS 데이터의 수신불량 등에 의한 오차를 최소화하기 위한 지점 선정

(2) 견고한 지반

지반침하의 우려가 있는 곳은 피해야 하는데, 하천, 호수 인근 등의 경우 지반이 연약해져서 서서히 침하할 우려가 있으므로 가급적이면 피하는 것이 좋다. 또한 호수 등의 물에 반사된 위성신호가 수신기에 들어오는 다중경로(Multi–Path)의 우려도 있다. 물론 최근 수신기 자체적으로 필터링 기능이 많아졌으며, 하천 등에 의한 다중경로는 대부분 수신기 기준 0도 이하에서 나타나는 경우가 많다. 또한 규정에 따라 15도 이하의 데이터를 사용하지 않기 때문에 다중경로에 의한 오차발생 우려는 현저히 낮아지는 것이 현실이지만, 위험요소가 많은 곳은 가급적이면 피하는 것이 좋다.

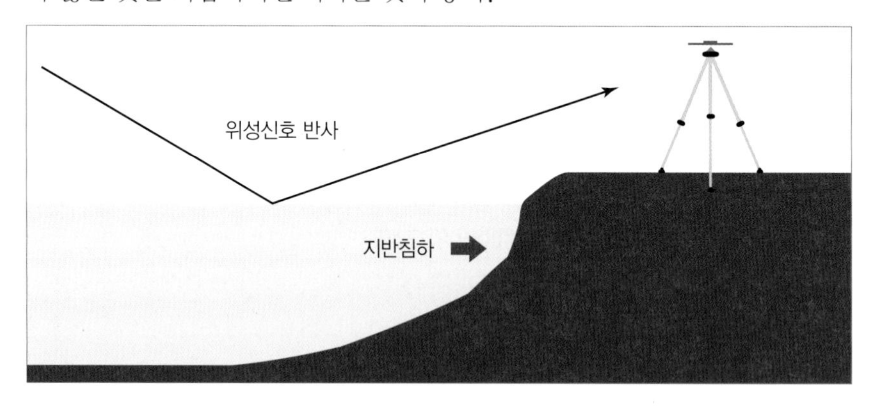

다음으로 교량에 기준점을 설치하면 시야가 넓어지기 때문에 교량을 활용하는 경우가 많다. 특히 최근에는 하천 주변에 가로수를 식재하는 경우가 많아 교량 등에 설치하면 시통이 편리하다. 그러나 작은 교량은 일반적으로 다음 그림과 같이 교각 위에 상판을 올려놓는 구조로 되어 있어 계절에 따른 신축과 미세한 흔들림이 있을 수 있다. 따라서 비교적 차량 통행 등에 의한 진동을 최소화할 수 있는 교각부분 등에 설치하는 것이 바람직하다.

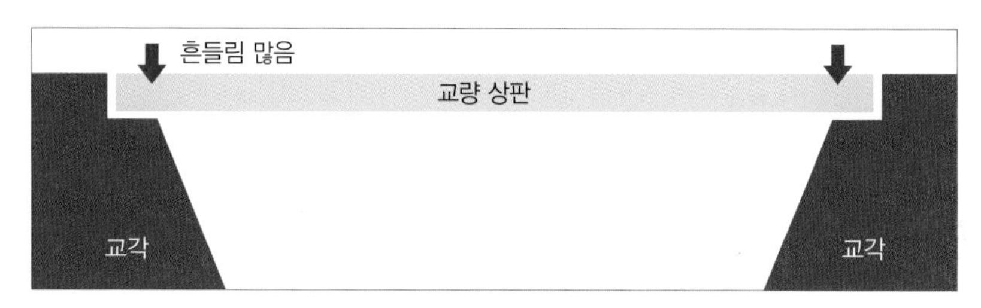

(3) 후속측량의 편리성

다음 그림과 같이 차량의 통행이 빈번한 도로에서 차량이 빠져나가는 지점의 화단에 신설점을 설치한 경우 측량사의 차량 주차 문제가 있으며, 안전장치가 제대로 안 된 경우에는 추돌의 위험성도 갖고 있다. 또한 지나가는 차량에 의한 위성신호의 Multi – Path나 장애도 있을 수 있다. 따라서 측량사의 접근 편의성과 안전을 고려한 신설점의 선점이 이루어져야 한다.

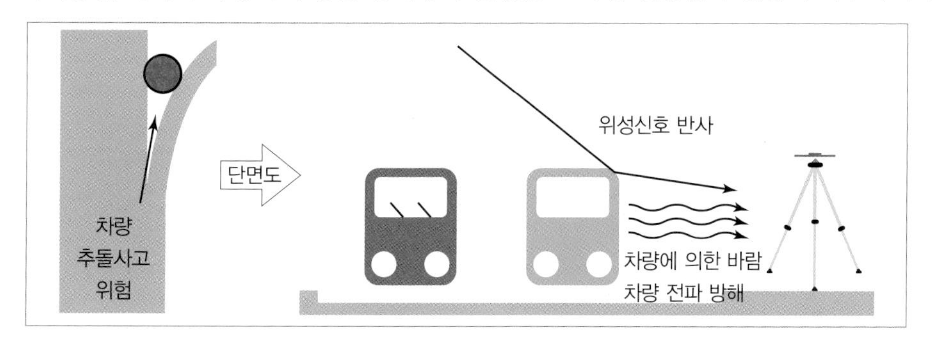

다음으로 도심지의 경우에는 건물과 구조물 등으로 인하여 기준점 설치가 쉽지 않은데, 어떤 지역에서는 다음 그림과 같이 도로 중앙차선에 기준점을 설치한 사례가 있었다. 물론 해당 도로는 상가지역 이면도로로 차량이 서행하는 지역이지만, 측량사의 안전상 위험성이 매우 크므로 다른 지점에 설치하는 것이 바람직하다. 이 지역 또한 차량에 의한 위성신호의 Multi–Path나 장애 등도 발생할 수 있다.

기타 고려할 사항으로 토지개발 사업지구의 경우, 향후 개발되는 범위 등을 고려하여 신설점이 향후에도 사용될 수 있도록 보존 가능한 지점을 고려하여 선점한다.

(4) 상공시계 확보

신설점의 GNSS관측환경(양호/불량 여부)을 판단해야 한다. 후속측량을 위한 망 구성상 반드시 신설이 필요한 지점에 임야나 수풀이 우거진 경우 관측환경에 영향을 주게 되므로 반드시 현장답사를 통해 주위를 살피고, 수풀 및 장애물들을 제거하여야 한다. 다음의 그림은 통합기준점이 설치된 장소인데, 기준점 근처에 조형물과 정자, 벚꽃나무가 있는 것을 볼 수 있다. 상공장애가 많으며, 특히 벚꽃나무가 생육하는 시기(4~10월 사이)에는 관측환경이 더욱 나빠질 것으로 예상된다.

▲ 상공장애 사례(통합기준점 U전의23)

이러한 상공장애가 관측환경에 어떠한 영향을 미치는지 살펴보자. 다음 그림과 같이 방위각 3도에서는 고도 29도, 방위각 231도에서는 고도 53도, 방위각 308도에서는 고도 62도의 상공장애가 발생한다.

▲ 방위각 3도

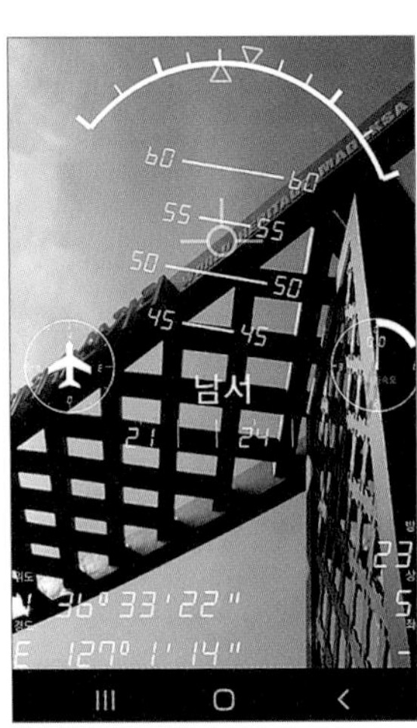

▲ 방위각 231도

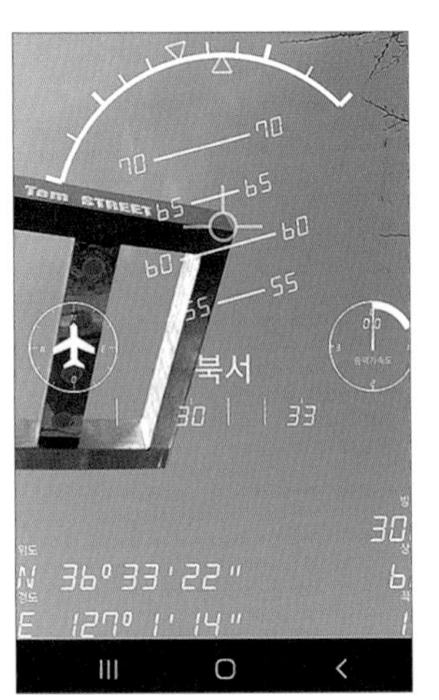

▲ 방위각 308도

30도 간격으로 상공장애를 조사한 결과는 다음 표와 같다.

방향	1	2	3	4	5	6	7	8	9	10	11	12	13
방위각	0	30	60	90	120	150	180	210	240	270	300	300	330
고도각	29	48	54	40	8	5	12	15	53	57	60	15	8

위의 내용을 바탕으로 상공장애도를 다음 그림과 같이 작성하였다. 상공장애도 작성 실습을 해 보자.

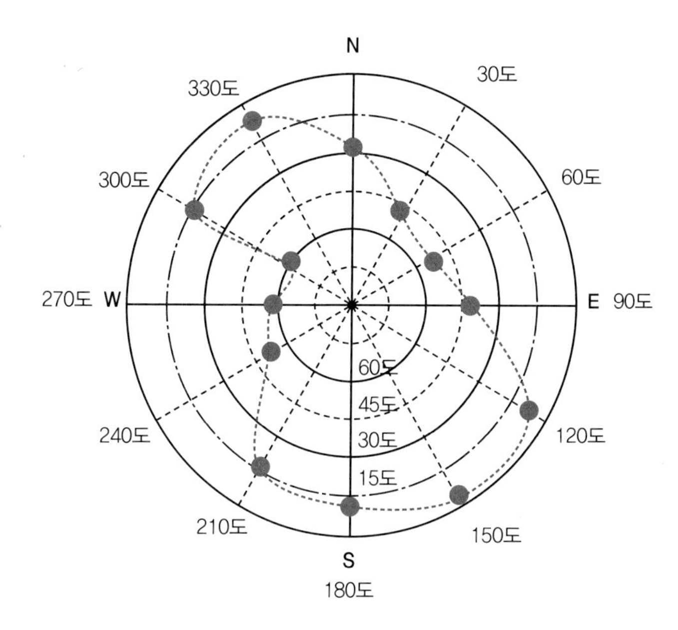

위의 상공장애도에서 나타난 장애물 등은 다음 그림에서처럼 B(G24번), C(G32번)위성과 같이 실제 수신기의 관측범위 내에서 운행되었지만 장애물로 인해 데이터가 끊기는 현상들이 발생하였다. 반면 A(G10번)위성의 경우 장애물에 걸리지 않고 정상적으로 수신되었다. 따라서 관측지점 주위의 장애물은 최대한 제거하는 것이 바람직하다.

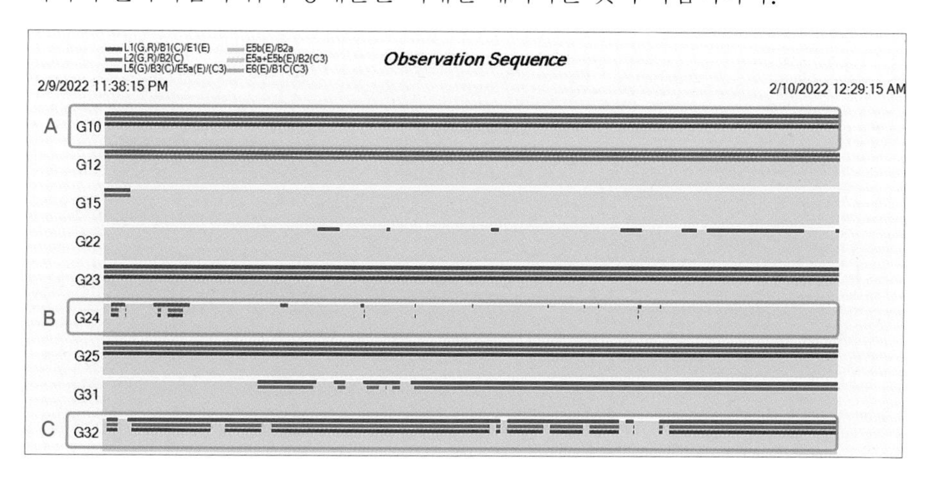

관측점 주위의 장애물은 모든 방향을 살펴 제거해야 하지만, 북쪽의 경우에는 GPS위성 운행 궤도상 60도 이상만 통과하므로 어느 정도의 장애물은 영향을 미치지 않는다.
다음 그림에서는 약 1.5m 높이로 GNSS수신기를 설치하였는데, 절사각 15도 이상에도 장애물이 많으므로 현장답사 시 주변정리 및 수목 제거가 필요하다. 이를 위해서 톱 등을 사전에 준비하고, 토지소유자 또는 관리부서(산림청 등)에 사전통보하여 작업을 실시하도록 한다. 또한 다음 관측자를 위해 정확한 위치를 표시해야 한다.

위의 정확한 위치표시는 현장에 표식을 하는 것도 필요하지만 최근에는 내비게이션이 많이 활용되고 있으므로 정확한 지번을 표기하는 것을 포함한다. 다음 사례를 살펴보자.
국토정보플랫폼에서 U전의85를 검색하면 지번이 "공주시 정안면 북계리 604"로 다음 그림(왼쪽)과 같이 약 1.4km에 걸쳐 있는 토지이다. 이 지번을 내비게이션에 입력하고 차량으로 현장을 가려면 23번 국도상에서 찾기가 매우 힘들 것이다. 현장확인 결과 "북계리 282-1"로 검색한다면 23번 국도에서 임산물산지유통센터로 진입한 후 100여m 직진하여 좌측에 위치하고 있어 쉽게 찾아갈 수 있다(해당 위치는 북계리 282-1 중간 정도 지점의 농로 옆에 위치).

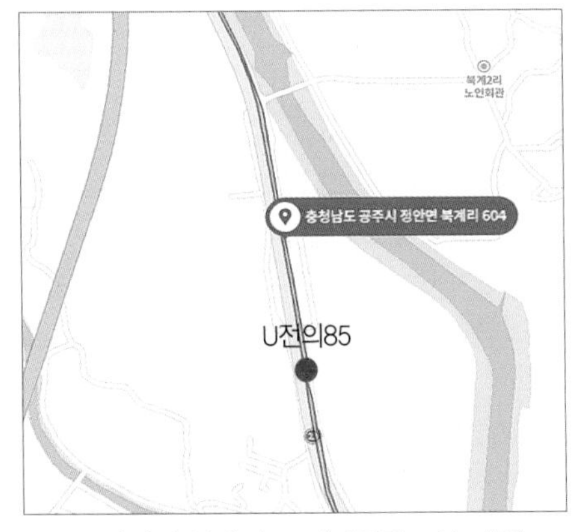

▲ 정안면 북계리 604(기준점조서 지번)

▲ 정안면 북계리 282-1

(5) 전파 등의 영향

GNSS에 의한 지적측량규정에서는 전파 등의 영향에 대비하여 다음과 같이 세부적으로 나열하고 있다.

[제5조 다음의 장소를 피할 것]

- 초고압송전선, 고속철도 등의 전차경로 등 전기불꽃의 영향을 받는 곳
- 레이더안테나, TV중계탑, 방송국, 우주통신국 등 강력한 전파의 영향을 받는 곳

[제6조 관측 시 주의사항]

- 안테나 주위의 10m 이내에는 자동차 등의 접근을 피할 것
- 관측 중에는 무전기 등 전파발신기 사용을 금함. 부득이한 경우 안테나로부터 100m 이상의 거리에서 사용할 것
- 발전기를 사용하는 경우에는 안테나로부터 20m 이상 떨어진 곳에서 사용할 것

GNSS위성으로부터 발신된 전파를 수신기에서 수신할 때 주변에서 발생하는 Pulse성 잡음과 인공전파는 다음 표와 같이 다양한 형태가 있고, 영향을 미치는 범위가 넓은 것도 있으므로 선점 시 주위를 면밀히 살펴야 한다.

구분		영향거리	장애발생	비고
Pulse성 잡음	전차선	100m	상시	전동차 접근 시 증대
	전기용접	100m	사용 시	
	고압선	100m	상시	
	가솔린엔진	수10m	사용 시	자동차, 트랙터
	대출력특수모터	10m	사용 시	
	번개	수km	발생 시	
인공전파	대전력레이더	수100m	상시, 사용 시	기상용, 군용
	위성통신, 관제장치	수100m	사용 시	
	대전력방송통신장치	수100m	상시	TV, 방송송신탑
	전파항법, 육상기지국	수100m	상시	비행관제
	고주파이용공작기계	100m	사용 시	과학실험설비 등
	계산기, 워드프로세서	수 m	사용 시	

출처: 국토정보교육원 교재

(6) 데이터 수신 장애 등

상공장애물에 의한 위성신호의 방해 또는 근처 구조물에 의한 반사 등의 다중경로(Multi-Path)는 위성의 신호를 고정하는 데 필요한 궤도정보의 로딩을 지연시킬 수 있다.

다중경로는 지표면, 건물 또는 다른 물체 등에 GNSS신호가 한 번 이상 반사 또는 산란되어 수신기에 도달하는 것을 말한다. 다중경로신호와 정상 수신된 신호와의 차이점은 첫째, 다중경로신호는 약하고 확산되는 경향을 보인다. 둘째 GPS신호의 경우 정상신호는 우측원편광(RHCP, Right Hand Circularly Polarized, 시계방향으로 회전)인데 반하여, 다중경로신호는 정상신호(RHCP)가 반사되었기 때문에 대부분 좌측편광신호(LHCP, Left Hand Circularly Polarized)가 된다. 물론 2회 반사되면 다시 우측편광신호로 바뀌게 된다. 이러한 특성을 통해 정상신호와 다중경로신호를 식별하여 거부할 수 있다. 물리적인 방법으로 초크링안테나와 특수안테나를 사용하는 방법이 있다(Jan Van Sickle, 2008).

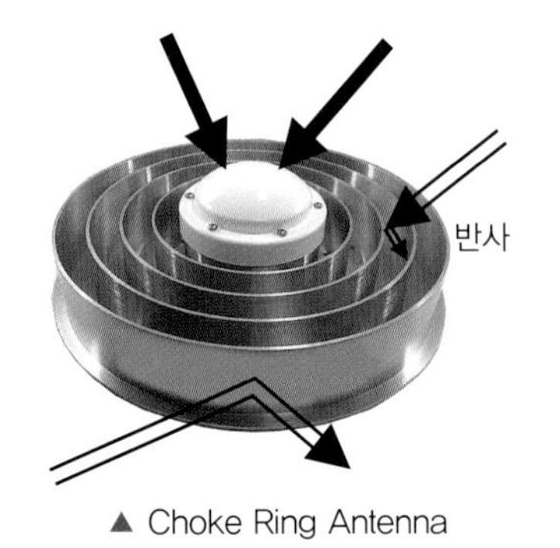

▲ Choke Ring Antenna

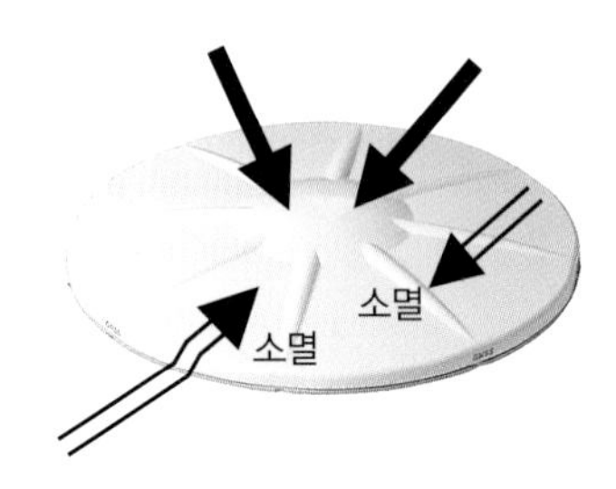

▲ Zephyr 3 Geodetic Antenna

출처: Trimble GNSS Geodetic Antenna Brochure

또한 수신기의 수평선을 기준으로 15도 이하의 낮은 고도에서 수신되는 신호를 제거하는 절사각 적용방법이 있다(Jan Van Sickle, 2008).

관련규정(국 제14조, 지 제6조, 공 제21조)에서도 고도각 15도 이하의 데이터는 수신하지 않도록 규정하고 있다. 따라서 관측지점 가까이에 상공장애를 일으킬 수 있는 구조물 등이 있는지 면밀히 확인하여야 하며, 고도각 15도 이하 데이터는 수신하지 않고, 1~2m 정도의 타워폴을 이용하여 데이터 수신 장애를 최소화하도록 노력해야 한다.

(7) Network-RTK 관측자료를 통한 관측환경 분석

점명	X좌표	Y좌표	표고	위도	경도	타원체고	안테나 높이	PDOP	사용위성	Y오차	X오차	관측일
Uje23	439771.176	201861.265	96.270	036°33'22.	127°01'14.	120.6089	1.8	2.198278	6	0.0133	0.0214	2022-01-27 13:38
BO04	435568.128	202481.119	46.802	036°31'06.	127°01'39.	71.1602	1.8	1.713683	12	0.0098	0.014	2022-01-27 13:55
BO03	435099.314	202914.175	30.118	036°30'51.	127°01'57.	54.4878	1.8	1.691058	14	0.0084	0.0146	2022-01-27 14:03
Uje91	434609.019	200973.176	48.665	036°30'35.	127°00'39.	72.9764	1.8	1.807082	14	0.0084	0.0152	2022-01-27 14:16
Uje24	439447.710	207560.309	125.504	036°33'11.	127°05'04.	150.0071	1.8	2.188287	12	0.0095	0.0218	2022-01-27 14:52
Ugj02	433392.037	203799.789	34.465	036°29'55.	127°02'32.	58.8559	1.8	1.586089	13	0.0094	0.0157	2022-01-27 15:46
BO02	435111.884	203876.091	48.500	036°30'51.	127°02'35.	72.9024	1.8	1.933462	11	0.0118	0.0166	2022-01-27 16:07
BO01	434529.341	203776.354	41.031	036°30'32.	127°02'31.	65.4272	1.8	2.357797	10	0.0131	0.0154	2022-01-27 16:18
Uje85	438133.986	210698.236	26.249	036°32'29.	127°07'10.	50.7878	1.8	1.694915	13	0.0084	0.0176	2022-02-03 14:19
Ugj04	430929.164	207731.081	17.457	036°28'35.	127°05'10.	41.9299	1.8	1.481611	14	0.0081	0.0157	2022-02-03 14:36

위와 같이 Network-RTK를 이용하여 관측한 결과를 확인하면, U전의23(Uje23)은 PDOP가 2.2수준이며, 상공장애로 6개의 위성으로 신호를 수신하여 성과를 결정하였다. 규정에는 적합하지만 다른 지점에 비하면 관측환경이 좋지 않은 것을 확인할 수 있다.

(8) 선점조서 작성 및 설치승낙서 받기 국

국가기준점을 신설하는 경우에는 다음 그림과 같이 신설점의 선점조서를 작성해야 하며, 매설토지의 토지소유자로부터 설치승낙서를 받아야 한다. 아래의 예시는 통합기준점을 신설하는 경우를 가정하여 작성하였다. 다음의 조서를 통해 선점을 위한 현장출장 시 어떠한 자료를 취득해야 하는지 살펴보기 바란다.

<table>
<tr><th colspan="6">기준점 선점조서</th></tr>
<tr><td>측점명</td><td colspan="2">U교육55(신설)</td><td>위치</td><td colspan="2">지방도 629호선</td></tr>
<tr><td>소재지</td><td colspan="5">충남 공주시 사곡면 국토리 100</td></tr>
<tr><td>도엽명</td><td colspan="2">공주(NI51-1-06)</td><td>개략위치</td><td colspan="2">N 36-29-55, E 127-02-32</td></tr>
<tr><td>경로</td><td colspan="5">사곡면 호계초에서 사곡중 방향 고당교 지나 좌측</td></tr>
<tr><td>선점연월일</td><td colspan="2">2024.02.05</td><td>선점자</td><td colspan="2">홍길동</td></tr>
<tr><td rowspan="3">토지현황</td><td>지목</td><td>체육용지</td><td rowspan="3">표지매설
가능여부</td><td>재질</td><td>토양</td></tr>
<tr><td>소유자</td><td>공주시</td><td>견고성</td><td>견고</td></tr>
<tr><td>관리기관</td><td>공주시</td><td>공사계획</td><td>없음</td></tr>
<tr><td colspan="4">점위치 영상사진</td><td colspan="2">설치위치 바닥현황</td></tr>
<tr><td colspan="4"></td><td colspan="2"></td></tr>
<tr><td colspan="4">설치위치 주변현황(동방향)</td><td colspan="2">설치위치 주변현황(서방향)</td></tr>
<tr><td colspan="4"></td><td colspan="2"></td></tr>
<tr><td colspan="4">설치위치 주변현황(남방향)</td><td colspan="2">설치위치 주변현황(북방향)</td></tr>
<tr><td colspan="4"></td><td colspan="2"></td></tr>
</table>

국가기준점 설치승낙서

○ **토지소유자**

– 주 소 : 충남 공주시 시청길 1

– 성 명 : 공주시장

○ **국가기준점 관련**

– 점번호 : U교육55(신설)

– 주 소 : 충남 공주시 사곡면 국토리 100

– 지 목 : 체육용지

– 1/50,000 도엽명 및 번호 : NI51–1–06

위의 토지를 귀 원에서 실시하는 측량표지(국가기준점) 매설부지로 사용함을 승낙함

2024. 02. 12.

승 낙 자 : 공 주 시 장 (서명)

국토지리정보원장 귀하

3) 매설

「공간정보관리법」 시행규칙 제3조는 국가기준점, 지적기준점, 공공기준점 표지의 형상 및 규격을 규정하고 있으므로 해당 규격에 맞춰 제작된 기준점을 매설하면 된다.

(1) 규정

규정	내용
국 국가기준점측량 작업규정 제17조 내지 제18조	• 통합기준점 ① 설치과정 및 설치작업 전후의 현장사진 촬영 ② 매설표준도에 따라 견고하게 설치 ③ 터파기 전후, 기초잡석 포설, 기초콘크리트 타설 등의 작업과정별 설치사진을 촬영하여 사진첩 작성, 설치 후 표지 주위가 명확히 나타나도록 원경사진 촬영 ④ 매설 시 유의사항 1. 표지는 상면이 수평이 되도록 매설 2. 매설작업 중 통행의 방해 또는 위험과 주변 지하매설물 등에 손상이 가지 않도록 충분한 주의를 기울이고 매설 후 주변을 원상태로 복구 3. 통합기준점의 유지관리를 위하여 안내표지판 설치 4. 제1방위표지의 형식은 금속표로써 위성측위에 지장이 없고, 통합기준점 표지와 시통이 가능하며, 향후 지형변화가 발생되지 않을 것으로 예상되는 장소의 콘크리트구조물 또는 견고한 암반 등에 설치 ⑤ 측량표지 매설을 완료한 후 지반침하 등 표지의 이동량을 점검 · 확인할 수 있도록 주변에 2개 이상의 보조수준점 설치

규정	내용
국 국가기준점측량 작업규정 제17조 내지 제18조	• 삼각점 ① 설치과정 및 설치작업 전후의 현장사진 촬영 ② 표주와 반석의 중심을 일치시켜 견고하게 설치 ③ 반석을 수평으로 설치하고, 표주는 [삼각점]이 새겨진 면을 남쪽방향으로 하여 표주상면을 수평 매설 ④ 표석의 길이는 cm자리까지 측정
지 지적업무처리규정 제10조	지적삼각보조점의 규격과 재질은 법규정에 따르며, 지적삼각점 및 지적삼각보조점의 매설방법은 별표에 따름
공 공공측량작업규정 제20조	① 공공삼각점 표지 설치: 미지점위치에 공공삼각점표지를 설치하는 작업 ② 공공삼각점표지를 설치한 경우는 점의 조서 작성 ③ 공공삼각점표지의 규격 및 설치방법은 표준규격 및 매설방법에 따름 ④ 3, 4급 공공삼각점표지는 말목을 사용할 수 있음

(2) 매설(국가기준점 – 통합기준점)

국가기준점에 관한 매설방법은 「국가기준점측량 작업규정」 제17조 제2항 및 제18조 제1호 별표에서 다음과 같이 정하고 있다.

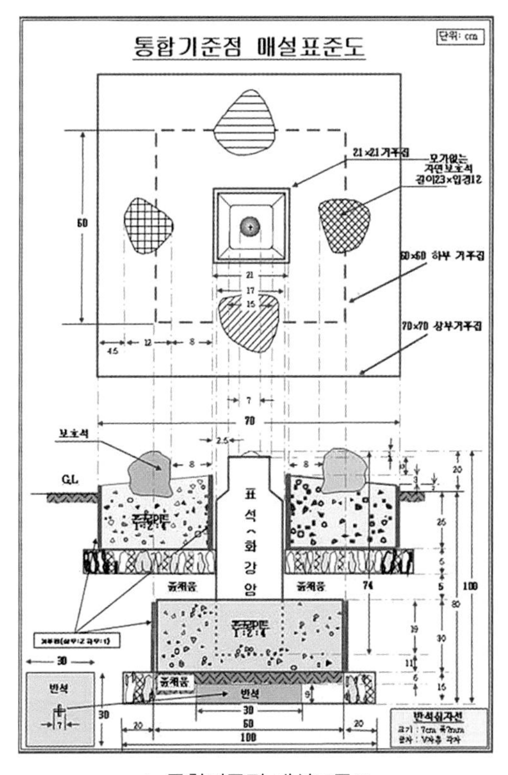

▲ 통합기준점 매설표준도

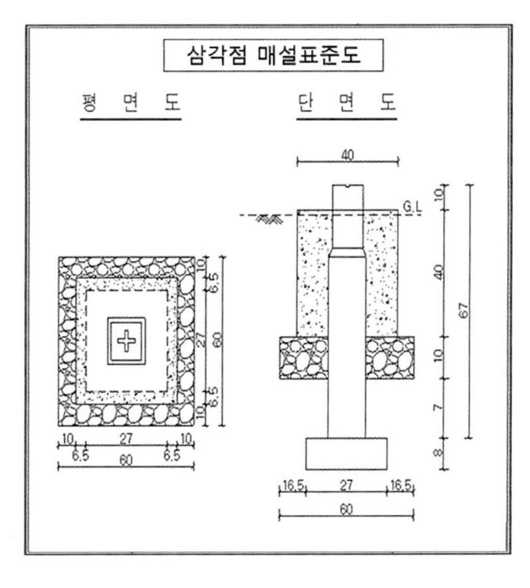

▲ 삼각점 매설표준도

또한 매설을 실시한 후 매설 전후 사진을 촬영하여 다음의 매설사진첩을 작성하여야 한다.

국가기준점 설치에 있어서는 측량을 원활히 수행하기 위하여 철못, 말목 등으로 일시표지를 설치할 수 있으며, 매설과 관측이 완료된 이후에는 국가기준점에 관한 영구식별이 가능하도록 안내표지판을 설치하여야 한다.

(3) 매설(지적기준점–지적삼각점)

지적기준점에 관한 매설방법은 「지적업무처리규정」 별표에서 다음과 같이 정하고 있다.

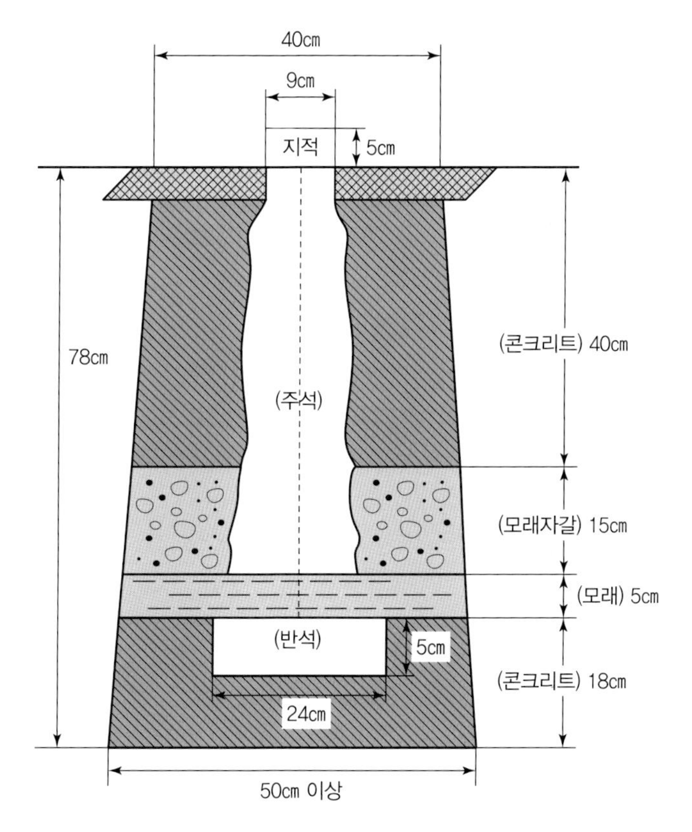

▲ 지적삼각점 및 지적삼각보조점의 매설방법

또한 매설을 실시한 후 매설 전후 사진을 촬영하여 다음의 보고서를 작성하여야 한다.

선점 및 매설

• 점명: 보24(신설)

① 선점	② 반석 근경

③ 반석과 상부표주 견치	④ 상부콘크리트 타설

03 관측계획수립

관측계획수립에 앞서 가용장비와 현장측량 인력을 확인해야 관측계획을 정상적으로 수립할 수 있다.

1) 장비점검 및 인력구성

(1) 규정

규정	내용
국 국가기준점측량 작업규정 제11조	• GNSS측량에 사용하는 장비는 「공간정보관리법」 제92조에 따라 성능검사를 받은 장비를 사용 → 관측 전후에 장비의 이상 유무 점검 • GNSS장비는 1급 수신기 사용, 최신 버전의 정밀 GNSS관측데이터 처리 소프트웨어로 처리가 가능한 수신기 및 안테나 사용 • 안테나의 경우에는 국제적으로 공인된 안테나캘리브레이션값을 가진 것을 사용 • 정준기(tribrach)는 미동나사의 축이 휨 유무 확인, 상하 가동범위까지 이상 없이 작동 유무 확인, 상부 조임나사로 연결 시 흔들림 유무 확인 • 정준기의 점검은 임의의 점에 대해서 삼각대를 설치하고 정준기를 정치한 후 하부 조임나사를 풀어 삼각대의 다음 모서리로 회전하여 정치하였을 때, 동일한 점을 시준하지 않는 정준기는 정밀 검 · 교정을 의뢰해야 하며 관측에 사용하지 않음
지 GNSS에 의한 지적측량규정 제19조	• 지적위성측량을 하는 때에는 GNSS측량기에 대한 기능점검을 하여 사용 → 측량 중에도 이상 유무 확인 • 안테나 장착을 위한 광학구심장치, 각종 케이블 및 접속부분, 전원장치 등 정상 유무 확인 • 안테나 및 수신기의 정상작동 유무 확인 • 점검 후 지적위성측량기점검기록부 작성
공 공간정보관리법 제92조 시행규칙 제101조 내지 제103조	• 5년의 범위에서 대통령령으로 정하는 기간마다 국토교통부장관이 실시하는 성능검사를 받아야 함 • 측량기기의 성능검사업무를 대행하는 자로 등록한 자는 국토교통부장관의 성능검사업무를 대행할 수 있음 • 성능검사는 외관검사, 구조 · 기능검사 및 측정검사로 구분하여 실시하며, 검사의 방법 · 절차 등 세부사항은 국토지리정보원장이 정하여 고시 • 성능검사대행자가 성능검사를 완료한 때에는 측량기기성능검사서에 그 적합 여부의 표시를 하여 신청인에게 발급하고, 성능기준에 적합하다고 인정하는 장비는 검사필증을 해당 측량기기에 붙인다. • 성능검사대행자는 성능검사를 완료한 때에는 측량기기성능검사기록부에 성능검사의 결과를 기록하고 이를 5년간 보존하여야 함

(2) 장비점검

「공간정보관리법」 규정에 따라 GNSS수신기에 관한 성능검사는 성능검사대행자와 한국국토정보공사(자체검사)가 실시하며, 이미 성능검사를 받은 장비라도 측량 전에 장비를 점검하는 것이 좋다. 특히 배터리 등 중요한 부속품이 전부 갖춰져 있는지 등 반드시 사전점검을 해야 한다.

현장관측 전에 GNSS수신기를 실외에서 작동하는 것을 권장한다. 그 이유는 첫째, 수신기의 작동 여부를 확인하고, 부속품 등이 모두 갖춰져 있는지 확인해야 한다. 수신기의 높이를 측정하는 방법으로 수직측정과 경사측정으로 나뉘는데, 측정을 위한 줄자를 빠뜨리는 경우가 종종 있으니 반드시 확인해야 한다. 또한 수직측정을 하는 장비의 경우 삼각대의 고정나사가 일반삼각대보다 짧게 제작된 특수한 형태이므로 이에 적합한 삼각대를 사용해야 한다.

둘째, GNSS수신기를 오랜 시간 사용하지 않은 경우 최초 고정시간(TTFF)이 지연되는 문제가 있다. 따라서 실외에서 시험작동을 하면 GNSS데이터를 수신하고 항법메시지에 포함된 Almanac정보를 이용하여 수신기에서 위성까지의 거리를 추정하는 데 도움을 주게 된다. Almanac정보가 없는 상태의 시작을 Cold Start라고 하는데, 이때 전체의 Almanac정보를 받는 데 약 12.5분의 시간이 소요된다. 반면 수신기에 최근의 Almanac정보가 있는 경우를 Warm Start라고 하며, 위성궤도정보를 가지고 있기 때문에 지평선 이하의 위성을 제외하고 수신 가능한 위성만을 검색하게 되므로 검색시간을 대폭 줄이게 되어 약 20초의 시간 안에 고정이 가능해진다(Jan Van Sickle, 2008).

(3) GNSS장비 구성

GNSS장비는 크게 수신기, Controller, 삼각대 등으로 구성되어 있고 세부구성항목은 각 장비사별로 다르게 구성되어 있다.

① **수신기** : 최근의 수신기는 안테나가 내장된 일체형으로, 데이터를 저장하는 메모리카드와 배터리, 외부장치와 연결할 수 있는 포트로 구성되어 있다. 일반적으로 수신기의 메모리에는 정지측량데이터가 기록된다.

② **Controller** : 정지측량 시 관측일정, 관측방법, 수신상황 보기(위성배치, DOP상태) 등을 지정하거나 제어할 수 있어 재밍 등 전파 방해 시 상황파악이 용이하여 활용이 편리하다. 또한 Network-RTK측량에 사용하는 경우 현장에서 Localization 기능을 사용할 수 있기 때문에 활용성이 높다. 일반적으로 Network-RTK측량을 통해 취득된 데이터는 Controller에 부착된 메모리카드로 내보낼 수 있으며, SD카드 등을 이용하여 바로 현장 컴퓨터로 전송도 가능하다. 최근에는 인터넷이나 USB에 의한 전송이 주를 이루고 있다.

③ **배터리** : GNSS수신기와 Controller를 동작시키기 위한 전원공급원으로, 전용 배터리를 사용하여야 하며, 외장형 배터리와 매립형 배터리로 구분된다.

④ **Network-RTK측량용 폴** : GNSS장비에 사용하는 폴(Pole)은 일반적인 측량에서 사용하는 폴과 다르다. 현장출장 전에 각 부위별 조임상태 등을 사전에 확인하고 활용해야 한다. 정지측량에서는 사용하지 않지만, 최근 Network-RTK의 활용도가 높으므로 철저한 관리가 필요하다.

⑤ **측각(삼각대)** : 측량용 장비를 설치하는 삼각대로, GNSS장비 전용 목재삼각대를 사용하는 것이 좋다. GNSS측량의 특성상 장기간 관측을 하는 경우가 많으므로 비, 바람 등의 영향과 차량의 통행에 따른 진동 등을 최소화하여 안전성을 확보하기 위해서는 목재로 제작된 삼각대를 사용하는 것이 좋지만, 무게가 다소 무거운 단점이 있다. 또한 수직으로 높이를 측정하는 장비의 경우 정준대 조임나사가 짧은 전용 측각을 사용하기도 한다.

⑥ **정준장치** : 삼각대와 안테나를 연결하는 장치로 수평을 맞추는 조절나사와 구심을 맞추는 장치로 되어 있으며, 안테나 연결장치를 위에 부착하는 형식으로 되어 있다. 정지측량 시 경사측정장비를 사용하는 경우 수신기 외측부터 기준점까지의 높이측정 시 정준대에 걸려 정상적인 높이측정이 되지 않을 수 있기 때문에 정준대와 수신기 사이에 연장폴(약 10~15cm)이 많이 이용되고 있다. 또한 도심지나 절사각 확보가 안 되는 지역에서는 타워폴(1m)의 사용이 필요한 경우가 많다.

⑦ **자** : 측점으로부터 수신기까지의 높이를 측정하기 위한 도구로, 일반적으로 줄자가 많이 활용되며, 막대자 또는 수직측정 전용자가 있는 경우도 있다.

줄자의 경우 1명이 사용하기에는 약간 어려움이 있으며, 자의 끝부분이 파손되는 경우가 많으므로 수시로 점검할 필요가 있다.

막대자의 경우 알루미늄 소재로 중간에 고무줄이 있어서 끼우는 방식으로 되어 있으므로 이음매부분에 문제가 없는지 점검해야 한다. 또한, 막대자는 장비함에 들어가지 않는 경우가 많아 분실의 위험이 있다.

▲ 삼각대와 전용자가 맞지 않는 사례

수직측정용 전용자는 LEICA社 등 일부 장비社에서 사용되는데, 앞에서 설명한 바와 같이 측각의 정준대 조임나사 길이가 짧아야 하므로 전용 측각을 사용한다. 전용 측각을 사용하지 않는 경우 우측 그림과 같이 조임나사 손잡이에 걸려 높이측정이 부정확하게 되는 문제가 있다. 따라서, 경사측정도 가능하도록 줄자를 여유 있게 준비하는 것도 좋다.

(4) 장비별 구성

GNSS장비의 필수구성품으로는 GNSS수신기, 배터리, 정준대, 자, 데이터전송용 케이블 등이 있으며, 정준대 자체가 특수하게 제작된 경우는 필요 없으나 10cm 정도의 연장폴은 수신기의 높이를 경사측정하는 경우 정준대의 자가 꺽이는 것을 방지하기 위함이므로 연장폴이 있는지 확인해야 한다. Controller는 최근에는 필수적으로 구성하지 않고, 스마트폰 App을 활용하도록 하는 경우도 있다. 다음의 시판되고 있는 장비구성품을 살펴보자.

① R12(Trimble)

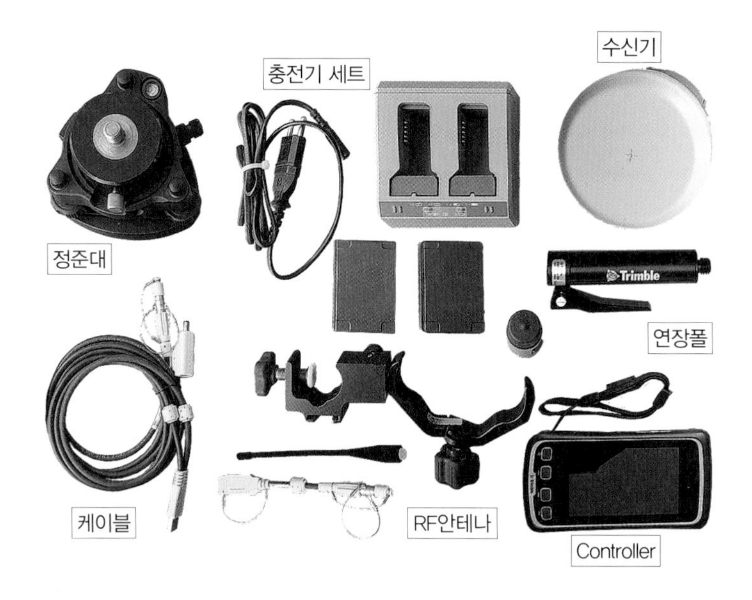

② CHC i-90(JY System)

③ Hi-Target V60(KOSECO)

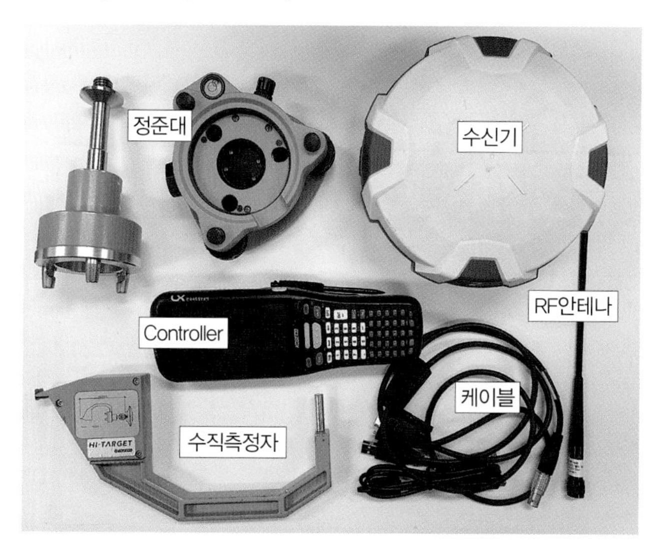

위와 같이 장비별로 구성요소는 약간의 차이가 있지만, 거의 유사하게 구성되어 있는 것을 확인할 수 있다.

(5) 인력구성

관측일에 참여 가능한 인력을 확인해야 하며, 인력구성에 있어서 다음 사항을 유의해야 한다.

① 가용장비가 몇 대인지 확인해야 한다. 정밀측량에는 기본적으로 2주파수신기를 사용하지만, GNSS위성군이 늘어나면서 되도록 많은 채널의 신호를 수신할 수 있는 장비를 사용해야 보다 좋은 결과를 도출할 수 있다. 예를 들어 GPS와 GLONASS만 수신 가능한 경우보다는 GPS, GLONASS, Galileo, BDS의 신호를 받는 장비를 활용하는 것이 좋다. 가용장비의 수량이 몇 대인지에 따라 관측조가 결정된다. 만약 10대의 장비가 있고, 10인 이상의 인원이 있는 경우 10개조로 편성하여 운영할 수 있다. 다만 현장에서는 1인이 인근의 2~3점을 동시에 관측하여 인력 및 장비를 최소화하는 방법도 있다.

② 기준점의 접근환경과 관측점수를 고려하여 조의 인원을 결정한다. 만약 높은 산에 올라 관측해야 하는 경우라면, 위험성 및 현장여건을 고려하여 2인 1조로 운영하는 것도 고려해야 한다.

즉 가용장비 수량과 현장여건을 고려하여 인력을 구성하고, 장비 사용법 및 관측점에 대하여 설명하여야 한다.

2) 관측계획수립

(1) 규정

규정	내용
국 국가기준점측량 작업규정 제14조	• 현지답사를 통해 선점도를 작성하고, 이를 기초로 하여 관측망도 작성(축척 1/50,000) ① 단위다각형, 위성기준점 및 통합기준점, 삼각점, 수준점, 표고점으로 구성 ② 위성기준점, 통합기준점, 삼각점의 명칭 및 점번호 등 표기 ③ 관측망도의 방위표 표기
지 GNSS에 의한 지적측량규정 제4조	• GNSS관측계획 시 고려사항 ① GNSS측량기 대수, 투입인력, 위성기준점 및 기지점 분포현황 조사 ② GNSS 개략 궤도력 정보를 이용하여 위성배치상태가 최적의 시간대 선정 ③ 관측망은 기지점과 소구점을 결합한 폐합다각형이 되도록 구성하고 지적위성측량 관측계획망도 작성 ④ 세션구성은 삼각형, 사각형 또는 혼합형으로 2세션 이상일 경우 인접 세션과 최소 1변 이상이 중복되도록 구성

(2) Almanac

Almanac은 GNSS항법메시지에 포함된 위성의 개략적인 위치정보로 위성궤도, 시각보정, 대기권 지연변수, Keplerian요소, 위성의 건강상태 등에 관한 정보 등이 기록되어 있다(국토지리정보원, 2016). 이 정보는 위성식별시스템으로, GNSS수신기에서 항법메시지를 취득하여 약간의 정보를 수신하면, 이 정보를 기초로 하여 나머지 위성의 위치를 특정할 수 있기 때문에 첫 번째 위성의 정보를 취득한 후 다른 위성정보를 추가적으로 취득하는 데 도움을 준다(Jan Van Sickle, 2008). 이러한 정보에 의하여 위성의 운행정보를 이용하면 최적의 관측 시간대 결정 등에 활용할 수 있다.

(3) Almanac데이터 다운 받기

접속주소 http://www.navcen.uscg.gov

❶ http://www.navcen.uscg.gov에 접속하여 GPS Almanacs [Click] → ❷ Current YUMA Almanac – .alm, txt [Click] 저장

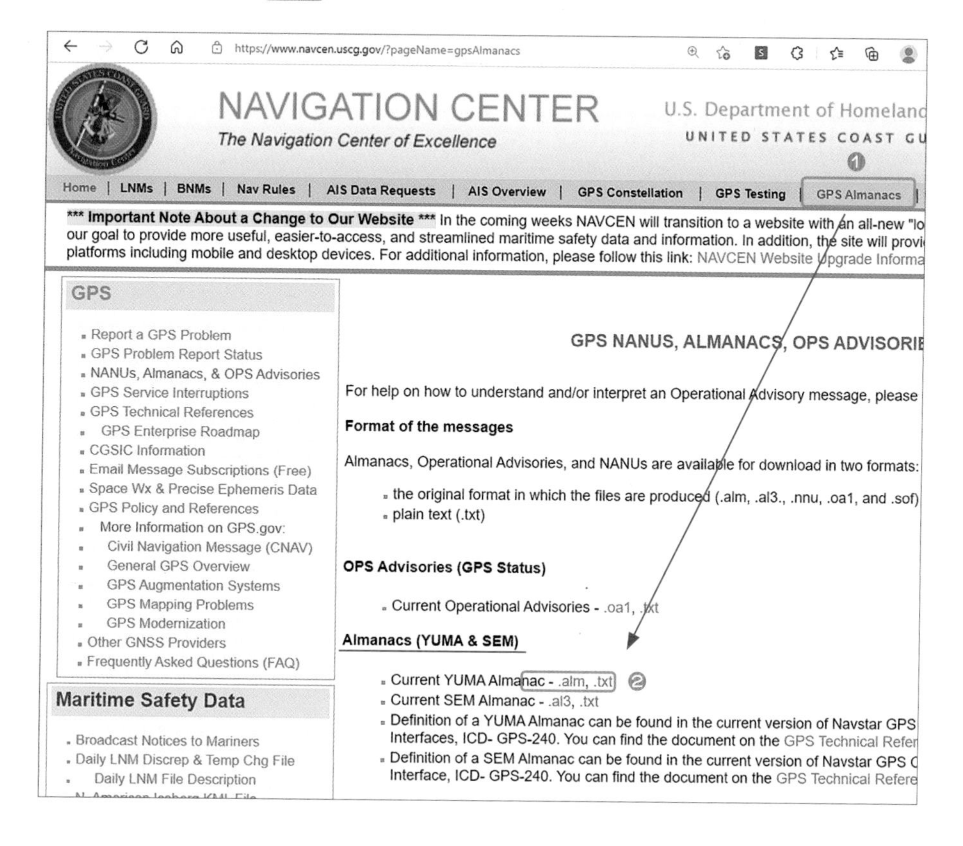

(4) 고도각 15도

GNSS위성이 운행하고 있는 지구 밖으로부터 GNSS수신기 사이에는 대기권이 존재한다. 대기권은 대류권, 성층권, 중간권, 열권, 외기권 등으로 구분되는데, 중간권과 열권에는 전리층이 존재한다. 위성신호가 전리층을 통과할 때 주파수마다 전파의 속도가 다르게 지연되는 문제가 있고, 전리층의 밀도에 따라 지연량은 달라진다. 즉 전자밀도가 높을수록 신호의 지연이 커지며, 지연량은 일정하지 않다. 전리층에 의한 지연은 일반적으로 자정과 새벽 시간대에 가장 적으며, 정오 또는 그 이후에 증가하게 된다. 정오를 지난 낮 시간의 전리층 지연은 밤 시간대보다 5배나 커질 수 있다. 또한 지구에 태양이 가장 근접한 11월의 전리층 지연은 가장 멀리 떨어지는 시기인 7월에 비해 4배나 더 크게 된다. GNSS신호에 대한 전리층의 영향은 일반적으로 춘분에 초고점에 도달한다(Jan Van Sickle, 2008).

50~90km에 위치한 D영역은 GNSS신호에 거의 영향을 미치지 않으며, 밤에는 거의 사라진다. 90~120km에 위치한 E영역은 주간에 주로 나타나며, 신호에 미치는 영향은 미미하지만 신호가 약해지는 현상이 발생할 수 있다. 120~1,000km에 위치한 F영역은 대기 중 이온화가 가장 많이 집중되어 있으며, GNSS위성신호에 가장 많은 영향을 미친다. 낮에는 F영역이 F1, F2 2개의 층으로 구분되고, 밤에는 하나의 층으로 된다. F2가 가장 가변적이며, F1은 여름에 가장 분명하게 나타난다. 따라서 11월 밤 시간대가 전리층에 의한 영향이 최소화된다(Jan Van Sickle, 2008).

이러한 전리층지연의 특성은 신호가 위성으로부터 수신기까지 도달하는 경로에 큰 영향을 미친다. 천정 근처에서 수신하는 수신기의 위성신호보다 수평선 근처에서 수신하는 수신기의 위성신호는 수신기에 도달하기까지 더 많은 길이의 전리층을 통과해야 하므로 전리층 지연의 보정에 어려움이 발생하게 된다. 또한 대류권에서의 굴절 등에 의한 지연은 수평면 90도의 고도에서는 약 2.4m로 나타나지만, 75도의 고도에서는 약 9.3m, 10도의 고도에서는 최대 20m까지 증가한다. 따라서 수신기의 수평선으로부터 15도 이하의 위성신호는 가급적이면 사용하지 않는 것이 좋다(Jan Van Sickle, 2008).
전리층에 의한 영향을 최소화하는 방법을 정리하면, 계절적으로 11월 전후, 시간대는 밤부터 오전, 수평선으로부터 15도 이상에 위치한 위성을 사용하는 것이 바람직하며, 관측계획에 참고하는 것이 좋다. 다만 계절, 시간 등은 업무의 특성, 시급성 등의 상황으로 고려하지 못하는 문제가 있다.

(5) Planning S/W 활용

Planning S/W는 대부분 장비사별 기선해석 S/W에 포함되어 관측 전 사전계획에 활용할 수 있다. 본 교재에서는 인터넷을 통한 온라인서비스를 활용하는 방법과 Planning 전용 S/W를 이용한 방법으로 관측계획수립을 하고자 한다. 현재는 온라인서비스로 Trimble GNSS planning Online이 있고, 스마트폰 앱으로 GNSS Planner+ 등이 있으며, 전용 S/W로 Trimble社의 Trimble GNSS Planning이 있다. 이외에도 더 많은 도구가 있으나 지면 관계상 이 정도만 소개하는 것을 아쉽게 생각한다.

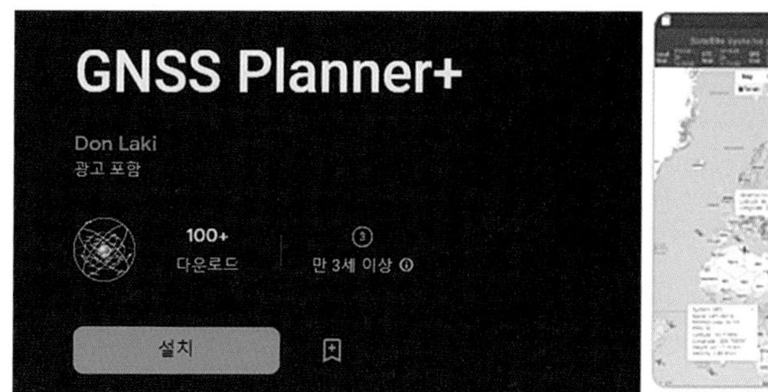

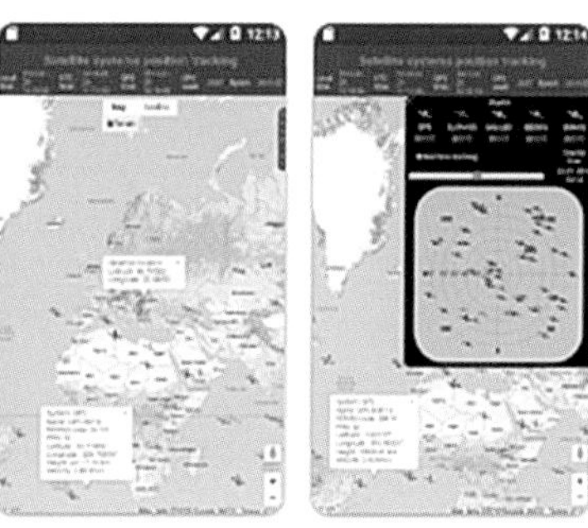

출처: Google Play

http://www.gnssplanning.com에 접속하면 온라인으로 관측지점의 GNSS환경을 다음과 같이 분석할 수 있다.

접속주소 http://www.gnssplanning.com

❶ http://www.gnssplanning.com에 접속하여 설정(경위도 위치, 높이, 절사각, 관측예정일, 시간대 등 설정)후 Apply (Click)

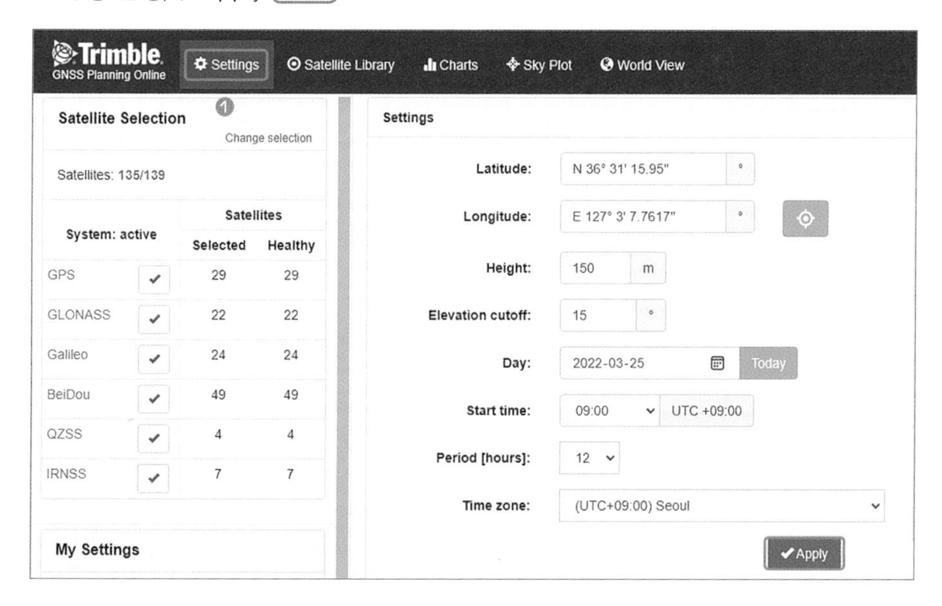

❷ Sky Plot (Click)

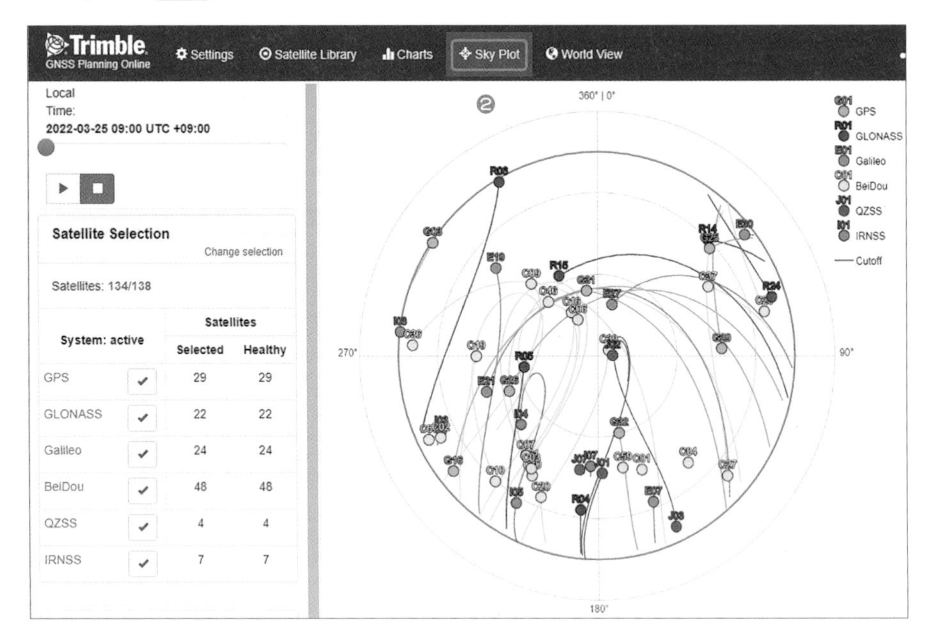

Sky Plot은 시간대별 위성의 위치를 보여 주는데, 앞에서 설명한 바와 같이 위치정밀도저하율(PDOP)을 시각적으로 분석할 수 있다. 왼쪽 창의 GNSS그룹 중에서 필요한 위성만을 선택하여 계획에 참고할 수 있다. 현재까지는 GPS에 의한 기선해석의 정확도가 가장 높으며, 다음으로 GLONASS위성이 많이 활용되고 있다. 현장계획에 있어 관측환경이 다양하므로 좀더 보수적인 입장에서는 왼쪽과 같이 GPS위성만으로 분석하는 것이 합리적이다.

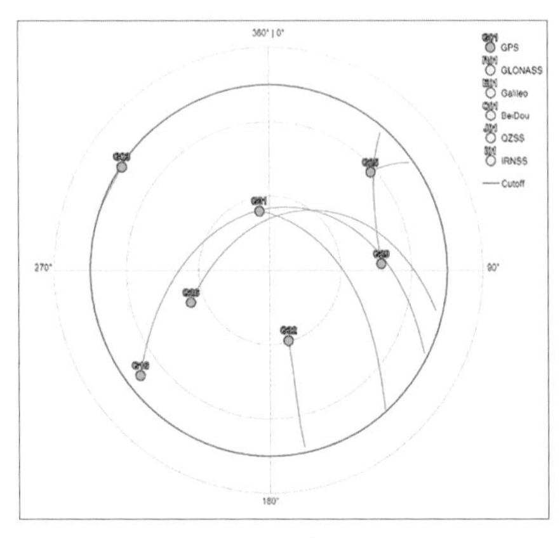

▲ GPS위성만

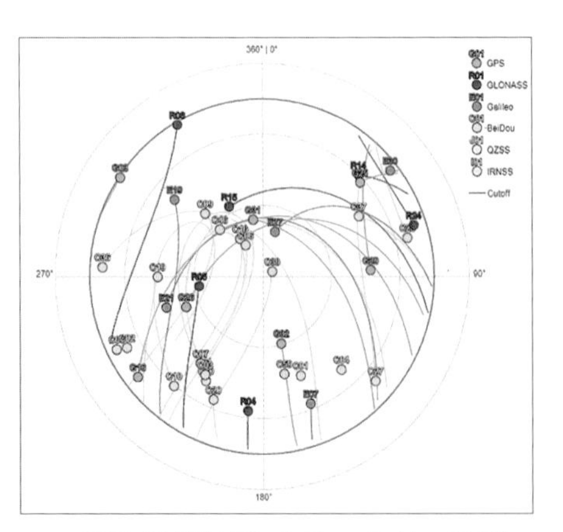

▲ GPS, GLONASS, Galileo, Beidou(BDS)

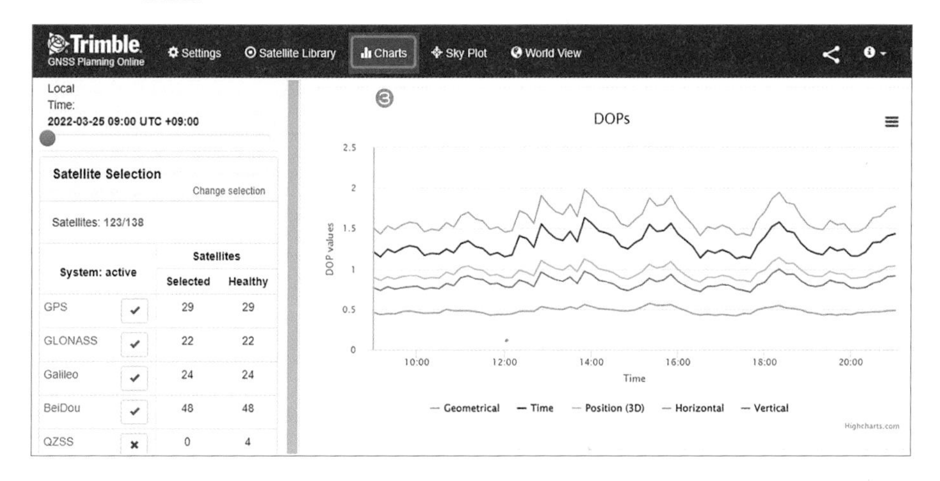

Charts에는 Elevation, Number of Satellites, DOPs, Visibility의 차트를 보여 준다.
Elevation은 시간대별 각 위성의 고도를 나타내며, Number of Satellites는 시간대별 위성의 개수를 나타낸다. DOPs는 시간대별 정밀도저하율을 나타내며, Visibility는 위성별로 상공에 운행하는 시간을 나타낸다. 이 자료를 모두 검토하기에는 어려움이 있다. 따라서 하나의 위성이 연속적으로 운영되고, 정밀도저하율이 낮은 시간대를 확인할 수 있는 DOPs와 Visibility를 동시에 충족하는 시간대를 최적의 관측시간대로 결정한다.

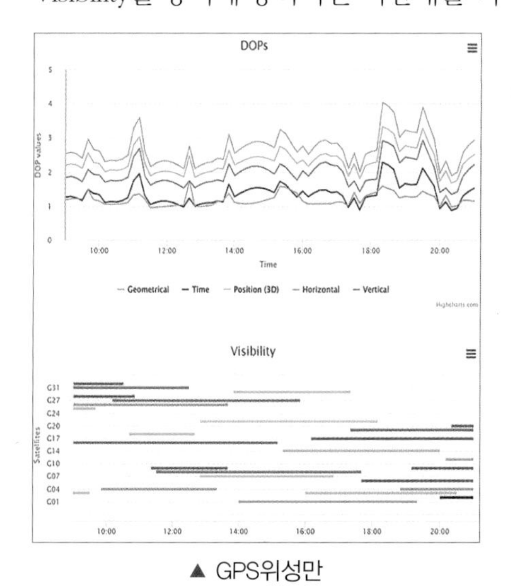

▲ GPS위성만

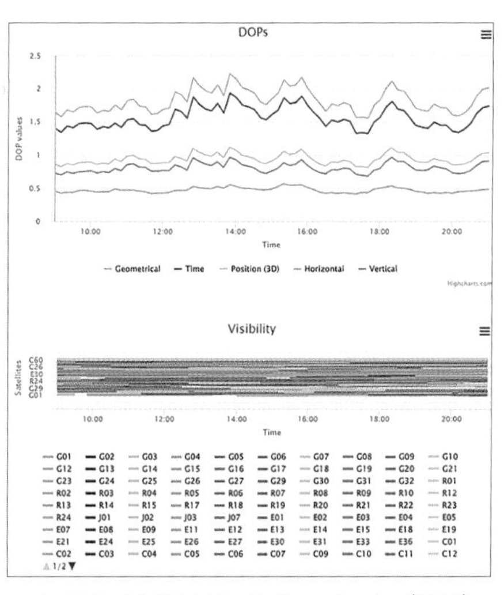

▲ GPS, GLONASS, Galileo, Beidou(BDS)

온라인서비스를 이용하는 경우에는 관측지점 주위의 장애물 등을 입력할 수 없기 때문에 절사각 15도 이상의 위성운행 상황만으로 계획을 수립해야 하는 단점이 있다. 따라서 현장의 상황을 반영하지 못하는 문제가 있다.
GNSS Planner+와 같은 App은 분석에 활용하기에는 아직 부족한 점이 많다고 느껴진다. 따라서 다음에 설명할 전용 Planning S/W를 활용하는 것을 추천한다.

(6) DOP

우주부문에 위치한 GNSS위성의 배열은 관측 품질 및 정확도에 직접적인 관련이 있는데, 이러한 기하학적 현상을 정밀도저하율(Dilution of Precision)이라고 한다. DOP의 계수는 낮을수록 양호하며, 1에 가까울수록 좋다. DOP계수가 높다고 하여 반드시 오차가 높아지는 것은 아니며, 위치의 불확실성이 높아지는 것이다. 다음 그림과 같이 2개의 위성이 일정한 간격으로 배치된 경우 2개의 위성신호가 만나는 면이 작아지면 정밀도가 높아지고, 반대로 한곳에 모여 배치된 경우 정밀도가 낮아지게 된다.

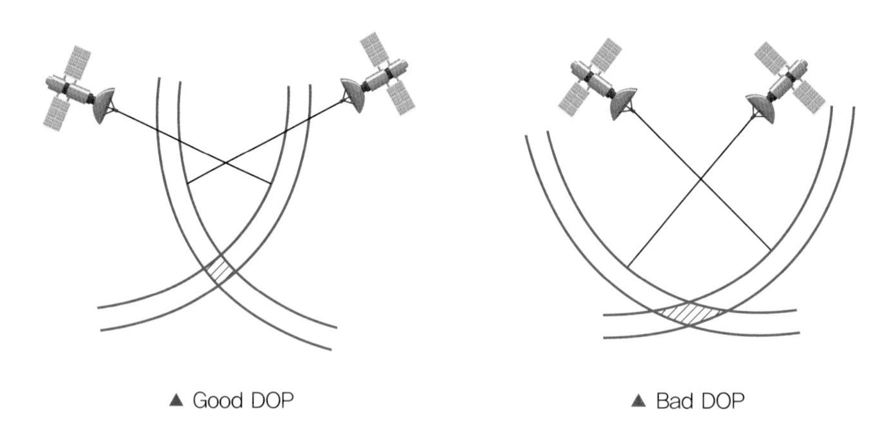

▲ Good DOP ▲ Bad DOP

따라서 DOP는 GNSS에 의한 위치결정 구성요소의 불확실성을 평가하는 데 사용되며, 위치결정의 불확실성을 수평성분으로 평가하는 것은 HDOP(Horizontal DOP)이고, 수직성분으로 평가하는 것은 VDOP(Vertical DOP)이다. 수평과 수직성분을 결합하여 3차원위치의 불확실성을 평가하는 것은 PDOP이며, 시계의 불확실성을 평가하는 것은 TDOP(Time DOP)이다. 상기 DOP를 조합한 기하학적인 평가는 GDOP(Geometric DOP)이며, 수신기의 수를 포함하여 평가하는 RDOP(Relative DOP)도 있다.
현장관측계획에는 일반적으로 PDOP로 평가하는데, 6 이하의 계수를 사용한다. 이는 GNSS 작업에서 매우 실용적인 방법이라 할 수 있다(Jan Van Sickle, 2008).

(7) 계획수립

다음 그림과 같이 도상계획에서는 사업지구 근처에 U전의23, U전의24, U공주02, U전의91을 프레임점으로 계획하였으나 현장답사 결과 U전의24에 접근하기 위해서는 U전의85를 지나 농어촌도로를 20여 분 이동해야 하는데, 길이 좁고 위험하여 U전의85를 관측하는 것이 보다 합리적으로 판단되었고, 전체적인 망구성상 U공주04를 프레임점으로 하는 것이 합리적이라고 판단되었다. 또한 점간 가장 긴 거리가 10km 내외여서 규정에도 적합하다. 따라서 U전의23, U전의85, U공주04, U전의91을 프레임점으로 하며, 확인점은 U공주02, 신설점은 BO01~04점으로 하는 관측계획을 수립하였다.

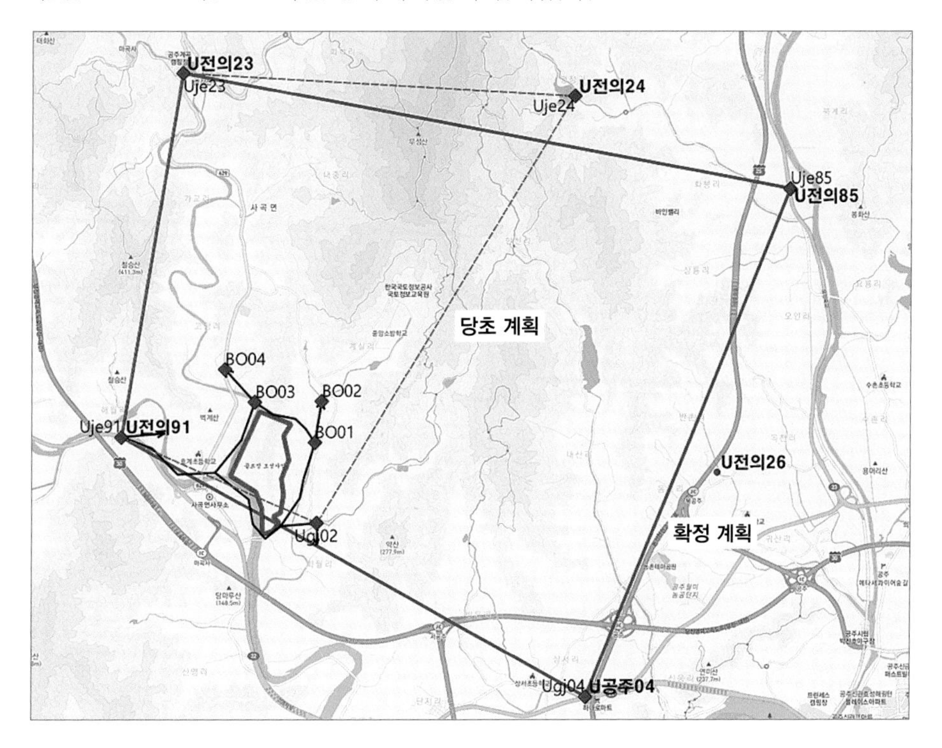

실습데이터에 첨부된 "SetupPlanning.exe"를 설치하고 프로그램을 실행한다. 해당 프로그램은 Trimble社에서 기존에 개발하여 무료로 배포하던 소프트웨어였지만, 현재는 Trimble TBC, LEICA Infinity 등 기선해석 소프트웨어에 Planning 기능이 포함되어 있다. 따라서 기존에는 Planning용 Almanac파일을 서비스하였으나 현재는 별도로 하지 않으며, 앞에서 설명한 http://www.navcen.uscg.gov에 접속하여 받은 *.alm 파일의 적용도 되지 않는다.

실제 업무에서는 학습자가 보유한 기선해석소프트웨어를 이용하여 계획을 수립하고, 본 교재에서는 어떠한 방법으로 활용하는지를 확인하기 위해 과거 Almanac파일을 이용하여 실습해 보기로 하자. 참고로 Almanac파일은 관측예정일 한 달 이내의 데이터를 사용할 것을 권장한다. 왜냐하면, 위성궤도정보를 최신화해야 좀더 정확한 계획수립이 가능하며, 위성의 건강(성능)상태 등의 확인도 중요한 요소이기 때문이다.

신설점은 상공시계가 확보된 지점을 사용하므로 프레임점으로 사용되는 점들만을 이용하여, DOP를 분석한 후 최적의 시간대를 확인해 보자.

❶ 시작 – Trimble Office – Planning Click

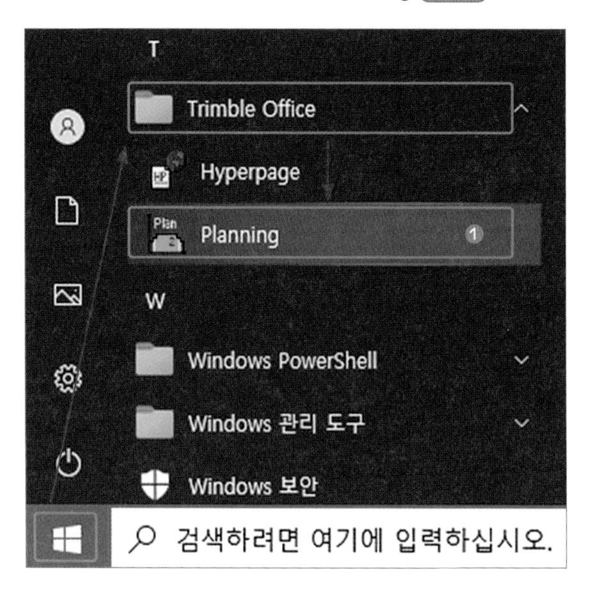

❷ Almanac – Clear → ❸ Load → ❹ 예 Click

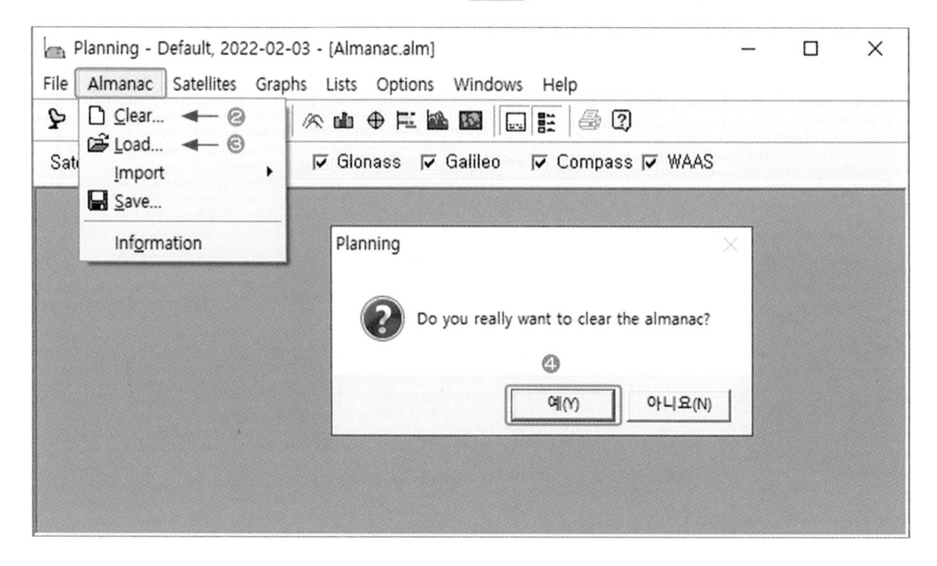

⑤ Almanac파일 선택 – 열기 – 확인 Click

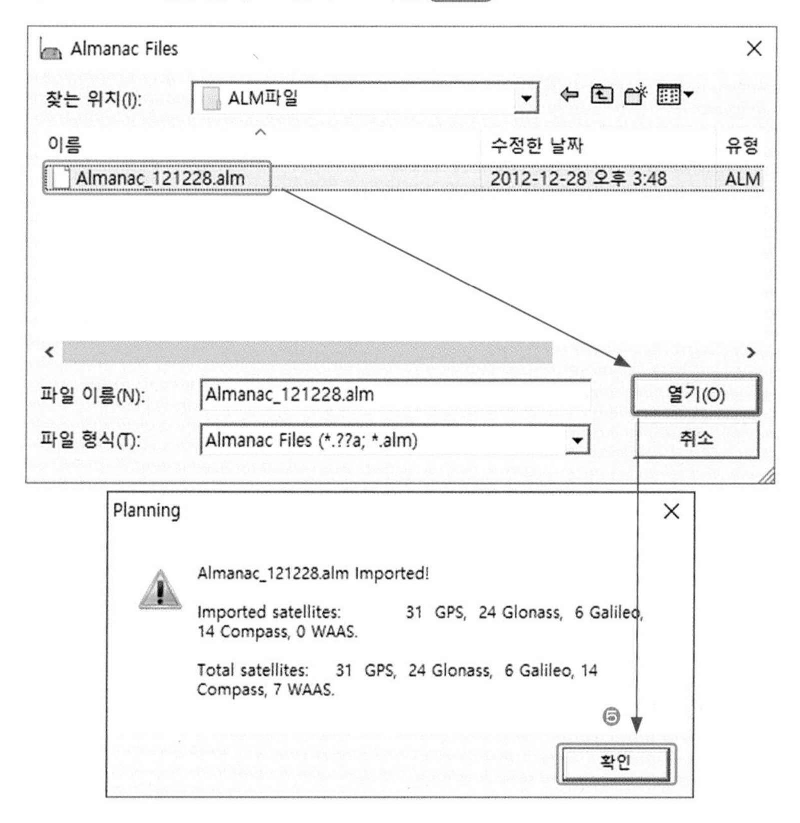

Tip◆ GPS 31대, Glonass 24대, Galileo 6대, Compass(BDS) 14대가 입력된 것을 확인할 수 있다.

⑥ File – Station Click

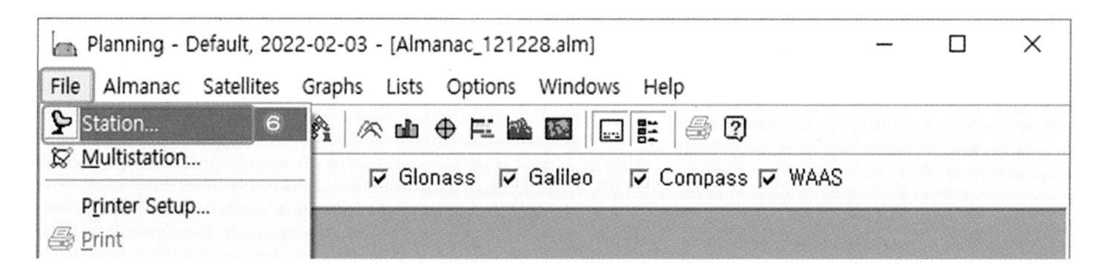

❼ 점명(U전의23), 위도 · 경도(분 단위까지), 표고, 절사각(15도), 관측예정일, 시작시간, 관측기간 설정 → ❽ Time Zone 선택 → ❾ Obstruction Editor 입력 → ❿ Apply Click

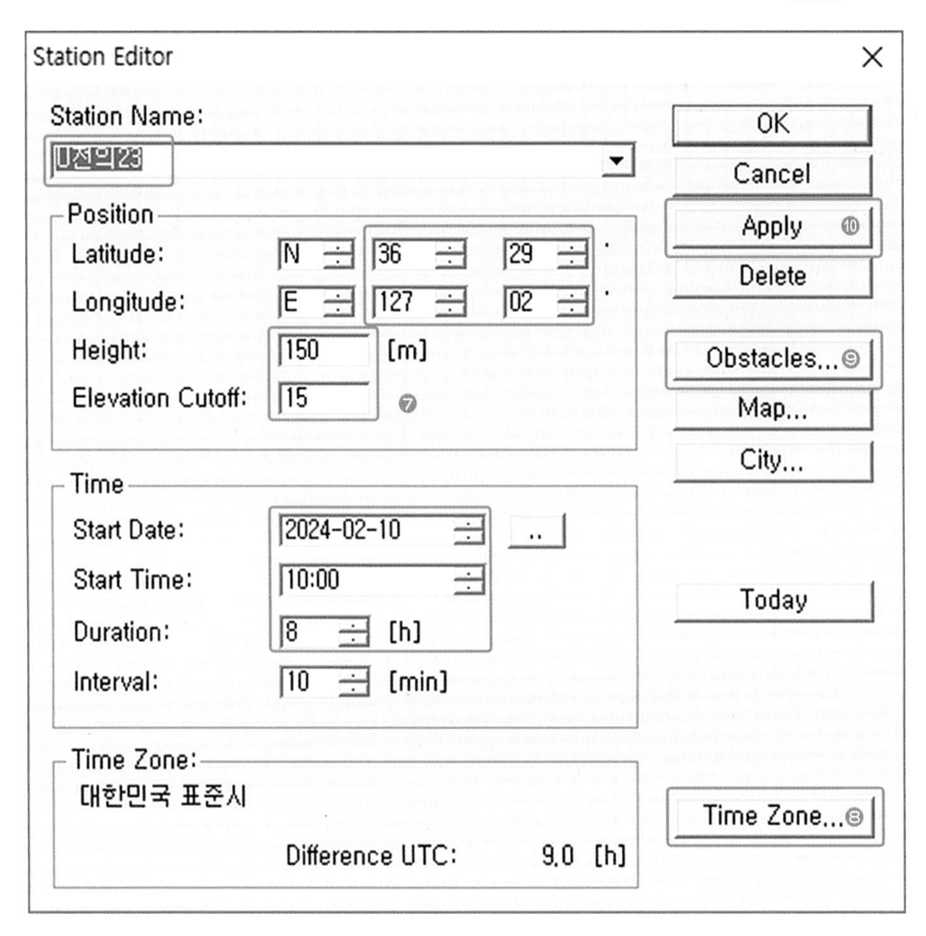

❽ Time Zone: UTC+09:00 서울

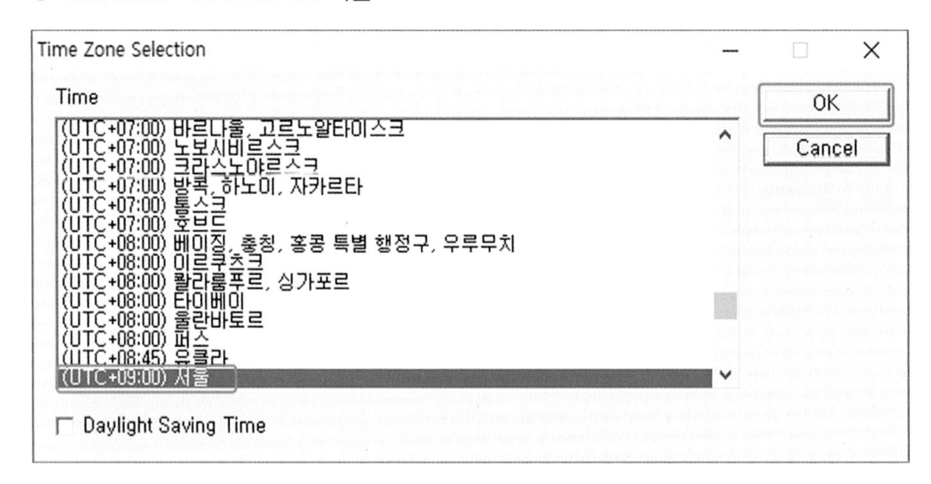

⑨ 현장에서 관측한 상공장애도를 참고하여 작성

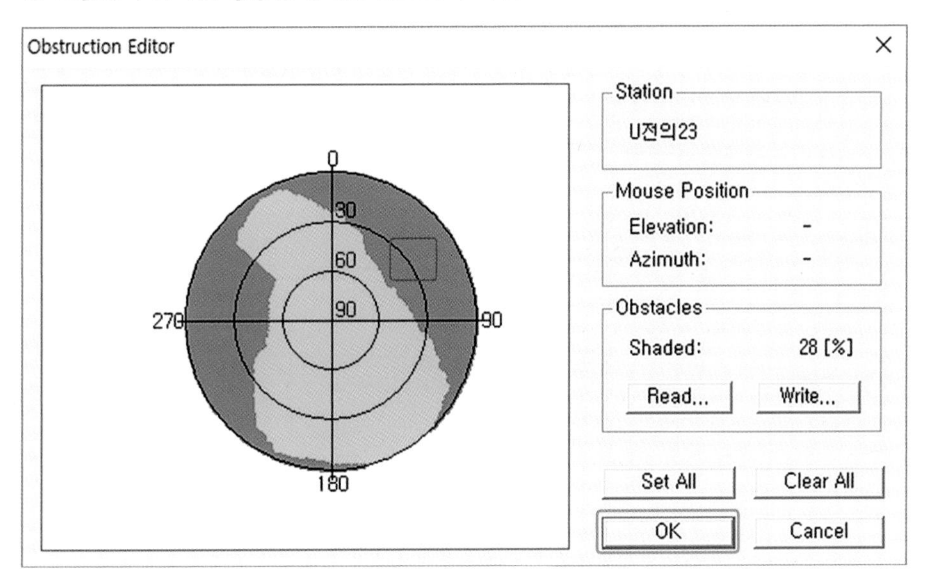

⑪ 점명(U전의85) 입력 → Obstruction Editor 입력 → Apply Click

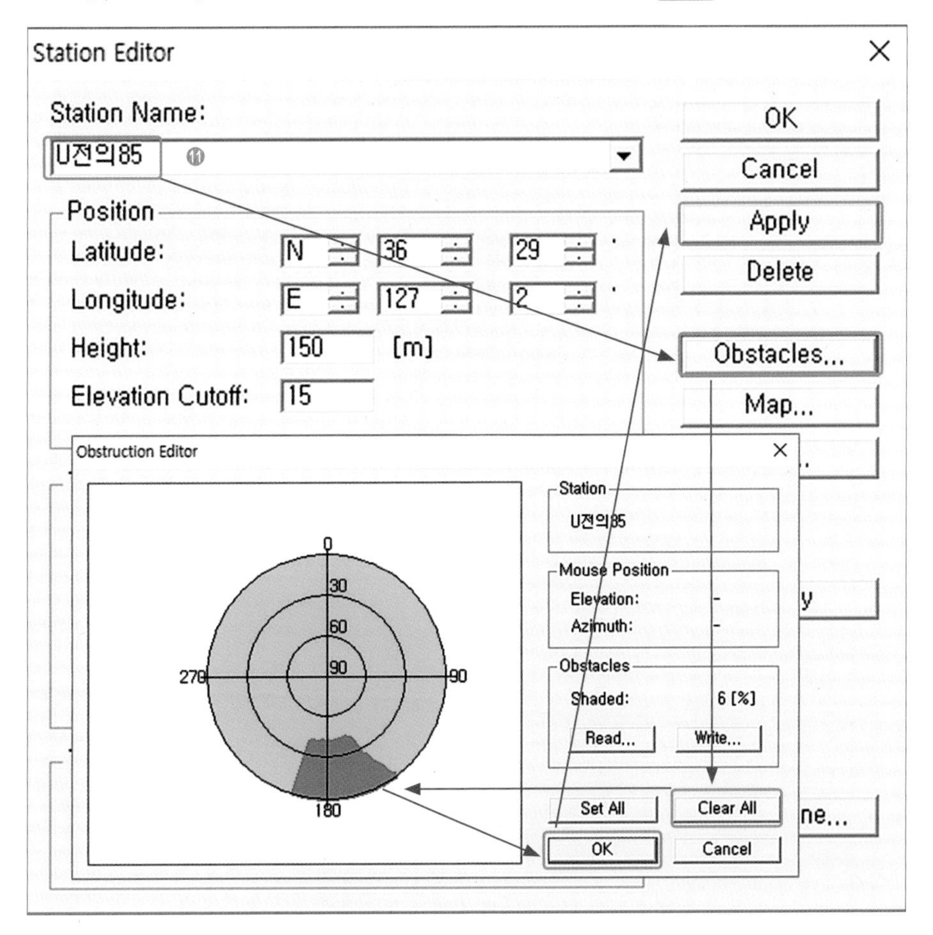

Tip◆ 위도 · 경도, 표고, 절사각, 관측예정일, 시작시간, 관측기간, Time Zone은 동일하므로 바로 Obstruction Editor를 입력한다.

⑫ 나머지 점(U공주04, U전의 91)들도 입력한다.

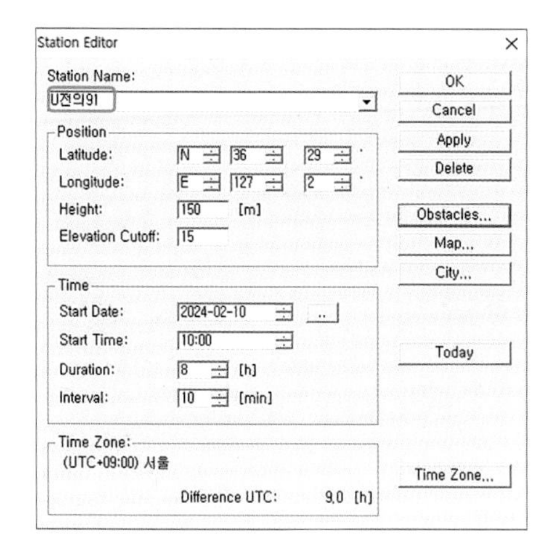

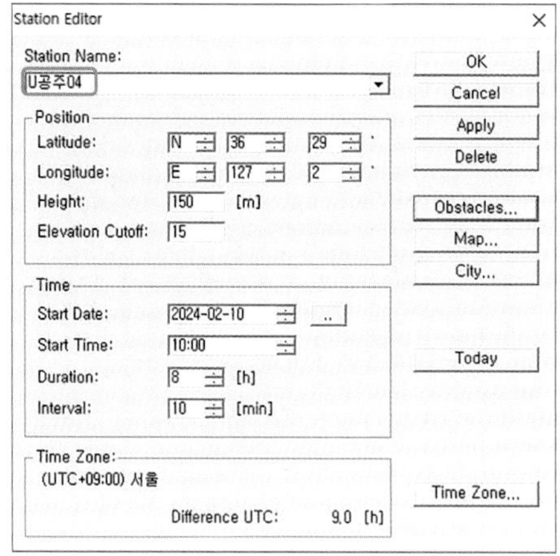

⑬ File – Multistation

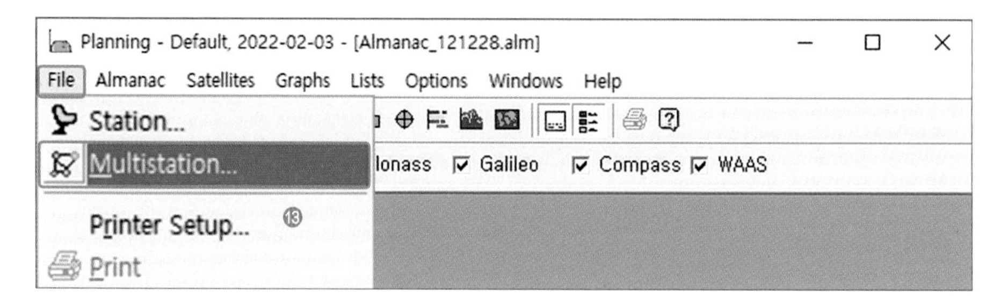

⑭ 사업명, 관측예정일, 시작시간, 관측기간 설정 → ⑮ Time Zone 선택 → ⑯ Station Selection

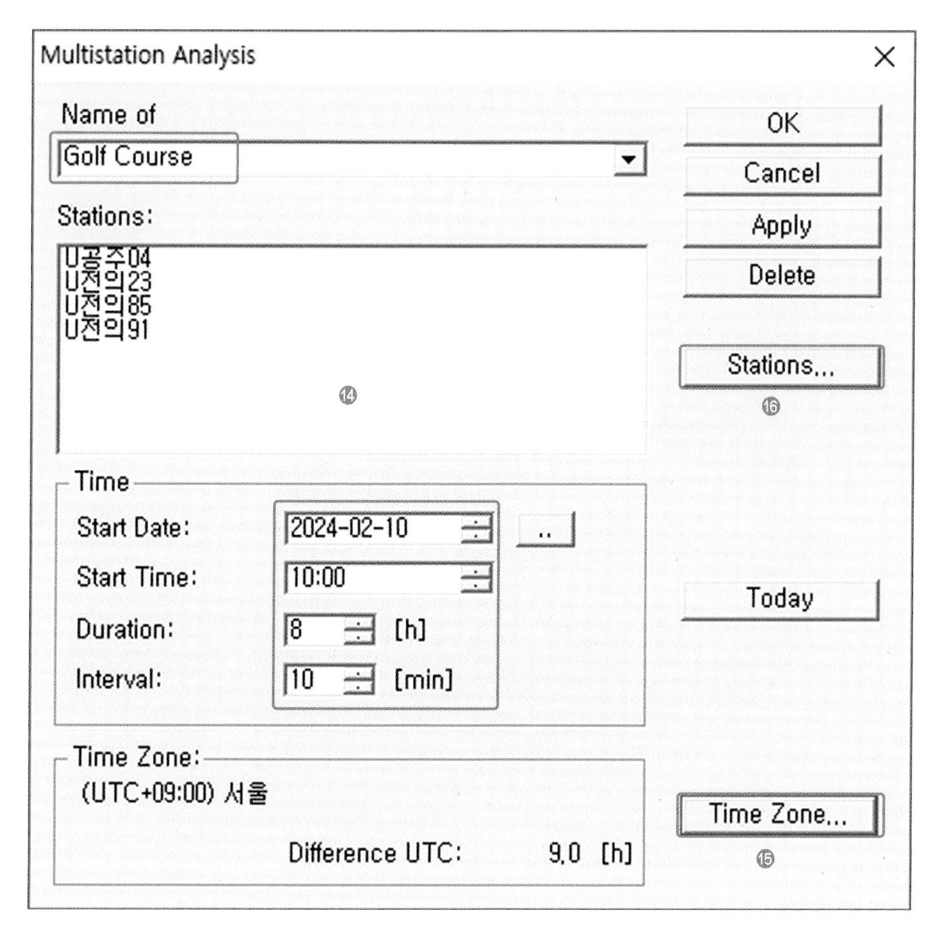

⑯ 프레임점을 Shift 키를 이용하여 선택하고 OK Click

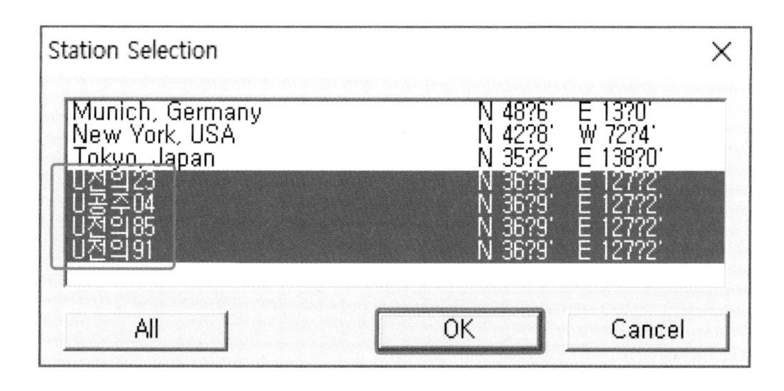

⑰ Sky Plot Click

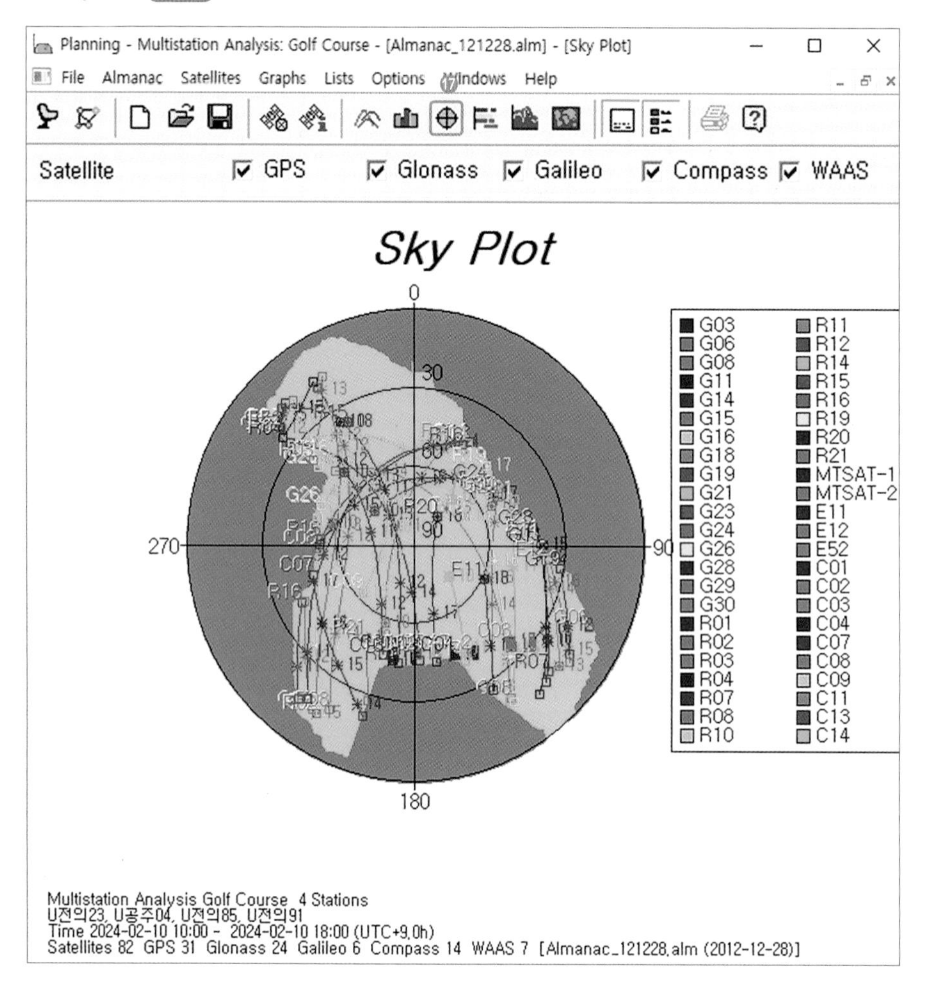

Sky Plot를 확인하면, U전의23과 U전의85에서 넣은 상공장애가 한꺼번에 표시되는 것을 확인할 수 있다. 기선해석에는 계산하는 점간에 동일한 위성이 수신되어야 하므로 동시에 관측되는 위성이 많을수록 불확실성이 줄어들게 된다.

위의 Sky Plot는 모든 위성을 켠 상태이며, 기선해석에 가장 많이 활용되는 GPS와 Glonass를 위주로 분석하는 것이 좋다. GPS위성만 적용하면, 다음 그림과 같이 GPS위성의 운행상황을 확인할 수 있다.

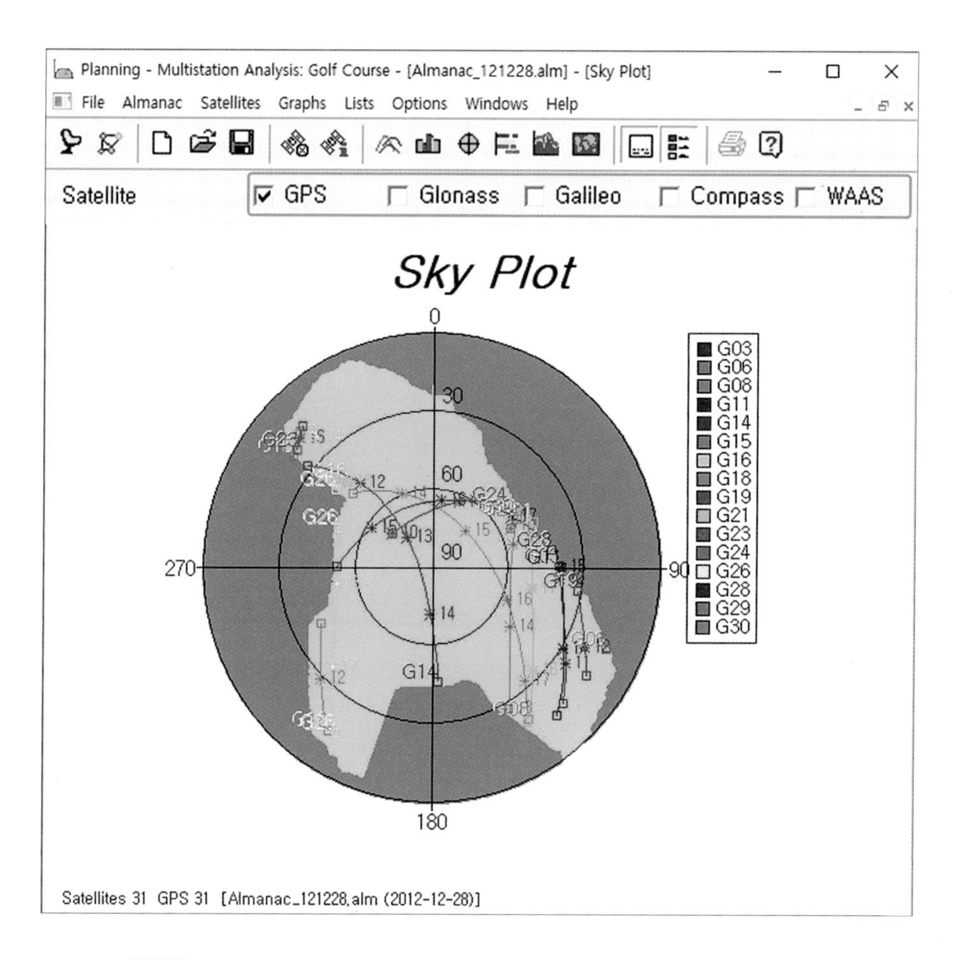
Planning - Multistation Analysis: Golf Course - [Almanac_121228.alm] - [Sky Plot]
File Almanac Satellites Graphs Lists Options Windows Help
Satellite
GPS
Glonass
Galileo
Compass
WAAS
Sky Plot
0
30
60
90
270
180
G03
G06
G08
G11
G14
G15
G16
G18
G19
G21
G23
G24
G26
G28
G29
G30
Satellites 31 GPS 31 [Almanac_121228.alm (2012-12-28)]

⑱ DOP Click

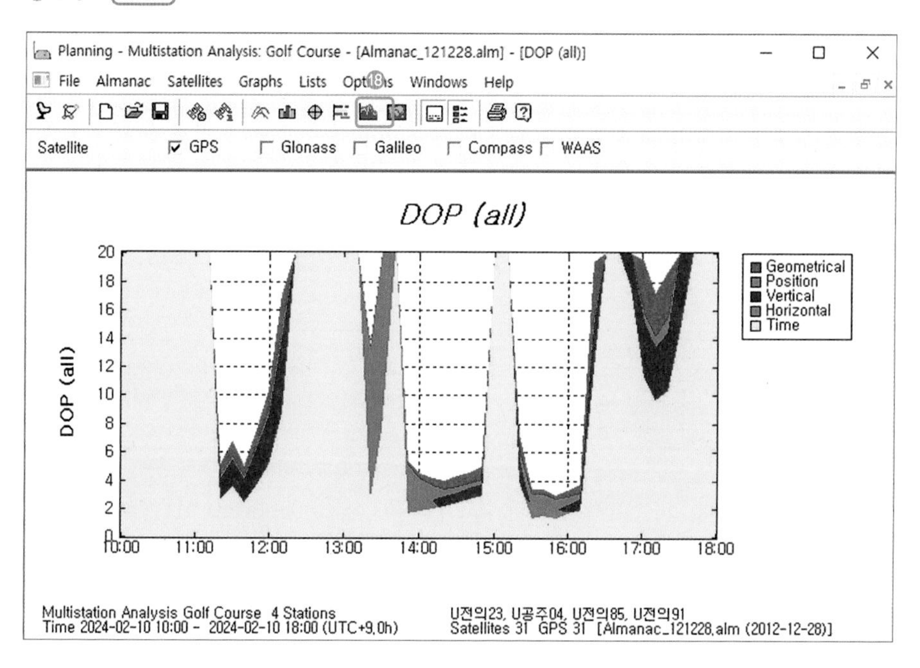
Planning - Multistation Analysis: Golf Course - [Almanac_121228.alm] - [DOP (all)]
File Almanac Satellites Graphs Lists Options Windows Help
Satellite
GPS
Glonass
Galileo
Compass
WAAS
DOP (all)
DOP (all)
0
2
4
6
8
10
12
14
16
18
20
10:00
11:00
12:00
13:00
14:00
15:00
16:00
17:00
18:00
Geometrical
Position
Vertical
Horizontal
Time
Multistation Analysis Golf Course 4 Stations
Time 2024-02-10 10:00 - 2024-02-10 18:00 (UTC+9.0h)
U전의23, U공주04, U전의85, U전의91
Satellites 31 GPS 31 [Almanac_121228.alm (2012-12-28)]

GPS위성만을 적용하여 DOP를 확인한 결과 상공장애가 많기 때문에 DOP가 상당히 높게 나타난다. 다음 그림과 같이 Glonass위성까지 적용하면, 11:10부터 15:00까지의 시간대에 관측하는 것이 적합한 것으로 판단된다. 다만 12:30부터 13:00는 관측을 피할 것을 권장한다.

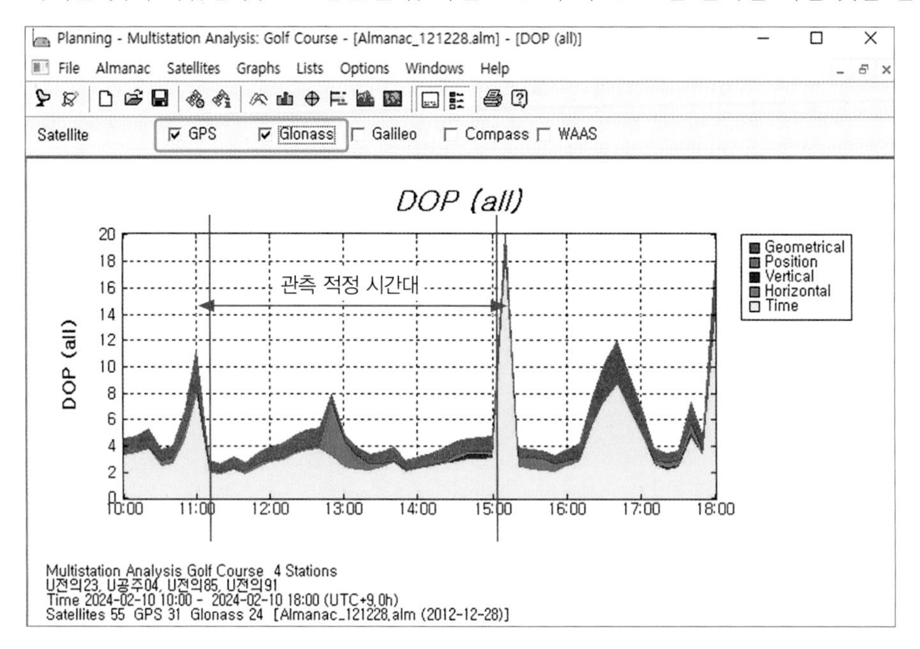

⑲ Visibility Click

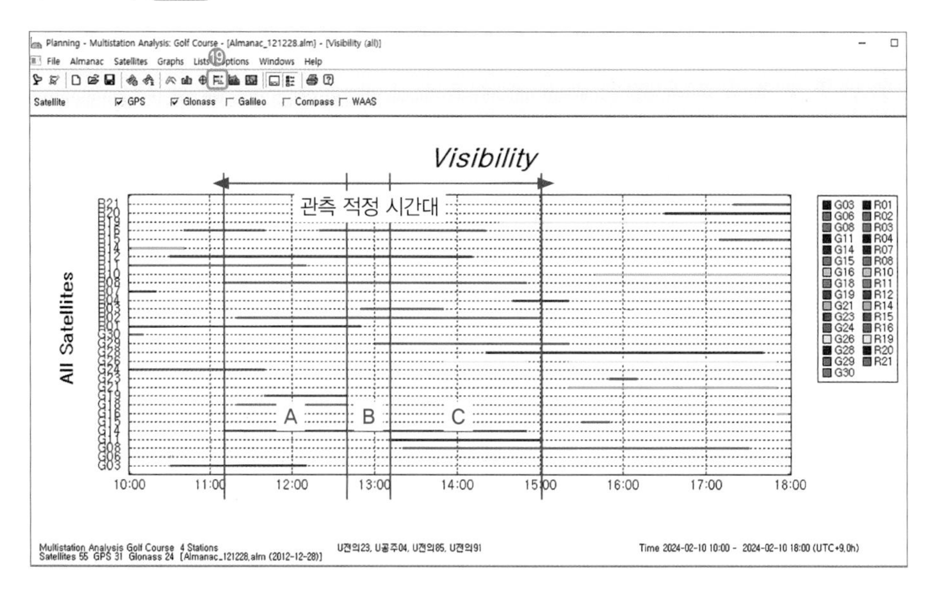

DOP를 통해 11:10~15:00 시간대가 관측에 적합하지만, 12:30~13:00 시간대는 관측을 피해야 한다고 판단했다. 위 그림의 Visibility를 확인하면, A와 C는 시간대에 지속적으로 관측되는 위성이 7대 이상되는 것을 알 수 있다. 그러나 B는 시간대에 지속적으로 관측되는 위성이 5대에 불과하다.

(8) 세션구성

과거에는 장비와 인력이 부족하였기 때문에 세션관측이 많이 이루어졌다. 그러나 최근에는 장비가 많아지고 대여도 가능하므로 인력이 충분하다면, 관측점이 많지 않은 경우에는 1회 관측으로 업무를 마무리할 수 있다. 어떠한 방법이 효율적인지 기존의 세션관측 이론을 보면서 확인해 보자.

[세션구성 이론]

다음 그림과 같이 수직기준점(4점)과 수평기준점(4점), 신설점(4점)관측에 4대의 GNSS장비가 활용되는 경우를 가정해 보자.

세션구성에는 다음과 같은 기준이 있으므로 이를 적용하여 다음 그림과 같이 계획하였다.

① 측량지역 내에서 기준점을 취득하라(망을 벗어난 관측은 되도록 지양).

② 강한 기하학적 망을 구성하라.

③ 독립기선을 포함시켜라.

④ 중복관측을 통해 체크포인트로 사용하라.

⑤ 한 개의 기준점에 대하여 두 개의 독립기선 점유를 요구하라. 즉, 한 개의 기준점에 대해 두 번의 중복관측을 수행하라.

⑥ 다중경로(Multipath)오차가 낮은 기준점을 이용하라.
⑦ 측량결과는 관측계획에 따라 결정되므로 관측계획을 철저히 수립해야 한다.

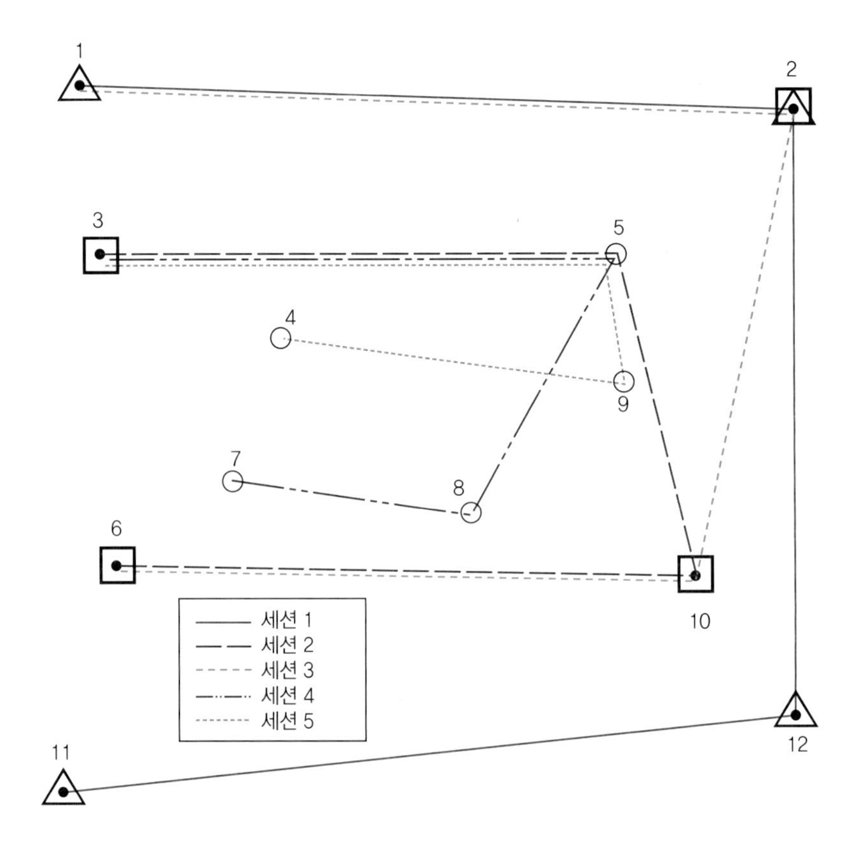

Session	Receiver				Independent Lines	Trivial Line	비고
	A	B	C	D			
034A	1	2	12	11	1–2 2–12 12–11	1–12 1–11 2–11	빨강
034B	1	2	10	6	1–2 2–10 10–6	1–10 1–6 2–6	파랑
034C	3	5	10	6	3–5 5–10 10–6	3–10 3–6 5–6	녹색
034D	3	5	8	7	3–5 5–8 8–7	3–8 3–7 5–7	보라
034E	3	5	9	4	3–5 5–9 9–4	3–9 3–4 5–4	주황

위와 같이 세션관측을 하는 경우 장비별로 최소 5회를 세워 관측해야 한다. 국가기준점을 신설하는 경우라면, 측점당 4시간 이상 관측해야 하므로 최소 3일간 관측해야 한다. 지적삼각점 또는 공공삼각점을 신설하는 경우라면, 1시간 이상 관측해야 하므로 1일 또는 2일의 기간이 소요될 수 있다. 물론 세션관측의 관측시간 결정에 있어서 다음의 고려사항이 있으므로 관측시간이 좀더 증가할 수 있다.

① GNSS Planning S/W 시뮬레이션 결과 DOP가 높은 시간대를 피하여 관측시간을 결정한다.

② 측점 간 안전하게 이동할 수 있는 시간을 고려해야 한다. 도상계획에서는 "U전의24"를 프레임점으로 계획했으나 현장답사 결과 "U전의85"를 프레임점으로 결정한 것과 같이 좀더 효과적이고 안전한 측점을 선정하고, 해당 측점까지 소요시간을 계산하여 충분한 이동시간을 고려해야 한다.
③ 측량 전후 GNSS장비의 조립과 분해에 소요되는 시간을 고려해야 한다.
④ GNSS수신기의 예열 시간 및 예상하지 못한 문제에 기인한 손실 등을 고려해야 한다.

[세션수 계산]

예시한 계획에서는 5개의 세션으로 구성하였으나 인력수급, 장비의 고장, 기타 예측할 수 없는 문제 등은 포함되어 있지 않았다. 따라서 FGCC(Federal Geodetic Control Committee)는 보다 현실적인 세션수의 결정을 위해 다음과 같은 공식을 제안했다.

$$s = \frac{m \cdot n}{r} + \frac{(m \cdot n)(p-1)}{r} + k \cdot m$$

여기서, s = 세션수, r = GNSS장비수, m = 측점수

n, p, k 계수는 별도의 설명이 필요하다. n은 각 측점의 관측수에 따른 중복수준을 나타내는 것으로, 앞서 계획된 5개의 세션에서 4대의 장비로 총 20개의 측량성과를 취득하게 되고, 이를 측점수로 나누면 각 측점은 평균 1.666회 관측된다. 따라서 n = 1.666이다.
생산효율성인 p는 기존에 프로젝트를 완료하는 데 필요한 세션수를 초기 추정한 값으로 나누어 미래 예측을 개선하는 데 사용되는 비율로 산출한다. 일반적으로 p = 1.1이다. k는 안전계수로, 기지점으로부터 100km 이내의 GNSS관측은 k = 0.1을 권장한다(Jan Van Sickle, 2008).
따라서 이를 대입하면,

$$s = \frac{(12 \cdot 1.666)}{4} + \frac{(12 \cdot 1.666)(1.1-1)}{4} + 0.1 \cdot 12$$

$$s = 4.998 + 0.500 + 1.2 = 6.698$$

안정적인 성과산출을 위해서는 약 7개의 세션으로 구성되어야 한다.

[망구성트렌드(프레임망)]

최근에는 앞에서 설명한 바와 같이 다양한 GNSS장비가 출시되고, 대여 등도 가능하기 때문에 시간이 많이 소요되는 기존의 방식보다 더 안정적이고, 효과적인 방식을 활용하고 있다. 예를 들면 앞의 12점을 관측해야 하는 상황에서 12대의 장비와 인력이 있다면, 한번에 관측을 실시하고, 6대의 장비가 있는 경우라면, 수직기준점인 1, 2, 12, 11번 측점(프레임점)에 고정으로 관측을 하고, 나머지 측점을 관측하여 총 세션수는 4회이다. 다만 기존과 다른 점은 만약 지적삼각점 또는 공공삼각점을 신설하는 경우라면 1시간 이상 관측해야 하므로 관

측자가 1시간 관측 후 가까운 다음 측점을 관측하면 된다. 따라서 3~10번 측점 중 1대는 인접한 3-4-7-6번 측점을 1시간씩 관측하고, 나머지 1대는 5-9-8-10번 측점을 관측한다. 이는 기존 세션측량에서는 관측의 시작과 종료시간을 동일하게 맞춰야 했지만, 이미 외곽에 프레임점을 구성하였기 때문에 시간을 맞춰야 하는 번거로움과 기선해석을 보다 안정적으로 할 수 있다는 장점이 있다. 이러한 망구성방법은 가용장비 확보가 편리해지면서 나타난 최신 트렌드로, 이에 관하여 별도의 명칭이 없어 본 교재에서는 이를 “프레임망”이라 하고, 모든 세션관측에 중복관측한 점(1, 2, 12, 11)을 “프레임점”이라고 부르기로 하자. 이러한 방법은 장비수가 많고, 관측해야 하는 점들이 많을 때 더욱 효과적이다. 이를 예시로 작성하면 다음 그림과 같이 관측계획을 수립할 수 있다.

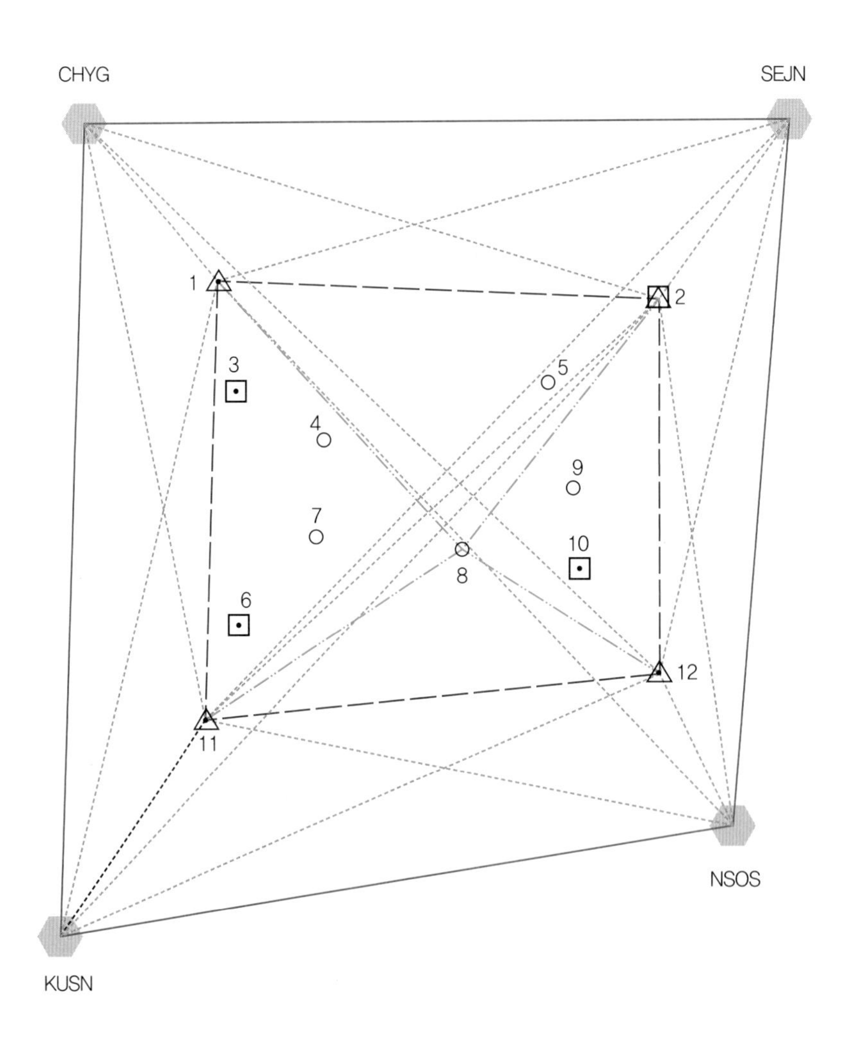

프레임망 구성에 맞춰 실습지역의 망을 구성하면 다음 그림과 같이 위성기준점을 기지점으로하고, 통합기준점을 프레임점으로 구성할 수 있다.

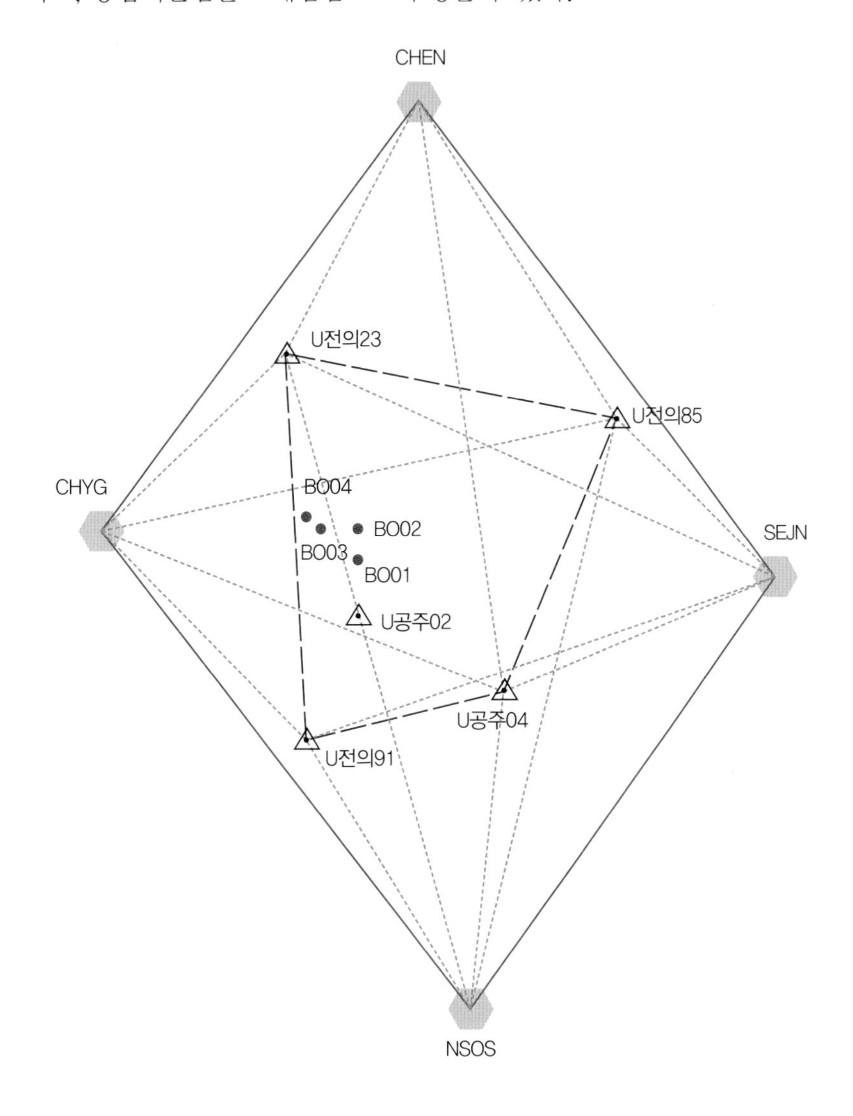

3) 관측지시서 작성 [지]

지적기준점의 경우 현장관측을 효율적으로 진행하기 위해서는 다음 서식과 같이 지적위성측량관측표를 작성하여야 한다.

지적위성측량관측표

1. 지구명 : 공주시 사곡면 계실리 200 번지 골프장 조성 지구
2. 관측일 : 2022년 02월 10일 ~ 2022년 02월 10일
3. 관측조 명단

조 별	성 명		수신기명 및 번호	안테나명 및 번호	비고
	조 장	조 원			
1조	홍길동		CHC-01	4152693	
2조	강감찬		CHC-02	4152695	
3조	나지적		CHC-03	4152696	
4조	김공간		CHC-04	4152698	
5조	이순신		CHC-05	4152701	
6조	노단군		CHC-06	4152703	
7조	지천명		CHC-07	4152705	

4. 관측일정표

월/일 (KST)	세션명	관측조	관측 점명	관측 시작시각 ~종료시각	관측 시간	최저 고도각	최소 위성수	관측 간격	비 고
02/10	043A	1조	U전의85	14:25~17:00	2h35m	15	4	15	고정점
		2조	U공주04	14:25~17:00	2h35m	15	4	15	고정점
		3조	U전의91	14:25~17:00	2h35m	15	4	15	고정점
		4조	U전의23	14:25~17:00	2h35m	15	4	15	고정점
		5조	U공주02	14:25~15:35	1h10m	15	4	15	
		6조	BO01	14:25~15:35	1h10m	15	4	15	
		7조	BO03	14:25~15:35	1h10m	15	4	15	
	043B	1조	U전의85	14:25~17:00	2h35m	15	4	15	고정점
		2조	U공주04	14:25~17:00	2h35m	15	4	15	고정점
		3조	U전의91	14:25~17:00	2h35m	15	4	15	고정점
		4조	U전의23	14:25~17:00	2h35m	15	4	15	고정점
		6조	BO02	15:50~17:00	1h10m	15	4	15	
		7조	BO04	15:50~17:00	1h10m	15	4	15	

※ 세션명의 앞 3자리는 통산일수를, 뒤 한자리는 동일 날짜의 경우 A,B 등으로 구분

※ 위성배치도 (PDOP, GDOP) 등은 출력물 첨부

※ 부속 소프트웨어의 출력물이 있을 경우 출력물로 대체 가능

210mm×297mm[백상지(80g/㎡) 또는 중질지(80g/㎡)]

각 조별 담당자를 정하고, 관측세션에 따라 세션별 관측계획을 기재한다. 세션명은 GNSS Calendar+ 앱으로 확인이 가능한데, 2022.02.10.일은 다음 그림과 같이 2022년 41번째 날이 되는 것을 알 수 있다. 3자리로 기록하므로 "041"로 기재하며, 동일한 날에 2회 이상 관측하는 경우 A, B, C 순으로 기재한다.

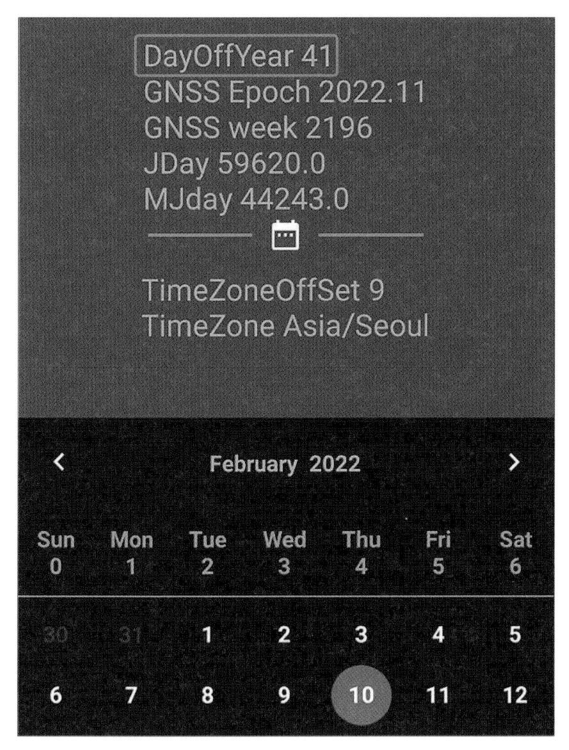

계획자나 관측자가 위의 서식을 따라 현장관측을 실시하기에는 불편한 점이 있다. 따라서 다음 서식과 같이 전체 관측계획을 한눈에 확인하고, 연락 등이 용이하도록 현장용 관측지시서를 별도로 작성하는 것도 유용하다.

GNSS 관측지시서

2022.02.10 관측

관측조	관측점	관측1		안테나 높이	관측점	관측2		안테나 높이	관측점	관측3		안테나 높이	관측장비	관측자	연락처
		시작	종료			시작	종료			시작	종료				
1	U전의85	14:25					17:00						CHC-01	홍길동	010-xxx-1234
2	U공주04	14:25					17:00						CHC-02	강감찬	010-xxx-1235
3	U전의91	14:25					17:00						CHC-03	나지적	010-xxx-1236
4	U전의23	14:25					17:00						CHC-04	김공간	010-xxx-1237
5	U공주02	14:25	15:35										CHC-05	이순신	010-xxx-1238
6	BO01	14:25	15:35		BO02	15:50	17:00						CHC-06	노단군	010-xxx-1239
7	BO03	14:25	15:35		BO04	15:50	17:00						CHC-07	지천명	010-xxx-1240

또한 다음 그림과 같이 관측점에 대한 정보를 자세히 기록하고, 공유하여 관측점을 보다 쉽게 확인할 수 있도록 해야 한다.

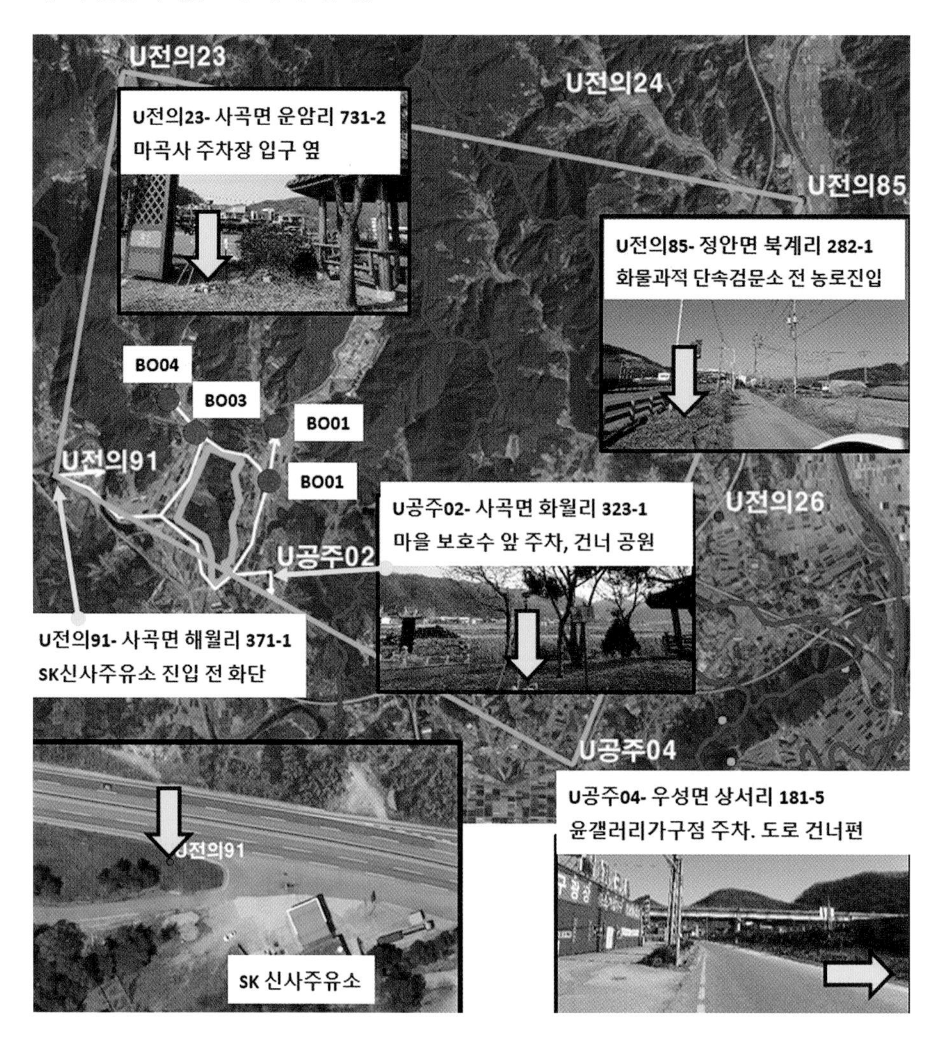

GNSS장비 사용법을 미리 교육하지만, 현장에서 당황할 수도 있으므로 다음 그림과 같이 간단한 매뉴얼도 공유하여 현장관측이 원활히 진행되도록 해야 한다.

정지측량 시작

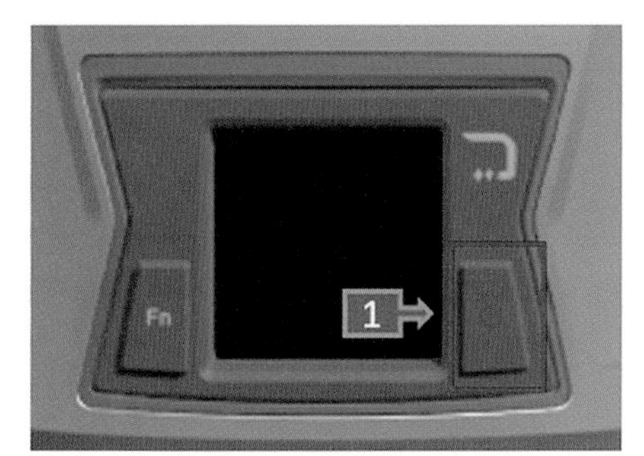

1. 전원 키를 눌러 전원을 켠다.

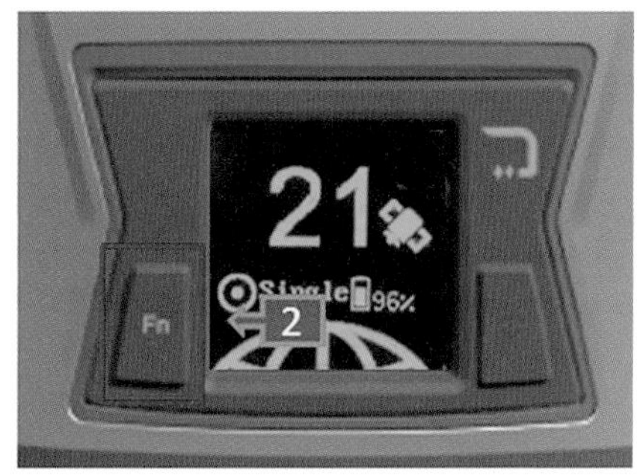

2. Fn 키를 눌러 설정한다.

3. Fn 키를 눌러서 Data에 놓고,
4. 전원 키를 눌러 선택한다.

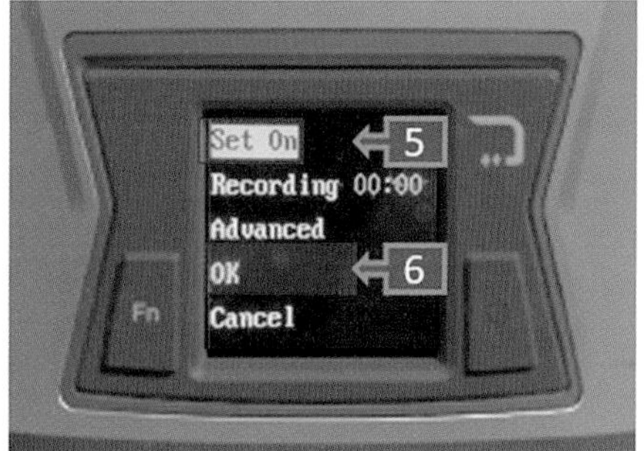

5. Set Off이면, 전원 키로 Set On으로 변경
6. Fn 키를 눌러 OK, 전원 키를 눌러 선택한다.
관측이 시작 됩니다.!!

정지측량 종료

전원버튼을 눌러 종료 합니다.

기선해석을 통해 성과가 결정되므로 기선해석이 무척 중요하다고 여겨지지만, 실무상으로는 앞서 선행한 계획, 현장답사, 그리고 이어 진행할 현장관측까지의 절차가 GNSS정지측량의 성과를 거의 결정한다고 생각하면 된다. 따라서 계획수립이 올바르게 되어야 좋은 성과를 기대할 수 있는 것이다.

G N S S 측 량 실 무

CHAPTER 03

현장관측 및 데이터 받기

CHAPTER

03 현장관측 및 데이터 받기

01 현장관측

현장관측은 GNSS측량의 핵심적인 요소로, 위성으로부터 GNSS데이터를 취득하는 작업이다. 현장관측은 앞서 수립한 관측계획에 따라 실시한다.

GNSS측량의 정확도를 떨어뜨리는 가장 큰 요인은 사용자의 과실과 착오이다. 따라서 관측방법을 잘 이해하고, 장비의 사용법을 숙지해야 한다. 또한 현장관측 시 발생할 수 있는 다양한 문제를 사전에 파악하고, 교통 등 안전에 유의하여야 한다.

1) 규정

규정	내용
국 국가기준점측량 작업규정 제22조 내지 제23조	• 수신기의 기계고는 0.001m까지 측정 • GNSS관측은 관측망도 및 관측계획에 따라 실시 • GNSS위성의 최신 운행정보 · 위성배치 및 사용하는 위성기준점의 운용상황을 수집 · 확인하는 등 적정한 관측조건을 갖춘 상태에서 관측 실시 • 사용하고자 하는 위성기준점의 가동상황을 관측 전후에 확인 • 국가기준점의 지반침하 등을 고려하여 설치완료 24시간이 경과한 후 침하량을 파악하여 지반침하가 없는 경우에 관측을 실시 • 장비의 이상 유무 등을 관측 전에 확인하고, 필요시 관측 중에도 수시로 확인 • GNSS관측은 정적간섭측위방식으로 실시 • GNSS측량기기를 설치할 때에는 GNSS안테나 등의 기계적 중심이 국가기준점의 수평면에서의 중심과 동일 연직선상에 위치하도록 치심에 세심한 주의를 기울이고, 이때 정준대를 설치하는 개소는 수평이 되게 하고 관측 전후 치심상황을 점검 • GNSS안테나의 높이는 강권척을 사용하여 통합기준점 표지의 중심에서 안테나 참조점(ARP)까지 연직방향으로 정확한 값이 되도록 관측 전후에 각각 3회 측정하고 당해 측정값을 확인할 수 있도록 사진 촬영 • GNSS관측은 단위다각형마다 또는 통합기준점마다 실시하고 관측시간 등은 다음을 따름

구분		비고
연속관측시간	4시간	KST기준 09시 이후 관측 시작, 익일 09시 이전에 관측 종료
세션수	1	
데이터취득간격	30초	

국
국가기준점측량 작업규정 제22조 내지 제23조

- GNSS위성의 조건
  - ① 고도각 15도 이상의 GNSS위성 사용
  - ② 작동상태(Health Status)가 정상인 GNSS위성 사용
  - ③ 4개 이상의 위성을 동시에 사용
- GNSS관측데이터는 기록매체에 저장
- GNSS관측 시 안테나 높이나 기타 필요하다고 인정되는 사항을 GNSS관측기록부에 기록
- GNSS관측 시 조정기를 사용하여 관측점에 대한 입력정보를 원시데이터에 기록하고, GNSS관측 사진 촬영
- 제1방위표의 GNSS측량은 통합기준점과 2시간 이상 동시관측을 통해 결정
- 표고점의 GNSS측량은 기지점과 2시간 이상 동시관측
- 모든 GNSS관측데이터는 RINEX포맷으로 변환하여 전산기록매체에 저장

지
GNSS에 의한 지적측량 규정 제6조 내지 제7조

- GNSS위성의 조건
  - ① 관측점으로부터 위성에 대한 고도각이 15도 이상에 위치할 것
  - ② 위성의 작동상태가 정상일 것
  - ③ 관측점에서 동시에 수신 가능한 위성수는 정지측량에 의하는 경우에는 4개 이상일 것
- GNSS측량기에 입력하는 안테나의 높이 등에 관하여는 GNSS측량기에서 정해진 방법에 따라 측정하고, 관측 후 확인
- 관측 시 주의사항
  - ① 안테나 주위의 10m 이내에는 자동차 등의 접근을 피할 것
  - ② 관측 중에는 무전기 등 전파발신기의 사용을 금함(부득이한 경우 안테나에서 100m 이상 거리 사용)
  - ③ 발전기를 사용하는 경우에는 안테나로부터 20m 이상 떨어진 곳에서 사용할 것
  - ④ 관측 중에는 수신기 표시장치 등을 통하여 관측상태를 수시로 확인하고 이상 발생 시에는 재관측을 실시할 것
- 관측 완료 후 점검결과 관측조건에 맞지 아니한 경우에는 다시 관측을 하여야 함
- 지적위성측량관측부 작성
- GNSS측량기에 의한 정지측량방법 기준
  - ① 기지점과 소구점에 GNSS측량기를 동시에 설치하여 세션단위로 실시할 것
  - ② 관측성과의 기선벡터 점검을 위하여 다른 세션에 속하는 관측망과 1변 이상이 중복되게 관측할 것
  - ③ 관측시간 등 기준

구분	지적삼각측량	지적삼각보조측량
기지점과의 거리	10km 이하	5km 이하
세션 관측시간	60분 이상	30분 이상
데이터 취득간격	30초 이하	30초 이하

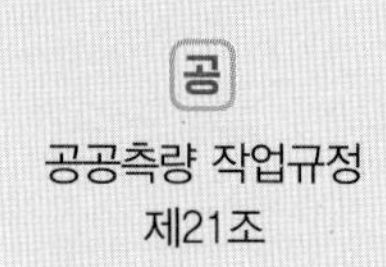

공공측량 작업규정 제21조

- 공공삼각점측량 관측은 선점도를 기초로 작성한 관측계획도에 따라 GNSS수신기로 위성전파를 수신하고 위상데이터 등을 기록하는 작업
- GNSS관측
  ① 정지측위법, 신속정지측위법, 이동측위법으로 관측 실시
  ② 관측망도에는 복수의 GNSS수신기를 이용하여 동시에 실시하는 관측("세션")계획수립
  ③ 관측은 기지점 및 미지점을 결합하는 트래버스노선이 폐합된 다각형을 구성하며, 다른 세션에 의한 점검을 위하여 1변 이상 중복관측 실시
  ④ 관측은 세션 1개를 1회 실시
  ⑤ 관측시간 등 기준

구분	공공삼각점측량	비고
기지점과의 거리	10km 이하	10km 초과: 1급 GNSS수신기로 120분 이상 관측
세션 관측시간	60분 이상	
데이터 취득간격	30초 이하	

  ⑥ GNSS위성의 작동상태, 비행정보 등을 고려하여 한곳에 몰려있는 배치는 피함
  ⑦ GNSS위성의 수신고도각은 15도를 표준으로 함, 상공시계 확보가 곤란한 경우는 수신고도각을 30°까지 완화
  ⑧ GNSS위성은 동시에 4개 이상 사용

2) 관측절차

(1) 관측절차 및 주의사항

① 측점 위에 삼각대를 설치하고 정준장치를 거치하여 수평과 구심을 맞춘다.
② 연결장치(어댑터)와 연장폴(10cm 정도) 등을 수신기에 부착한다.(타워폴을 사용하는 경우에는 수신기를 먼저 폴에 연결시킨 다음 정준대 위에 올려야 한다)
③ 정준대에 연결장치를 장착하고 잠금장치를 돌려 고정시킨다.
④ 전원을 켠다.
⑤ 위성으로부터 신호가 수신되는지 확인한다.
⑥ 관측을 전후하여 안테나 높이측정 등 필요한 준비를 하고, 관측을 수행한다.

연장폴(10cm 이상)을 사용하는 이유는 높이측정 시 줄자가 정준대에 걸려 정확한 높이를 측정하지 못하기 때문이다. 장비 구성상 연장폴이 있다면 반드시 장착하여야 한다.
타워폴(1m)은 3개 이상 사용하는경우에는 관측 시 흔들림의 위험이 많으므로 1개에서 최대 2개까지 사용한다. 타워폴을 장착한 후에는 높이측정이 불가능하므로 우선 타워폴을 제외한 상태에서 높이를 측정하고, 타워 폴을 장착하여 관측을 실시하도록 한다.

(2) 장비 설치

장비의 설치는 일반적으로 다음 그림과 같이 실시하면 되며, 관측 시작은 Controller를 이용하여 작업방을 생성하여 관측을 시작하는 방법과 Controller 없이 단축키 등을 이용하여 관측하는 방법이 있다. 관측 시작방법은 장비사별 운용방법을 참고한다.

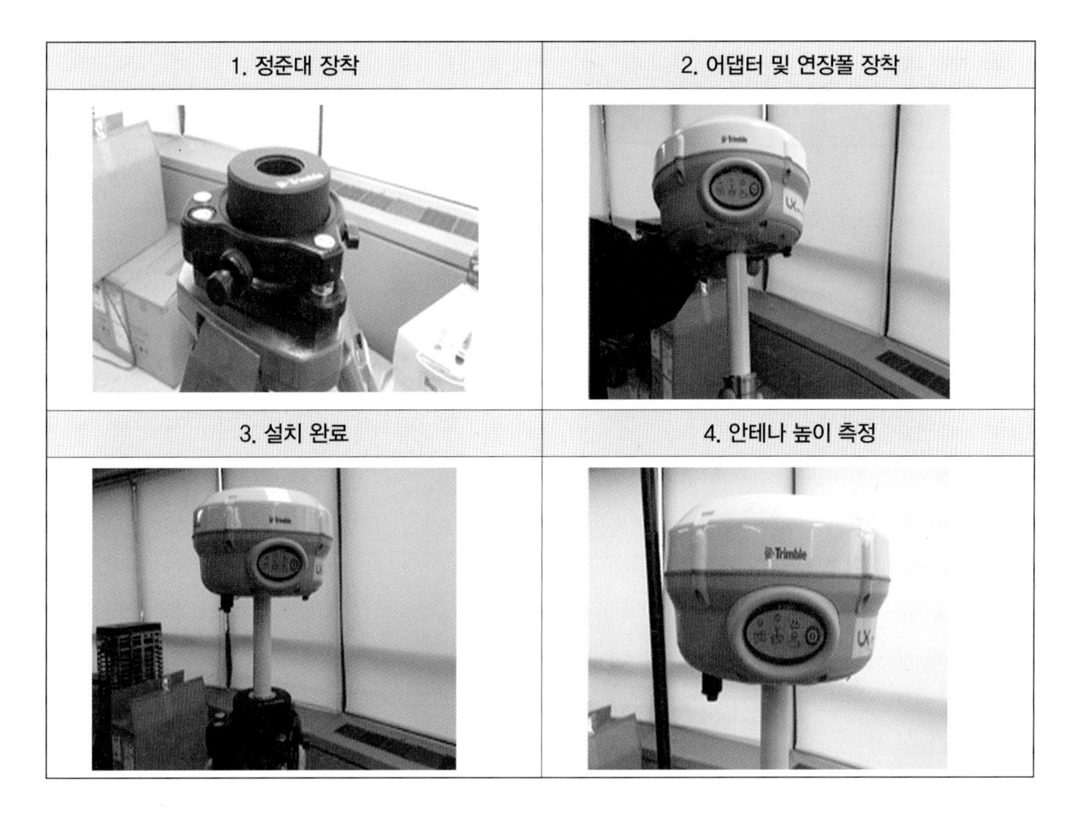

장시간 관측하는 경우, 가급적이면 삼각대는 GNSS수신기 전용 삼각대(목재)를 사용하고 주위에 큰 차량의 이동이 빈번하거나 강풍이 부는 경우에는 다음 그림과 같이 삼각대 하단을 단단히 고정하여 움직이지 않도록 한다. 계절적으로 살펴보면 무더운 여름에는 아스팔트가 녹아내리는 현상이 있으며, 겨울에는 눈 또는 얼음이 햇볕에 의해 녹아내리므로 장비 설치 시 삼각대를 단단히 고정하도록 한다.

▲ 삼각대 고정 사례

타워폴을 설치한 경우 다음 그림과 같이 관측환경이 개선되는 것을 확인할 수 있다.

▲ 타워폴 미장착

▲ 타워폴 장착

다만 바람이 많이 부는 날에는 흔들림이 많을 수 있으므로 주의를 기울여야 한다.
참고로 GNSS측량의 정도를 표현하는 식인 $a\,(\mathrm{mm}) + b\,(\mathrm{ppm}) \times D$에서 a는 안테나 설치, 안테나 구조상 오차, 안테나 위상 특성오차가 주를 이루고 있다. 따라서 안테나 설치에 각별한 주의가 필요하다.

(3) 안테나 높이측정

안테나 높이의 측정은 각 장비별 측정방법에 따른다. 다음 그림의 좌측과 같이 대부분 경사측정으로 높이를 측정하며, 수신기의 옆면에 측정기준선을 만들어 여기부터 기준점의 중앙(십자선)까지의 길이를 측정하게 된다. 다른 방법으로는 그림의 우측과 같이 수직측정으로 안테나의 위상중심까지를 측정하는데, 수직측정을 위한 별도의 전용자가 있다. 측정치에 안테나정수를 더하여 안테나 높이를 결정한다.

▲ 경사측정

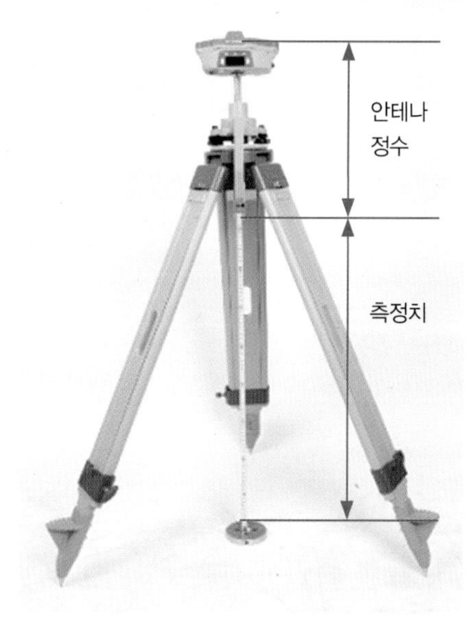

▲ 수직측정

수신기의 높이는 센티미터 단위로 측정하며, 경사측정을 하는 경우에는 3방향에서 측정된 높이의 평균을 계산하여 기재한다. 경사측정된 높이는 수학식에 의해 수직높이값으로 교정된다.

타워폴의 경우에는 측정치에 타워폴 개수만큼 높이를 더해 주는데, 타워폴 1개당 1m이므로 1개를 사용하는 경우 안테나 높이 + 1m를 하면 최종 안테나 높이가 된다.

(4) 관측기록부 작성

관측 중 또는 관측 후에는 각각의 측정점에서 각 작업에 대한 내용을 야장에 기록하고, 수시로 수신기의 상태를 확인하여 야장에 기록한다. 이와 더불어 관측 시작과 종료시간, 가시위성, 장애사항, 메모리사용량, 배터리사용량, 관측횟수, 관측자 명과 기계고, 기압, 온도, 습도, 날씨 등과 그 외 신호에 영향을 끼치는 사항들을 기록한다.

국가기준점과 공공기준점은 다음 서식과 같이 관측점 전체를 하나의 서식에 모두 기록하며, 지적기준점은 측점별로 관측기록부를 한 장씩 작성하도록 하고 있다.

① 국가기준점

GNSS 관측기록부

2022년02월12일

세선	연번	점번호	측점	관측시간		Rinex	안테나	안테나고	측정	연직안테나고 ARP	점의 상태	수준	전세션과의	관측자	비고
			ID	시작	종료	파일명	종류	측정방법	안테나고			높이	중복점		
043A	1	U전의23	UJE11	2022년 02월10일 14시32분30초	2022년 02월11일 07시23분30초	uje230430	TRM41249.00	slant	1.222	1.1658	2차통합기준점	94.3094		홍길동	기지점
	2	U전의85	UJE11A	2022년 02월10일 14시52분30초	2022년 02월11일 07시30분30초	uje850430	TRM39105.00	slant	1.560	1.5185	2차통합기준점	102.5623		강감찬	기지점
	3	U공주04	UGJ21	2022년 02월10일 14시51분00초	2022년 02월11일 06시13분00초	ugj040430	TRM41249.00	slant	1.266	1.2102	2차통합기준점	152.9209		나지적	기지점
	4	U전의91	UJE18	2022년 02월10일 15시24분30초	2022년 02월11일 07시27분30초	uje910430	TRM39105.00	slant	1.182	1.1396	2차통합기준점	101.1811		김공간	기지점
	5	U1250	U1250	2022년 02월10일 14시45분30초	2022년 02월11일 07시02분30초	u12500430	TRM41249.00	slant	1.210	1.1537	신설점	157.3344		이순신	
	6	U1251	U1251	2022년 02월10일 15시33분00초	2022년 02월11일 07시07분30초	u12510430	TRM39105.00	slant	1.135	1.0924	신설점	20.0071		노단군	

② 지적기준점

지적위성측량관측기록부(정지측량)

관측년월일	2022년 02월 10일	관측조	1조
수신기명	CHCNAV	관측자	지적기사 홍 길 동
수신기 번호	CHC-01	관측점명	U전의23
안테나 번호	4152693	관측장소	지상, 옥상
전파종류	1주파, 2주파	관측상황	삼각, 타워
세션명	043A	관측환경	상, 중, 하
관측개시시각	14시 32분	기상상태	맑음, 흐림, 비, 눈
관측종료시각	17시 32분	위성고도각	15 도
소요시간	3시간 0분	취득간격	15 초

수직측정		경사측정	
①안테나 정수	m	측정치 1	1.222m
②측정치	m	측정치 2	1.222m
③안테나 높이	m	측정치 3	1.222m
		안테나 높이*	1.222m

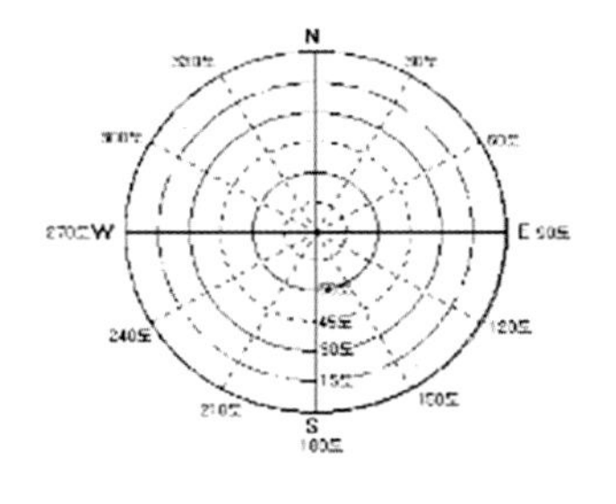

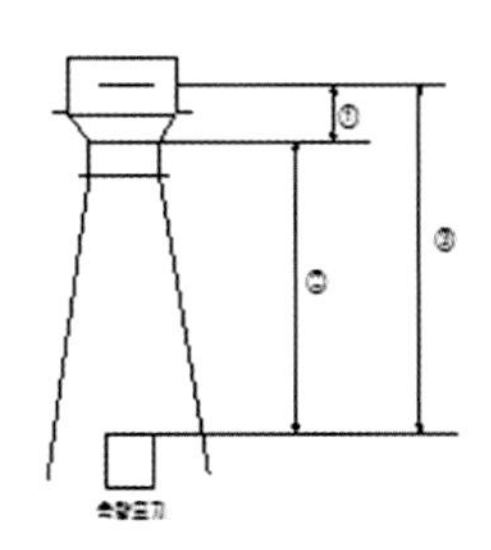

※ 안테나 높이를 경사측정으로 수행한 경우에는 관측점으로부터 안테나까지 3점을 각각 측정하여 그 평균치를 안테나 높이로 선정.
※ 각 관측점별로 작성하여야 함.
※ 이동측량에 의할 경우에는 별도 서식에 의함.
※ 부속 소프트웨어의 출력물이 있을 경우 출력물로 대체 가능

210mm×297mm[백상지(80g/㎡) 또는 중질지(80g/㎡)]

③ 공공기준점

GNSS 관측기록부															
세 선	점번호	측 점 ID	관측 시간 (KST)		RINEX 파일명	안테나 종류	수신기번호	안테나고 측정방법	측정 안테나고	해석 안테나고	점의 상태	수준높이	전세션과의 중복점	관측자	비 고
043A	U전의23	UJE11	10/02/2022 14:32	10/02/2022 17:43	uje230430	GRI	CG129016	경 사	1.258	1.211	양호			홍길동	기지점
	U전의85	UJE11A	10/02/2022 14:52	10/02/2022 18:05	uje850430	TPS_HIPER- Ga	457-03265	경 사	1.122	1.089	양호			강감찬	기지점
	U공주04	UGJ21	10/02/2022 14:51	10/02/2022 17:16	ugj040430	TPS_HIPER- Ga	457-3258	경 사	1.205	1.172	양호			나지적	기지점
	U전의91	UJE18	10/02/2022 15:29	10/02/2022 17:24	uje910430	TPS_HIPER- Sr	457-3259	경 사	1.446	1.413	양호			김공간	기지점
	U1250	U1250	10/02/2022 15:27	10/02/2022 17:22	u12500430	TPS_HIPER- Sr	457-3260	경 사	1.505	1.472	양호			이순신	
	U1251	U1251	10/02/2022 14:42	10/02/2022 17:18	u12510430	SOKGSR2700ISX	23560001	경 사	1.556	1.515	양호			노단군	

정지측량은 동시 관측을 실시해야 하는데, 모든 관측자가 장비사용법을 능숙히 숙지하고 있다면, 별문제가 없으나 대부분 여러 기종의 장비를 보유하고 있기 때문에 장비사용에 혼란을 일으키는 경우가 있다. 관측자는 장비를 세팅하고, 수신기의 높이를 관측하여 관측기록부에 점명을 비롯하여 수신기 높이 등 각종 필수정보를 기입하는데, Controller를 이용하여 관측 시 저장되는 파일에 점명 및 수신기의 높이를 입력하면 기선해석 시 별도의 편집 작업이 필요 없다. 그러나 위에서 언급한 바와 같이 관측자가 장비사용에 능숙하지 못하다면, 오히려 혼돈을 주기 쉽다. 실제로 점명이나 높이를 잘못 입력하여 관측기록부와 일치하지 않아 재관측을 실시한 사례도 있다. 따라서 현장에서는 정지측량 시작 시 단순히 전원을 켜면 바로 관측을 시작하게 하거나 몇 개의 키 조작으로 관측 시작 및 종료가 가능하도록 하고 있으며, 관측기록부의 작성에 대한 교육 및 수신기 높이측정 시 자의 눈금이 보이도록 사진촬영 등 기록을 남기도록 한다.

(5) 관측 중 확인사항

① 수시로 디스플레이 창을 주시하고 수신기의 이상 유무를 확인한다. 다음 그림과 같이 장비사별 수신기 전원버튼과 저장버튼이 다르므로 주의를 기울인다.

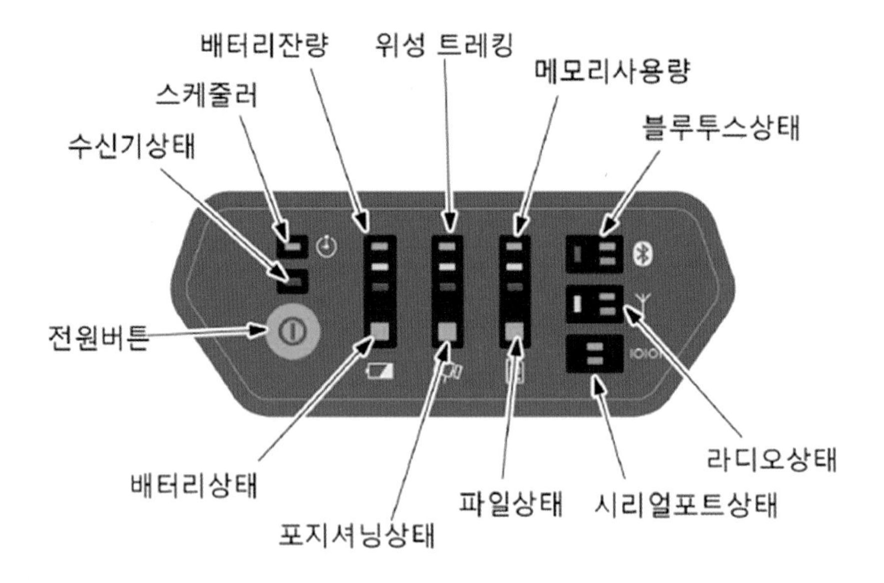

▲ Topcon/Sokkia장비 화면

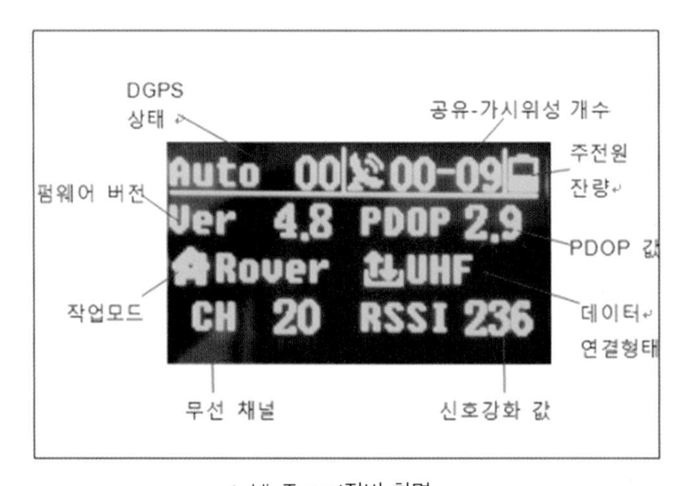

▲ Hi-Target장비 화면

② 4개 또는 5개 이상의 위성으로부터 전파를 기록하고 있는지를 확인한다. 특히 관측점의 상공시계가 불량한 경우에는 타워폴을 이용하고, 더욱 주의를 기울여야 한다.

③ 낙뢰 우려가 있는 경우 또는 우천 · 적설 시에는 관측을 중지하는 것이 좋다.

④ 수신기 상단을 만지거나 우천 시 수신기를 비닐 등으로 가리지 않는다.

⑤ 배터리잔량을 수시로 확인한다. 배터리잔량이 부족할 것으로 예상되는 고정점 · 프레임

점 등은 중간에 배터리를 미리 교체하여 운용하며, 이동점은 각 계획시간에 따라 관측 시작과 관측 종료시간을 지켜 관측한다.

⑥ GNSS장비 근처에서 스마트폰, IPAD, 무전기 등의 전파발생장치를 가급적 사용하지 않도록 유의한다(최소 10m 이상 이격하여 사용).

⑦ 수신기에서 10m 이상 이격하여 차량을 정차한다. 또한 가급적이면 차량라디오 등을 사용하지 않는다.

⑧ 동절기 지표면의 해동, 하절기 아스팔트가 녹는 현상 등이 발생하므로, 삼각대 거치 후 침하현상 및 구심이동현상이 발생하는지 확인해야 한다.

(6) 관측종료

관측 중에는 스마트폰(SNS)을 이용하거나 통신장비를 사전에 준비하여 관측자 간 상시 연락을 통해 업무지시 및 유의사항 전달 등 작업지시를 하여야 한다.

① 정해진 시간 동안 충분한 관측이 이루어졌을 경우에는 점명과 기계고가 잘 입력되었는지 확인하고, 다시 한번 기계고를 측정하여 관측을 시작할 때 측정한 측정치와 비교하여 확인해야 하며 관측기록부에 종료 시 기계고를 기록하고 관측을 종료한다.

② GNSS측량 관측기록부에 수신기 입력, 설정치 및 관측 도중에 발생한 각종의 상황을 기록한다.

③ 관측종료 후 장비의 해체는 조립할 때의 역순으로 해체하여 운반 Case에 담는다. 부속품의 누락은 없는지 관측지점을 다시 한번 확인하고, 이물질이 들어가거나 습기로 인한 전기적 장애가 발생하지 않도록 주의해야 한다. 귀소하여 장비의 물기 등을 닦고, 건조시키며 나뭇잎 등 이물질 등을 제거한 후 장비함에 보관한다.

④ 안전운전하여 사무실에 복귀한다.

⑤ 관측기록부를 잘 정리하여 담당자에게 제출한다.

02 데이터 받기

1) 관측데이터 받기

관측데이터 받는 방법은 장비사별로 다를 수 있지만, 최근에는 GNSS수신기와 PC를 USB로 연결하여 데이터를 받는 것이 일반적이다.

PC로 이동한 데이터는 장비사별로 제공되는 RINEX포맷 변환 S/W를 이용하여 RINEX파일로 변환해야 한다. RINEX(Receiver INdependent EXchange format)파일은 다양한 GNSS장비에서 취득된 GNSS데이터를 상호 호환하도록 표준화된 교환포맷으로, ASCII형태로 만들어지며, 메모장 등의 프로그램으로 확인이 가능하다. RINEX파일의 확장자는 기본적으로

*.**n, *.**g, *.**o파일로 구성되어 *.**n파일에는 GPS위성궤도정보가 있으며, *.**g 파일은 GLONASS위성궤도정보가 있다. *.**o파일은 관측값을 나타낸다(오재홍, 2019). 장비사별 RINEX포맷 변환 S/W를 이용하여 RINEX파일을 변환해 보자(실습파일 활용).

(1) CHCData(CHC i-90 Terra)

RINEX파일 변환 전에 해당 파일의 이름을 측점명으로 변경하면 편리하다. 아래와 같이 CHC i-90 Terra장비로 관측한 결과 3268662027X23.HCN파일이 만들어졌는데 해당 측점명은 'U전의85'점으로, Uje85.HCN으로 변경하였다.

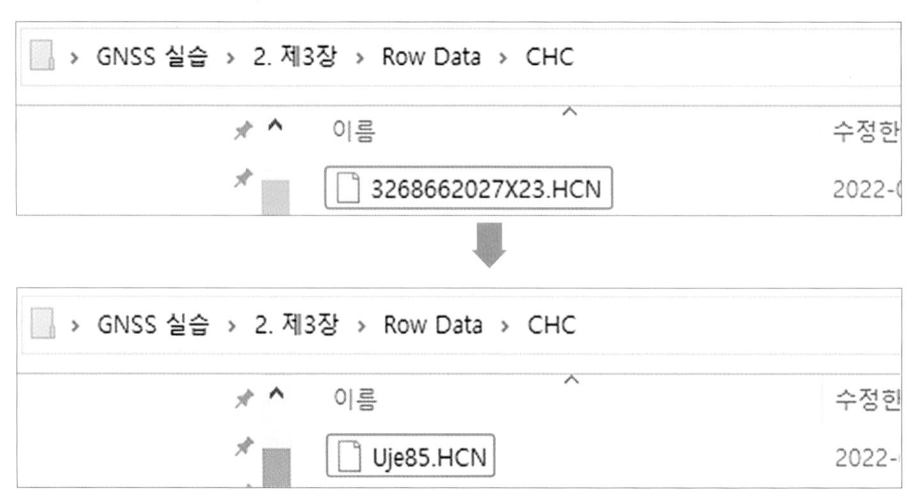

CHC-Terra장비의 RINEX변환 S/W는 CHCData.exe로 별도 설치 없이 실행파일을 더블클릭하면 실행된다.

❶ Import (Click) – Uje85.HCN 선택 → ❷ 마우스 우클릭하여 Antenna Setting (Click)

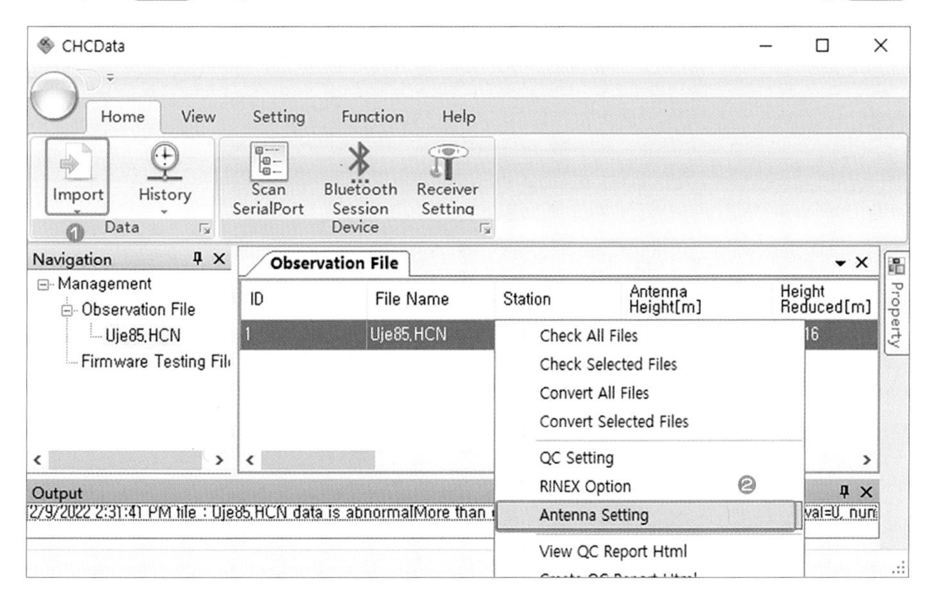

❸ 현장에서 관측된 안테나 높이(1.562m) 입력 – OK (Click)

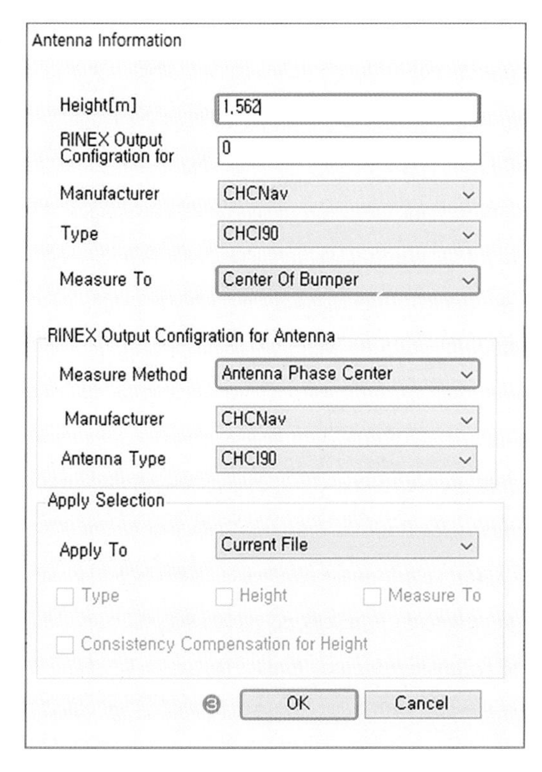

- Height : 1.562(관측된 높이)
- Measure To : Center Of Bumper
- Measure Method : Antenna Phase Center

④ Property [Click] → ⑤ Marker Name과 Marker NO.를 측점명으로 변경

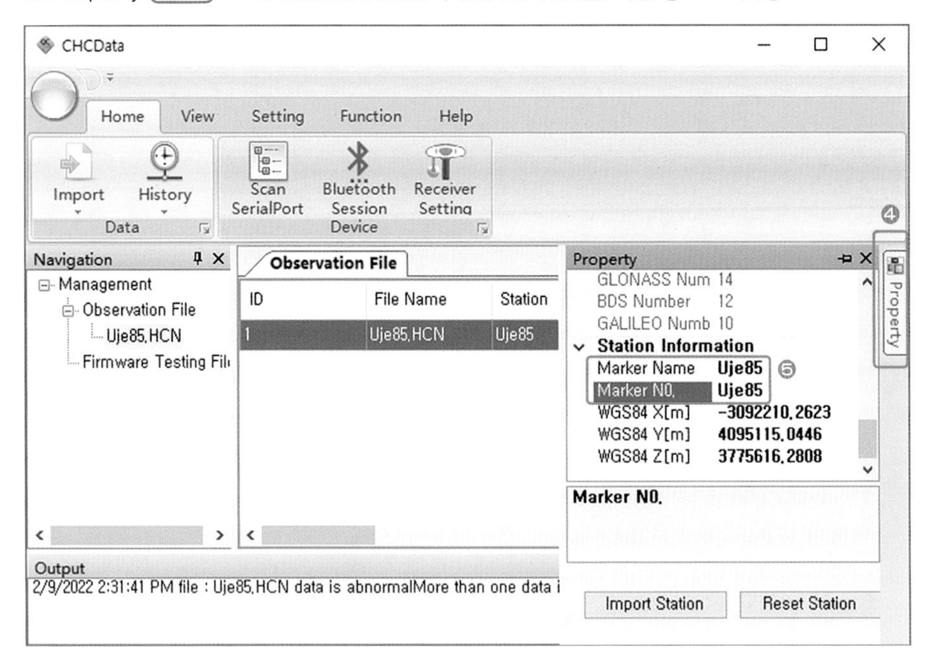

⑥ 마우스 우클릭 – RINEX Option [Click]

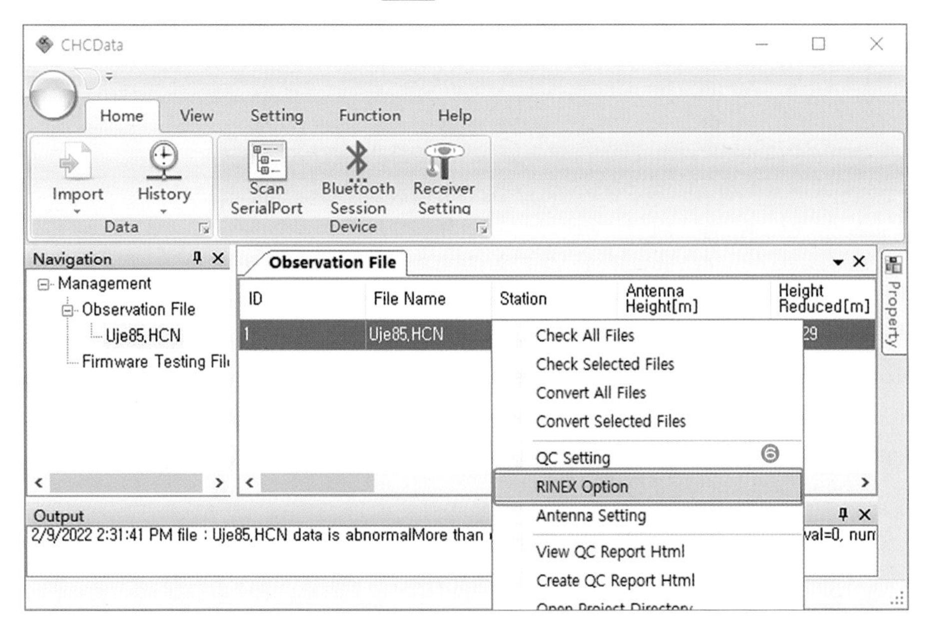

❼ RINEX Version 및 Satellite System 설정 변경

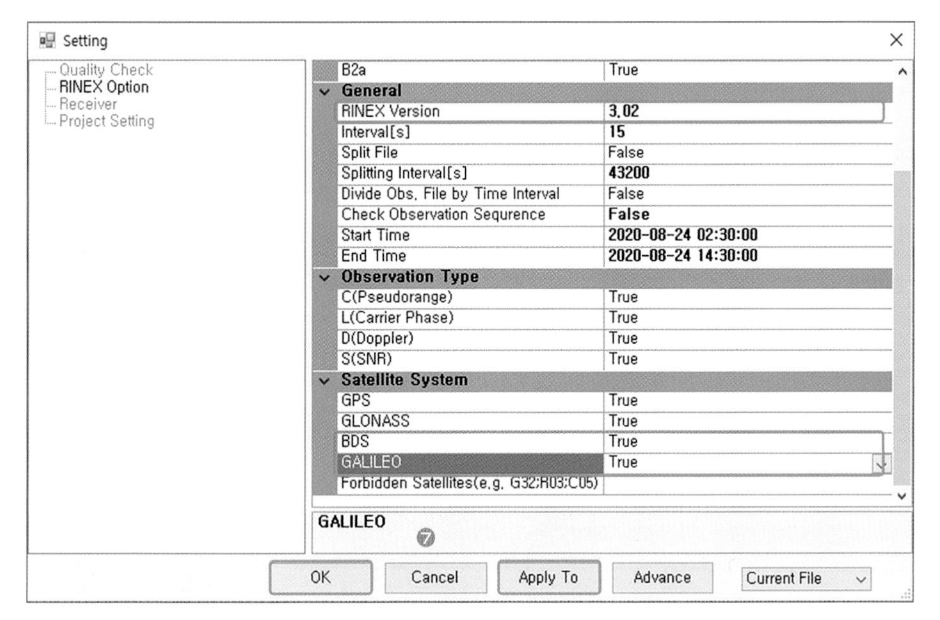

RINEX Version의 기본설정은 2.11로 설정되어 있다. 기선해석에 사용되는 S/W가 GPS, GLONASS 데이터만 해석이 가능한 경우(LGO 등)에는 2.11버전으로 저장해야 하며, 최근 Galileo, BDS(Beidou)의 데이터까지 해석이 가능한 S/W를 사용하는 경우에는 3.02버전으로 저장한다. 3.02버전으로 저장하는 경우 Satellite System의 BDS, GALILEO도 True로 설정한다. 2.11버전인 경우 False로 설정한다.

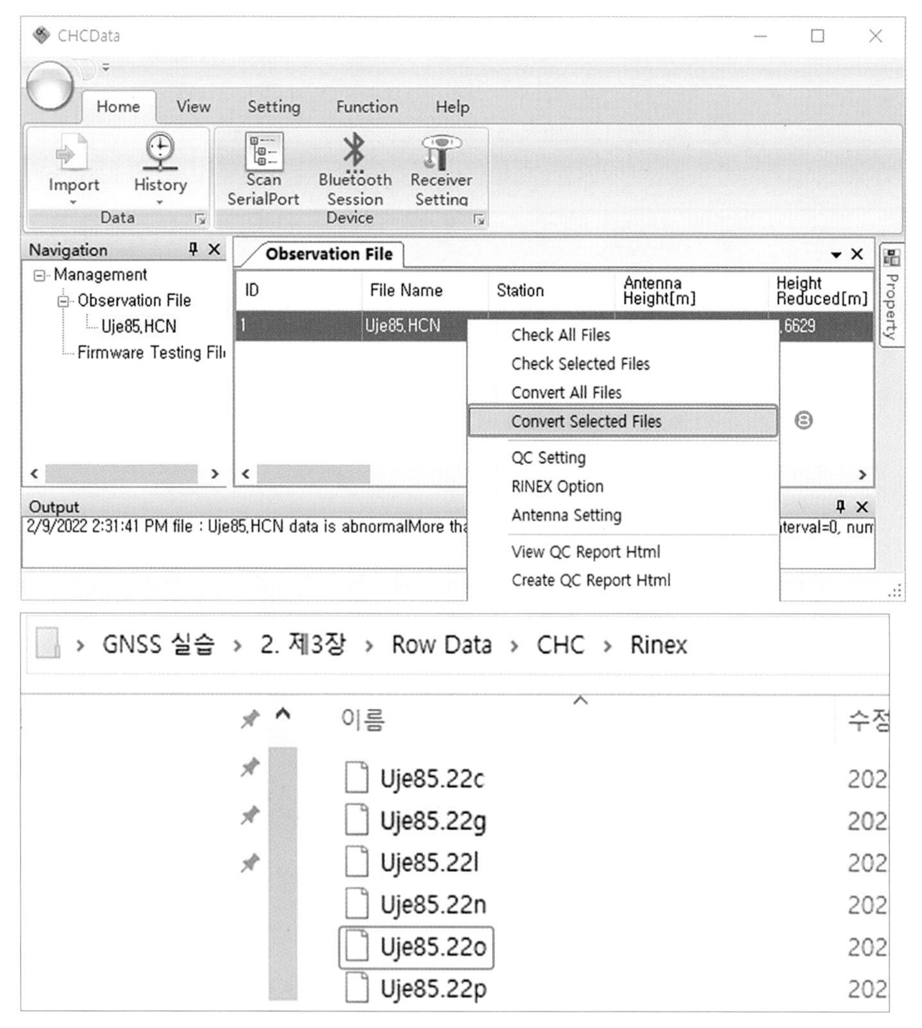

위의 그림과 같이 RINEX파일로 변환하면, 관측파일폴더에 Rinex폴더가 생성되고 여기에 저장된다. *.**n, *.**g, *.**o파일 외에 *.**l, *.**c, *.**p파일도 있는데, 3.02 버전으로 변환했기 때문에 생성되는 파일로 *.**l 파일은 Galileo위성궤도정보, *.**c 파일은 BDS위성궤도정보, *.**p파일은 모든 위성의 통합궤도정보가 저장된다. 즉 *.**n, *.**g, *.**l, *.**c파일의 정보가 *.**p파일에 있으므로 *.**o파일과 *.**p파일만 있어도 기선해석에 문제가 없다.

Uje85.22o파일을 메모장으로 열어 보자. 관측파일의 헤더부분은 다음 그림과 같이 기록되어 있다.

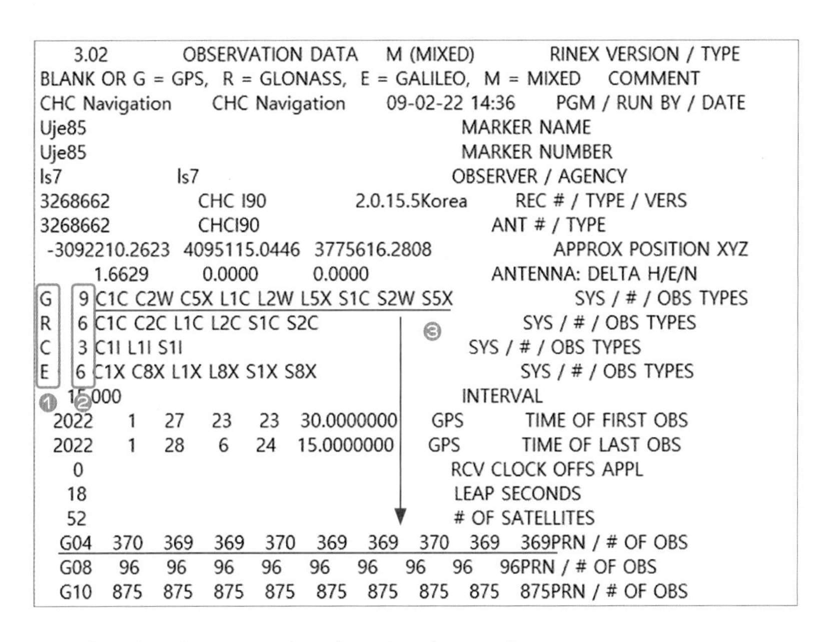

```
     3.02           OBSERVATION DATA    M (MIXED)           RINEX VERSION / TYPE
BLANK OR G = GPS,  R = GLONASS,  E = GALILEO,  M = MIXED    COMMENT
CHC Navigation      CHC Navigation      09-02-22 14:36      PGM / RUN BY / DATE
Uje85                                                       MARKER NAME
Uje85                                                       MARKER NUMBER
ls7                 ls7                                     OBSERVER / AGENCY
3268662             CHC I90             2.0.15.5Korea       REC # / TYPE / VERS
3268662             CHCI90                                  ANT # / TYPE
 -3092210.2623  4095115.0446  3775616.2808                  APPROX POSITION XYZ
       1.6629        0.0000        0.0000                   ANTENNA: DELTA H/E/N
G    9 C1C C2W C5X L1C L2W L5X S1C S2W S5X                  SYS / # / OBS TYPES
R    6 C1C C2C L1C L2C S1C S2C                              SYS / # / OBS TYPES
C    3 C1I L1I S1I                                          SYS / # / OBS TYPES
E    6 C1X C8X L1X L8X S1X S8X                              SYS / # / OBS TYPES
①  15.000  ②                                    ③          INTERVAL
  2022     1    27    23    23   30.0000000     GPS         TIME OF FIRST OBS
  2022     1    28     6    24   15.0000000     GPS         TIME OF LAST OBS
     0                                                      RCV CLOCK OFFS APPL
    18                                                      LEAP SECONDS
    52                                                      # OF SATELLITES
   G04   370   369   369   370   369   369   370   369   369PRN / # OF OBS
   G08    96    96    96    96    96    96    96    96    96PRN / # OF OBS
   G10   875   875   875   875   875   875   875   875   875PRN / # OF OBS
```

① G(GPS) R(GLONASS) C(BDS) E(Galileo)

② 관측값 개수

③ GPS는 L1, L2, L5의 반송파가 있으며, 각각 C/A, L1C 또는 L2C, P, Y, Z, M코드 등이 있어 의사거리와 반송파 관측값을 저장하는데, 3.02버전에 저장된 RINEX파일의 관측값은 다음 표와 같이 GNSS위성별로 구분되어 있다.

GNSS	Freq.Band/ Frequency	Channel or Code	Observation Codes		
			Pseudo Range (의사거리)	Carrier Phase (반송파)	Signal Strength
GPS	L1	C/A	C1C	L1C	S1C
	L2	Z	C2W	L2W	S2W
	L5	I+Q	C5X	L5X	S5X
GLONASS	G1	C/A	C1C	L1C	S1C
	G2	C/A	C2C	L2C	S2C
BDS	B1	I	C2I	L2I	S2I
Galileo	E1	B+C	C1X	L1X	S1X
	E5	I+Q	C8X	L8X	S8X

GPS위성 중 G04위성에서는 C1C, C2W, C5X, L1C, L2W, L5X, S1C, S2W, S5X의 관측값은 370회, 369회, 369회, 370회, 369회, 369회, 370회, 369회, 369회 이루어진 것이다. C1C를 370회 받았다면, 관측간격을 15초로 설정했으므로 5,550초이며, 1시간 32분 30초 동안 관측된 것이다. RINEX포맷과 관련된 자세한 설명은 https://files.igs.org/pub/data/format/rinex302.pdf에서 확인할 수 있다.

관측파일의 헤더정보 다음에는 관측값이 기록되는데, 다음 그림과 같이 저장된다.

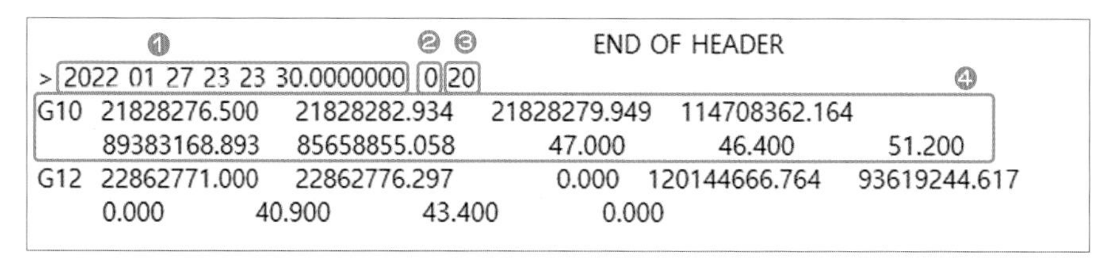

```
        ❶                          ❷ ❸             END OF HEADER
> 2022 01 27 23 23 30.0000000  0 20                                  ❹
G10  21828276.500   21828282.934   21828279.949   114708362.164
     89383168.893   85658855.058         47.000          46.400          51.200
G12  22862771.000   22862776.297          0.000   120144666.764    93619244.617
          0.000         40.900          43.400           0.000
```

① 관측시작 연월일 시간(2022년 1월 27일 23시 23분 30초, 한국시간 2022년 1월 28일 8시 23분 30초에 관측 시작)

② 정상 0, 비정상 1

③ 관측 위성수

④ G10위성의 각 코드별 관측값

(2) HGO(Hi-Target V60)

Hi-Target V60에서 받은 데이터의 파일도 점명으로 바꾸고, HGO S/W를 설치한다.

❶ HGO.exe실행

❷ New Project (Click) → ❷ OK (Click)

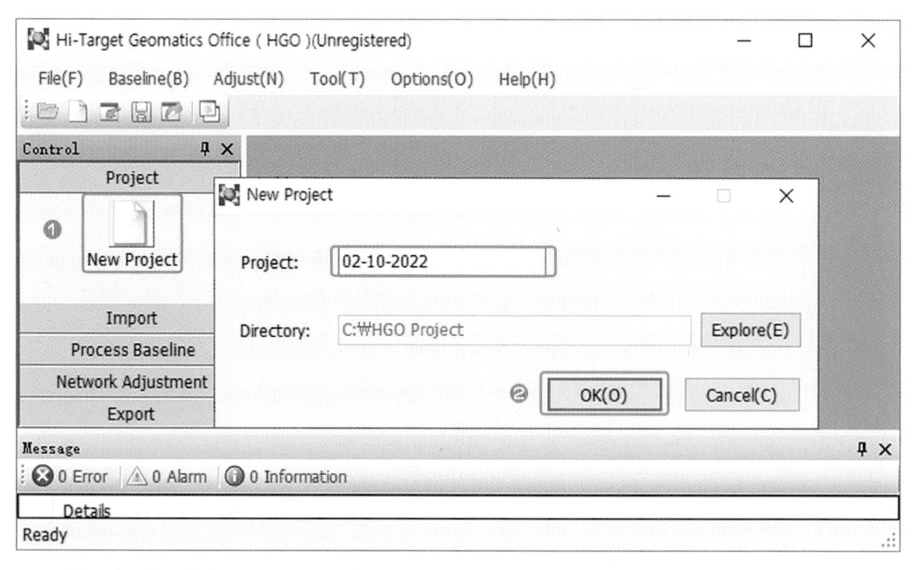

프로젝트이름은 날짜가 기본이며, 원하는 이름을 입력하고, 기본경로가 아닌 곳에 생성하려면 경로를 변경한다(기본경로로 사용하는 것이 편리하다).

❸ OK Click

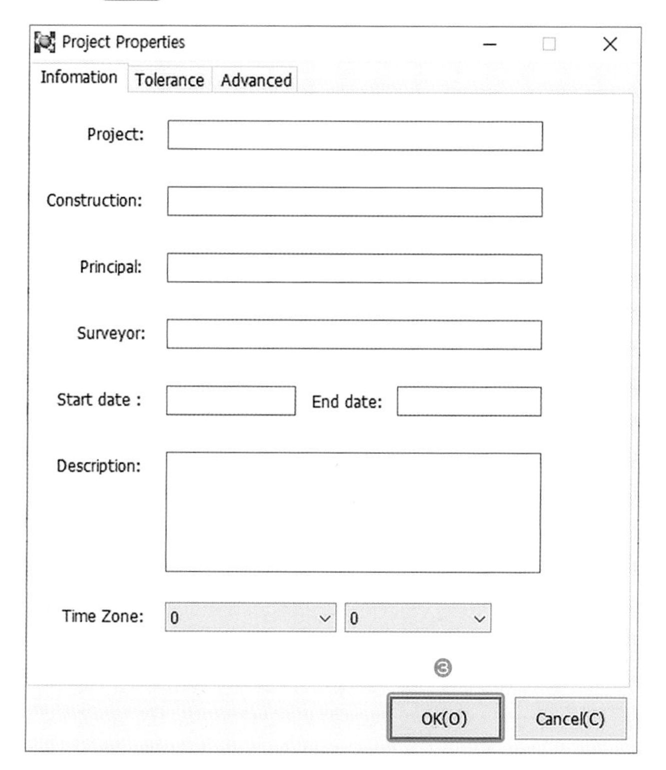

❹ OK Click

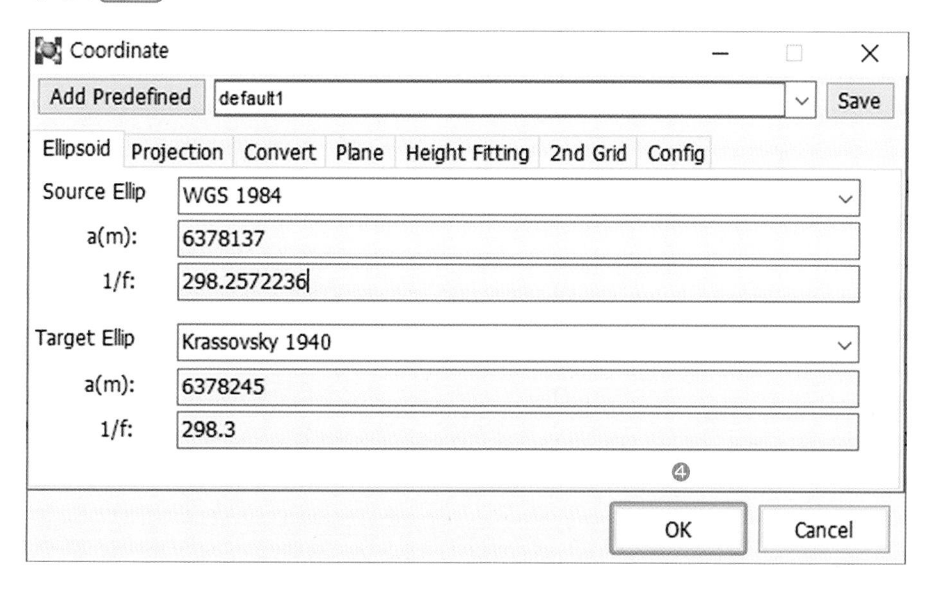

⑤ 메뉴 – File – Import Click → ⑥ Select File Click

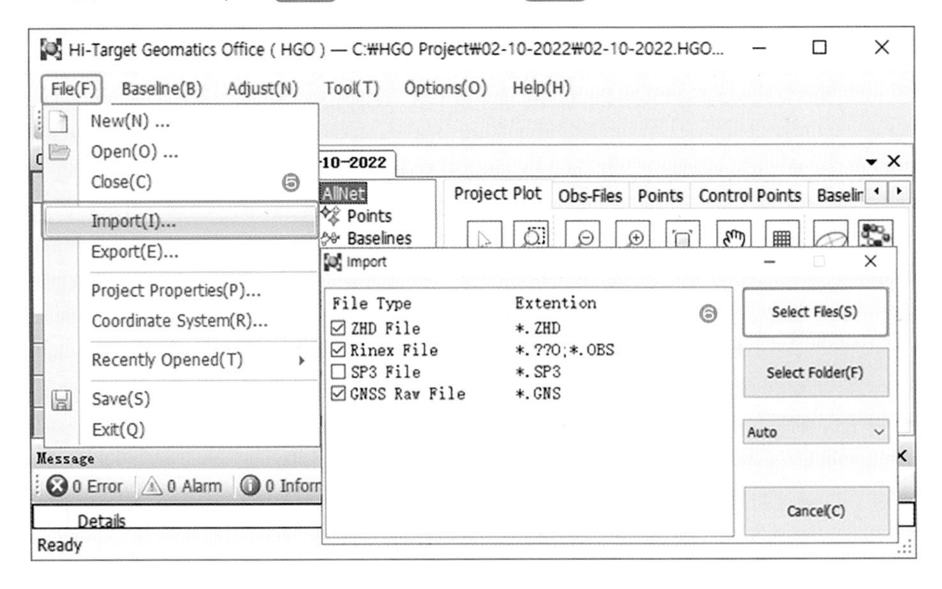

⑦ 관측한 원시데이터 선택 – 열기 Click
(파일이 여러 개일 경우에는 모두 선택하여 불러올 수 있음)

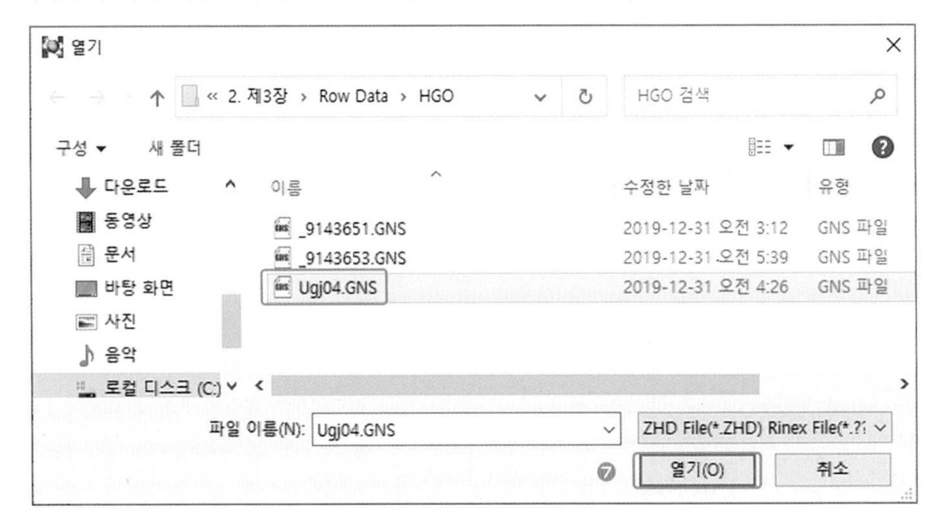

⑧ Obs–Files 탭 Click – 편집할 측점을 선택하여 마우스 우클릭 – Edit Click

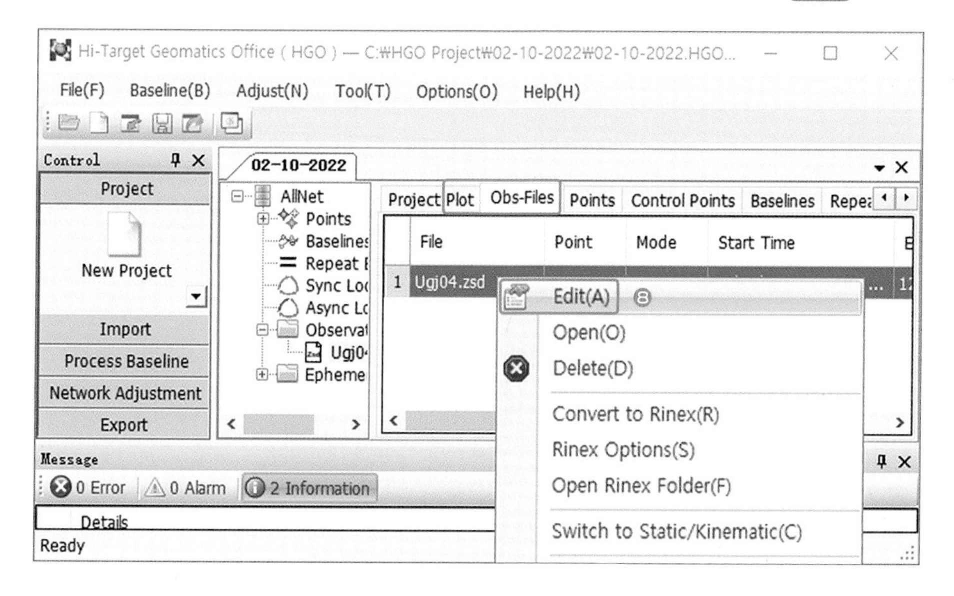

⑨ 측점번호 확인 및 수정 – Apply Click

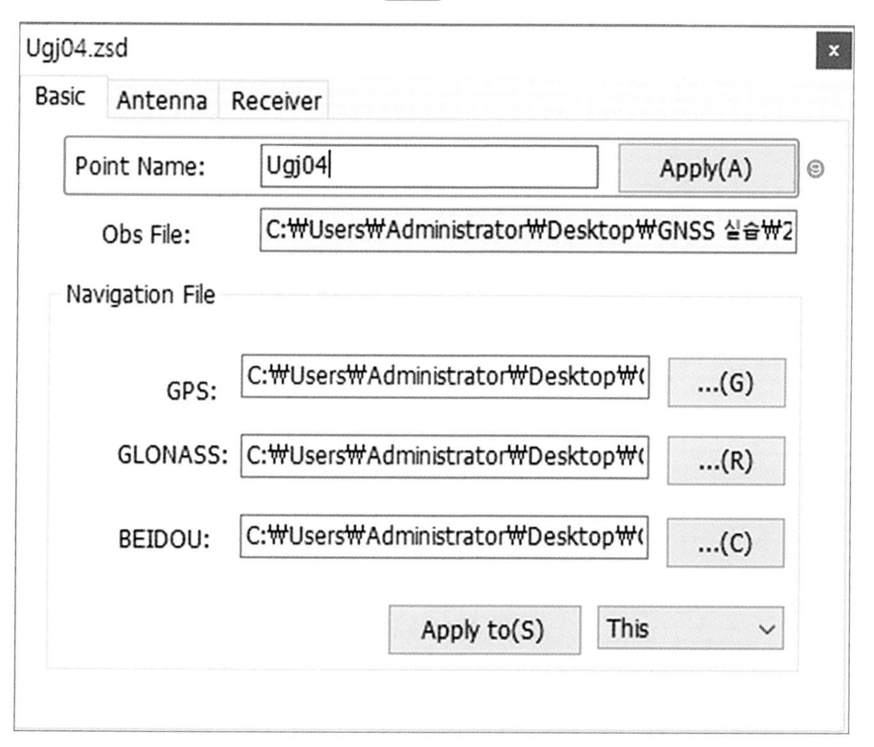

⑩ Antenna 탭 Click – Ant Type, Measure to, Height(m) 설정

[수직측정 전용자를 이용하여 수직측정한 경우]

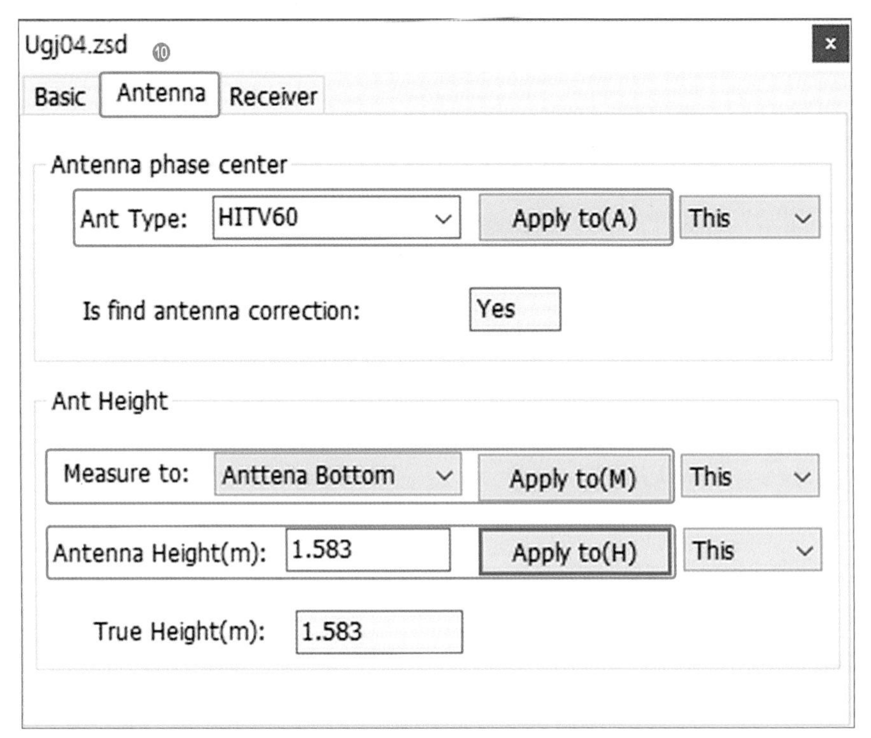

- Ant Type : HITV60 – Apply Click
- Measure to : Antenna Bottom – Apply to(M) Click
- Height(m) : 수직높이 입력 – Apply to(M) Click

※ 전용자를 이용한 수직측정은 현장에서 눈금을 읽은 높이값 + 360mm 합을 입력한다.

[줄자를 이용하여 경사측정한 경우]

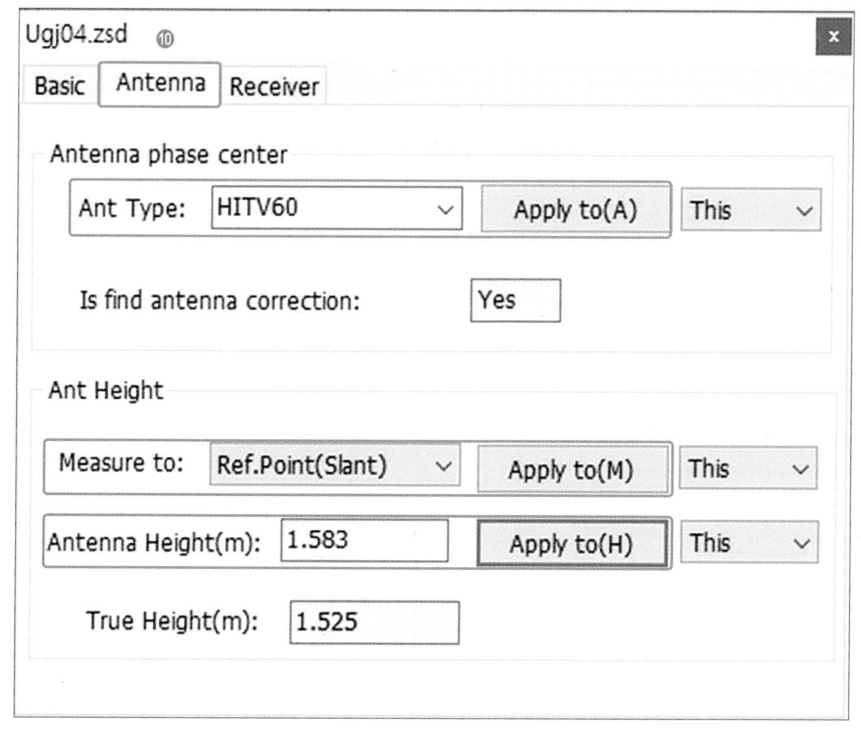

- Ant Type: HITV60 – Apply to(A) Click
- Measure to: Ref.Point(Slant) – Apply to(M) Click
- Height(m): 경사높이 입력 – Apply to(H) Click

※ 경사측정은 수신기 측면의 돌출라인을 기준으로 측정한다.

⑪ Receiver 탭 Click – Receiver Type: V60 – Apply to(A) Click – 창 닫기

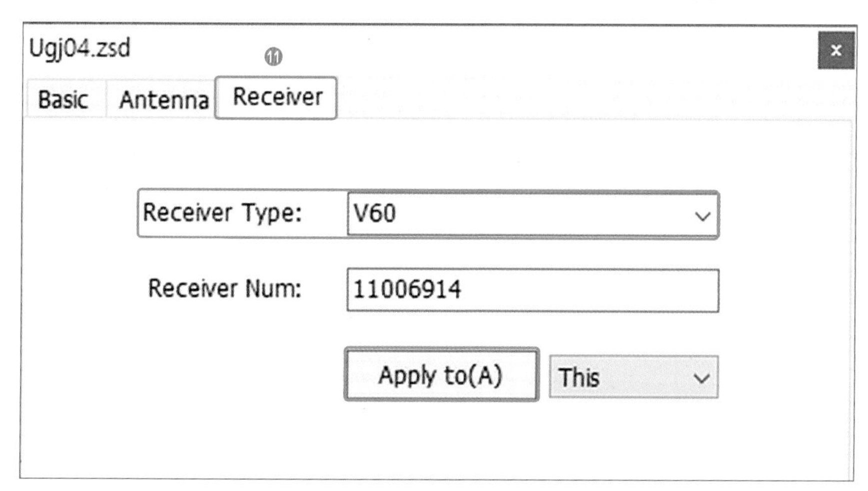

⑫ 측점 마우스 우클릭 – Rinex Options (Click)

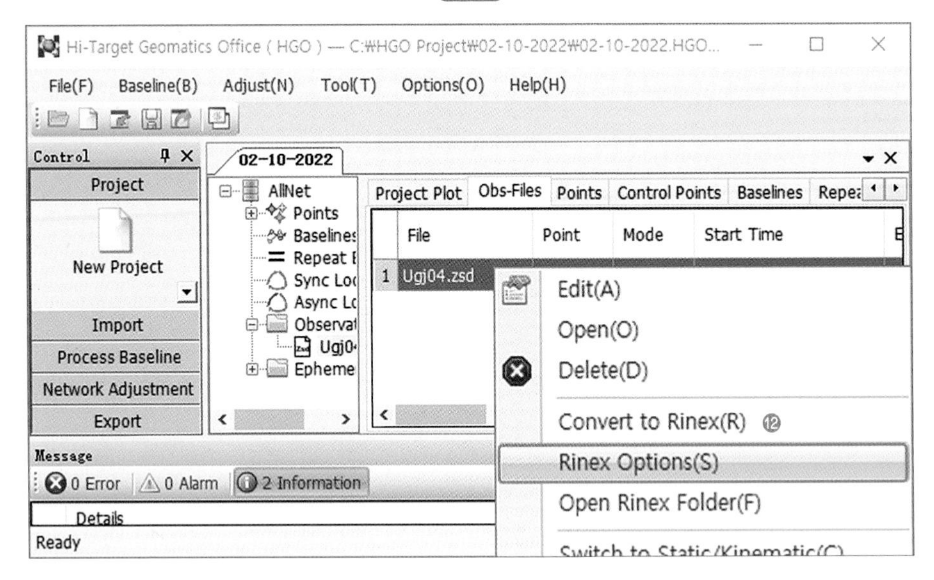

버전에 맞게 설정한다.

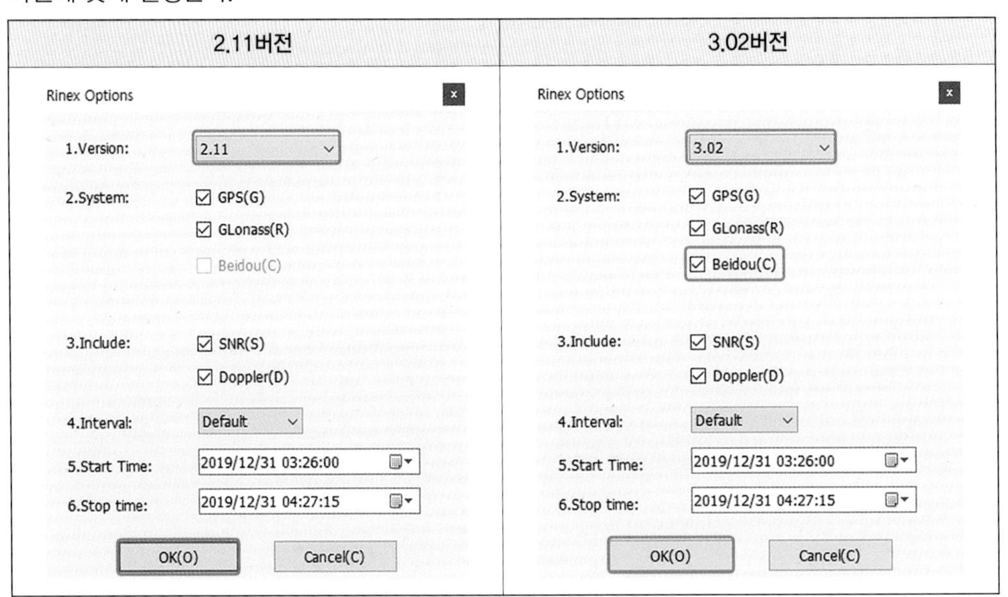

⑬ 측점 마우스 우클릭 – Convert to Rinex (Click)(여러 파일을 한꺼번에 선택하여 변환할 수도 있음)

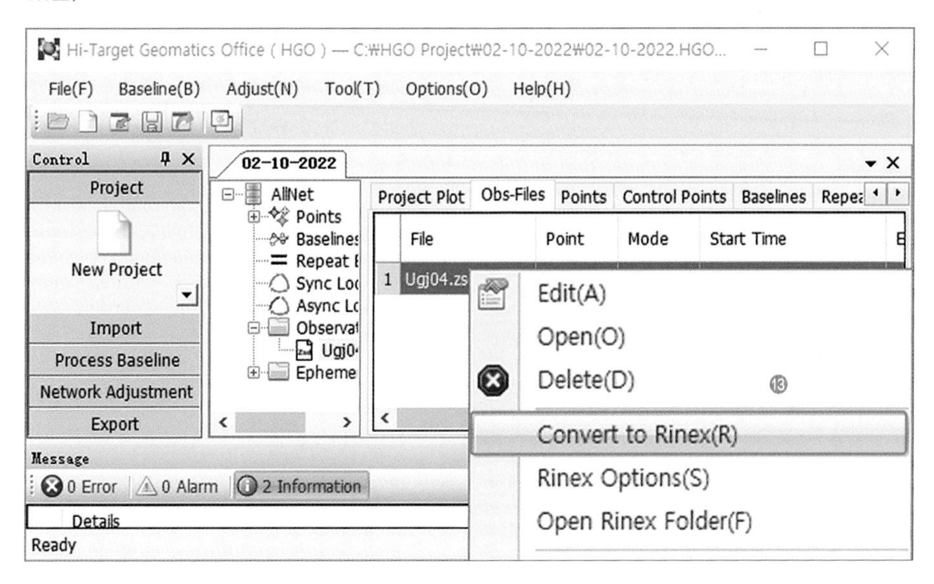

다음과 같이 Rinex변환된 파일이 저장된 것을 볼 수 있다. HGO S/W에 의한 Rinex파일은 기본적으로 C:\HGO Project폴더 안에 프로젝트명별로 저장된다.

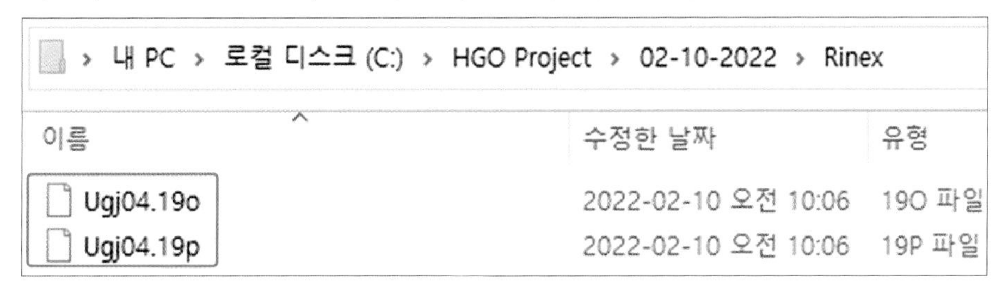

2) 위성기준점데이터 받기

위성기준점데이터를 이용하여 세계측지계 평면직각종횡선좌표를 산출하여야 하므로 우선 국토지리정보원 홈페이지(www.ngii.go.kr)에서 회원가입 후 로그인을 한다.

한국에서는 GNSS위성데이터를 상시적으로 수신하기 위해 각 기관이 목적에 맞게 전국적으로 상시관측소를 설치하여, 국토지리정보원, 국립해양측위정보원, 한국국토정보공사 공간정보연구원, 국가기상위성센터, 서울시, 우주전파센터, 한국지질자원연구원, 한국천문연구원(자세한 내용은 http://gnssdata.or.kr에서 확인)에서 운영하고 있다. 이 중에서 지리학적 경위도, 직각좌표 및 지구중심 직교좌표의 측정기준으로 사용하기 위한 위성기준점은 국토지리정보원이 고시한다. 일반적으로 국토지리정보원(내륙 위주)과 국립해양측위정보원(해양 위주)의 상시관측소를 위성기준점으로 고시하여 활용하고 있다. 즉 내륙의 경우 국토지리정보원 국토정보플랫폼에서 데이터를 받으면 되며, 제주도, 서해안, 남해안, 동해안에 인접한 경우에는 국토정보플랫폼뿐만 아니라 국립해양측위정보원의 상시관측소 데이터도 받아 사용해야 한다.

관측지역이 서울특별시 관내인 경우에는 서울특별시 GNSS측위서비스에서 5개의 위성기준점 Rinex파일서비스를 실시하고 있으므로 이를 이용하는 것이 합리적이다. 다만 국토정보지리원과 서울특별시의 고시 시점이 다른 경우도 있으므로 주의가 필요하다.

▲ 국토지리정보원 상시관측소

출처: http://www.gnssdata.or.kr

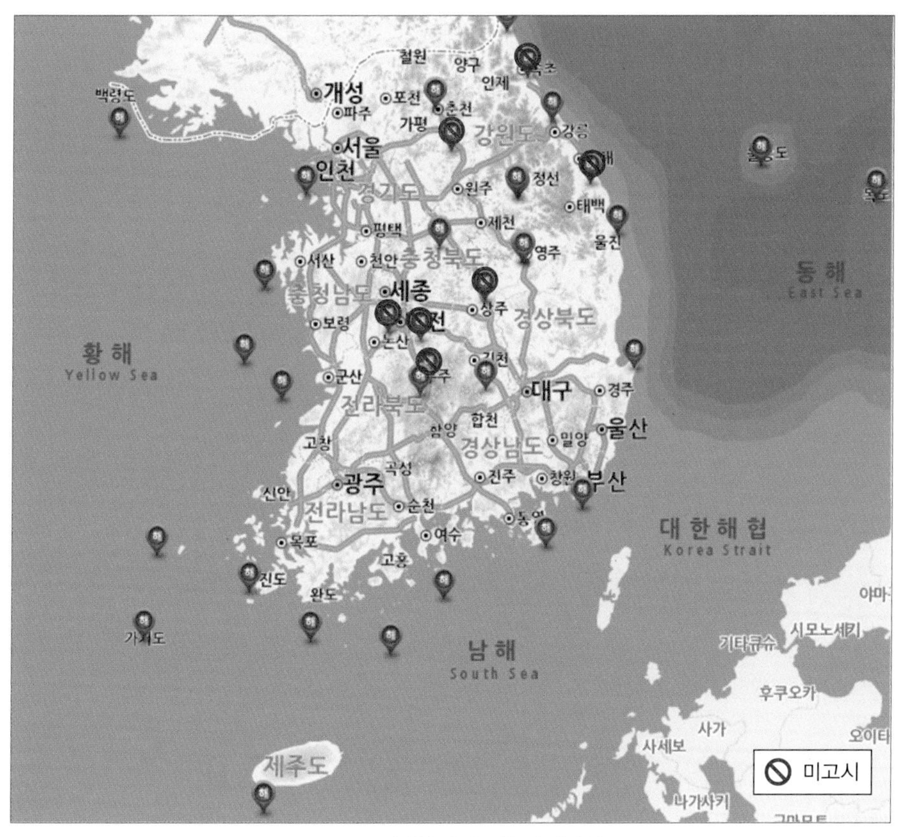

▲ 해양측위정보원 상시관측소

출처: http://www.gnssdata.or.kr

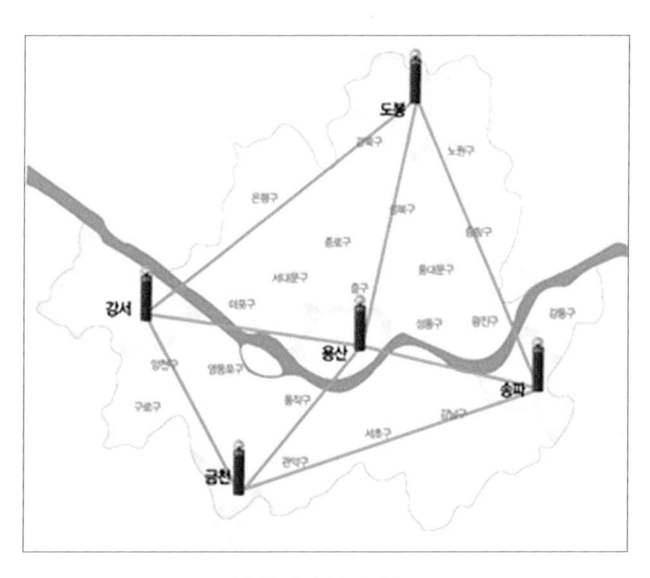

▲ 서울특별시 상시관측소

출처: http://gnss.eseoul.go.kr

(1) 위성기준점데이터 받기(국토지리정보원)

본 교재 실습지역은 충남 공주시이므로 "천안, 세종, 논산, 청양"을 이용하기로 한다. 해당 지구에 필요한 위성기준점의 데이터를 다운 받아 사용한다.

❶ 메인화면 오른쪽 패밀리사이트 – [국토정보플랫폼] Click

❷ 국토정보플랫폼 화면 – [공간정보 – 위성기준점] Click

❸ 화면 하단 – [위성기준점 – 위성기준점 서비스] Click

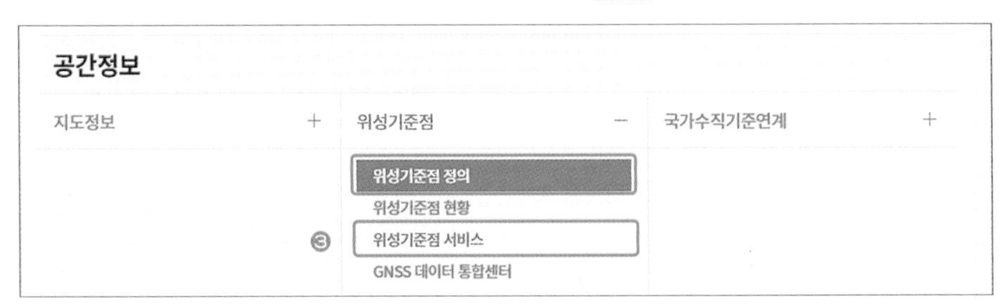

④ RINEX 다운로드 (Click)

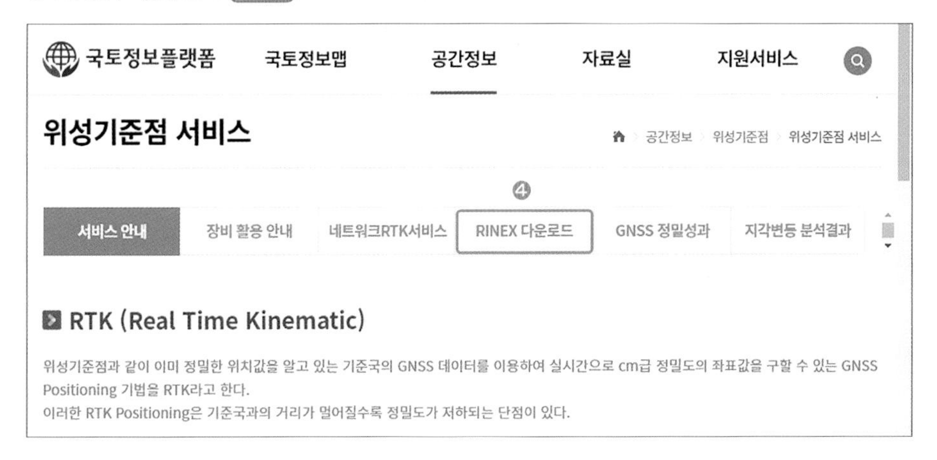

⑤ 옵션선택 → ⑥ 해당 위성기준점 선택 → ⑦ 관측시작/종료일 선택 → ⑧ 다운로드 (Click) →
⑨ 데이터 다운로드 확인 (Click)

데이터 다운로드 ⑤
주의사항 서비스안내
사용용도: 측량 DGPS 탐사 GIS 측지 기타
파일 종류: 30초 독 1초 독
데이터 종류: RINEX Data QC File 전체
⑥
천안(CHEN) 세종(SEJN) 논산(NSAN) 청양(CHYG)
관측시작일 2022-02-10 관측종료일 2022-02-10 ⑦
⑧ 다운로드 데이터 다운로드 확인 ⑨

⑤ 사용용도 : 측량 / 파일종류 : 30초 독 / 데이터 종류 : RINEX Data
⑥ 위성기준점 선택 : 도면 또는 리스트에서 선택
⑧ 데이터는 바로 다운로드되지 않으므로 10여 분 이상 지난 후에 확인하여야 하며, 관측 후 최소 2일 이상 경과 후 데이터를 다운로드 받는다.

⑩ 파일다운로드가 활성화되면 다운로드 받는다.

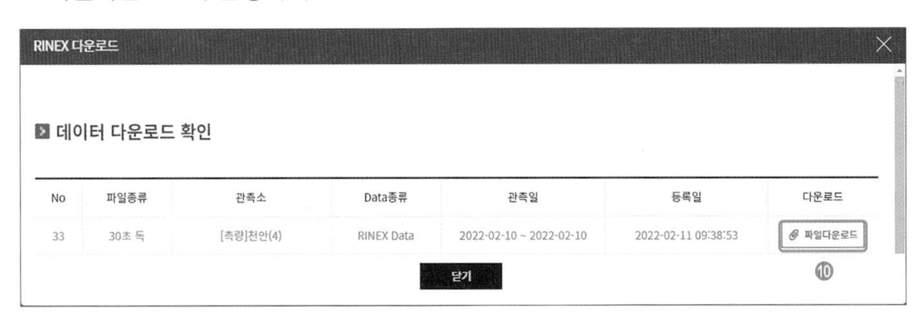

Tip◆ 위성기준점데이터는 압축파일로 제공되는데, 무료압축프로그램인 “반디집”을 받아 활용하면 편리하다.

(2) 위성기준점데이터 받기(서울특별시)

서울특별시 GNSS측위서비스(http://gnss.eseoul.go.kr)에 접속하여 위성기준점데이터를 다운로드 받는다.

❶ 메뉴 – GNSS 위성기준점 – RINEX파일 다운로드 Click → ❷ 필요한 위성기준점 Click

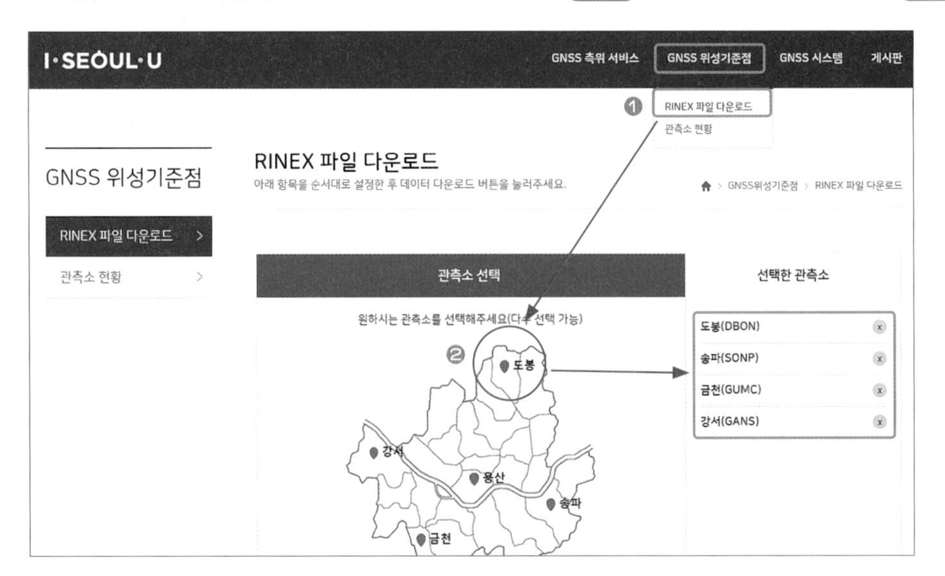

❸ RINEX버전 선택 → ❹ 관측일시 선택 → ❺ 목적 선택 → ❻ 데이터 다운로드 Click

RINEX 버전 RINEX 버전을 선택해주세요.

RINEX 2.X　　RINEX 3.X ❸

관측일시 관측 일시를 설정해주세요.

Daily　2022-02-10 ~ 2022-02-10 ❹

우리나라 시간기준(KST) 기준으로 선택해주세요.

다운로드 목적 사용목적은 선택해주세요.

측량 ❺　측지　GIS　교육　연구　기타

데이터 다운로드 ❻

(3) 위성기준점 고시성과 받기

법률에 따른 세계측지계 평면직각좌표를 산출하기 위해서는 위성기준점의 고시성과를 활용해야 하므로 다음과 같이 국토정보플랫폼에 접속하여 고시성과를 다운 받는다.

❶ 화면 하단 – [위성기준점 – 위성기준점 현황] Click

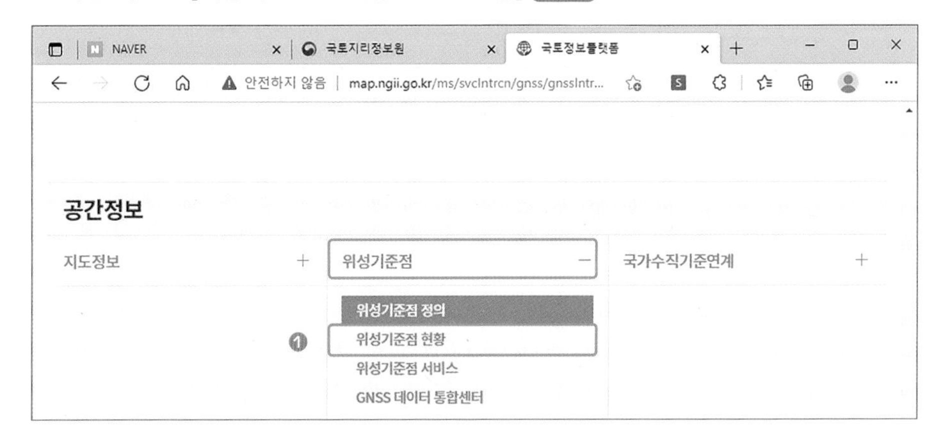

❷ 고시좌표 다운로드 탭 (Click) → 위성기준점 전체고시 목록 (Click)

반드시 가장 최근의 고시정보도 다운로드하여 전체목록과 일치하는지 확인하고 사용한다.

Tip◆ 전체목록(21.09.10 정리) 중 87번(무주-RS_ANT)부터 112번(말도)까지의 위성기준점은 국립해양측위정보원에서 관리하는 상시관측소이므로 국립해양측위정보원 누리집에 들어가서 데이터를 다운로드 받아야 한다.

87	무주 - RS1_ANT	MOOJ		-3,154,854.7890	4,099,170.4600	3,719,782.8140	35-54-12.46540	127-34-58.97940	447.3070
88	영주 - RS1_ANT	YNJU		-3,183,643.8620	3,995,960.3710	3,805,622.0270	36-51-56.53650	128-32-41.56110	236.5700
89	마라도 - RS1_ANT	MARA		-3,163,444.4280	4,311,372.1900	3,464,865.2150	33-7-0.95240	126-16-8.91810	68.9000
90	어청도 - RS1_ANT	EOCH		-3,029,436.9760	4,174,489.8530	3,739,474.6550	36-7-30.73750	125-58-6.52500	88.9450
91	울릉도 - RS1_ANT	ULLE		-3,309,630.9830	3,834,554.8720	3,863,307.8310	37-31-6.28620	130-47-51.73890	201.3800
92	저진 - RS1_ANT	JEOJ		-3,102,269.3010	3,914,266.0110	3,953,618.6840	38-33-7.47750	128-23-55.47830	107.1070
93	호미곶 - RS1_ANT	HOMI		-3,287,391.3760	3,978,484.6050	3,735,219.1060	36-4-40.96230	129-33-59.98290	42.3230
94	안흥	ANHN		-3,020,236.7940	4,136,468.5250	3,788,431.9070	36-40-25.15910	126-8-5.99590	40.2140
95	가거도	GAGE		-3,040,228.3040	4,325,981.1530	3,555,224.1240	34-5-41.62470	125-5-56.10070	99.6670
96	거문도 - RS1_ANT	GEOM		-3,209,052.4120	4,209,084.0690	3,547,202.1830	34-0-27.49290	127-19-20.27780	95.4210
97	독도	DOKD		-3,393,317.0450	3,785,917.1760	3,838,651.9200	37-14-21.56790	131-52-11.52640	132.6770
98	성주 - RS1_ANT	SEJU		-3,196,190.3890	4,064,067.8190	3,722,849.9230	35-56-17.26210	128-10-59.94330	365.4270
99	소청도 - RS1_ANT	SOCH		-2,876,283.6420	4,149,428.2150	3,884,508.3370	37-45-37.27880	124-43-43.56230	96.3420
100	영도 - RS1_ANT	YNDO		-3,294,232.5130	4,057,786.2110	3,643,626.8010	35-3-43.88080	129-4-14.61900	192.2480
101	주문진 - RS1_ANT	JUMN		-3,160,056.1290	3,925,576.9940	3,896,541.8530	37-53-52.18650	128-50-1.57050	65.9490
102	충주 - RS1_ANT	CCHJ		-3,123,433.3010	4,033,298.2310	3,815,900.8030	36-58-55.69470	127-45-16.62930	151.2720
103	팔미도 - RS1_ANT	PALM		-3,020,139.8220	4,079,807.1760	3,849,130.6580	37-21-30.00470	126-30-40.54740	85.9260
104	평창 - RS1_ANT	PYCH		-3,159,577.4410	3,973,889.5670	3,848,566.2330	37-20-58.67210	128-29-15.57940	421.2320
105	춘천	CCHN		-3,078,831.3600	3,981,392.5350	3,905,083.3230	37-59-40.18130	127-42-53.87740	196.3850
106	홍도	HGDO		-3,025,924.9030	4,288,816.9800	3,611,645.0140	34-42-40.52630	125-12-15.97010	112.0250
107	가사도	GASA		-3,097,626.9600	4,256,824.4620	3,588,741.4210	34-27-38.33760	126-2-34.14130	84.5020
108	당사도	DANG		-3,152,604.5540	4,244,559.5220	3,555,538.7130	34-5-53.34830	126-36-9.91120	127.2300
109	소리도	SORI		-3,228,667.9340	4,162,214.1100	3,584,296.7450	34-24-42.78920	127-48-3.82810	114.1770
110	서이말	SEOI		-3,281,490.5740	4,090,421.6370	3,618,634.1960	34-47-15.79830	128-44-16.44490	145.7940
111	죽변	JUKB		-3,236,668.8370	3,936,353.4100	3,822,579.0280	37-3-29.06930	129-25-43.57660	67.3690
112	말도	MLDO		-3,064,945.1140	4,170,122.4200	3,715,473.9310	35-51-28.65910	126-18-54.14460	75.2900

MEMO

G N S S 측 량 실 무

CHAPTER 04

기선해석 및 성과계산, 성과작성 -Trimble TBC-

CHAPTER

04 기선해석 및 성과계산, 성과작성 -Trimble TBC-

현장관측이 완료된 데이터의 RINEX파일 작성 및 위성기준점데이터 다운로드 등 기선해석을 위한 사전준비가 완료되면 기선해석용 전문프로그램을 이용하여 기선해석 및 성과계산을 실시한다. 작업의 절차는 다음과 같이 기선처리, 망조정, 성과결정, 성과물 작성 순으로 진행된다. TBC프로그램은 기선처리 후 루프폐합을 확인하므로 국가기준점 측량절차와 동일하게 작업이 진행되며, GNSS제조사프로그램에 따라서는 이러한 절차가 약간씩 다른 경우도 있으므로 유의하여 작업을 실시하여야 한다. Trimble TBC의 교육용 라이선스는 비교적 저렴하여 대학교 등의 활용에 적합하며, 이러한 라이선스 정책을 지지한다.

※ 본 교재는 TBC 5.60버전기준으로 작성되었습니다.

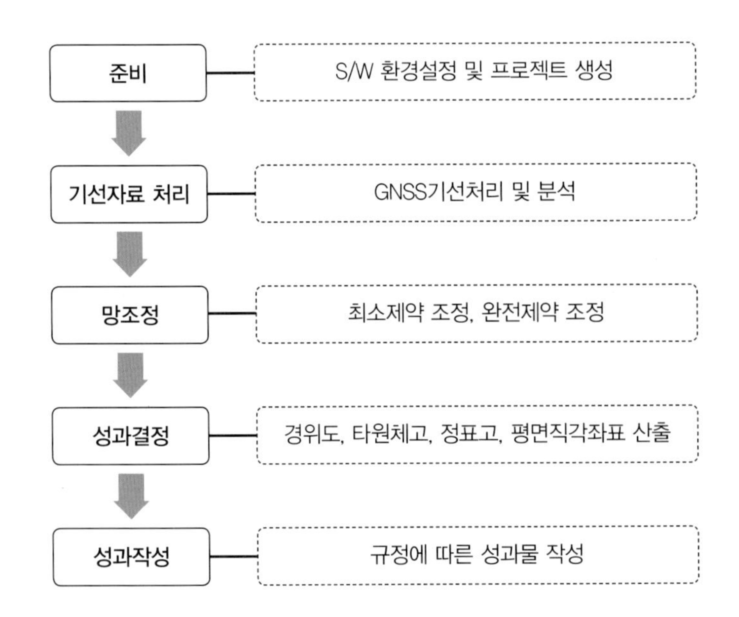

01 환경설정

환경설정을 위해서는 안테나파일, 좌표계, 지오이드모델 등이 필요하며, 인터넷 자동업데이트를 통해 서비스가 이루어진다. 다만 인터넷이 불가능한 경우에는 업데이트를 할 수 없다는 단점이 있다.

1) 자동업데이트

정보 탭에서 업데이트가 되는 경우에는 해당 지역에 맞게 자동으로 환경설정(안테나파일, 좌표계, 지오이드모델 등)이 된다. 그러나 자동업데이트가 되더라도 그 내용에 대해서는 반드시 확인하여야 한다.

❶ 메뉴 – 지원 – 업데이트 확인 Click

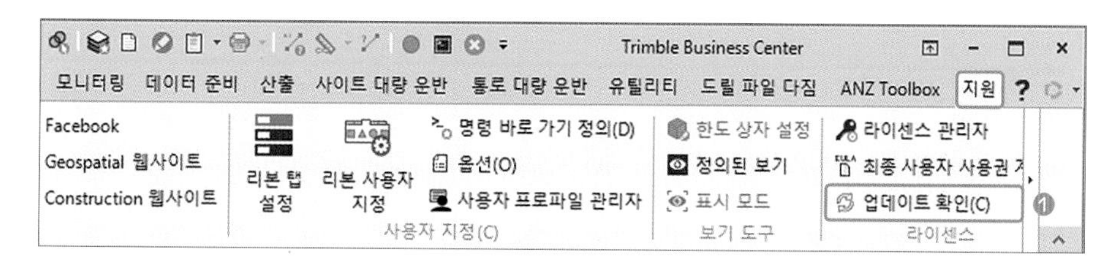

❷ 선택 – 업데이트 설치 Click

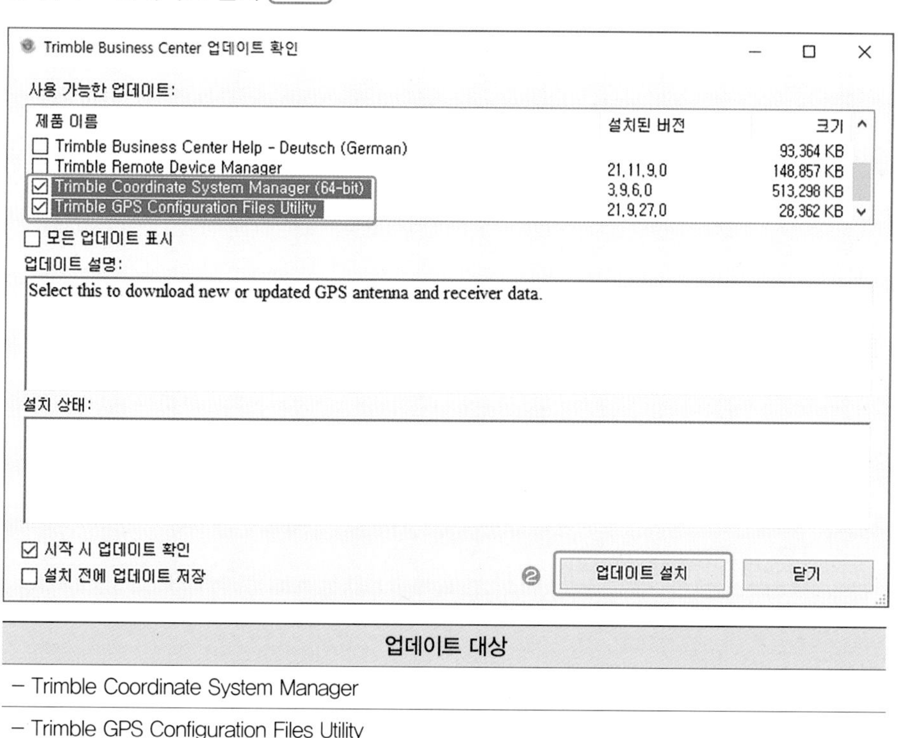

업데이트 대상
– Trimble Coordinate System Manager
– Trimble GPS Configuration Files Utility

❸ 닫기 Click

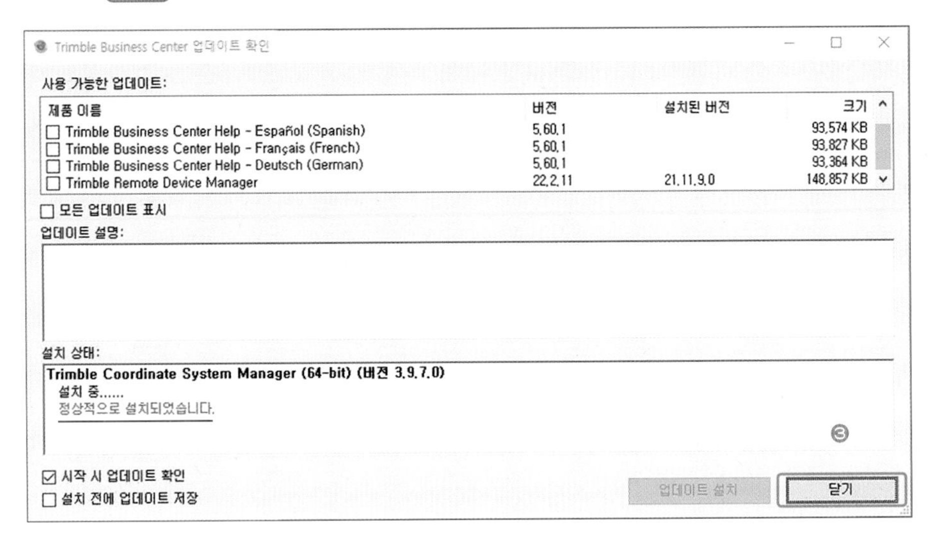

(1) 최신 안테나파일 제공서비스

전 세계에서 생산되는 GNSS수신기의 안테나파일은 아래의 주소에서 제공한다.

> 접속주소 https://www.ngs.noaa.gov/ANTCAL/

❶ Access Calibrations for All Antennas – NGS14 Absolute – ANTEX(New IGS format – GNSS)

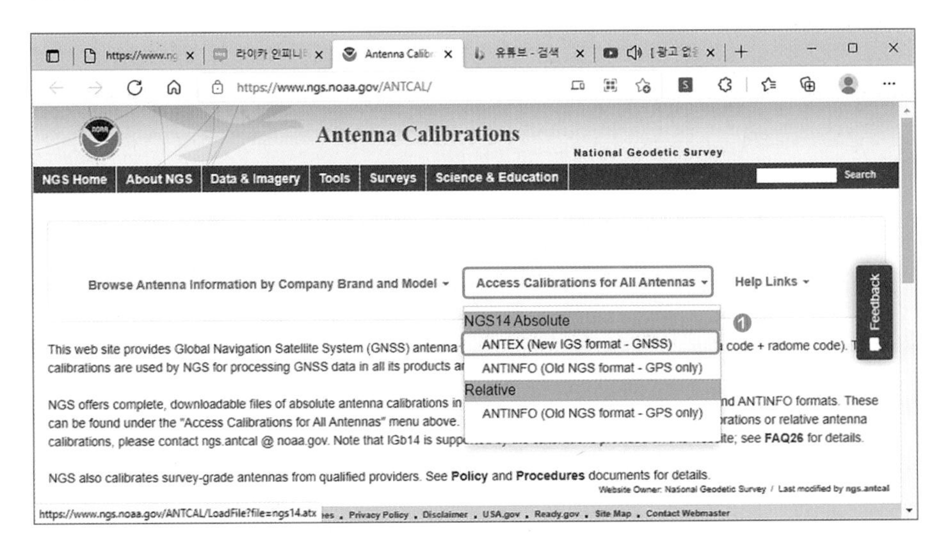

❷ 마우스 우클릭 – 다른 이름으로 저장 – ngs14.atx(파일형식: 모든 파일) – 저장 Click

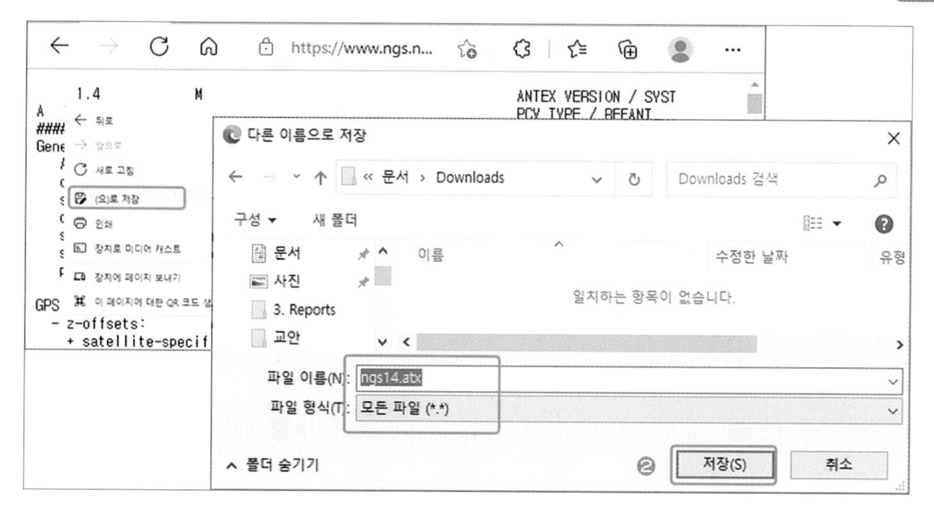

[GNSS Antenna Calibration]

GNSS사용자에게 있어서 정확한 위치측정을 위한 중요정보로서 GNSS안테나의 보정정보(GNSS Antenna Calibration), ARP(Antenna Reference Point), APC(Antenna Phase Center)에 대한 이해가 필요하다. 즉 우리가 관측하고자 하는 기준점 또는 경계점의 위치를 알기 위해서는 안테나의 어느 부분에 데이터가 수신되고 거기로부터 얼마의 아래에 관측점이 있는가를 측정하는 것이 중요한데, 일반적으로 안테나의 하단(ARP, Antenna Reference Point)을 알고 있다면, ARP와 관측점 간의 거리는 외관상으로 측정이 가능하므로 문제가 없다. 다만 ARP로부터 GNSS데이터가 수신되는 Phase Center(APC, Antenna Phase Center)까지의 높이를 측정하는 일이 남게 된다.

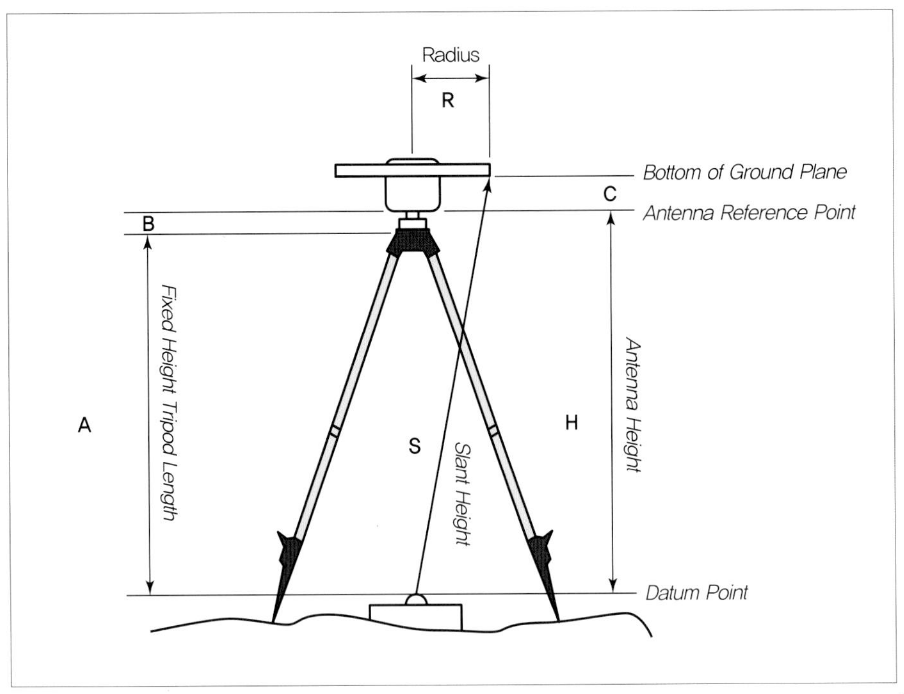

출처: NOAA

그런데 APC는 다음 그림과 같이 ARP가 0일 때, L1, L2 각각 다른 값을 가지고 있기 때문에 이 값을 알아야 한다.

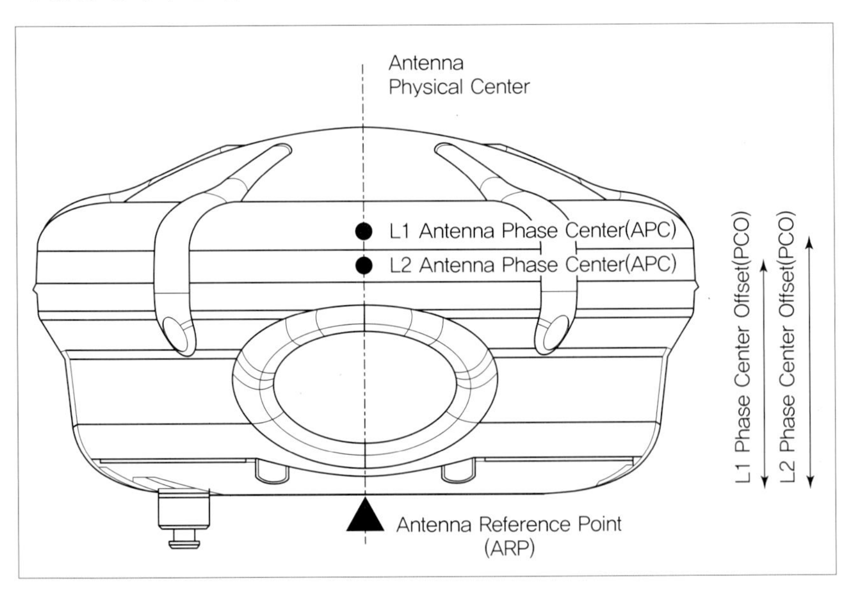

출처: https://www.sciencedirect.com/science/article/pii/S2090997713000515

그 이유는 다음 그림과 같이 APC에 들어오는 위성신호가 균일한 선형을 이루는 것이 아니라 불규칙하기 때문이다.

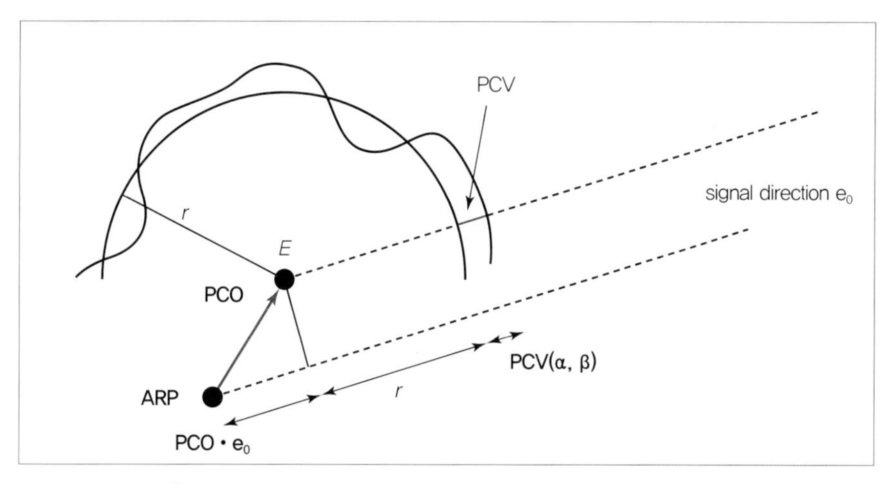

출처: Philipp ZEIMETZ und Heiner KUHLMANN, Germany, Validation of the Laboratory Calibration of Geodetic Antennas based on GPS Measurements, 2010.

따라서 안테나보정(Antenna Calibration)이 필요하며, 기선해석프로그램에 안테나보정파일을 입력하는 것이다. 각 제조사에서 만든 안테나에 대한 보정파일은 미국 NGS(National Geodetic Survey)에서 측정하여 전 세계적으로 서비스하는 것으로, 최신의 보정파일을 사용하는 것이 좋다.

Antenna Calibration은 Relative Calibration과 Absolute Calibration의 두 가지 종류가 있으며, NGS는 Relative Calibration값만 제공하다가 최근에는 Absolute Calibration값도 제공하고 있다.

① Relative Calibration

다음 그림과 같이 두 개의 서로 다른 안테나(Reference Antenna & Test Antenna)를 세우고, 두 안테나 간 시각동기화를 이용하여 보정값을 산출한다.

출처: Andria Bilich, Antenna Calibration at the National Geodetic Survey, 2021.

② Absolute Calibration

다음 그림과 같이 로봇을 이용하여 각도(5도)별로 안테나를 움직이면서 테스트를 진행하며, NGS와 IGS에서 동일하게 진행한다.

출처: Andria Bilich, Antenna Calibration at the National Geodetic Survey, 2021.

③ Antenna Calibration 정보

Antenna Calibration은 아래와 같이 맨 윗줄은 안테나이름, 고유번호, 테스트기관, 테스트 연월일이 기재되고, 둘째 줄은 북쪽, 동쪽, 상단값과 이후에는 고도각 5도씩 Calibration값이 기재된다. 물론 L1, L2의 APC가 다르므로 각각 나눠 기록된다.

```
ANTENNA ID        DESCRIPTION                    DATA SOURCE (# OF TESTS) YR/MO/DY
                                                  |AVE = # in average
[north]  [ east]  [ up ]                            | L1 Offset (mm)
[90]  [85]  [80]  [75]  [70]  [65]  [60]  [55]  [50]  [45]  | L1 Phase at
[40]  [35]  [30]  [25]  [20]  [15]  [10]  [ 5]  [ 0]        | Elevation (mm)
[north]  [ east]  [ up ]                            | L2 Offset (mm)
[90]  [85]  [80]  [75]  [70]  [65]  [60]  [55]  [50]  [45]  | L2 Phase at
[40]  [35]  [30]  [25]  [20]  [15]  [10]  [ 5]  [ 0]        | Elevation (mm)
```

④ Relative Calibration과 Absolute Calibration값의 비교

NGS에서 서비스하고 있는 Relative Calibration과 Absolute Calibration값은 아래와 같이 미소한 차이(mm단위임)를 보이고 있다. 그러나 정확성 향상을 위해서는 Absolute Calibration값을 사용하는 것이 바람직하다. TBC에서는 자동적으로 적용된다.

```
SOKGRX2        NONE P/N:1000687-01, GRX2   Display to North  NGS ( 3) 12/09/13
  2.2    -2.0    93.1
  0.0  -0.1  -0.4  -0.7  -1.1  -1.5  -2.0  -2.4  -2.7  -2.8
 -2.8  -2.8  -2.7  -2.8  -2.8  -2.7  -2.6   0.0   0.0
  1.3     0.4    97.3
  0.0  -0.9  -1.6  -2.0  -2.1  -2.2  -2.2  -2.2  -2.2  -2.3
 -2.5  -2.6  -2.7  -3.2  -4.0  -5.2  -6.8   0.0   0.0
```

기존
Relative Calibration

```
SOKGRX2        NONE P/N:1000687-01, GRX2   Display to North  NGS ( 3) 12/09/13
  2.3    -2.1    93.0
  0.0  -0.1  -0.4  -0.7  -1.1  -1.5  -2.0  -2.4  -2.7  -2.8
 -2.8  -2.8  -2.8  -2.8  -2.8  -2.7  -2.7   0.0   0.0
  1.1     0.3    97.3
  0.0  -0.9  -1.6  -2.0  -2.1  -2.2  -2.2  -2.2  -2.2  -2.3
 -2.5  -2.6  -2.7  -3.2  -4.0  -5.2  -6.8   0.0   0.0
```

최신
Absolute Calibration

(2) 지오이드모델

지오이드모델은 GPS좌표체계에 의해 전 세계적으로 만들어진 EGM계열 모델이 있고, 국토지리정보원에서 한국형으로 만든 KNGeoid모델이 있다. 해당 정보는 국토지리정보원 '국토정보플랫폼 – 국가수직연계'에서 확인이 가능하며, 모델파일은 GNSS수신기 제조사에 요청하면 해당 장비 등에 맞는 모델을 제공한다. KNGeoid 14(약 3cm 수준 신뢰도)는 전국에 10 * 10km로 설치된 통합기준점(U0000)의 중력측정값 등을 통해 만들어졌으며, KNGeoid 18(약 2.3cm 수준 신뢰도)은 최근 설치된 통합기준점(U도엽명00)의 중력측정값 등이 추가되어 만들어진 모델이다. 따라서 GNSS기선처리에서는 가능하면, 최신의 모델을 적용하여 기선처리를 하는 것이 바람직하다. 또한 Network-RTK장비를 사용하는 경우에도 최신의 모델을 적용하여 현장관측에서 높은 정확도의 표고를 측정할 수 있도록 해야 한다. 국가지오이드모델 구축사업 현황은 다음 그림과 같다.

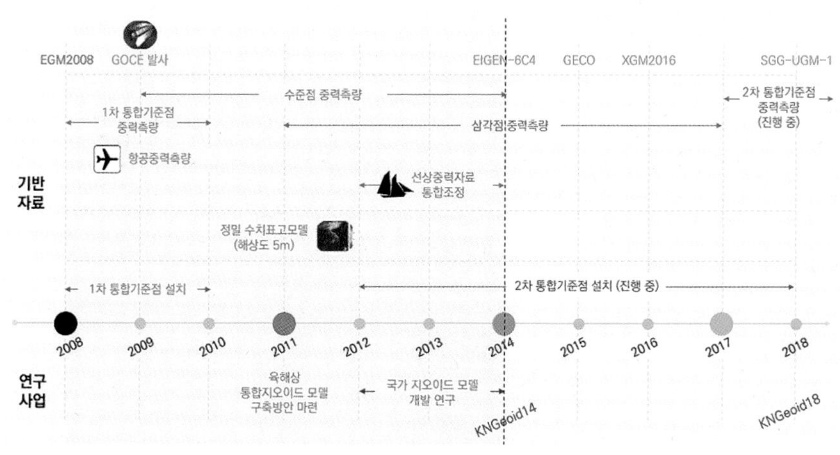

▲ 국가지오이드모델 구축사업

출처: http://www.ngii.go.kr

해당 모델 적용 후 정확도 평가방법은, GNSS현장관측 시 기 고시된 통합기준점을 관측하고(본 교재에서는 U공주02) 기선자료처리 시 신설점으로 계산하여 위성기준점을 기지점으로 망조정 후, 계산성과와 고시좌표를 비교하여 확인한다. Network-RTK장비를 운용하는 경우에는 측량 전에 사업지구 인근의 통합기준점을 관측하여 고시성과와 비교한 후 세부측량 작업을 실시하도록 한다.

2) 템플릿 기본설정

템플릿은 마치 워드프로그램에서 스타일을 활용하는 것과 같다. TBC에서는 템플릿을 이용하여 편리하게 사용할 수 있다. 템플릿 설정방법을 알아보자.

❶ 작업창 – 새 프로젝트 & 리본메뉴 – 새 프로젝트 아이콘 Click → ❷ 〈빈 템플릿〉 선택 – 확인 Click

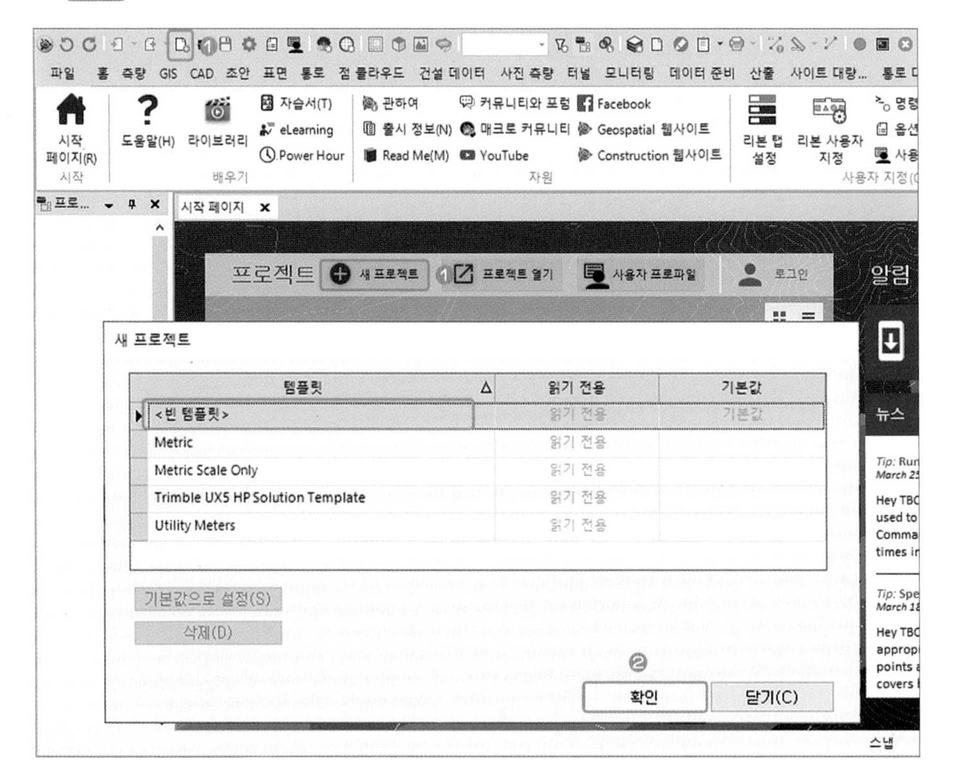

❸ 리본메뉴 – 프로젝트 설정 아이콘 (Click) → ❹ 좌표계 – 변경 (Click)

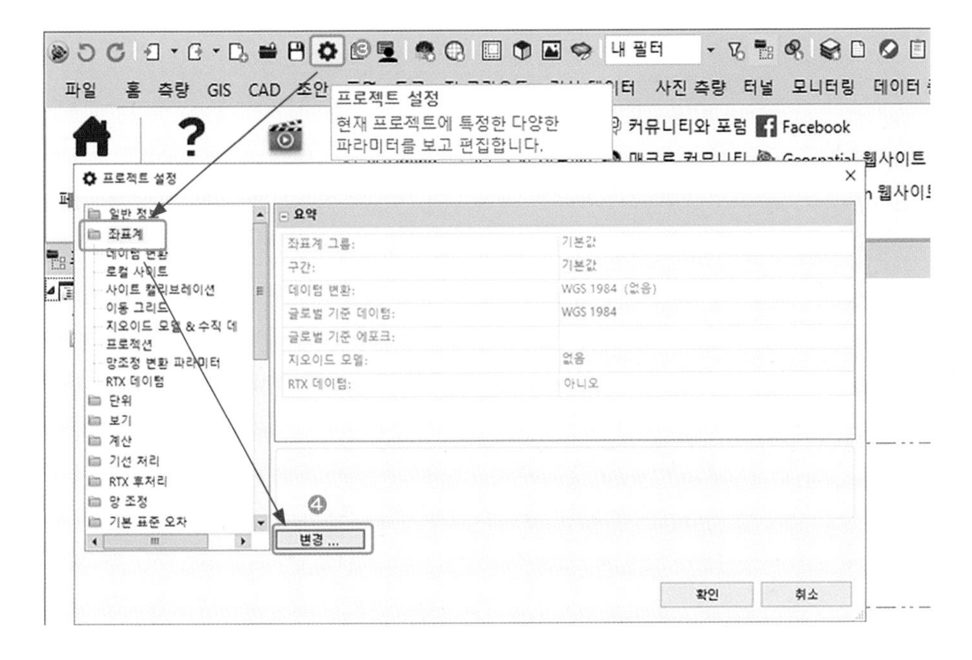

❺ Korea/Korea 2002(KGD2002) – Zone 2(New) – 다음 (Click)

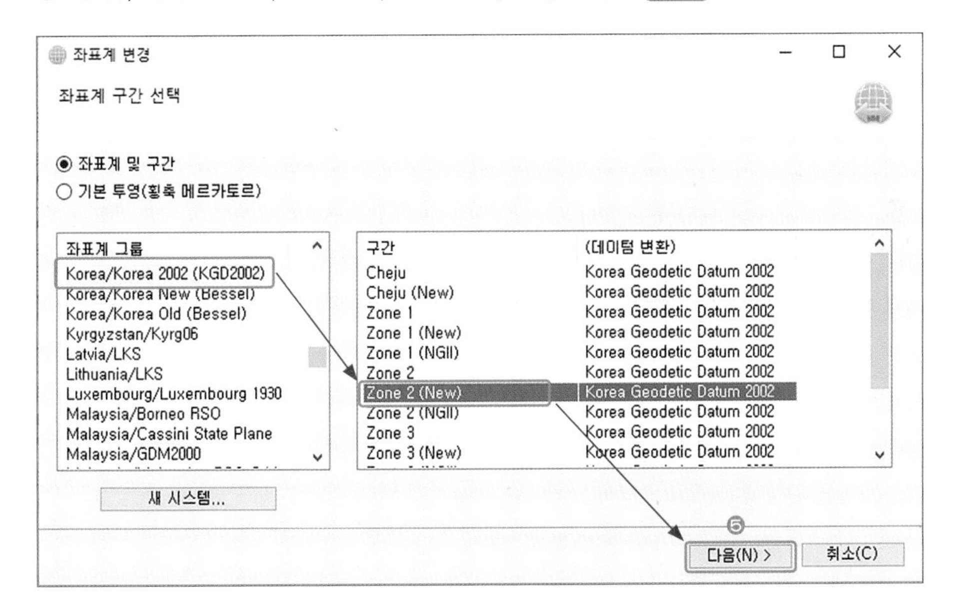

Tip ◆ 좌표계는 해당 지역의 ZONE에 맞춰 선택한다[서부Zone 1(New), 중부Zone 2(New), 동부Zone 3(New)]. 괄호에 New가 있는 것은 X축에 60만 가산, 없는 것은 X축에 50만 가산한다.

❻ 지오이드 모델: Korean Geoid model in 2018, 등급: 측량 등급 – 마침 Click

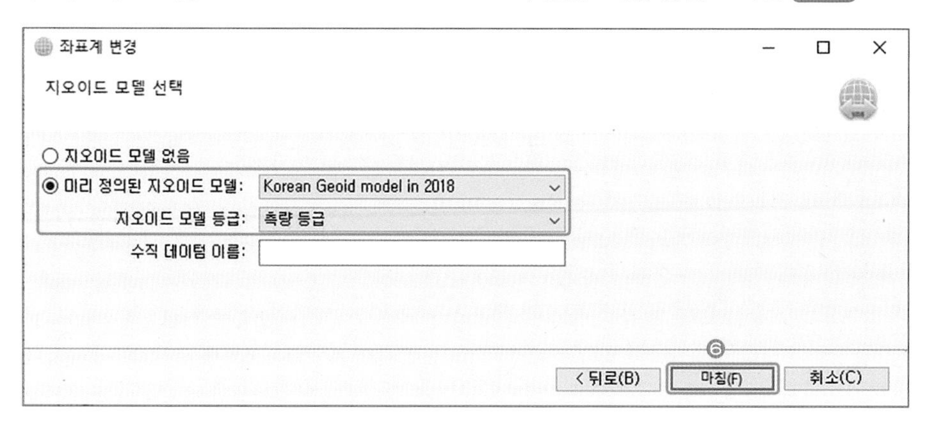

❼ 단위 – 좌표 – 표시 순서: 북위, 동경, 표고

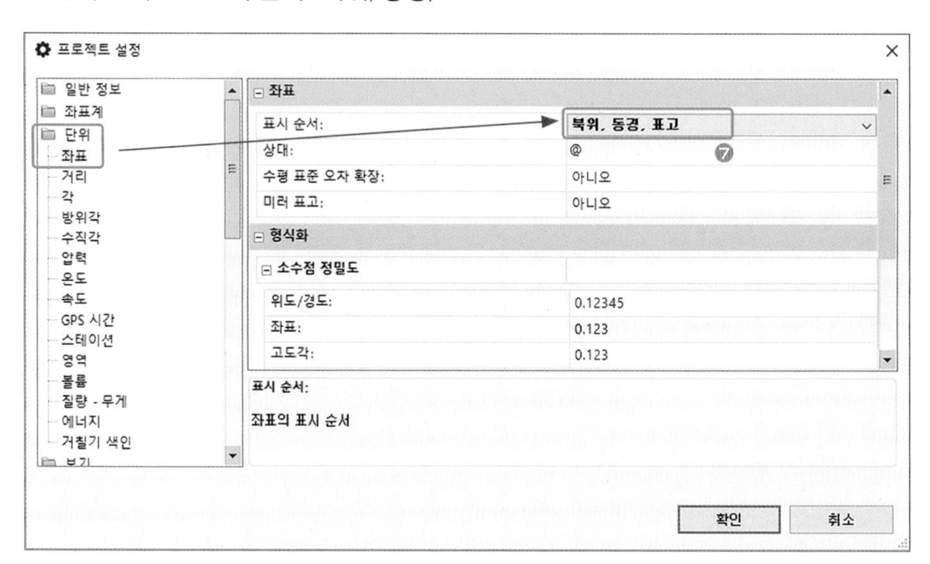

⑧ 기선 처리 – 위성 – 앙각: 15도 – 확인 (Click)

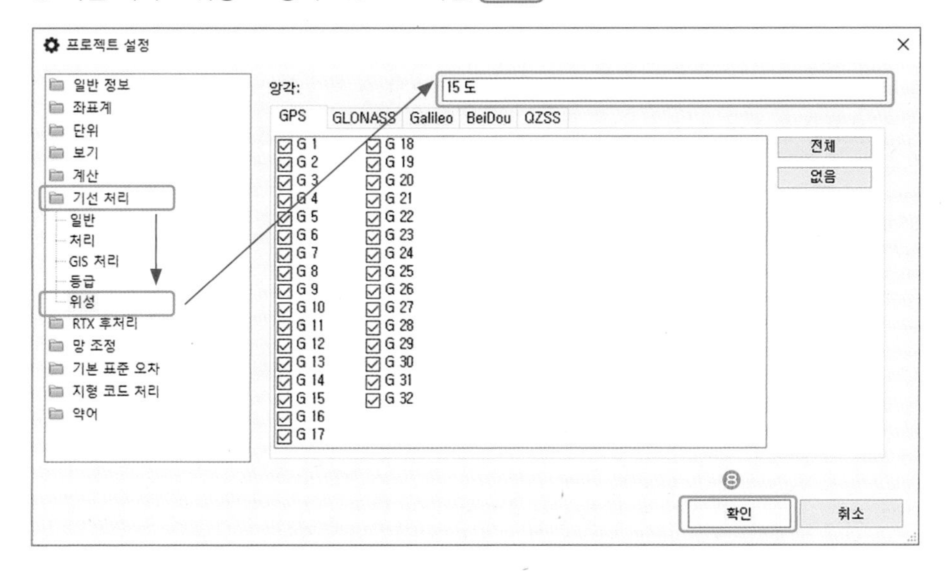

⑨ 리본메뉴 – 보고서 아이콘 (Click) – 보고서 옵션 (Click)

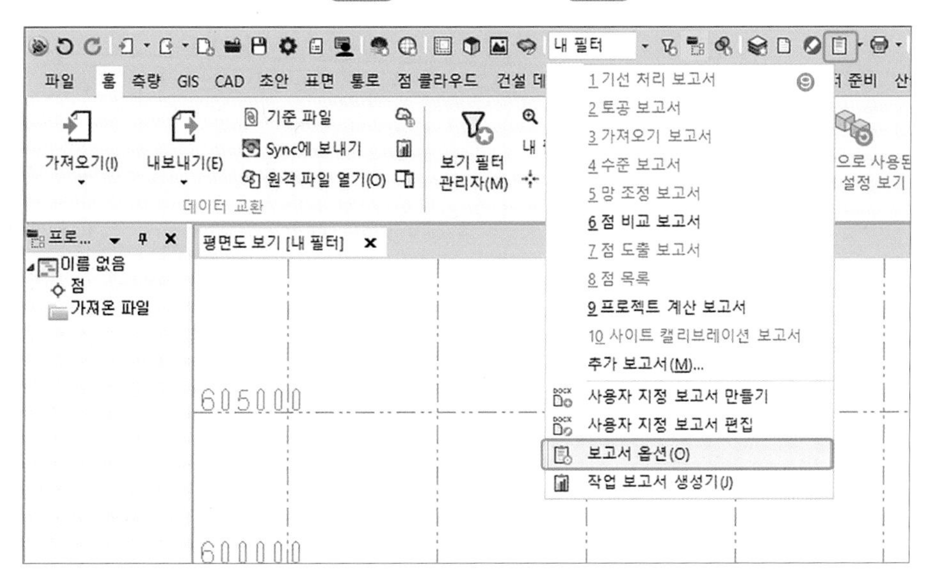

⑩ GNSS 루프 폐합 결과 설정 – 적용 Click

⑪ 기선 처리 보고서 설정 – 적용 Click

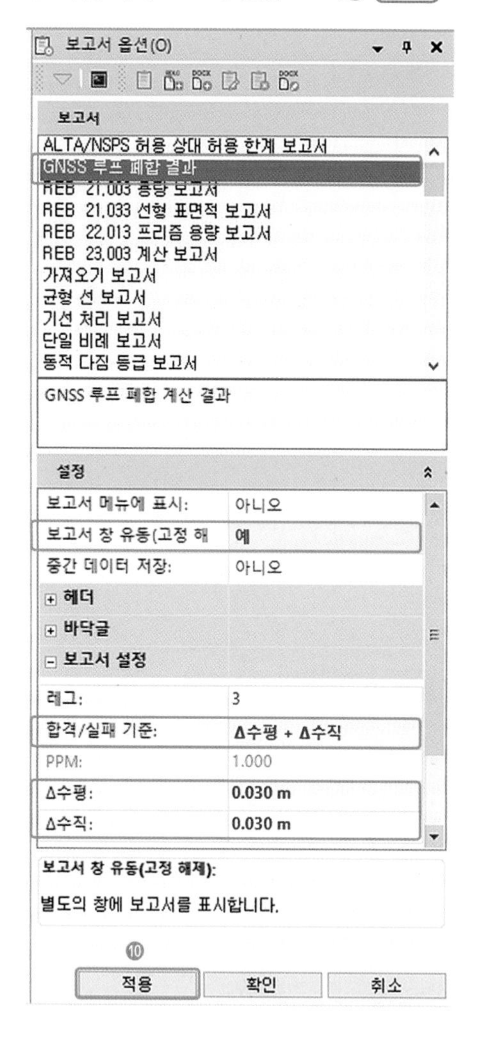

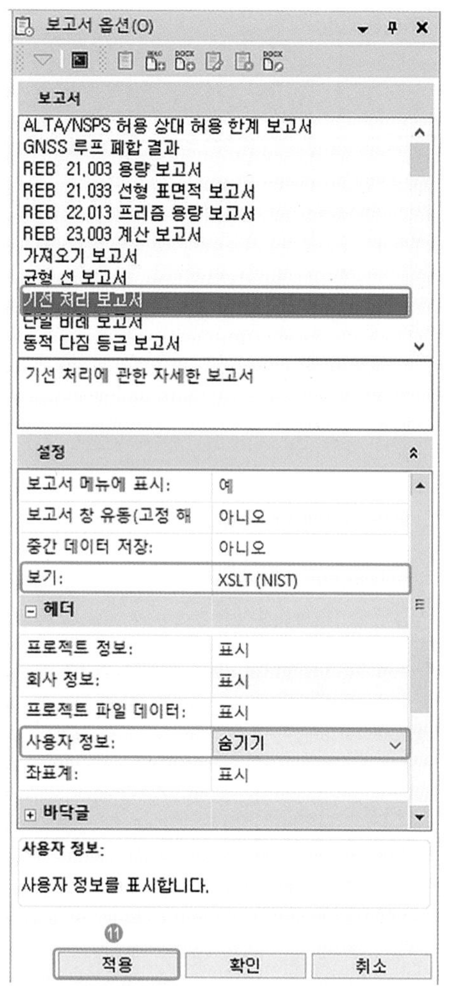

대항목	중항목	소항목	설정
GNSS 루프폐합 결과	설정	보고서 창 유동	예
	보고서 설정	합격/실패 기준	△수평+△수직
		△수평	0.030m
		△수직	0.030m
기선 처리 보고서	설정	보기	XSLT
	헤더	사용자 정보	숨기기

⑫ 망조정 보고서 – 설정 – 보고서 창 유동: 예 – 적용 Click → ⑬ 파일 Click

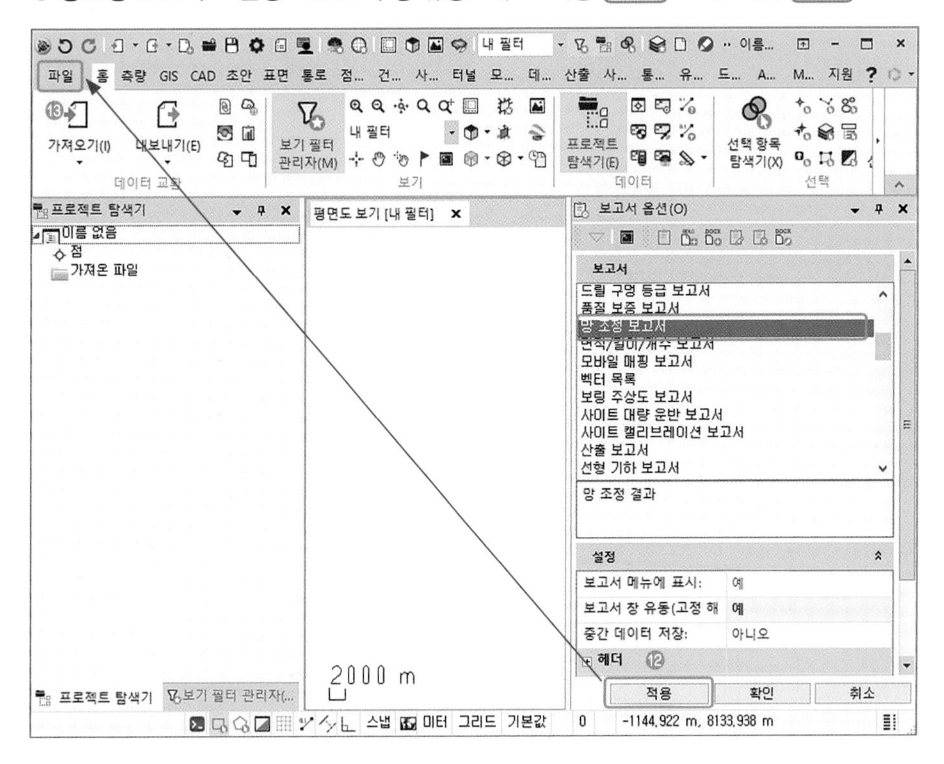

⑭ 템플릿으로 저장 – 이름 설정 – 저장 Click

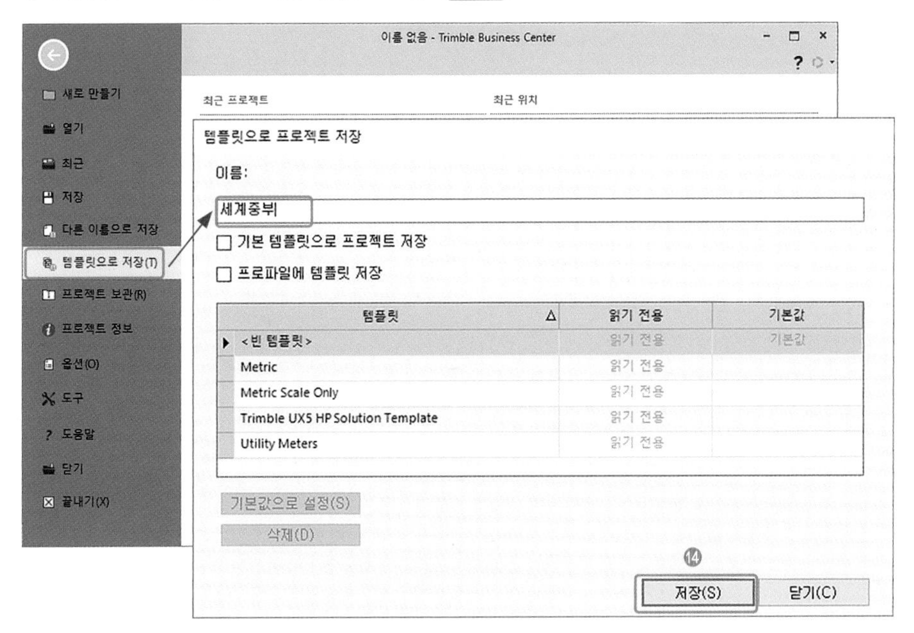

02 프로젝트 생성

1) 새 프로젝트 생성

❶ 파일 – 새로 만들기 – 템플릿 선택 – 확인 Click

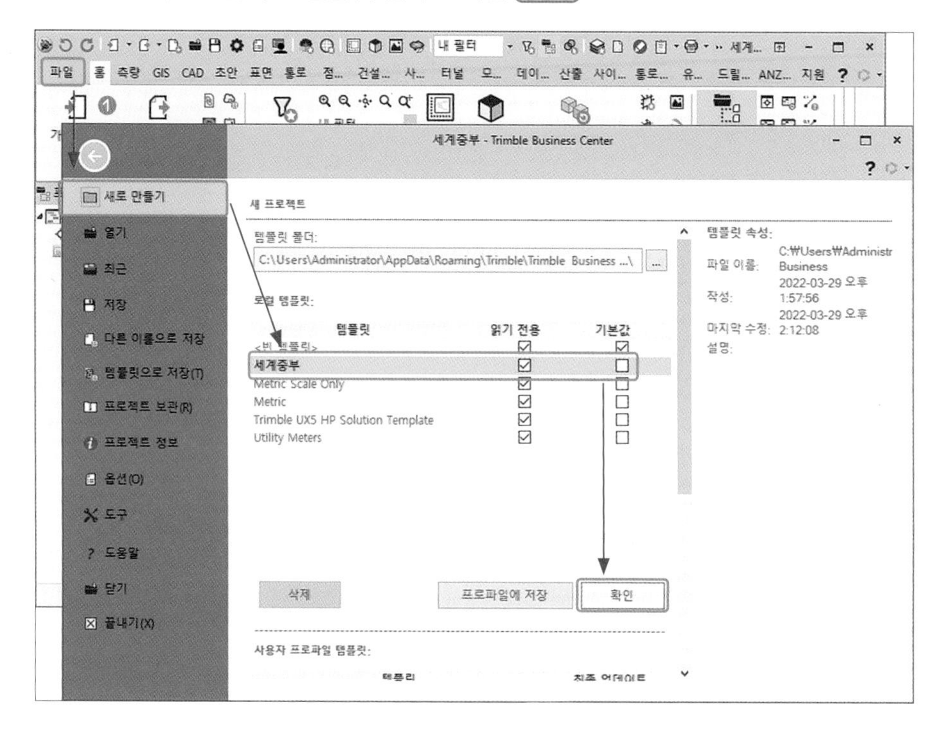

2) 화면구성

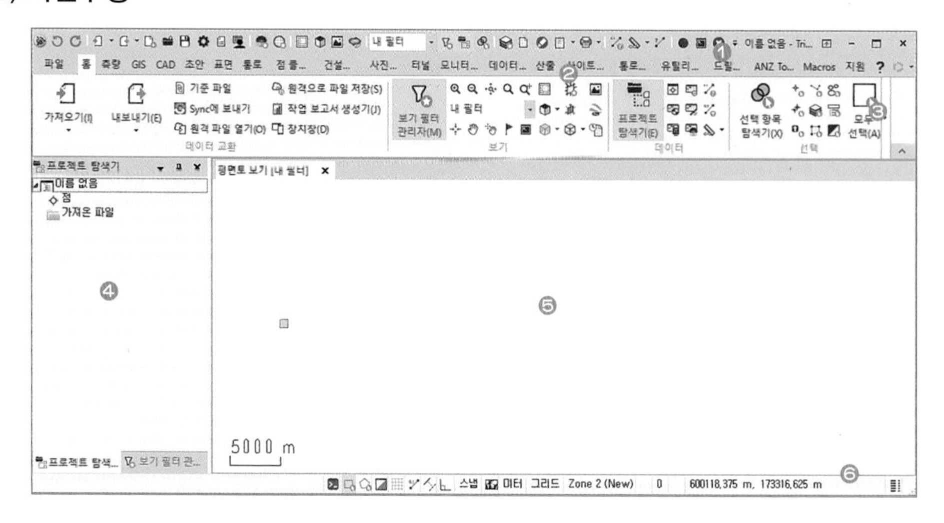

구분	내용
① 리본메뉴	기본설정 등에 활용
② 메뉴 바	각 작업별 메뉴
③ 단축아이콘	메뉴별 단축아이콘으로 구성
④ 프로젝트 탐색기	프로젝트경로 설정에 활용
⑤ 화면 창	해석 또는 오류 기선 확인
⑥ 상태표시줄	그리드 표시, 좌표계, 커서좌표 등 확인

하단 상태표시줄의 '그리드 선 전환'아이콘을 이용해 화면 창에 격자를 나타나게 하거나 안 보이게 할 수 있다. 본 교재에서는 필요시에만 격자를 활용하기로 한다.

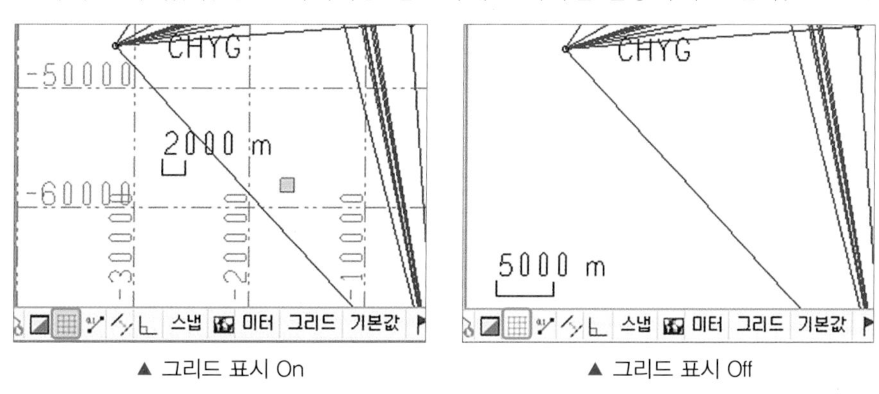

▲ 그리드 표시 On　　　▲ 그리드 표시 Off

3) 데이터 입력

데이터는 관측 당일 GNSS위성기준점데이터, 현장관측데이터(현장관측데이터의 경우에도 프레임점 또는 기지점의 관측데이터와 신설점의 관측데이터를 구분하여 관리하는 경우도 있다), 위성기준점 및 기지점의 성과파일을 별도로 관리하면 편리하다. 다만 TBC에서는 하위폴더에 데이터를 한꺼번에 불러올 수 없으므로 모든 관측데이터를 하나의 폴더에 넣고 작업하는 것이 보다 편리하다.

이름	수정한 날짜	유형
관측파일	2022-02-17 오후 4:34	파일 폴더
위성기준점(지리원) 20220210	2022-02-17 오전 9:20	파일 폴더
전체 위성기준점 고시 정리(21.9.10).xlsx	2022-02-11 오전 9:46	Microsoft Excel ...

❶ 관측파일을 선택하여 화면창에 드래그

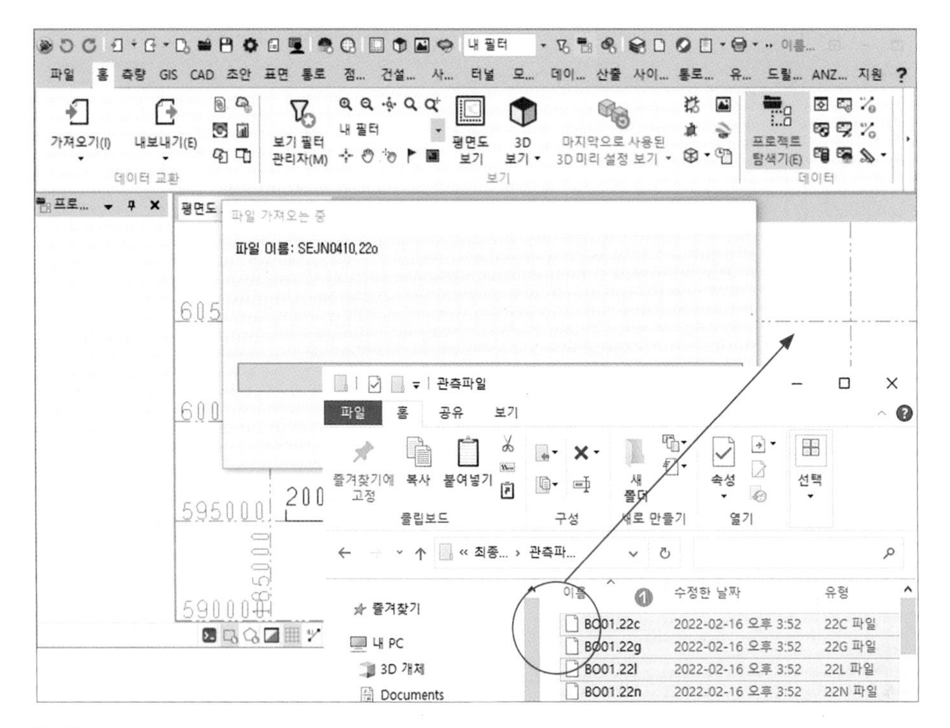

Tip◆ TBC에 의한 기선해석에서는 관측파일을 하나의 폴더에서 한꺼번에 관리하는 것이 편리하다.

❷ 점 탭 – 시작/종료 시간을 확인하여 불량데이터 삭제

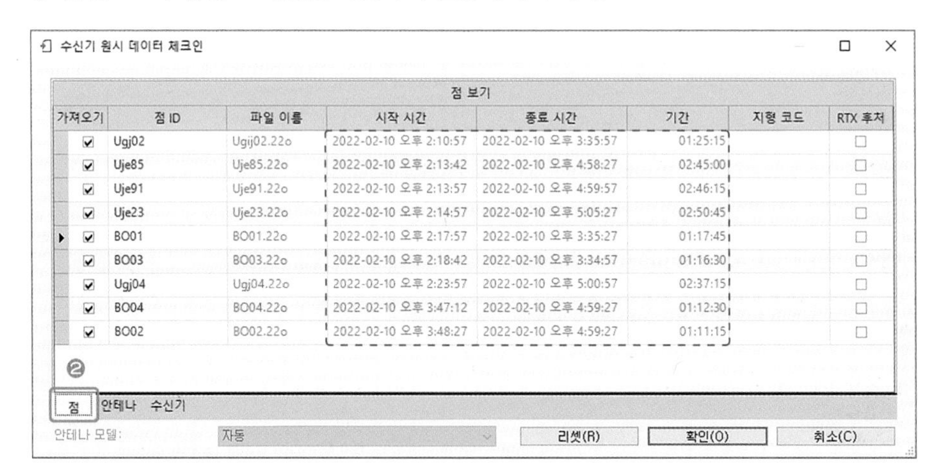

수신기 원시 데이터 체크인

점 보기

가져오기	점 ID	파일 이름	시작 시간	종료 시간	기간	지형 코드	RTX 후처
☑	Ugj02	Ugij02.22o	2022-02-10 오후 2:10:57	2022-02-10 오후 3:35:57	01:25:15		☐
☑	Uje85	Uje85.22o	2022-02-10 오후 2:13:42	2022-02-10 오후 4:58:27	02:45:00		☐
☑	Uje91	Uje91.22o	2022-02-10 오후 2:13:57	2022-02-10 오후 4:59:57	02:46:15		☐
☑	Uje23	Uje23.22o	2022-02-10 오후 2:14:57	2022-02-10 오후 5:05:27	02:50:45		☐
☑	BO01	BO01.22o	2022-02-10 오후 2:17:57	2022-02-10 오후 3:35:27	01:17:45		☐
☑	BO03	BO03.22o	2022-02-10 오후 2:18:42	2022-02-10 오후 3:34:57	01:16:30		☐
☑	Ugj04	Ugj04.22o	2022-02-10 오후 2:23:57	2022-02-10 오후 5:00:57	02:37:15		☐
☑	BO04	BO04.22o	2022-02-10 오후 3:47:12	2022-02-10 오후 4:59:27	01:12:30		☐
☑	BO02	BO02.22o	2022-02-10 오후 3:48:27	2022-02-10 오후 4:59:27	01:11:15		☐

점 안테나 수신기

안테나 모델: 자동 리셋(R) 확인(O) 취소(C)

❸ 안테나 탭 – 안테나 높이 확인 – 확인 Click

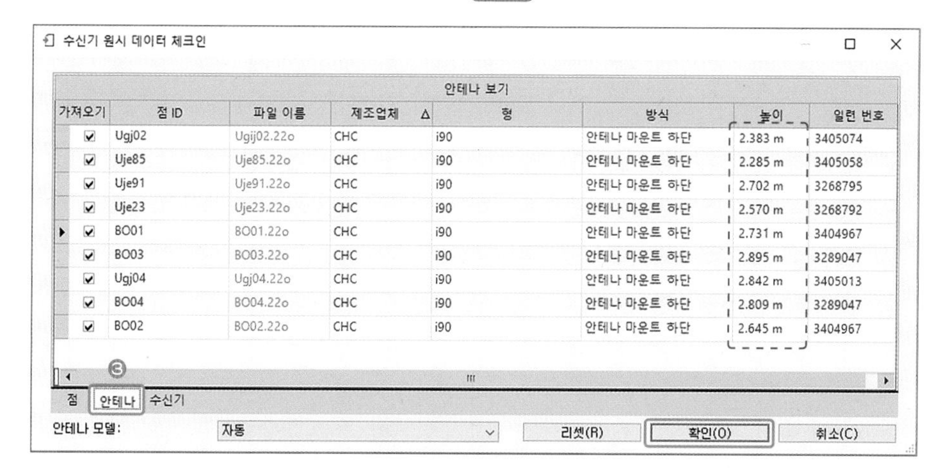

[결과 화면]

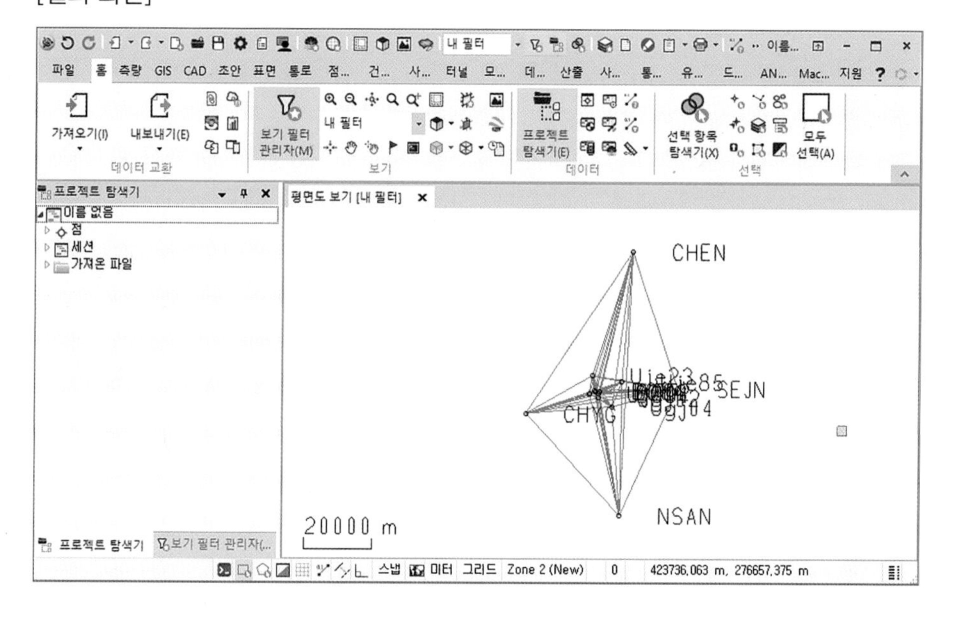

4) 정밀궤도력 입력

기선해석에 있어서 장기선의 자료처리에는 정밀궤도력을 이용하는 것이 좋다. 관련 규정을 보면, [국] 정밀궤도력으로 기선해석을 하도록 규정하고 있으며, [지] 기지점과 소구점 간의 거리가 50km를 초과하는 경우에는 정밀궤도력을 적용하여 기선해석을 해야 한다. [공] 방송력으로 기선해석을 하도록 규정하고 있다. 다만, 가능하다면 정밀궤도력을 적용하여 정밀도를 높이기를 권장한다.

TBC에서는 정밀궤도력정보를 인터넷으로 다운로드할 수 있도록 하고 있다. 다만 인터넷이 불가능한 경우에는 수동적인 방법으로 다운로드 받아 적용한다.

정밀궤도력은 일반적으로 관측 후 1일 이상이 지난 후에 등록되므로 일정기간이 경과한 후에 받을 수 있음을 유의해야 한다. 정밀궤도력의 입력방법을 알아보자.

(1) 자동 적용

❶ 측량 - 인터넷 다운로드 [Click] → ❷ 정밀 궤도 – IGS UltraRapid Orbits 선택 → ❸ 자동 [Click]

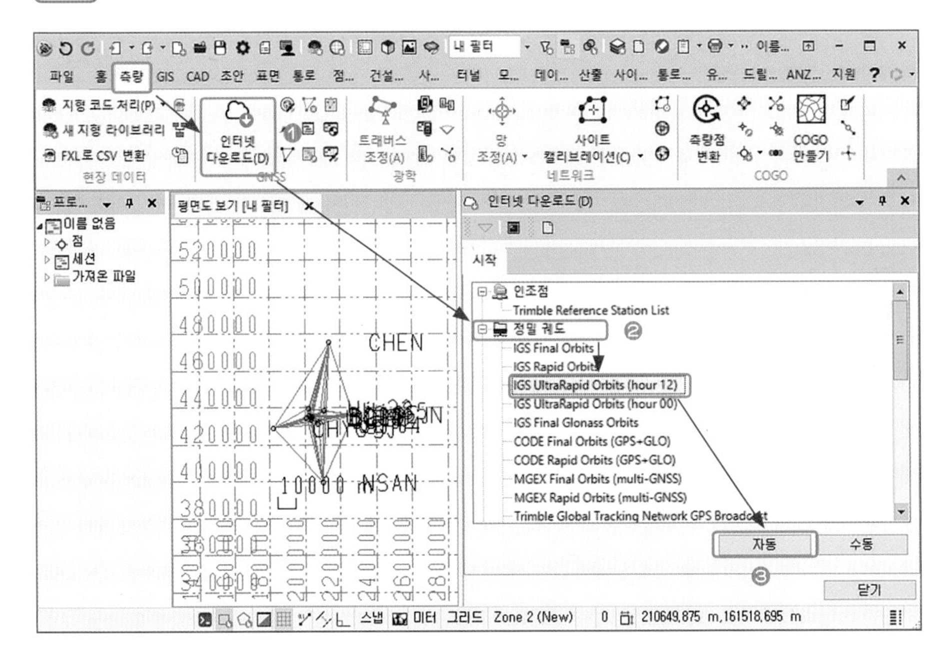

❹ 일자/시간 선택 – 확인 (Click) → ❺ 가져오기 (Click) – 완료되면 닫기 (Click)

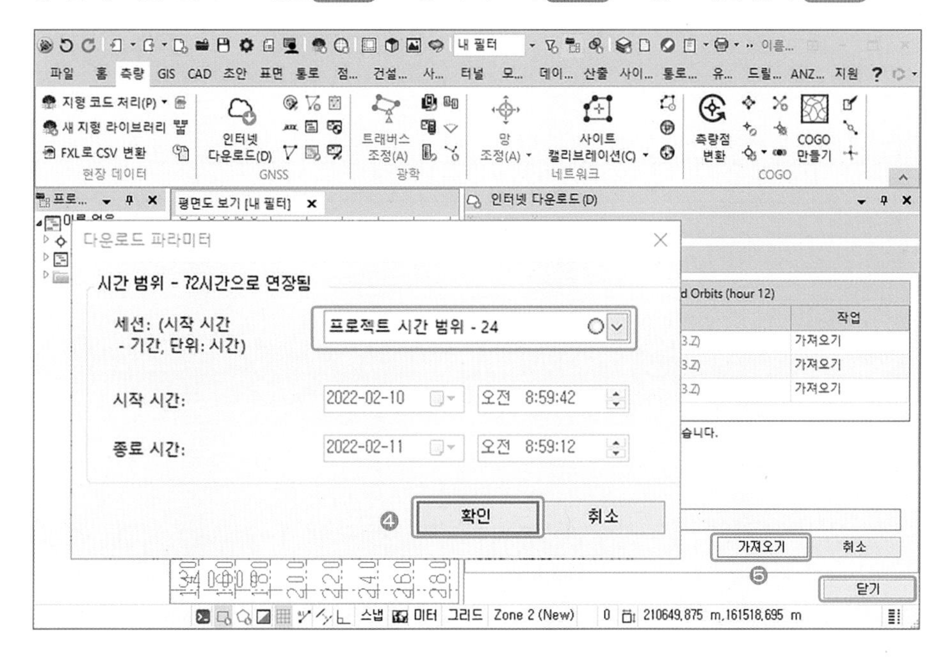

(2) 수동 적용

TBC프로그램에서 정밀궤도력이 자동으로 다운로드되지 않는다면, 아래의 경로에 접속하여 해당 관측일의 정밀궤도력을 다운로드한다.

접속주소 https://cddis.nasa.gov/archive/gnss/products/

정밀궤도력의 다운로드를 위해서는 GPS Week Number를 알아야 하므로 인터넷포털 검색창에서 'GNSS calendar'를 검색하여 'GNSS calendar and utility'로 해당 일의 GPS Week Number를 확인한다.

❶ 관측일 선택(2022. 02. 10.)

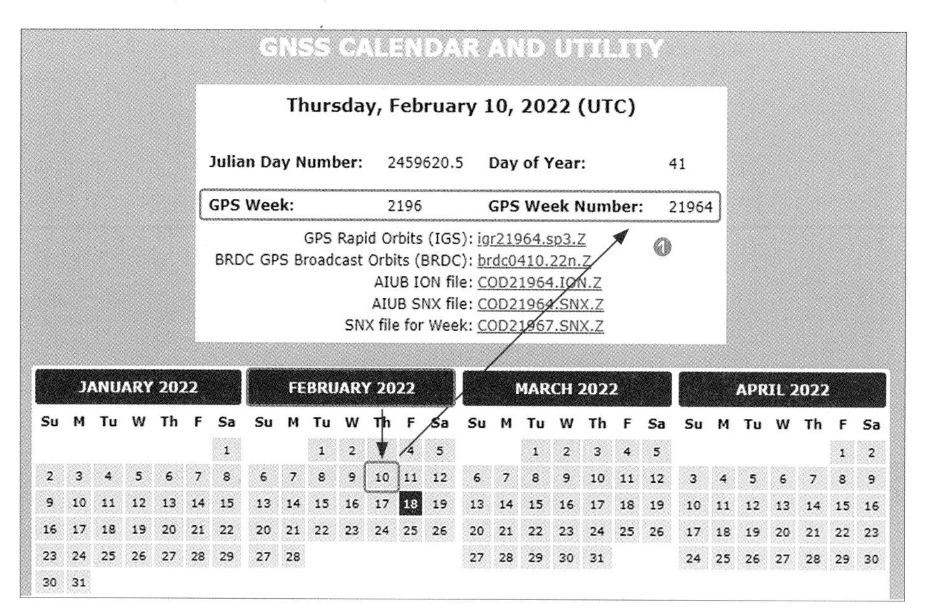

2022년 2월 10일은 GPS Week 2196주이며, 해당 주 4일째 날이므로 GPS Week Number는 21964이다. 즉 2196폴더에서 21964파일을 찾으면 된다.
파일명은 OOOWWWWD.TYP.Z으로 표기되므로 'OOO21964.sp3.z파일 중에서 찾으면 된다.

구분	내용	값
OOO	분석 센터명	igr, igu, gfz …
WWWW	GPS Week	2196
D	해당 주 날짜	4
TYP	파일타입	SP3(궤도력)

❷ 로그인(최근 정책이 바뀌어 반드시 회원가입을 하여야 자료를 받을 수 있음 – 무료)

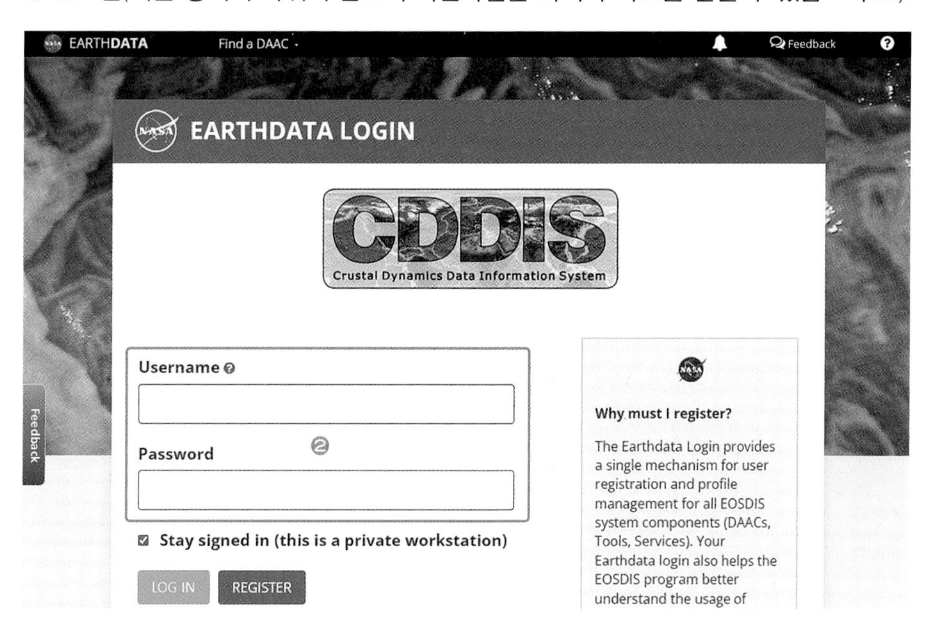

❸ 디렉토리 – 2196폴더 – 'gfz21964.sp3.Z'파일 다운로드 Click

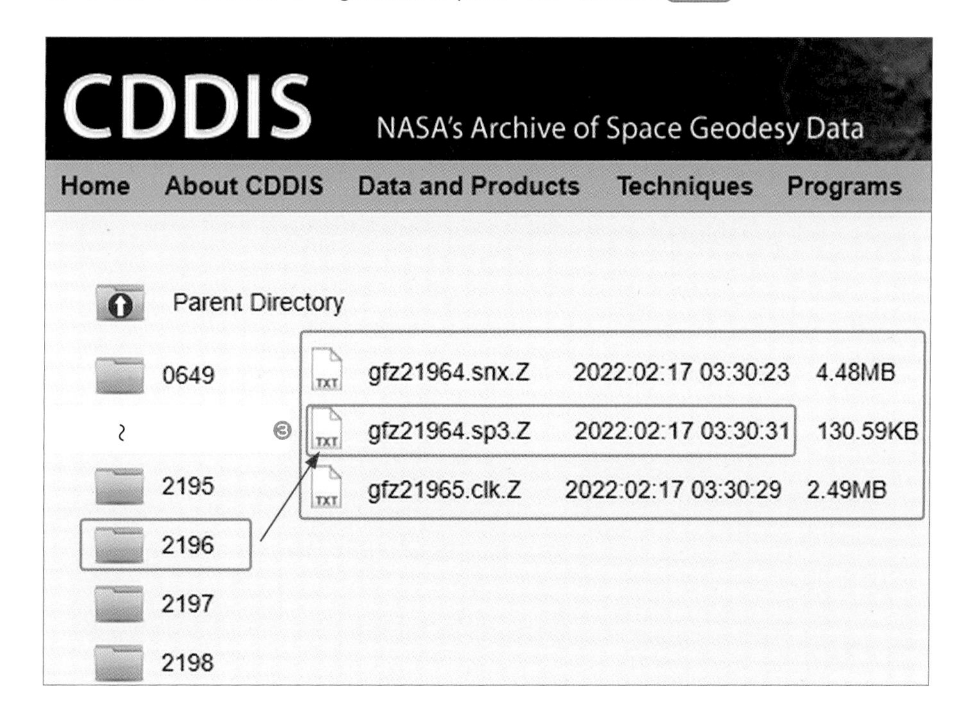

❹ 정밀궤도력이 다운로드되면 관측파일과 마찬가지로 화면 창에 드래그하여 입력

센터	제공일	위성궤도력			
		G	R	E	C
emr	2022.02.18.	○	–	–	–
esa	2022.02.17.	○	○	–	–
gfz	2022.02.17.	○	○	–	–
grg	2022.02.17.	○	○	–	–
igr	2022.02.11.	○	–	–	–
igu	2022.02.10.	○	–	–	–
jpl	2022.02.17.	○	–	–	–
mit	2022.02.17.	○	–	–	–
ngs	2022.02.19.	○	–	–	–
sio	2022.02.19.	○	–	–	–

2022년 2월 10일에 관측을 실시하였고, GNSS위성의 정밀궤도력을 받은 결과 위와 같이 센터별로 제공되는 시기가 각각 다르며, 제공하는 궤도력의 종류도 다르다. GPS위성 정밀궤도력의 경우 igu에서 제공하는 데이터가 가장 빠르며, igu는 하나의 파일이 아닌 00:00, 06:00, 12:00, 18:00 시간대별로 나눠서 제공하고 있어 모든 파일을 받아서 적용하여야 한다. 만약 GPS위성 정밀궤도력만을 사용한다면 관측일 다음날 하나의 파일로 받을 수 있는 igr센터의 정보를 받는 것이 합리적이며, GLONASS위성 정밀궤도력을 함께 받는 경우라면 약 1주가 지난 후 esa, gfz, grg센터의 정보를 받아 사용한다(2022.02.21. 서비스 운영 기준). Galileo나 BDS위성 정밀궤도력은 아직 서비스가 이루어지지 않는 것으로 보인다.

[정밀궤도력의 장점]

관측계획수립 시 전리층의 특성을 고려하여 관측시기 및 시간과 고도각(15도)을 설정하였고, 계획에 따라 관측을 하였다고 하더라도 전리층지연을 완전히 보정하기란 쉽지 않다. 따라서 이를 보정하기 위한 방법으로 첫째, 다채널수신기를 사용하는 것이다. GNSS신호인 L1, L2, L5주파수를 L1/L2, L1/L5, L2/L5, L1/L2/L5 등 다양하게 조합함으로써 전리층지연을 모델링할 수 있다. 전리층효과와 주파수 의존성은 다음 식과 같이 나타낸다(Klobuchar 1983 in Brunner and Welsch, 1993).

$$v = \frac{40.3}{cf^2} \cdot TEC$$

v = the ionospheric delay

c = the speed of light in meters per second

f = the frequency of the signal in Hz

TEC = the quantity of free electrons per square meter

전리층에서 발생하는 시간지연은 주파수의 제곱에 반비례하므로, 주파수가 높을수록 지연이 줄어들게 된다. 따라서 L2(1227.60MHz)의 전리층지연은 L1(1575.42MHz)에 비해 65% 더 크게 나타나고, L5(1176.45MHz)는 L1(1575.42MHz)보다 80% 더 크게 나타난다(Jan Van Sickle, 2008).

둘째, 정밀궤도력을 사용하는 것이다. 전 세계에 설치되어 있는 GPS 등 GNSS위성감시국과 IGS에서 서비스하는 상시관측소(CORS)는 이미 그 위치를 알고 있기 때문에 지연량을 정량화할 수 있다(Jan Van Sickle, 2008). 이러한 데이터는 GPS시스템의 경우 GPS위성신호를 감시국에서 받아서 주제어국에 보내면, 전리층 등 다양한 오차량을 계산하고, 이를 위성안테나를 통해 GPS위성에 전송한다. GPS위성은 해당 정보를 사용자의 수신기에 보내어 오차량의 보정을 가능하게 하는 것으로, 항법메시지(Navigation Message)라고 부르며 여기에는 보정정보가 담긴 방송궤도력(Broadcast Ephemeris)이 있다.

방송궤도력은 10여 개의 감시국에서 수집한 정보를 바탕으로 계산하며, IGS는 전 세계 각국에서 운영 중인 상시관측소 중 적정한 분포로 선정된 상시관측소데이터를 계산하여 보정량 등의 정보를 제공하는 정밀궤도력을 서비스하고 있으므로, IGS에서 서비스하는 정밀궤도력을 적용하면 보다 정밀하게 보정할 수 있다. 따라서 다채널수신기와 정밀궤도력을 적용하면, 전리층지연에 따른 보정을 보다 정밀하게 적용하여 정확성을 높일 수 있는 장점이 있다.

[대류권모델]

전리층지연의 보정을 위해 정밀궤도력과 함께 대류권모델이 적용된다. 대류권모델은 GNSS 데이터처리의 편향을 줄이는 기술 중의 하나로, Saastamoinen모델, Hopfield모델 등이 활용된다. 전리층과 달리 대류권은 분산되지 않기 때문에 L1, L2, L5 각 주파수에 다르게 영향을 미치지 않는다. 다만 전리층보다 일관성이 떨어져 장소마다 다르게 나타난다는 문제가 있다. 이러한 장소에 관한 문제에 있어서 고려할 것이 두 대 이상의 수신기를 이용하여 관측하는 경우이다. 만약 두 수신 기간 거리가 상당하다면, 하나의 위성으로부터 두 수신기에 도달하는 위성신호는 각각 다른 환경의 대기를 통과할 것이다. 대류권모델을 이용하면, 위성의 고도가 높아 최적의 관측상태인 경우에는 최대 95%의 오차를 제거하는 효과가 있다(Jan Van Sickle, 2008).

반대로 두 수신 기간의 거리가 가깝다면 대기환경에 큰 차이가 없을 것이다. 이는 지적기준점 관측시간설계에 있어서 10km 이하는 60분 이상 관측, 5km 이하는 30분 이상 관측으로 규정하고 있는 것과 관계가 있다. 위성기준점 간에는 50~90km 정도 떨어져 있지만, 제2장 관측계획수립에서 살펴본 바와 같이 프레임망에 따라 사업지구 외곽에 프레임점을 배치함으로써 관측의 안전성과 대류권오차를 최소화할 수 있다. TBC에서는 자동 적용된다.

기선자료처리

1) 규정

규정	내용
국 국가기준점측량 작업규정 제30조, 제33조	• 수평위치 · 높이 등 이에 관련하는 제반요소의 산출은 GNSS측량 계산식에 따라 계산 • 정밀력에 따라 위성기준점 · 통합기준점을 고정점으로 한 기선해석 및 망평균계산을 실시하여 통합기준점의 경위도 및 타원체고 결정 • 성과결정을 위한 기선해석 및 망평균계산은 정밀GNSS관측데이터처리 소프트웨어 또는 국토지리정보원에서 승인한 상용GNSS관측데이터 처리 소프트웨어를 사용하여 위성기준점 성과결정방식과 동일한 방식으로 계산 • GNSS관측데이터의 기선해석은 KST기준 09시 00분부터 다음날 09시 00분 이전까지 취득된 4시간 이상의 연속관측데이터만을 사용 • 기선해석에서 고정하는 관측점의 좌표는 세계측지계의 값을 사용하고, 기선해석은 세션마다 실시 • 기선해석 · 망평균계산의 계산결과는 "기선해석결과파일 · 망평균결과파일"로 기록매체에 저장 • 제1방위표에 대한 방위각은 당해 통합기준점을 고정점으로 하여 정밀력에 따른 기선해석을 실시하여 결정
지 GNSS에 의한 지적측량규정 제10조	• 당해 관측지역의 가장 가까운 위성기준점(최소 2점 이상) 또는 세계좌표를 이미 알고 있는 측량기준점을 기점으로 하여 인접하는 기지점 또는 소구점을 순차적으로 각 성분의 교차(ΔX, ΔY, ΔZ)를 해석할 것 • 기지점과 소구점 간의 거리가 50km를 초과하는 경우에는 정밀궤도력에 의하고 기타는 방송궤도력을 이용할 수 있음 → 다만, 고정밀자료처리 소프트웨어를 사용할 경우에는 초신속 또는 신속궤도력을 이용할 수 있음 • 기선해석의 방법은 세션별로 실시하되 단일기선해석방법에 의할 것 • 기선해석 시에 사용되는 단위는 미터단위로 하고 계산은 소수점 이하 셋째자리까지 할 것 • 2주파 이상의 관측데이터를 이용하여 처리할 경우에는 전리층보정을 할 것 • 기선해석의 결과는 고정해에 의하며, 그 결과를 기초로 소프트웨어에서 제공하는 형식으로 기선해석계산부를 작성할 것
공 공공측량 작업규정 제23조 4항	• 기선해석 시에 사용되는 단위는 미터단위로 하고 계산은 소수점 이하 셋째자리까지 할 것 • GNSS위성 궤도정보는 방송력으로 함 • 기선해석의 고정점에 쓰이는 관측점의 경도, 위도 및 타원체고는 위성기준점 및 삼각점 등의 기지점 성과를 사용하고 이후의 기선해석은 이에 의해 구한 값을 순차적으로 입력 • 기선해석에 사용하는 고도각은 관측 시 GNSS측량기에 설정된 수신 고도각으로 함 • 기상요소의 보정은 기선해석 소프트웨어에서 채용하고 있는 표준대기에 의함

2) 데이터 사전분석 및 데이터처리 전략수립

기선해석은 전체 기선을 한꺼번에 해석하는 방법(자동모드)과 위성기준점부터 필요한 기선을 중심으로 해석하는 방법(수동모드)이 있다. 자동모드는 기선해석프로그램이 자동처리하는 방식으로, 작업자의 고민이 적은 반면 모든 데이터를 한꺼번에 계산하므로 계산속도가 늦고 불필요한 기선이 많아지며, 출력물이 늘어나는 문제가 있다. 자동모드는 최종 성과 산출보다는 수일 또는 수주에 걸쳐 지속적으로 관측하는 경우 당일 관측된 데이터가 정상적인지를 사전에 파악하기 위해 사용하는 경우가 대부분이다. 따라서 실제 기선해석은 수동 모드로 실시하며, 사전에 관측계획수립 시 계획한 설계에 따라 하나씩 계산한다.

(1) 자동모드처리

모든 기선을 선택하여 기선해석을 실시한다.

❶ 화면 창 빈 공간 Click 후 Ctrl + A(전체 선택) → ❷ 측량 – 기선처리 Click

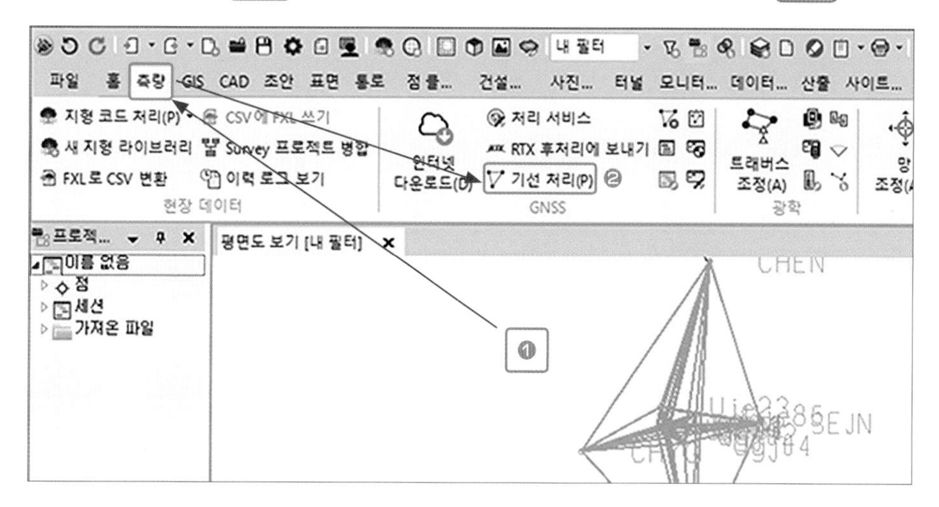

Tip◆ 기선 전체가 선택되면 주황색으로 바뀐다.

❸ 기선처리 후 솔루션 유형에서 '고정' 여부 확인 후 저장 Click

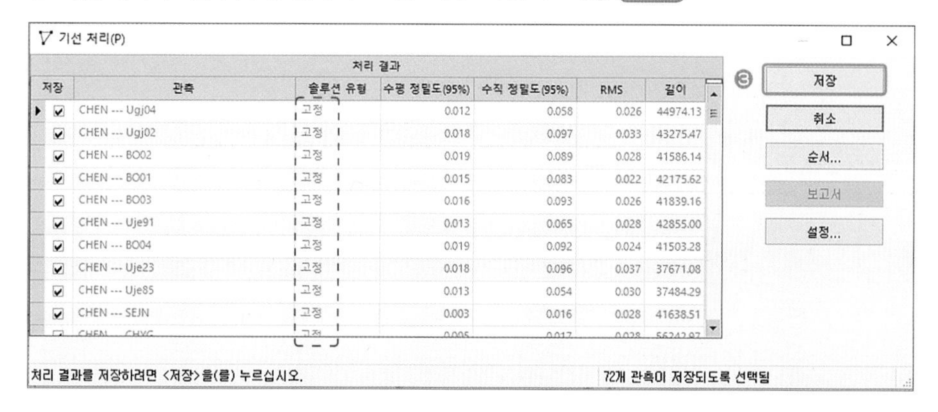

저장	관측	솔루션 유형	수평 정밀도(95%)	수직 정밀도(95%)	RMS	길이
☑	CHEN --- Ugj04	고정	0.012	0.058	0.026	44974.13
☑	CHEN --- Ugj02	고정	0.018	0.097	0.033	43275.47
☑	CHEN --- BO02	고정	0.019	0.089	0.028	41586.14
☑	CHEN --- BO01	고정	0.015	0.083	0.022	42175.62
☑	CHEN --- BO03	고정	0.016	0.093	0.026	41839.16
☑	CHEN --- Uje91	고정	0.013	0.065	0.028	42855.00
☑	CHEN --- BO04	고정	0.019	0.092	0.024	41503.28
☑	CHEN --- Uje23	고정	0.018	0.096	0.037	37671.08
☑	CHEN --- Uje85	고정	0.013	0.054	0.030	37484.29
☑	CHEN --- SEJN	고정	0.003	0.016	0.028	41638.51

(2) 데이터 사전분석

자동모드로 데이터를 기선해석하였을 때 해석이 되지 않거나 정밀도의 차가 높은 기선에 대하여는 3가지 측면에서 사전분석이 이루어져야 한다.

첫째, 위성의 사용 여부를 결정한다. 궤도정보가 완전하지 않은 경우 기선해석이 되지 않을 수 있으므로 정밀궤도력을 입력한 상태에서 GPS, GLONASS, Galileo, BDS의 위성군 중 관측 당일에 사용이 불가능한 위성군이 있다면 제외하여야 한다. 또한 위성군 안에서도 특정 위성의 운행상태 등이 좋지 않은 경우나 관측데이터가 불량한 위성을 개별적으로 제외하는 전략을 세워야 한다.

둘째, 관측시간 선택으로 관측된 데이터를 통해 불량한 시간대를 제외해야 한다. 이에는 상공장애, 다중경로, 주위 전파에 의한 영향 등 다양한 원인이 있을 수 있는데, 데이터를 보면서 검토해야 한다.

다음의 데이터 그림은 하나의 수신기로 받은 데이터이지만, A위성 데이터의 경우 데이터의 끊김이 많은 반면, B위성의 데이터는 끊김이 전혀 없다. 그 이유는 답사 및 선점에서 설명한바와 같이 상공장애물로 인한 현상이 대부분이다. A와 같이 끊김현상이 많은 데이터의 경우, 신호 단절뿐만 아니라 다중경로현상도 같이 나타나므로 기선해석을 더욱 어렵게 한다.

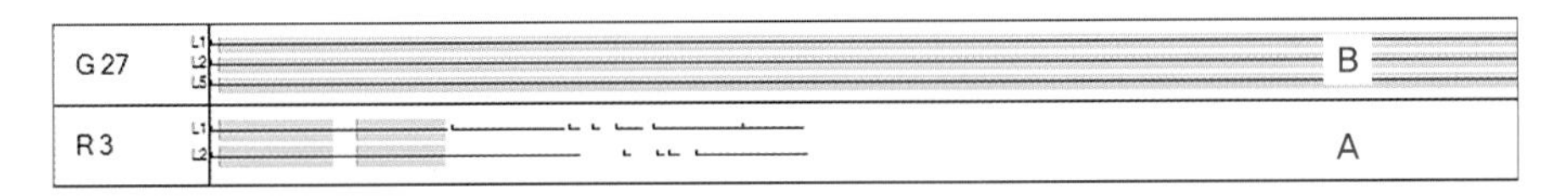

셋째, 절사각의 적용이다. 관측점 주위의 다양한 환경으로 인해 기본 절사각인 15도보다 더 높이 절사각을 적용하여야 하는 경우가 있다. 특히 다중경로가 많은 지역에서는 최대 30도까지 절사각을 높이는 전략을 사용할 수 있다. 다만 절사각을 높일수록 기선해석에 사용되는 위성의 수가 줄어들고, PDOP가 높아지는 문제가 있으므로 절사각에 따른 데이터 해석 결과를 확인하면서 적용해야 한다.

❶ 리본메뉴 – 보고서 – 기선 처리 보고서 Click

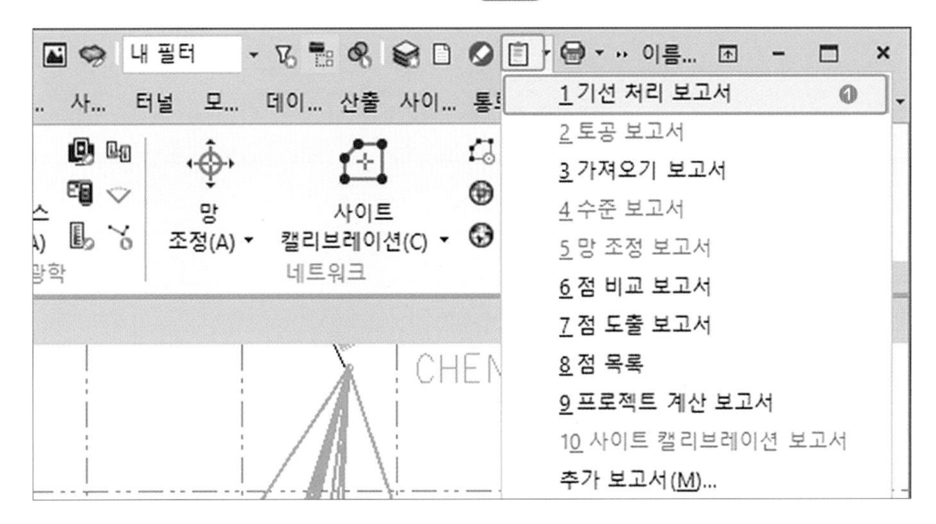

❷ 기선해석이 되지 않았거나 수평/수직정밀도 차가 높은 기선의 보고서 확인

기선 처리 보고서

처리 요약

관측	시작	종료	솔루션 유형	수평 정밀도 (미터)	수직 정밀도 (미터)	측지 방위각
CHEN --- CHYG(B1)	CHEN	CHYG	고정	0.005	0.017	214°19'13"
CHYG --- NSAN(B2)	CHYG	NSAN	고정	0.001	0.006	136°22'30"
CHEN --- NSAN(B3)	CHEN	NSAN	고정	0.006	0.018	182°54'47"
Ugj02 --- BO01(B26)	Ugj02	BO01	고정	0.002	0.004	358°50'46"
SEJN --- Ugj02(B27)	SEJN	Ugj02	고정	0.021	0.096	263°43'34"
NSAN --- Ugj02(B28)	NSAN	Ugj02	고정	0.021	0.096	349°30'10"
CHYG --- Ugj02(B29)	CHYG	Ugj02	고정	0.019	0.096	78°20'42"

[보고서 내용 분석]

U공주02점은 주위에 상공장애요소가 많기 때문에 위성기준점인 세종, 논산, 청양 등과의 기선에서 다른 기선보다 수평정밀도 차가 높게 나타나고 있다. 물론 허용범위 안에는 포함되지만, 관측점 주위의 상공장애가 기선해석에 많은 영향을 미치는 것을 알 수 있다.

다음 그림의 트래킹신호를 확인하면, 관측시간 동안 G04, G08, G31, R03, R04, R22, R24위성데이터 등에 끊김현상이 있는 것을 확인할 수 있다. 다만 G31위성데이터의 끊김이 많지 않아 무시해도 될 것으로 판단된다. G04, G08, R03, R04, R22, R24위성데이터의 불량한 시간대를 제외할 필요가 있다.

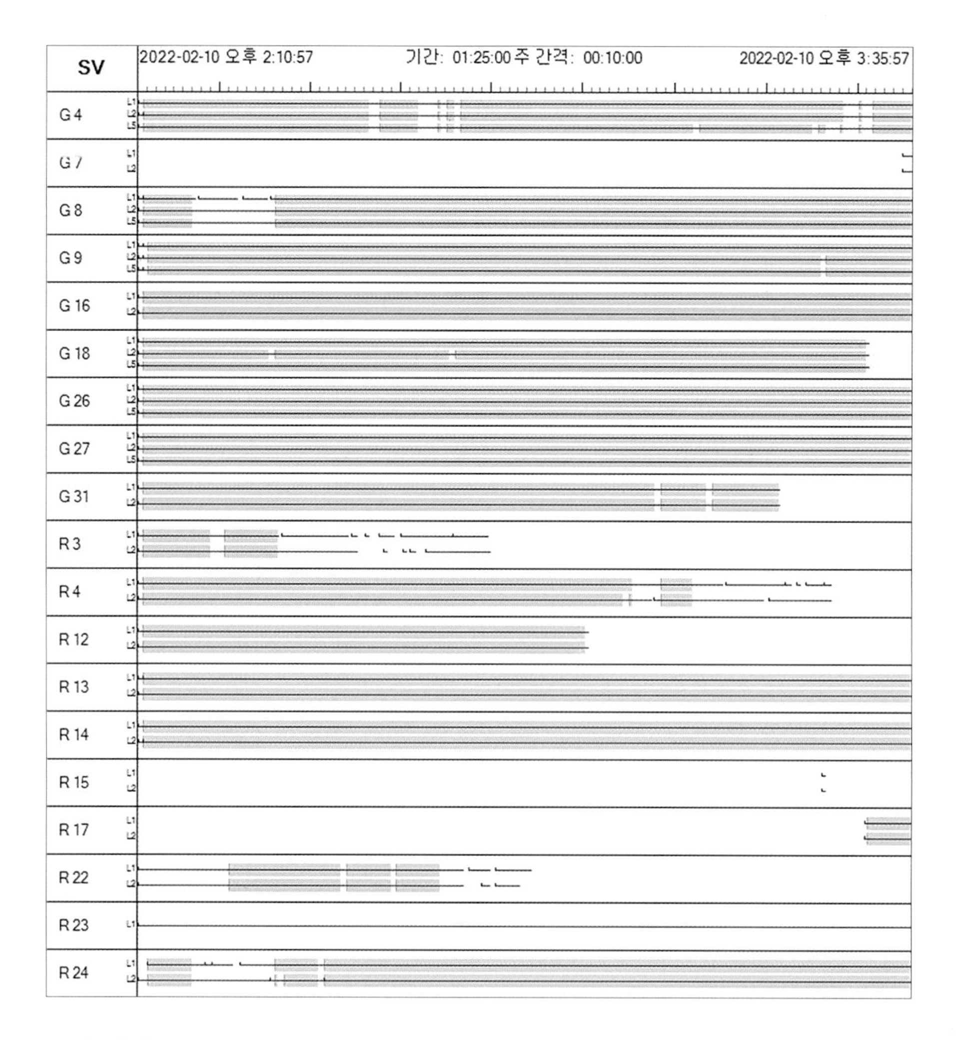

또한 위의 G07, R15, R17, R23위성데이터는 거의 수신되지 않았으므로 해당 위성을 제외할 필요가 있다. 위성의 사용 여부는 위의 트래킹신호뿐만 아니라 보고서의 평균, 표준편차, 최소값, 최대값그래프를 확인하면서 선택할 수 있다. 그러나 다음 그림과 같이 관측시간 동안 데이터를 모두 수신한 R14위성보다 극히 적은 시간 동안 수신한 R17위성의 평균이 더 좋게 나타나고 있다. 이는 GPS를 제외한 다른 위성군에서 나타나는데, 그 이유는 해당 위성군의 정밀궤도력이 없거나 해당 위성군의 정확도 저하에 의할 수 있다. 따라서 GPS위성군은 평균값을 확인하면서 위성의 사용 여부를 판단하고, 나머지 위성군은 트래킹신호를 기초로 하여 판단하여야 한다.

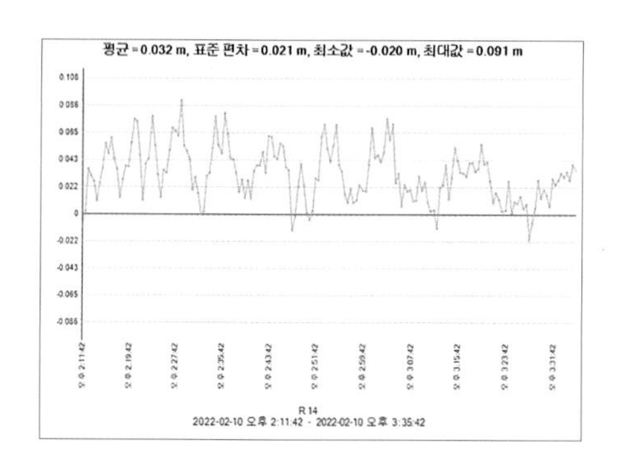

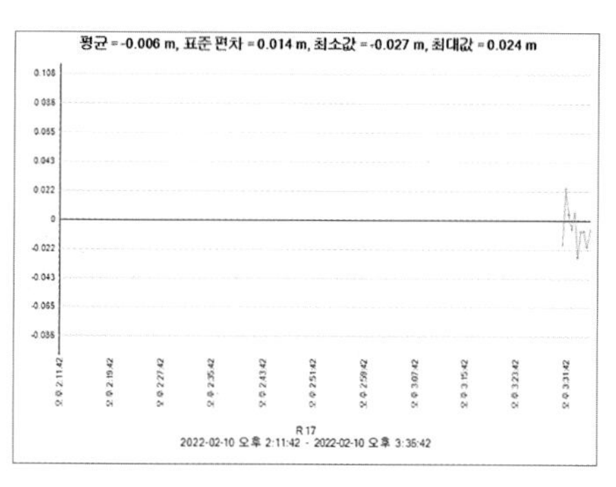

기선해석 전략을 검토하면,
첫째, 불필요한 위성을 제거하고, 끊김현상이 있는 데이터의 시간을 제외하여 기선해석을 실시한다.
둘째, 위의 방법으로 해석되지 않는 경우 절사각을 15도에서 2~3도씩 높여 가며 기석해석을 실시한다.
자동모드의 데이터는 단순 검토용이므로 저장하지 말고, 위의 전략은 실제 기선해석을 실시하는 다음의 수동모드에 적용해 보자.

(3) 규정

국가기준점은 데이터를 사전점검하여 다음의 규정에 벗어나는 경우 재관측하여야 한다.

규정	내용
국 국가기준점측량 작업규정 제31조 1항	• 기선해석에 의한 기준점망의 폐합차: 5mm + 1.0ppm × Σ*D* (*D*: 사거리km) • 인접 세션 간 중복변 교차의 허용범위: 15mm

3) 기선해석(수동모드)

기선해석을 위해서는 위성기준점을 최소 3점 이상 기지점으로 사용하는 것이 좋다. 본 프로젝트에서는 CHYG, CHEN, SEJN, NSAN의 총 4점 위성기준점을 기지점으로 사용하였다. 기선해석은 데이터를 장시간 받을수록 좋은 성과를 기대할 수 있다. 특히 위성기준점은 별도의 관측장비나 인원을 필요로 하지 않으면서도 24시간 데이터를 수신하므로 기지점으로 활용하기에 적합하다. 기선해석은 이와 같이 장시간 수신된 측점 간을 계산한 후 신설점의 성과를 계산하는 것이 효과적이다. 그 이유는 2가지 측면에서 살펴볼 수 있다.
첫째, 기선해석의 효율성 측면으로 위성기준점과 신설점간, 신설점과 신설점간 기선해석을 하게 되면 관측점에 따라 기선수가 많아지는 문제가 있다. 일반적으로 신설점의 성과결정은 다음 그림과 같이 3~4개 정도의 기선이 고르게 분포되는 것이 효과적이다.

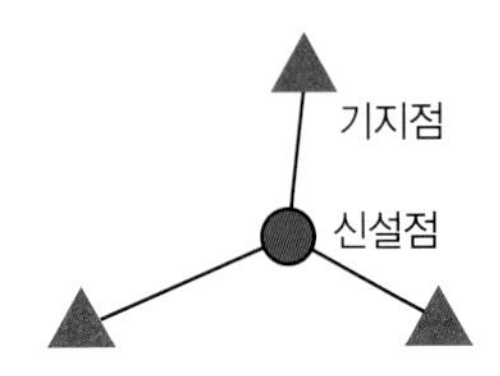

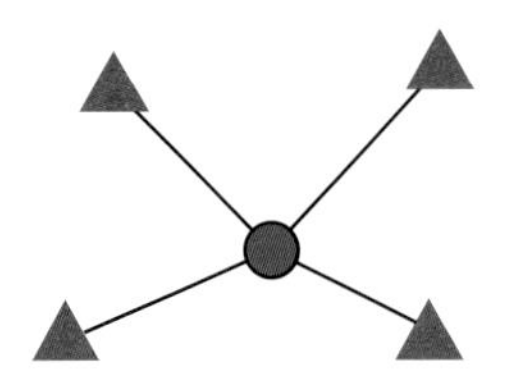

둘째, 기선해석의 정밀성 측면으로 관측간격을 활용해야 한다. 앞서 제2장 계획수립에서 통합기준점으로 외곽 프레임을 구성하여 프레임점으로 하는 관측계획을 수립하고 관측을 실시하였다. 이때 수신기는 관측간격을 15초로 설정하였는데, 위성기준점은 현재 30초의 관측간격으로 설정되어 있기 때문에 기선해석 시 위성기준점과 한 번 해석할 때 현장에서 관측된 데이터는 2번 해석하게 된다.

따라서 ㉠ 위성기준점 간 기선해석, ㉡ 위성기준점과 외곽 프레임으로 사용한 통합기준점(프레임점) 간 기선해석, ㉢ 프레임점 간 기선해석, ㉣ 프레임점과 신설점 간 기석해석의 순서로 해석하게 되면, ㉢과 ㉣은 ㉠과 ㉡보다 2배의 데이터로 해석하게 되어 신설점의 기선해석 성공률이 높아지고, 관측점 간 거리가 짧기 때문에 대류권오차를 최소화하는 장점이 있다.

(1) 기지점 기선해석

기지점의 기선해석은 기지점간 삼각망형태로 작성한다. 본 프로젝트의 기선은 아래와 같이 2가지 형태로 작성할 수 있다. A형태가 B형태에 비해 정삼각형에 가까워 망의 강도가 높다. 망 형태는 가급적이면 정삼각형에 가깝도록 구성하는 것이 바람직하다.

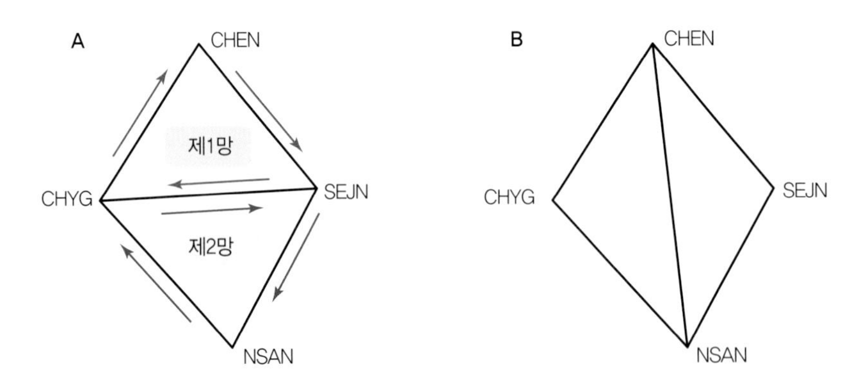

기선해석 순서는

제1망: CHYG – CHEN – SEJN / 제2망: CHYG – SEJN – NSAN

프로젝트를 새로 만들어 시작하거나 다음과 같이 자동모드로 기선해석된 내용을 제거하고, 다시 기선해석을 할 수 있다.

❶ Ctrl + A(모든 기선 선택) – 측량 – 처리 지우기 Click

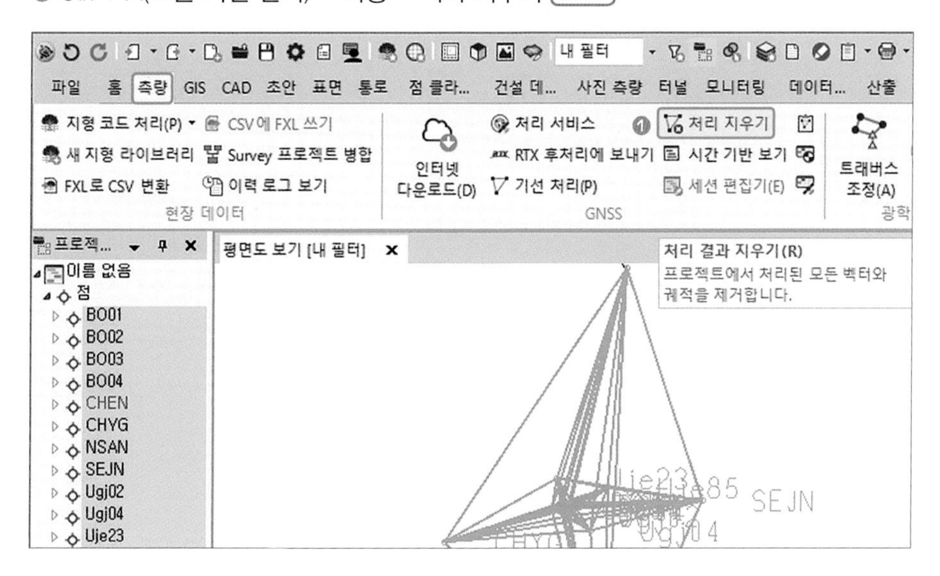

Tip◆ 기선이 선택되지 않은 경우 녹색, 기선이 선택된 경우 주황색, 기선처리가 된 경우 파란색으로 표현된다. 기선 선택 해제는 화면 창 빈 공간 Click

❷ 화면 창 Click(선택 해제) → ❸ 기선선택(CHYG – CHEN – SEJN, Ctrl 키 활용) → ❹ 측량 – 기선 처리 Click

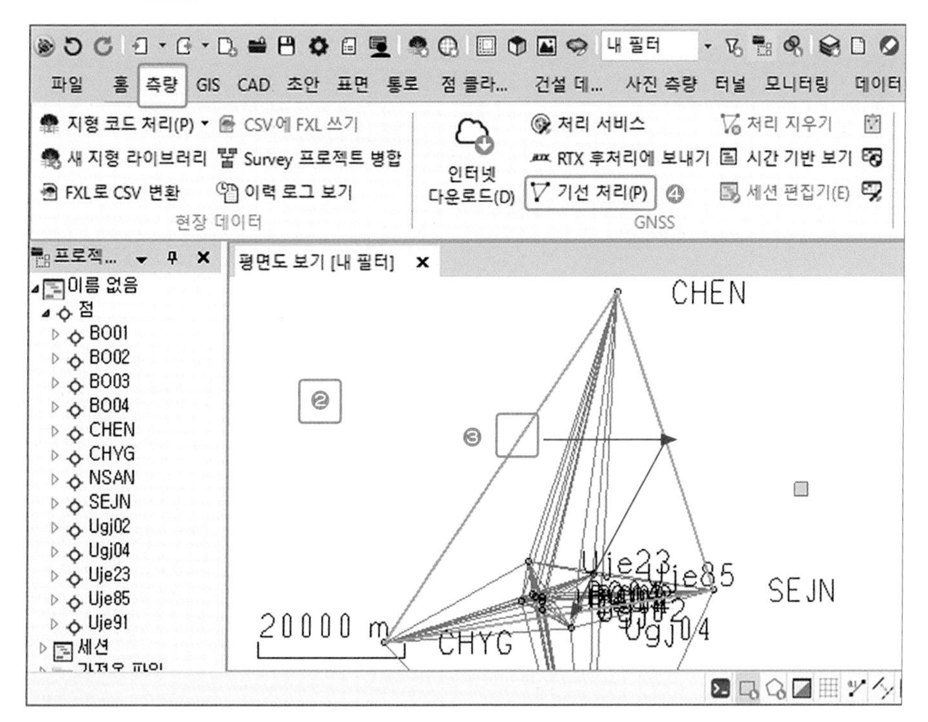

Tip◆ 기선 하나를 선택한 후 Ctrl 키를 누르면서 다음 기선을 선택해야 여러 기선을 선택 할 수 있다.

❺ 처리결과 확인 – 저장 (Click)

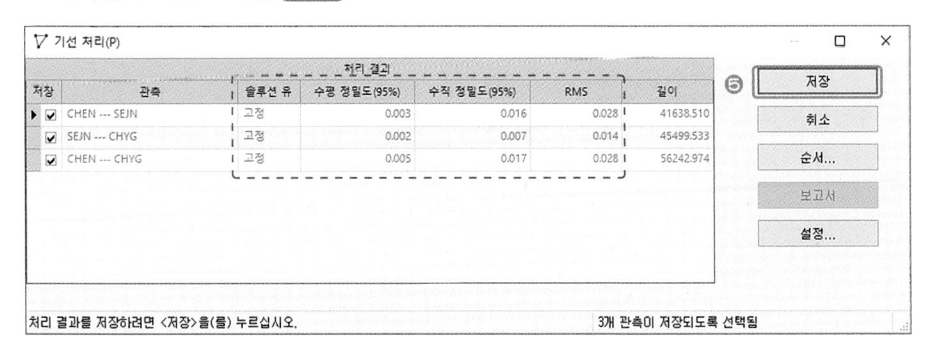

Tip◆ 모든 기선이 '고정'되었고, 수평/수직 정밀도 및 RMS값이 낮은 수준으로 계산되었다.

화면 창 빈 공간을 (Click)하면 다음과 같이 CHYG – CHEN – SEJN 간 기선이 연결된 것을 확인할 수 있다.(파란색)

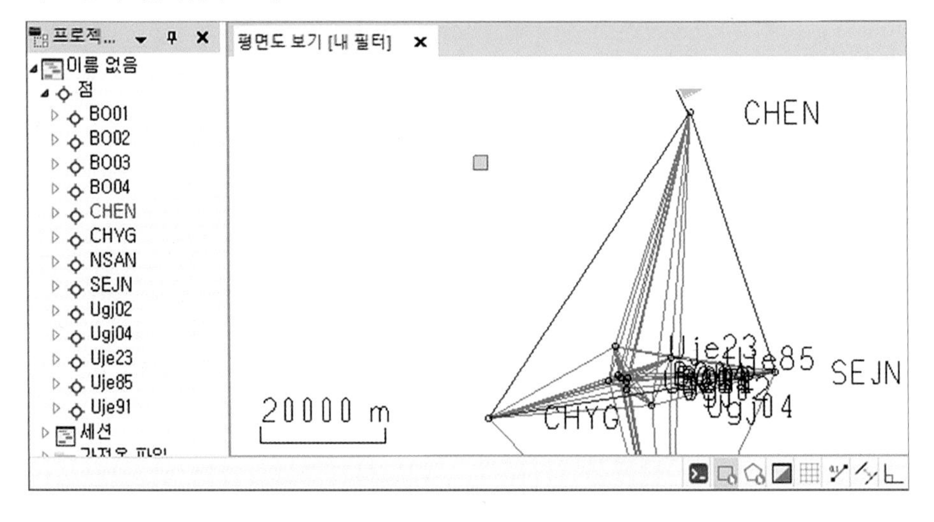

⑥ 기선선택(CHYG – SEJN – NSAN), Ctrl 키 활용 → ⑦ 측량 – 기선 처리 (Click)

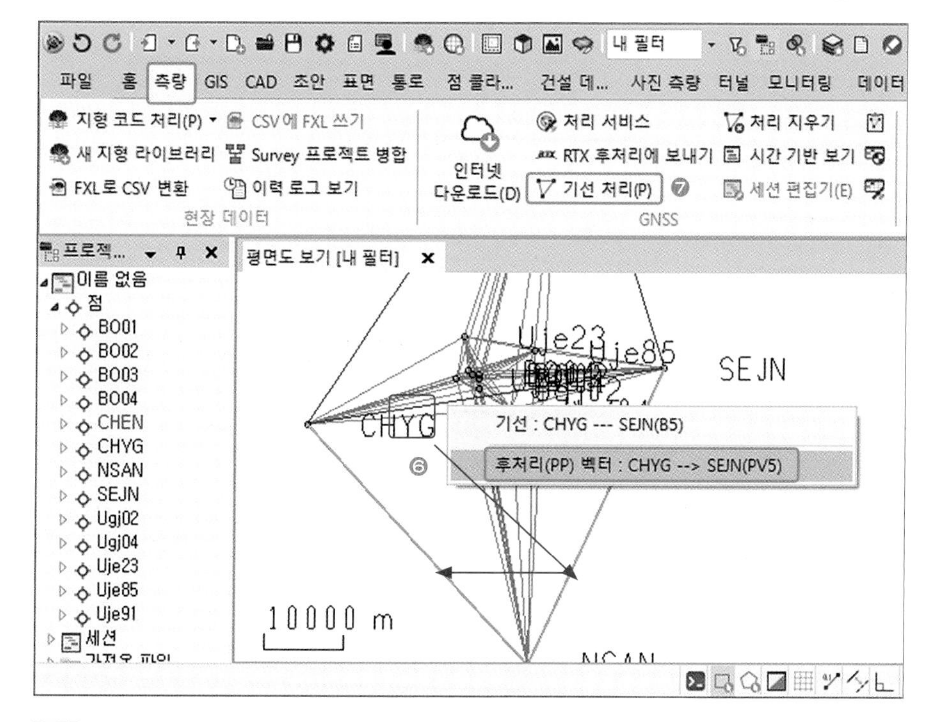

Tip◆ CHYG–SEJN 기선은 이미 한번 기선처리가 되었기 때문에 선택 창이 나타나므로 기존 처리된 기선[후처리(PP)벡터 : SEJN-->CHYG] 선택

⑧ 처리결과 확인 – 저장 (Click)

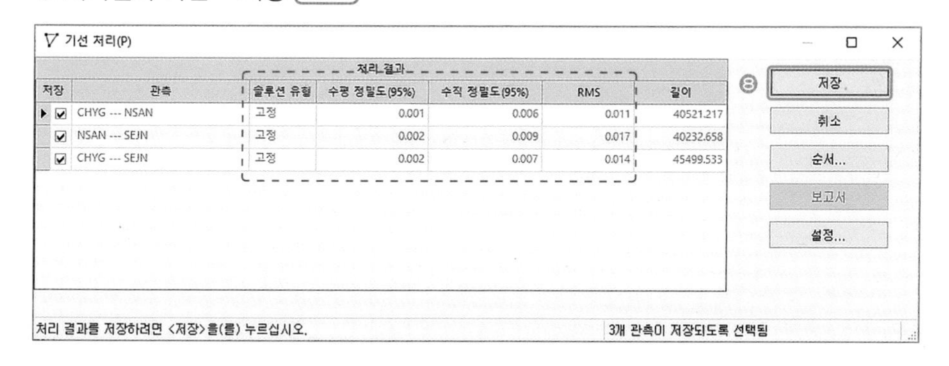

저장	관측	솔루션 유형	수평 정밀도(95%)	수직 정밀도(95%)	RMS	길이
☑	CHYG --- NSAN	고정	0.001	0.006	0.011	40521.217
☑	NSAN --- SEJN	고정	0.002	0.009	0.017	40232.658
☑	CHYG --- SEJN	고정	0.002	0.007	0.014	45499.533

Tip◆ 모든 기선이 '고정'되었고, 수평/수직 정밀도 및 RMS값이 낮은 수준으로 계산되었다.

화면 창 빈 공간을 Click 하면 다음과 같이 기지점 간 기선이 연결된 것을 확인할 수 있다(파란색).

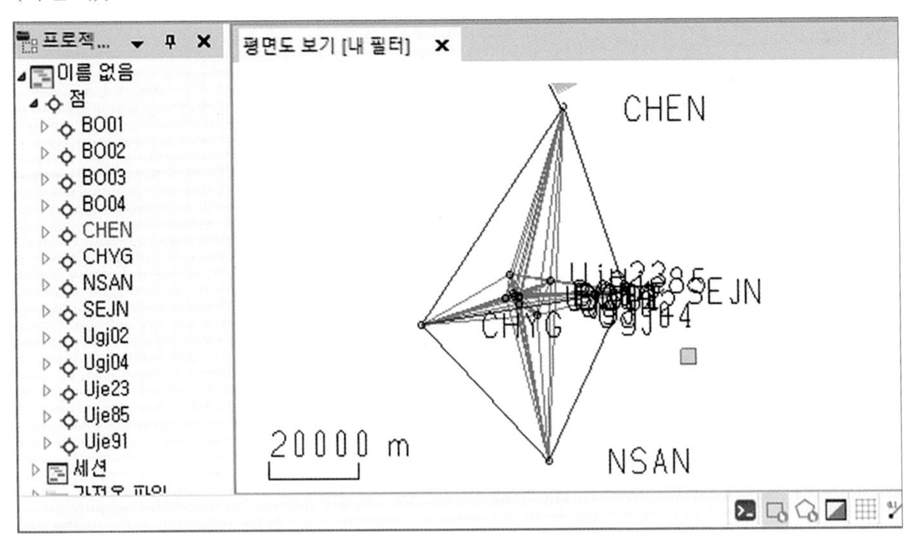

(2) 기지점-프레임점 기선해석

관측계획과 마찬가지로 U전의23, U전의85, U공주04, U전의91을 프레임점으로 약 3시간 동안 관측을 실시했다. 위성기준점과 프레임점 간 기선해석을 해 보자.

❶ 각 프레임점별로 기지점(위성기준점) 간 기선을 모두 선택(Ctrl 키 활용) → ❷ 측량 – 기선 처리 Click

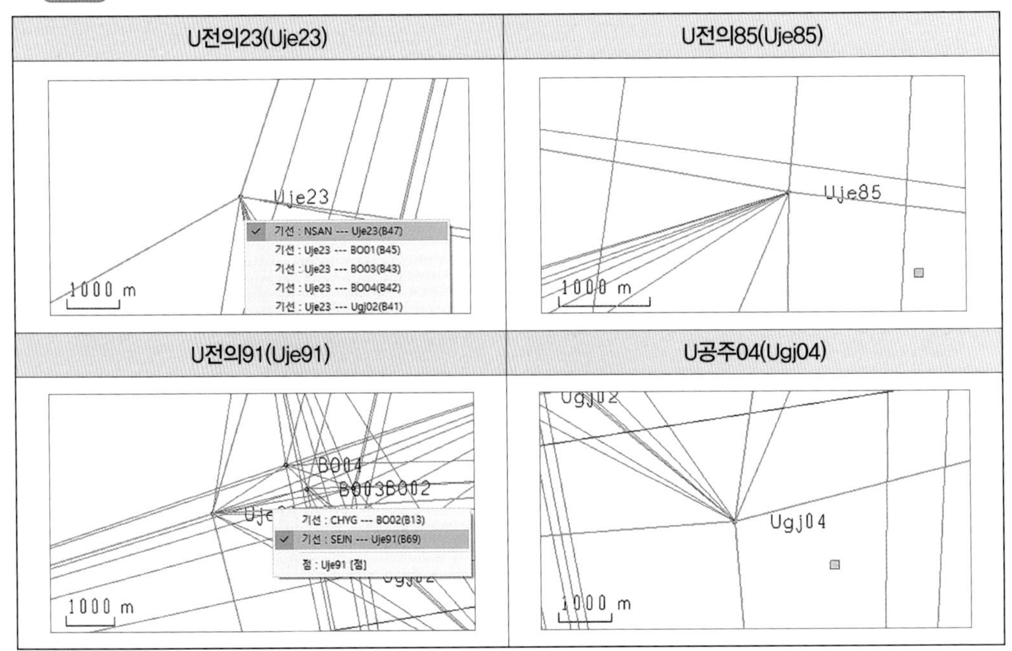

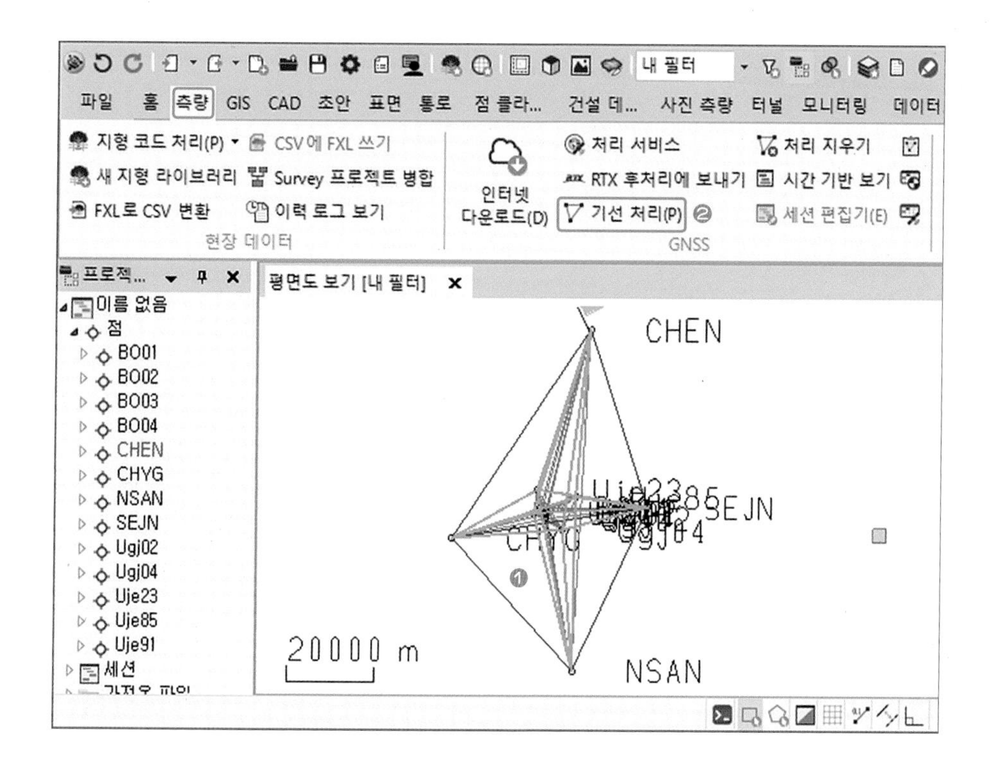

처리 결과							
저장	관측	솔루션 유형	수평 정밀도(95%)	수직 정밀도(95%)	RMS	길이
☑	Uje23 --- CHYG	고정	0.015	0.080	0.031	22420.857
☑	Uje23 --- NSAN	고정	0.015	0.079	0.029	41013.230
☑	Uje23 --- CHEN	고정	0.018	0.095	0.037	37671.090
☑	Uje23 --- SEJN	고정	0.014	0.074	0.027	25569.255
☑	CHYG --- Ugj04	고정	0.009	0.042	0.021	25599.253
☑	CHYG --- Uje85	고정	0.011	0.045	0.024	29925.542
☑	NSAN --- Uje85	고정	0.011	0.045	0.024	38543.793
☑	CHEN --- Ugj04	고정	0.012	0.058	0.026	44974.147
☑	NSAN --- Uje91	고정	0.007	0.035	0.015	36184.901
☑	NSAN --- Ugj04	고정	0.008	0.041	0.018	31423.932
☑	SEJN --- Uje91	고정	0.007	0.035	0.015	26221.623
☑	CHEN --- Uje91	고정	0.013	0.064	0.029	42855.015
☑	SEJN --- Ugj04	고정	0.012	0.055	0.025	20084.676
☑	CHEN --- Uje85	고정	0.013	0.053	0.030	37484.304
☑	CHYG --- Uje91	고정	0.008	0.040	0.020	19592.043
☑	SEJN --- Uje85	고정	0.010	0.038	0.023	16591.281

처리 결과를 저장하려면 <저장>을(를) 누르십시오.　16개 관측이 저장되도록 선택됨

(3) 기선해석이 되지 않은 데이터의 처리

위의 결과를 확인하면 GPS와 GLONASS의 정밀궤도력이 적용되어 모든 기선해석이 이상 없이 해석되었다. 그러나 기선해석이 되지 않은 경우에는 우선적으로 정밀궤도력을 다시 적용하여 하도록 한다. 앞서 설명한 바와 같이 GPS에 대한 정밀궤도력은 빠른 시간 내 제공되지만 나머지 위성군에 대한 정밀궤도력의 제공까지는 상당한 시간이 걸리기 때문이다.

다음으로는 데이터 시간편집, 절사각 조정 등의 전략을 활용할 수 있다. 앞에서 3가지의 기선해석 전략방법을 설명하였다. 해당 데이터의 보고서를 분석하여 전략을 적용해 보자. 다만 본 프로젝트에서는 모든 기선이 해석되었으므로 정밀도 차가 많은 기선 위주로 살펴보기로 하자. 기선해석이 되지 않거나 정밀도 차가 큰 기선은 루프폐합 계산 시 허용오차를 벗어나거나 망조정 후 카이제곱검정에서 실패할 수 있으므로 사전점검이 필요하다.
기선해석 결과를 살펴보면 U전의23은 현장에서 확인한 바와 같이 상공장애가 많아서 다른 프레임점에 비해 수직정밀도 차가 많이 나고 있다. Uje23 – CHEN기선을 편집해 보기로 하자.

저장	관측	솔루션 유형	수평 정밀도(95%)	수직 정밀도(95%)	RMS
☑	Uje23 --- CHYG	고정	0.015	0.080	0.031
☑	Uje23 --- NSAN	고정	0.015	0.079	0.029
☑	Uje23 --- CHEN	고정	0.018	0.095	0.037

❶ 해당 기선 선택(Uje23–CHEN) – 마우스 우클릭 → ❷ 기선 처리 보고서 (Click)

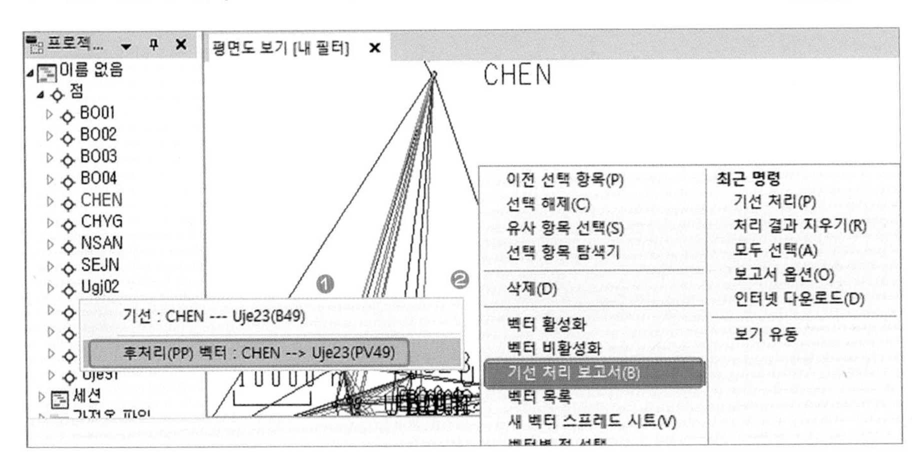

[기본 정보 확인]

PDOP는 2.104이며, 궤도력은 복합이므로 최소한 2개 이상의 위성군에 대한 궤도력이 입력되어 계산된 것을 확인할 수 있다.

기선 처리 보고서

세션 세부 정보

CHEN - Uje23(오후 2:14:57-오후 5:05:27)(S49)

기선 관측:	CHEN --- Uje23(B49)
처리됨:	2022-04-05 오전 8:49:36
솔루션 유형:	고정
사용된 빈도:	다중 빈도
수평 정밀도:	0.018 m
수직 정밀도:	0.095 m
RMS:	0.037 m
최대 PDOP:	2.104
사용된 궤도력:	복합
안테나 모델:	NGS Absolute
처리 시작 시간:	2022-02-10 오후 2:15:12 (로컬: UTC+9시간)
처리 중지 시간:	2022-02-10 오후 5:05:12 (로컬: UTC+9시간)
처리 기간:	02:50:00
처리 간격:	1 분
처리 모드:	와이드 레인 모드

[트래킹신호 확인]

다음의 트래킹신호를 확인하면, G, R로 시작하는 위성번호가 있으므로, GPS(G)와 GLONASS(R) 위성의 정밀궤도력이 적용되었다. 따라서 GLONASS위성군을 제외할 필요는 없다.

다음으로 신호의 끊김현상을 살펴보면, G04위성, G09위성, R04위성이 심각하다. 따라서 G04위성은 14:50~16:35데이터를 제외하고, G09위성은 16:00~16:45, G18위성은 14:50~15:35, R04위성은 15:10~15:25데이터를 제외할 필요가 있다(U전의23은 앞서 현장답사에서 서쪽-북쪽-동쪽에 걸쳐 장애물이 있는 것을 확인하였다. 실제 현장에서는 현장답사를 통해 국가기준점이라도 이와 같이 관측환경이 좋지 않은 기준점은 제외하도록 해야 한다). 또한 G01, R03, R18, R22, R23위성은 관측시간이 15분 이하로 너무 짧은 시간 관측되었으므로 해당 위성데이터를 사용하지 않도록 시간편집에서 제외하거나 해당 위성을 제외할 필요가 있다.

마지막으로 위와 같이 데이터처리를 하였음에도 기선해석이 되지 않는다면, 절사각을 높여보자.

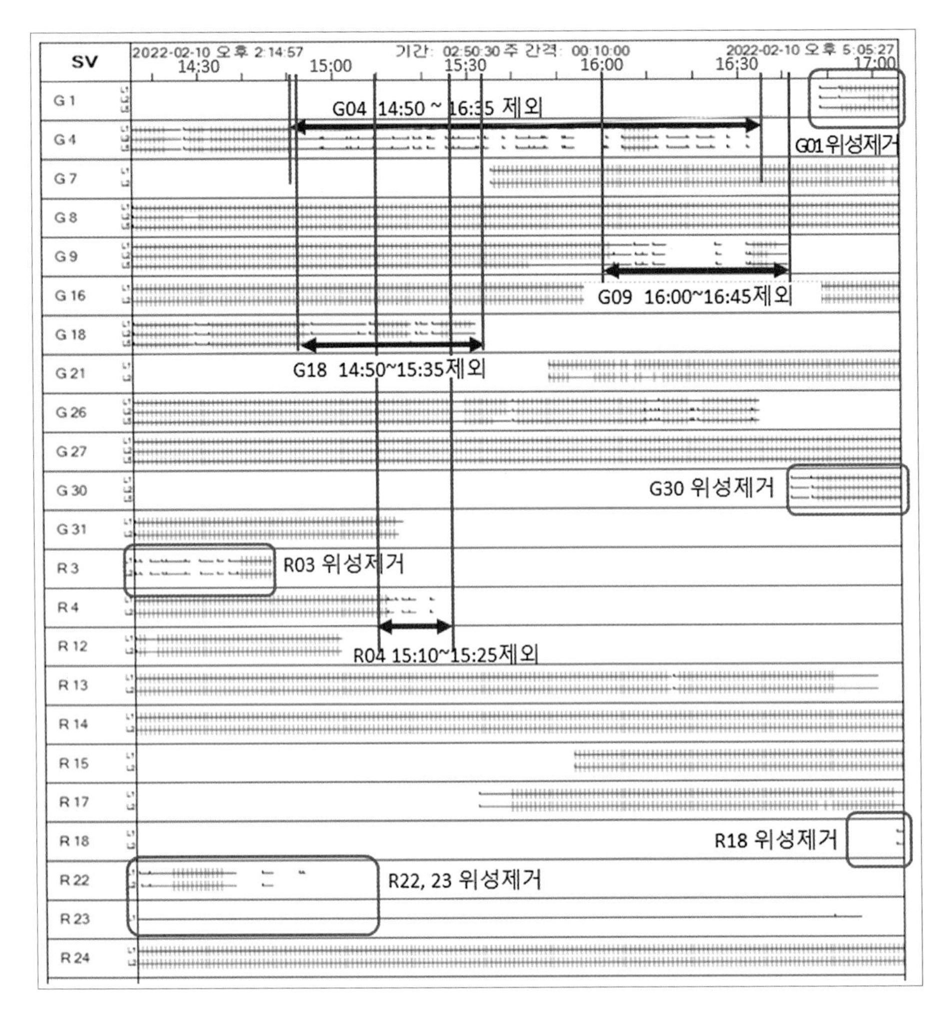

Tip◆ 트래킹신호의 정확한 시간을 알 수 없기 때문에 제공된 자료파일과 같이 파워포인트 등에 트래킹신호를 캡처하여 넣은 후 상단의 Time Table을 확인하여 시간을 기록하고(붉은색), 제외할 시간을 산정한다(GNSS 실습\3. 제4장\데이터 편집 샘플 TBC.pptx 참조).

[시간편집]

❶ 해당 기선 선택 – 측량 – 처리 지우기 Click → ❷ 해당 기선 – 마우스 우클릭 – 세션 편집기 Click

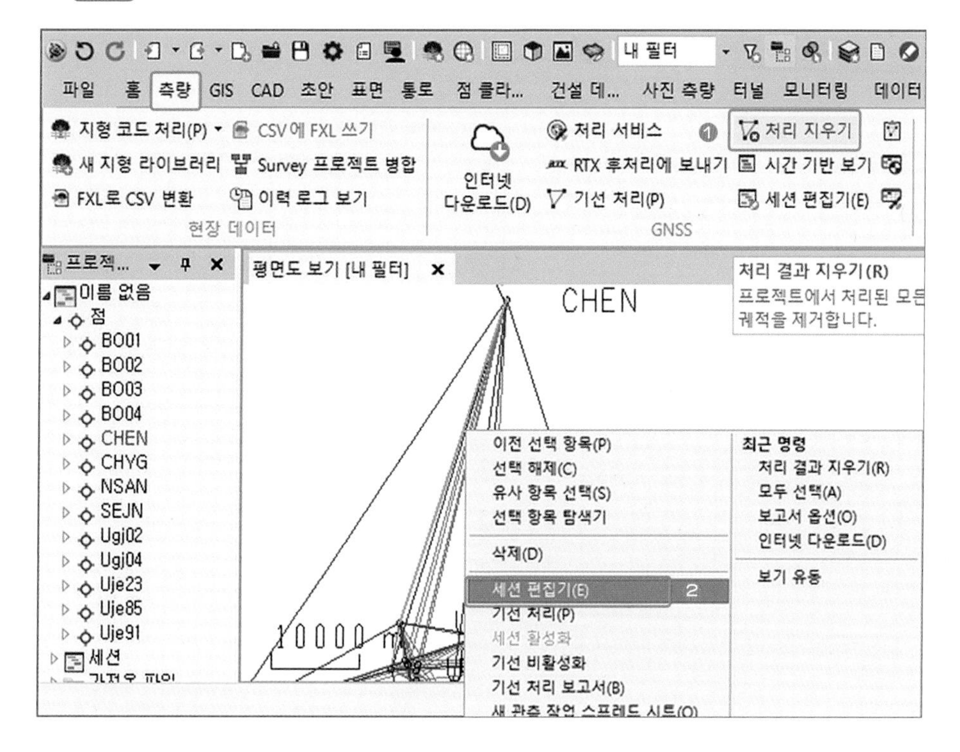

❸ G04, G09, G18, R04위성데이터시간 편집 → ❹ 시간 편집 적용 Click – ❺ 확인 Click

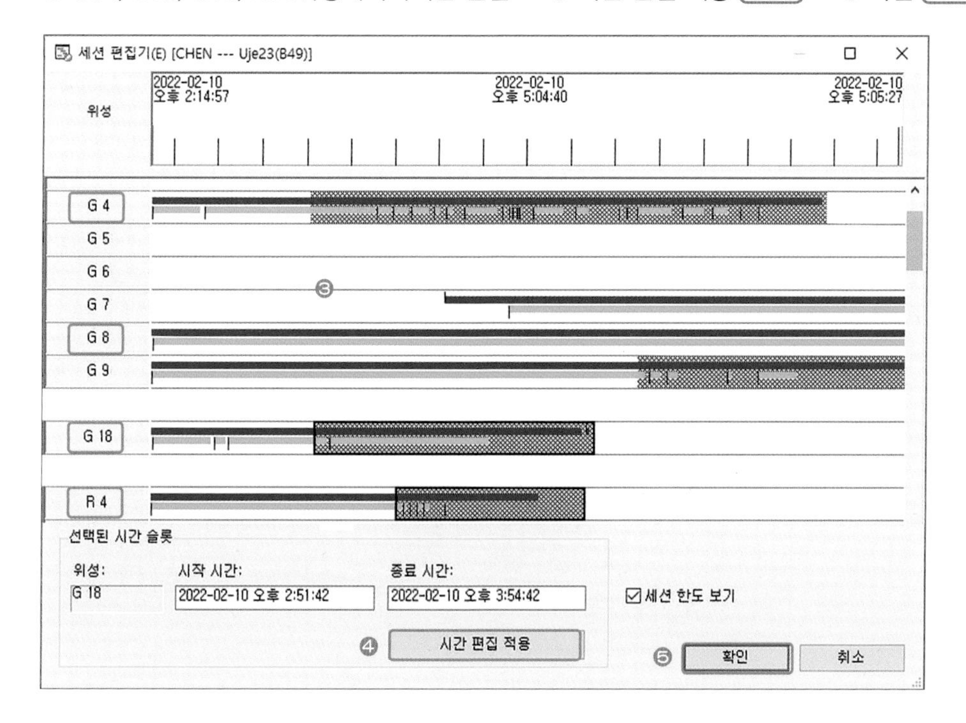

- 시간편집 대상: G04위성(14:50~16:35), G09위성(16:00~16:45), G18위성(14:50~15:35), R04위성(15:10~15:25)
- 편집방법: 해당 시간대 왼쪽에서 오른쪽으로 범위 선택, 시간을 잘못 선택하여 복원해야 한다면, 마우스 우클릭 – 시간 슬롯 제거 Click

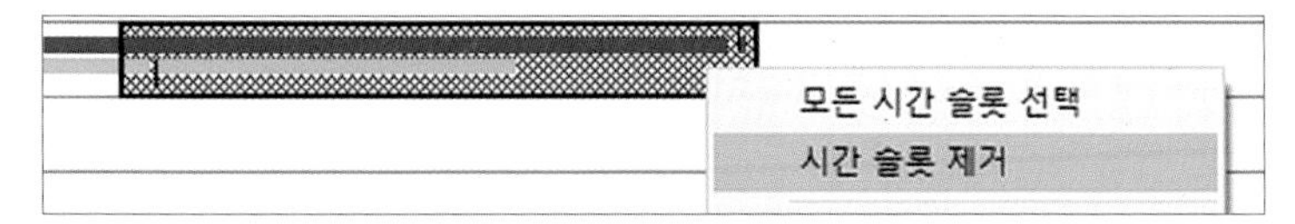

G04위성의 트래킹신호를 확인했을 때는 14:50부터 신호가 좋지 않은 것으로 나타나고 있지만 세션편집기에서는 15:05부터 신호가 안 좋은 것으로 나타나고 있다. 즉 다음 그림과 같이 14:50~13:05의 15분의 신호에 대한 정보가 다르게 나타나고 있는 것이다.

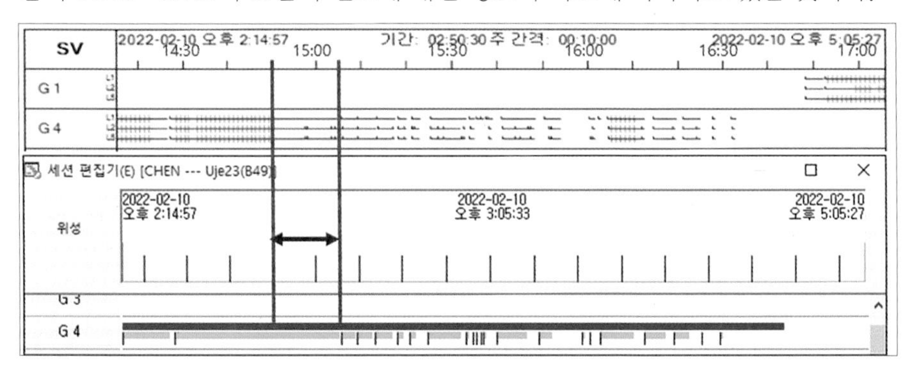

다음 그림과 같이 보고서에서 G04위성에 대한 평균, 표준편차, 최소값, 최대값그래프를 확인하면, 14:50부터 신호가 끊긴 것을 확인할 수 있다. 따라서 트래킹신호로 확인한 14:50~16:35까지의 신호를 제거하는 것이 바람직하다.

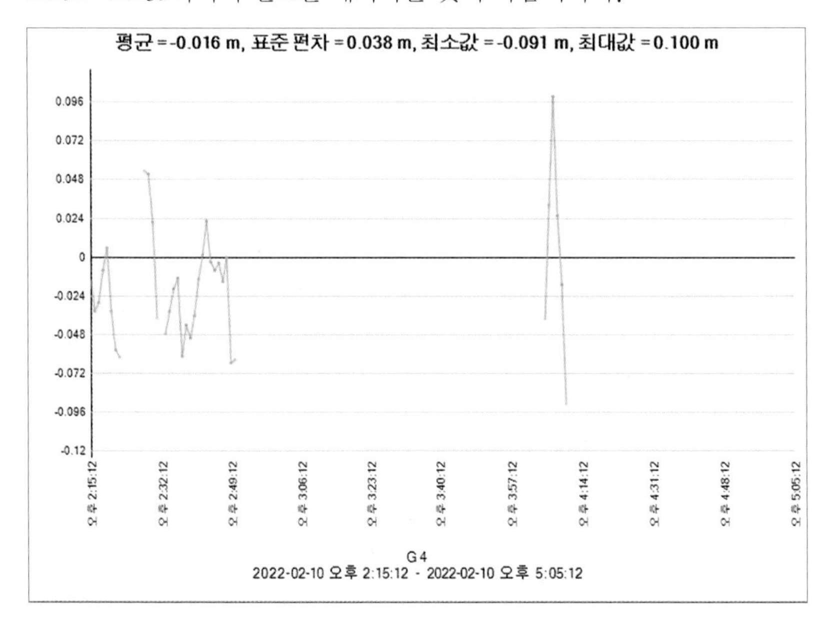

[위성 제거]

❶ 리본메뉴 – 설정 아이콘 Click → ❷ 기선 처리 – 위성 → ❸ 제거할 위성 체크 해제 → ❹ 확인 Click

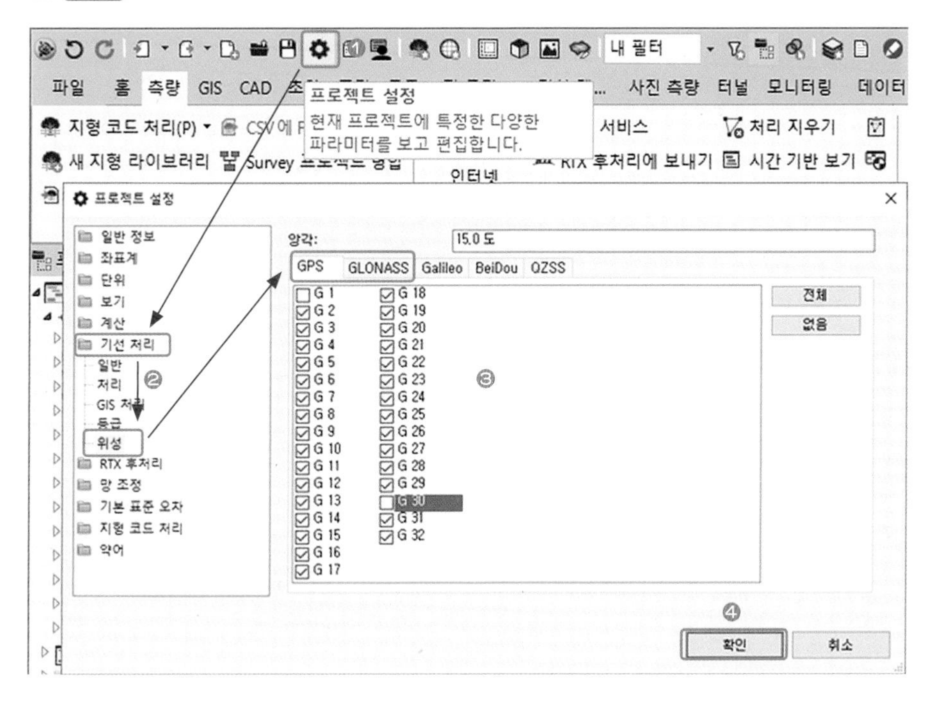

시간편집, 위성 제거 후 기선해석을 실시하고 보고서 확인결과 다음과 같이 나타났다. 수평정밀도 차와 RMS값이 낮아지긴 하였으나 반대로 수직정밀도 차가 높아졌다.

구분	기선해석 결과			
	솔루션유형	수평정밀도	수직정밀도	RMS
기존	고정	0.018	0.095	0.037
재계산	고정	0.016	0.097	0.035

해당 기선은 기존에 해석되었기 때문에 그대로 사용해도 무방하지만, 기선해석이 되지 않았다고 가정하고, 마지막 방법으로 절사각을 조정해 보자.

[절사각 조정]

❶ 리본메뉴 – 설정 아이콘 (Click) → ❷ 기선 처리 – 위성 → ❸ 앙각 설정 → ❹ 확인 (Click)

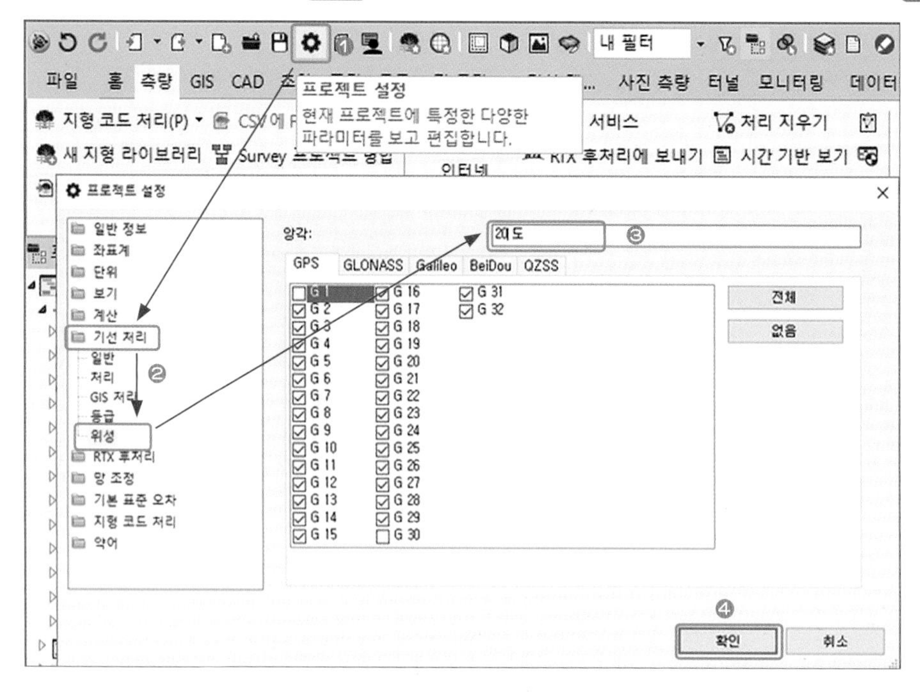

절사각을 18도로 높여 기선해석하고 해석이 되지 않는다면, 20도, 22도, 25도로 점점 높여서 해석한다. 예제 데이터는 아래와 같이 절사각을 15도에서 30도로 높인 결과이다. 해당 데이터는 절사각 25도로 기선해석하는 것이 적합하다고 판단된다.

구분	기선해석 결과			
	솔루션유형	수평정밀도	수직정밀도	RMS
15도	고정	0.016	0.097	0.035
20도	고정	0.013	0.097	0.035
25도	고정	0.011	0.098	0.031
30도	고정	0.008	0.098	0.030

기선해석이 완료되면 결과를 저장한다.

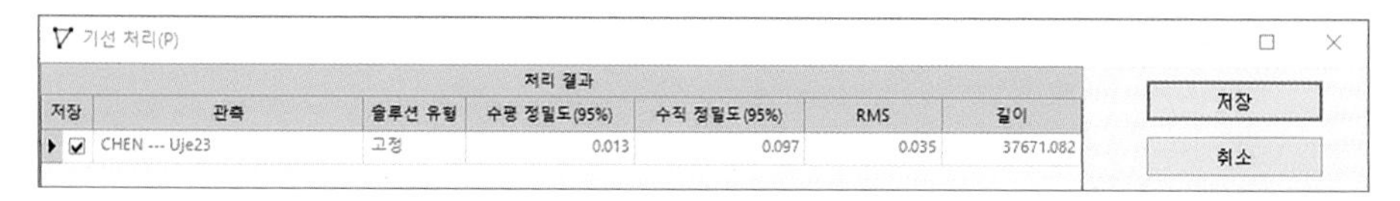

[설정 초기화]

불량기선 또는 해석되지 않는 기선처리를 위해 설정을 변경한 경우에는 반드시 기본값으로 설정한 후 다음 기선처리를 해야 한다. 즉 기선처리가 되지 않는 기선별로 데이터 설정을 다르게 적용해야 한다.

❶ 리본메뉴 – 설정 아이콘 (Click) → ❷ 기선 처리 – 위성 → ❸ 위성군별 전체 선택 → ❹ 앙각 15도 → ❺ 확인 (Click)

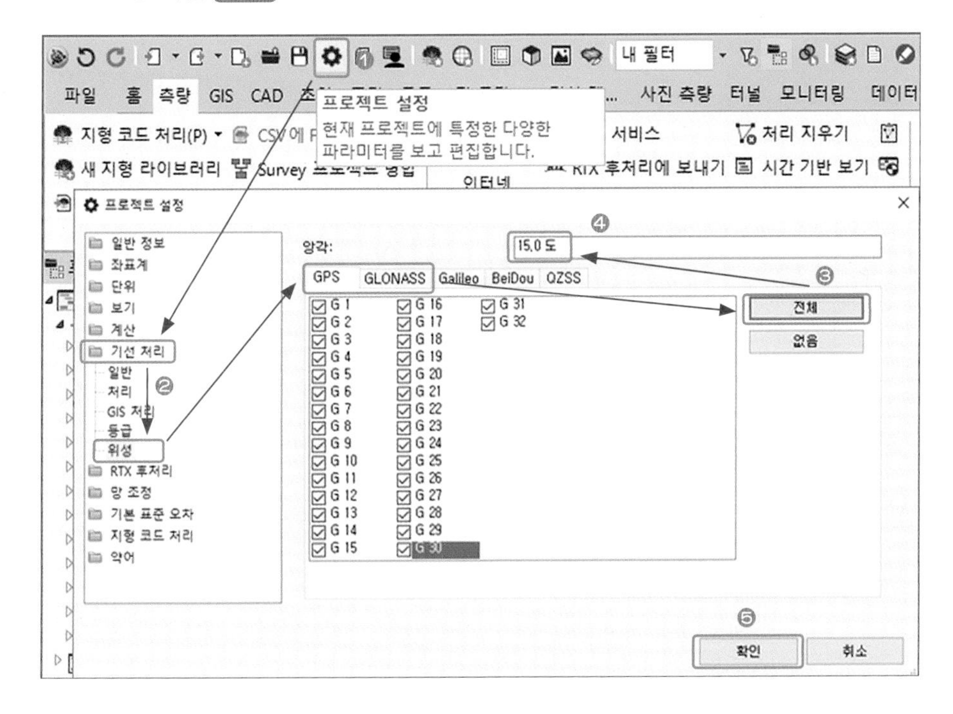

(4) 프레임점 간 기선해석

프레임점인 U전의23, U전의85, U공주04, U전의91 간에는 연결되어 있지 않으므로 프레임점 간 연결이 필요하다. 프레임짐의 연결은 위성기준점 간 연결과 동일한 방식으로 정삼각형에 가깝도록 망을 구성한다.

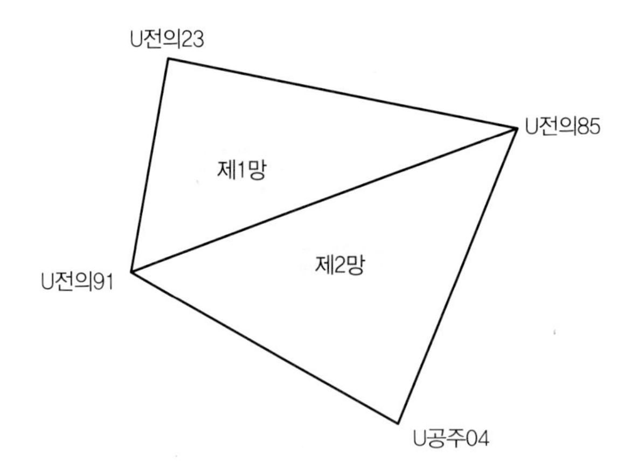

프레임점 간 기선망은 제1망, 제2망 순서로 진행하며, 앞에서도 언급했듯이 기선해석 전에 반드시 데이터 설정을 기본값으로 설정한 후 기선해석을 실시한다.

❶ 제1망: U전의91–U전의23–U전의85 선택(Ctrl 키 활용) → ❷ 측량 – 기선 처리 Click

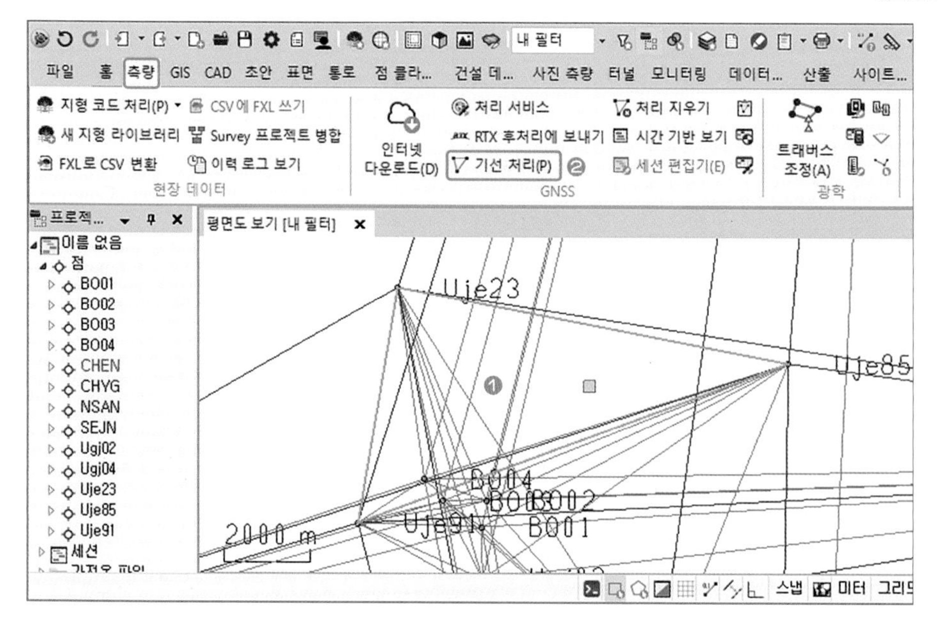

❸ 처리 결과 확인 – 저장 Click

기선 처리(P)

저장	관측	솔루션 유형	수평 정밀도(95%)	수직 정밀도(95%)	RMS	길이
☑	Uje91 --- Uje85	고정	0.005	0.028	0.019	10344.328
☑	Uje91 --- Uje23	고정	0.007	0.039	0.023	5238.313
☑	Uje23 --- Uje85	고정	0.008	0.049	0.027	8987.751

❸ 저장 / 취소 / 순서...

❹ 제2망: U전의91–U전의85–U공주04 선택(Ctrl 키 활용) → ❺ 측량 – 기선 처리 Click

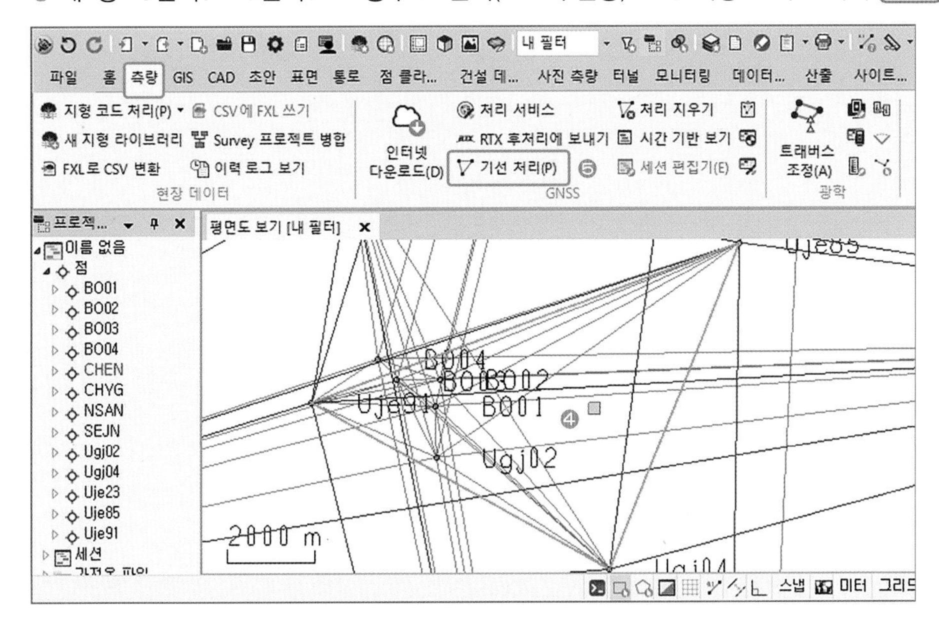

❻ 처리 결과 확인 – 저장 Click

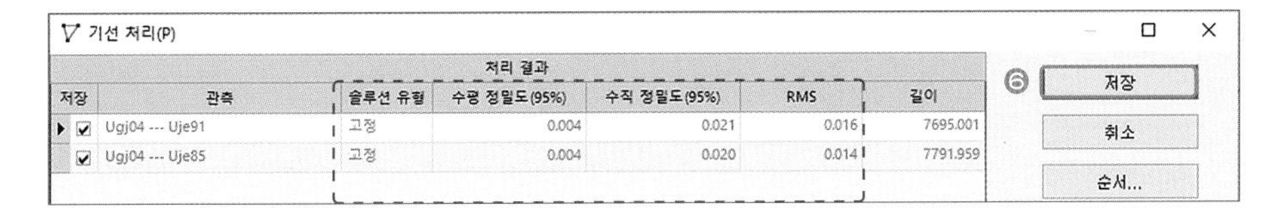

기선 처리(P)

저장	관측	솔루션 유형	수평 정밀도(95%)	수직 정밀도(95%)	RMS	길이
☑	Ugj04 --- Uje91	고정	0.004	0.021	0.016	7695.001
☑	Ugj04 --- Uje85	고정	0.004	0.020	0.014	7791.959

❻ 저장 / 취소 / 순서...

[결과 화면]

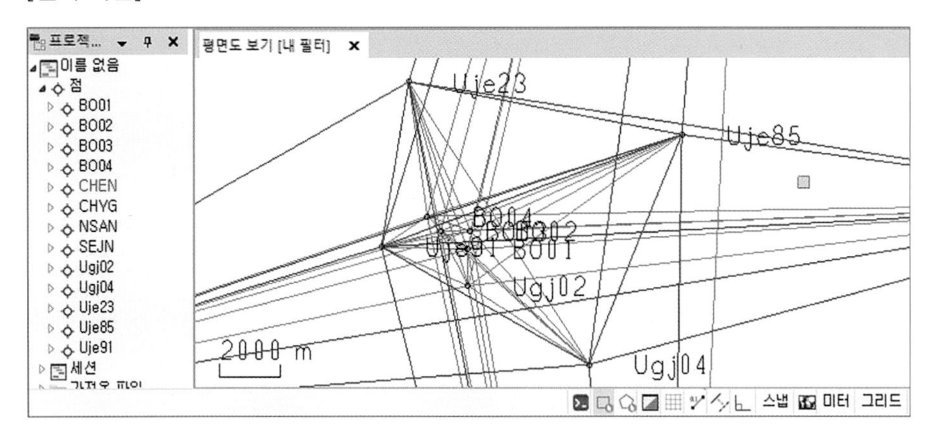

(5) 프레임점-신설점 간 기선해석

신설점이 많은 경우 기선선택에 어려움이 있다. 보기 필터 관리자를 이용하여 보다 쉽게 선택해 보자(앞서 설명한 것과 같이 기선해석 전에는 반드시 설정을 초기 설정값으로 설정한다).

❶ 리본메뉴 – 보기 필터 관리자 Click → ❷ GNSS 데이터 유형 탭 설정 → ❸ 관측 탭 설정

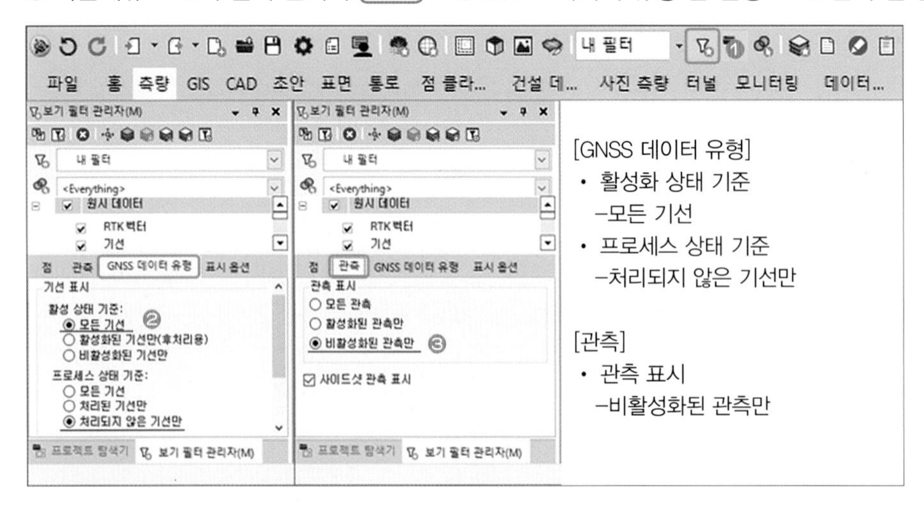

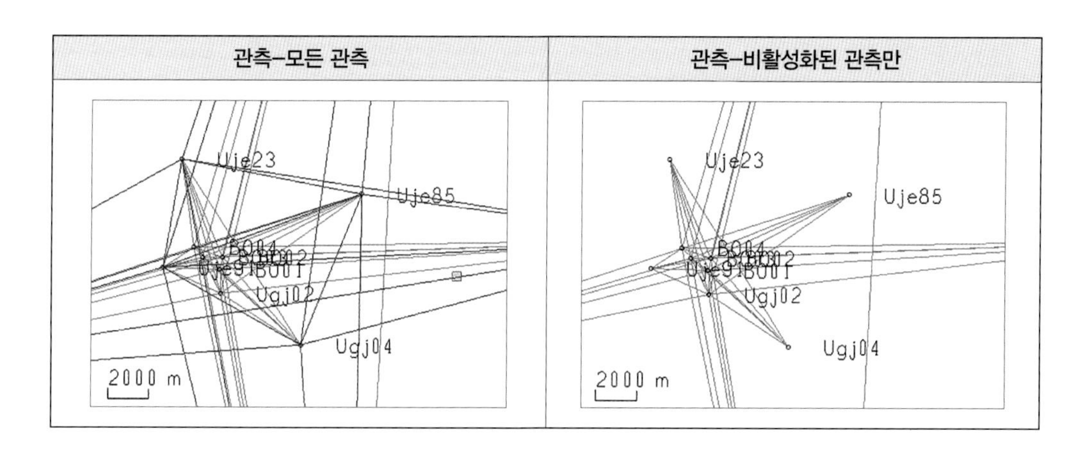

❹ 각 신설점별로 프레임점 간 기선을 모두 선택(Ctrl 키 활용) → ❺ 측량 – 기선 처리 Click

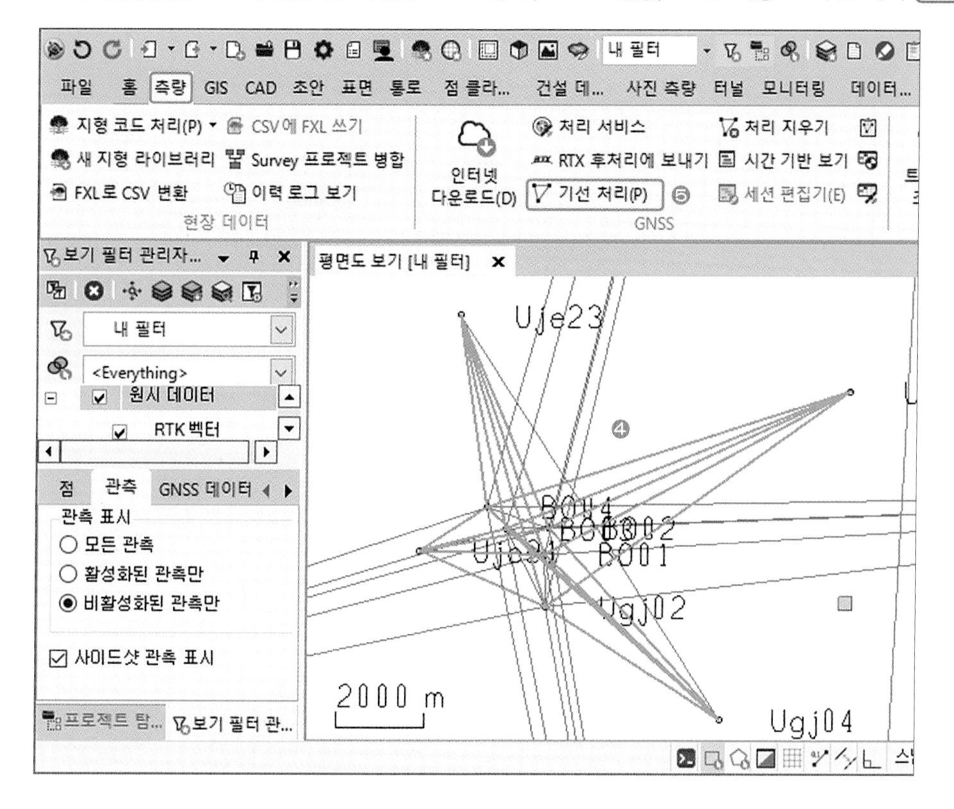

❻ 처리 결과 확인 – 저장 Click

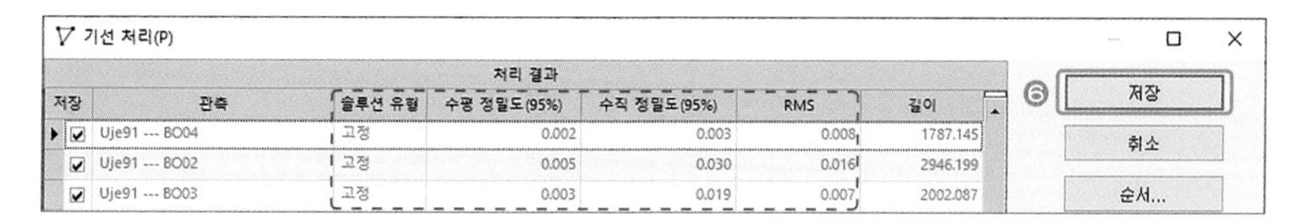
기선 처리(P)

저장	관측	솔루션 유형	수평 정밀도(95%)	수직 정밀도(95%)	RMS	길이
☑	Uje91 --- BO04	고정	0.002	0.003	0.008	1787.145
☑	Uje91 --- BO02	고정	0.005	0.030	0.016	2946.199
☑	Uje91 --- BO03	고정	0.003	0.019	0.007	2002.087

[결과 화면]

보기 필터 관리자 옵션을 다음과 같이 변경해야 처리된 기선만 보이게 할 수 있다.

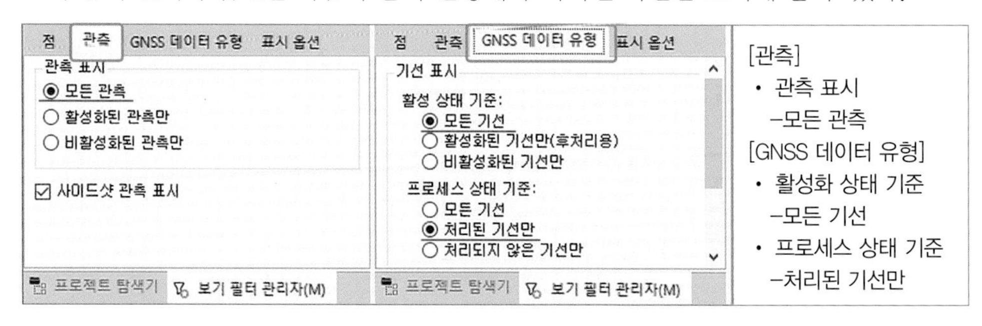

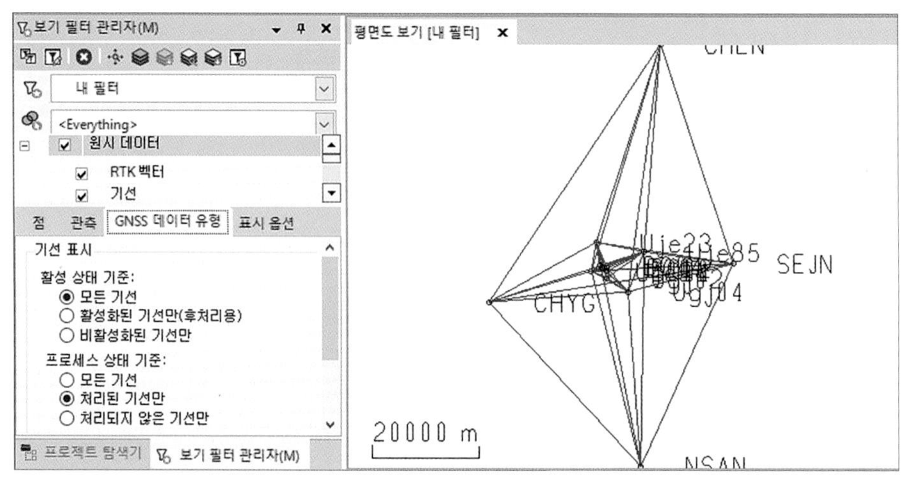

Tip ◆ 해당 화면을 캡처하여 성과물 작성 시 '관측망도'에 활용한다.

망조정 후 플래그 또는 오차타원이 화면에 표시되는 경우 보기 필터 관리자 옵션에서 플래그 체크를 해제하면 다음과 같이 정리된 화면을 볼 수 있다.

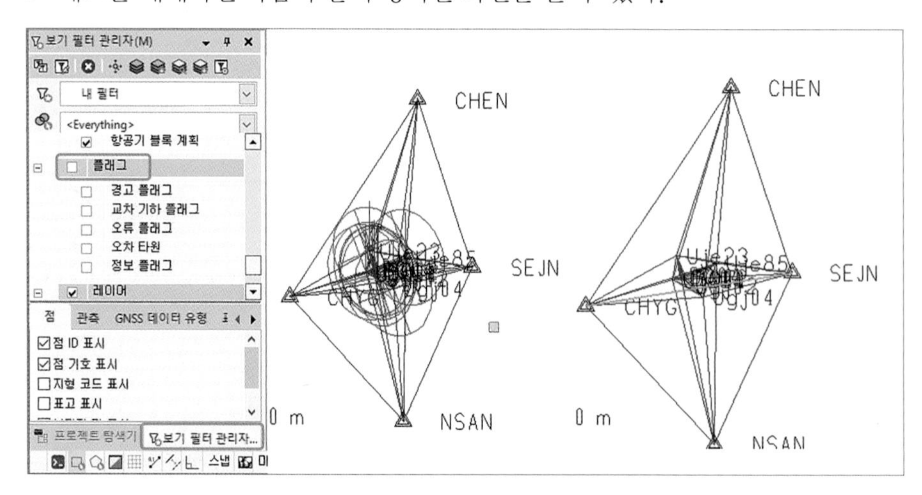

(6) 기선해석보고서 저장

❶ 리본메뉴 – 기선 처리 보고서 Click

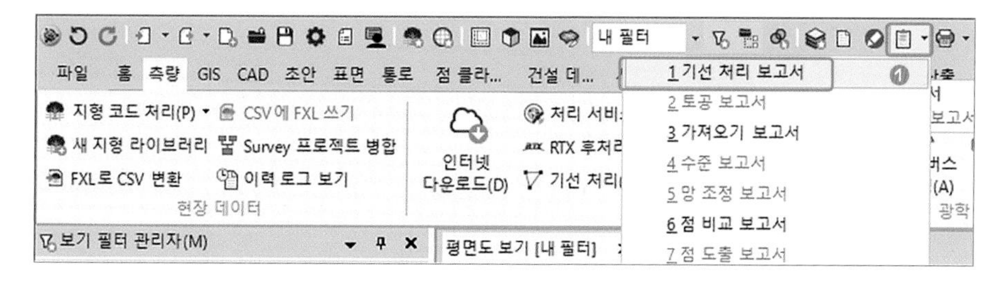

❷ 마우스 우클릭 – 다른 이름으로 저장 → ❸ 경로설정 – 저장 Click

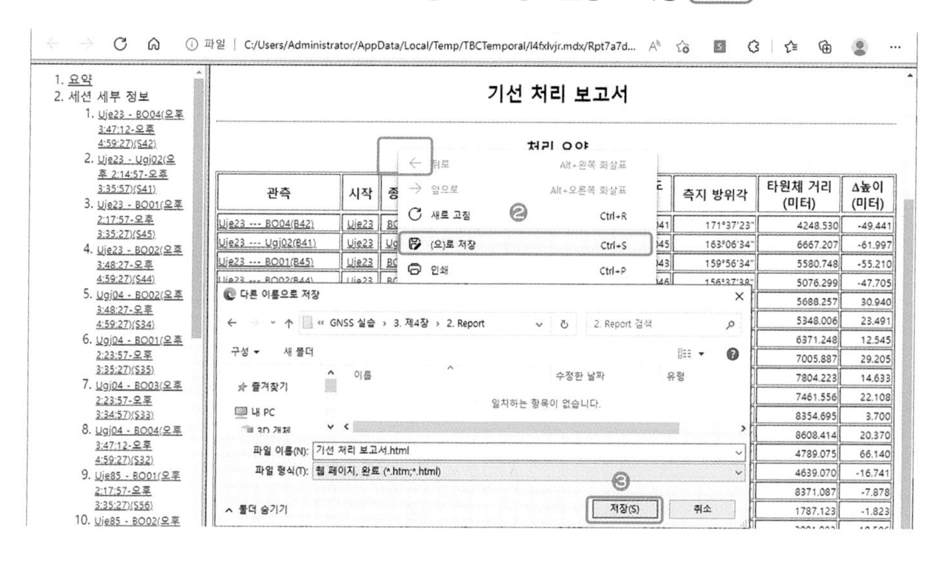

4) 폐합망 계산(루프폐합 결과)

기선해석이 완료된 각각의 기선을 연결하여 폐합망테스트를 통해 각 기선의 측정정밀도를 계산한다. 규정에서 정하는 정밀도 이내인 경우에 성과를 사용한다. 따라서 성과검사에서는 U공주02와 같이 기 고시된 기준점을 신설점으로 계산하여 고시된 성과와 비교하는 방법과 폐합망보고서에서 규정된 정밀도를 갖추었는지를 판단하는 방법을 사용한다.

템플릿 기본설정에서 GNSS루프폐합 결과 설정을 "합격/실패 기준: △수평+△수직, △수평: 0.03m, △수직: 0.03m"로 하였기 때문에 폐합망테스트를 하면 실패된 기선이 나올 수 있다. 해당 기준은 다음의 관련 규정에 따라 기본설정하였고, 실패된 기선에 대해서는 계산을 통해 합격 여부를 확인해야 한다.

<table>
<tr><th>규정</th><th colspan="3">내용</th></tr>
<tr><td rowspan="4">지
GNSS에 의한
지적측량규정
제11조</td><td colspan="3">• 서로 다른 세션에 속하는 중복기선으로 최소변수의 폐합다각형을 구성하여 기선벡터 각 성분(ΔX, ΔY, ΔZ)의 폐합치를 계산
① 허용범위를 초과하는 경우에는 재관측
② 허용범위</td></tr>
<tr><th>거리</th><th>ΔX,ΔY,ΔZ의 폐합차</th><th>비고</th></tr>
<tr><td>10km 이내</td><td>±3cm 이내</td><td rowspan="2">D : 기선거리 합(km)</td></tr>
<tr><td>10km이상</td><td>±(2cm + 1ppm× D) 이내</td></tr>
</table>

❶ 측량 – 루프폐합 Click

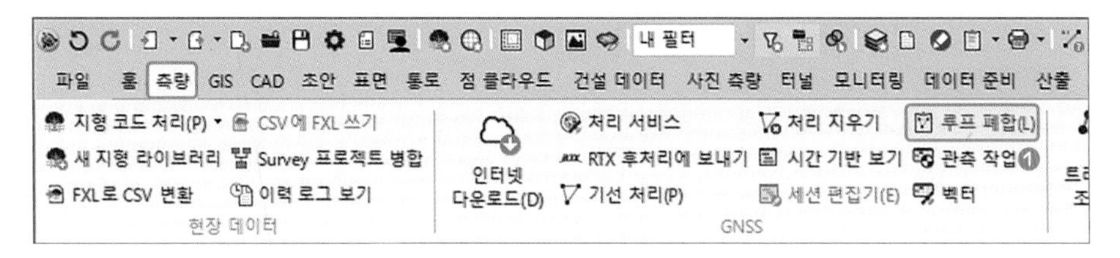

[보고서 내용]

GNSS 루프폐합 결과 보고서에는 10개의 기선이 실패한 것으로 나타나고 있으며, 실패한 기선 중 예제의 기선은 'CHYG – Uje23(U전의23) – Uje91(U전의91)' 3개의 점을 연결하여 하나의 망을 형성하였다.

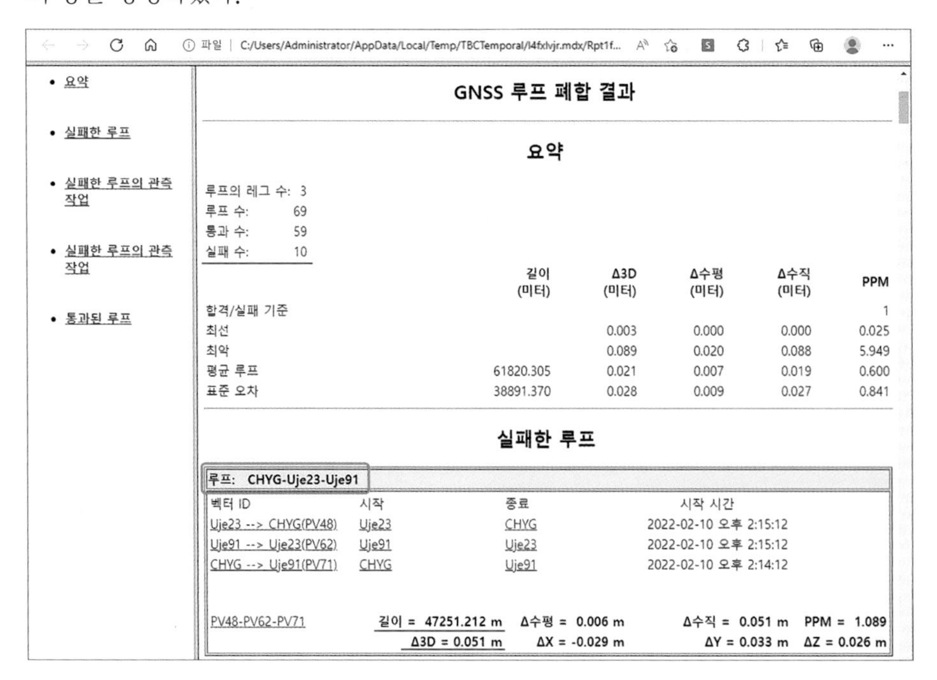

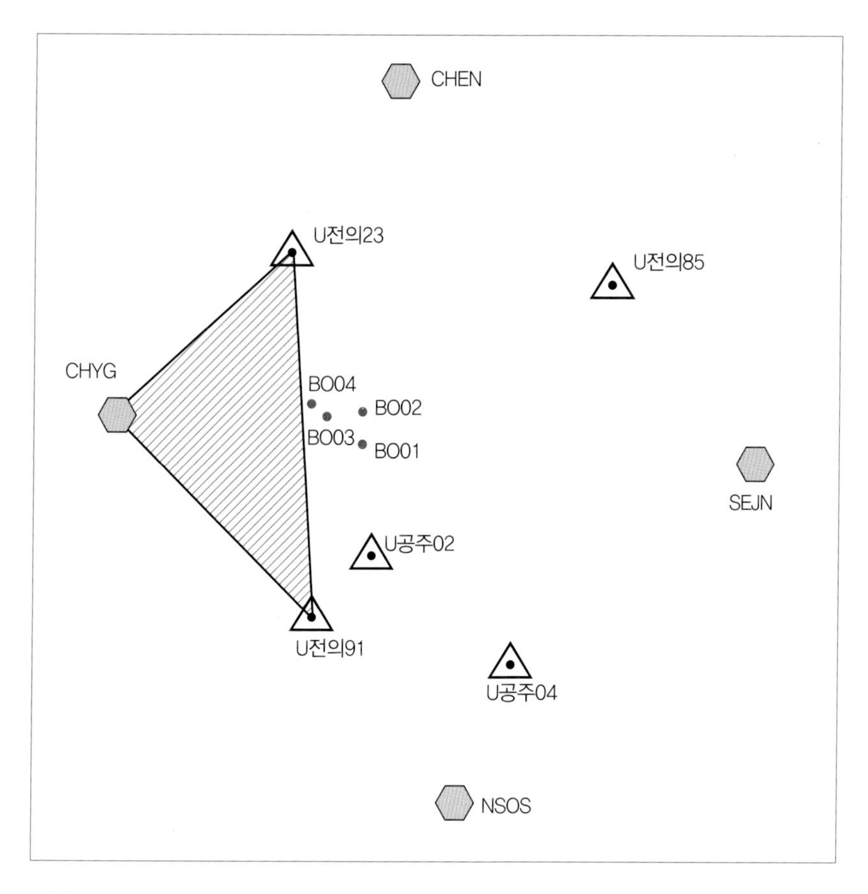

해당 기선의 폐합 총 길이는 47km이므로
±(2cm + 1ppm × 47) = 6.7cm = 0.067m의 허용공차를 가지고 있으며, 폐합차는 0.051m 이므로 허용범위에 속한다.
다만 허용범위를 벗어난 기선의 경우 보고서의 '실패한 루프의 관측작업'을 참고하여 앞에서 해당 기선을 찾아서 (3)에서 한 것과 마찬가지로 트래킹신호를 확인하여 데이터편집(위성 제거, 시간 조정 등)을 실시하고 기선해석을 다시 실시해야 한다.

실패한 루프의 관측 작업

점	관측	시작 시간	발생 횟수
Uje91			9
	Uje91 --> BO01(PV68)	2022-02-10 오후 2:18:12	
	Uje91 --> Uje23(PV62)	2022-02-10 오후 2:15:12	

현재 작성된 보고서를 제출한다면 검사자는 해당 기선이 문제가 있다고 판단할 수 있으므로 다음과 같이 설정을 변경하여 최종 루프폐합 결과보고서를 작성한다.

❷ 리본메뉴 – 보고서 아이콘 Click – 보고서 옵션 Click

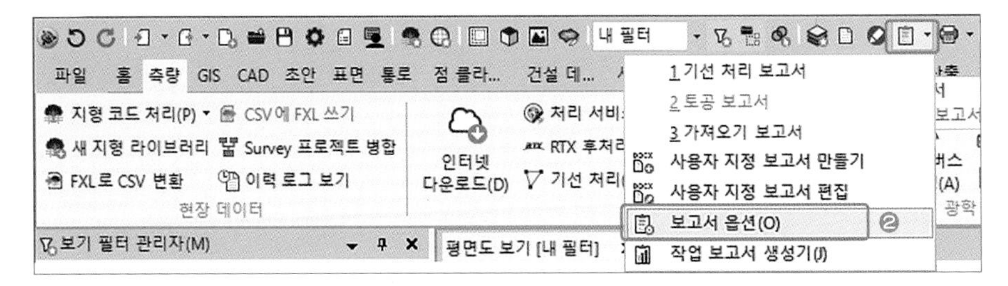

❸ GNSS 루프 폐합 결과 → ❹ 수평/수직: 크게 설정, 합격한 루프 섹션: 표시 → ❺ 적용 – 확인 Click

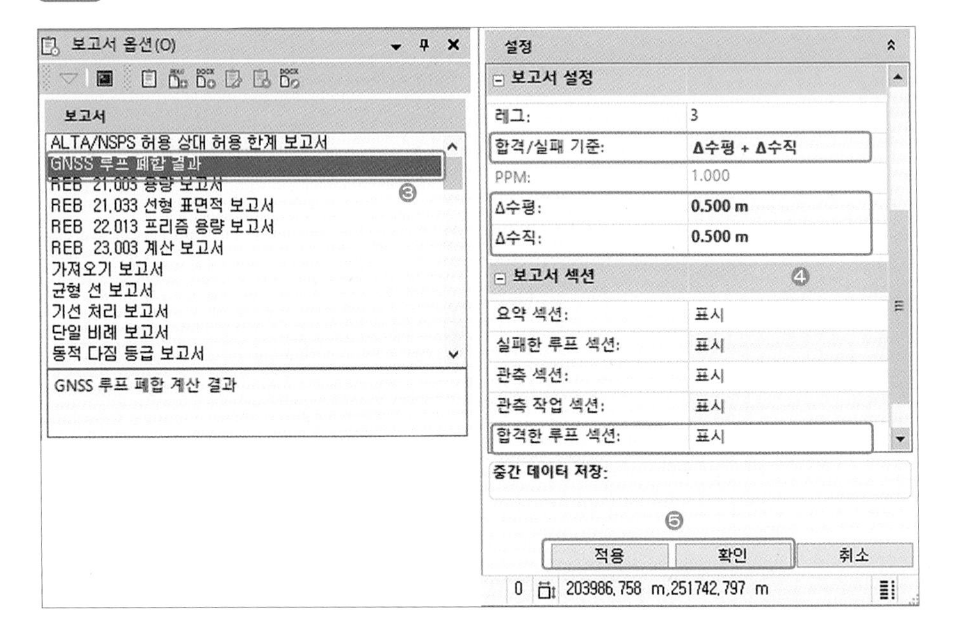

⑥ 측량 – 루프 폐합 Click 하여 루프 폐합 결과보고서 저장

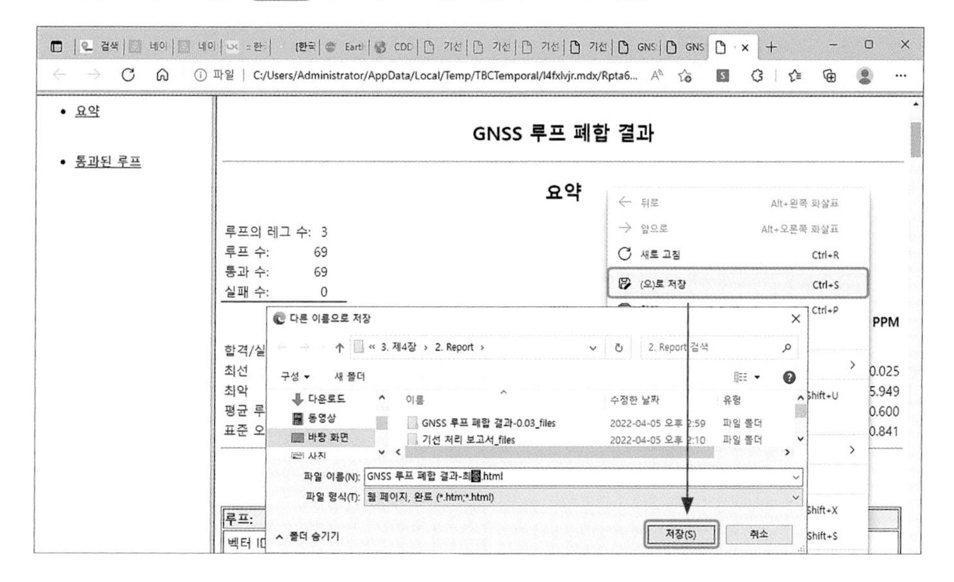

[프로젝트 저장]

폐합망 계산이 완료되면 프로젝트를 중간 저장한다.

① 파일 → ② 다른 이름으로 저장 → ③ 저장 Click

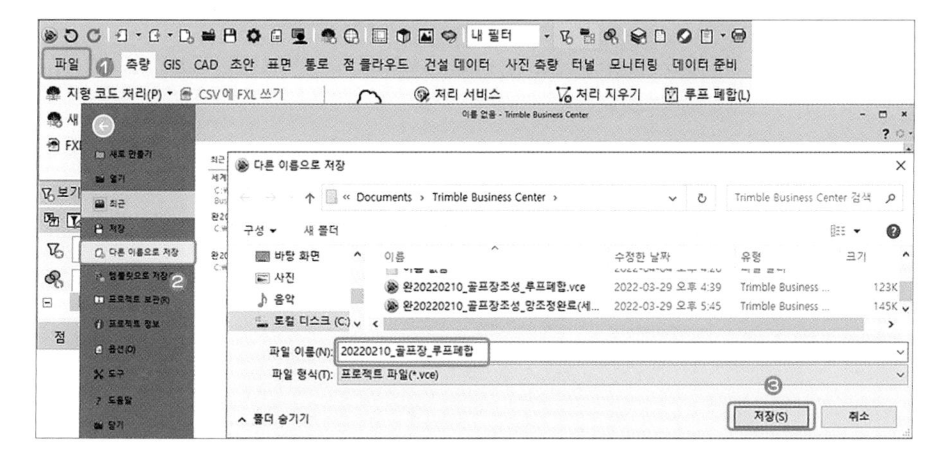

망조정

1) 규정

규정	내용
[국] 국가기준점측량 작업규정 제33조	• 정밀력에 따라 위성기준점 · 통합기준점을 고정점으로 한 기선해석 및 망평균계산을 실시하여 통합기준점의 경위도 및 타원체고 결정 • 성과결정을 위한 기선해석 및 망평균계산은 정밀GNSS관측데이터처리 소프트웨어 또는 국토지리정보원에서 승인한 상용GNSS관측데이터처리 소프트웨어를 사용하여 위성기준점 성과결정방식과 동일한 방식으로 계산 • 기선해석 결과를 이용한 망평균계산을 실시할 때에는 기존 통합기준점을 고정점으로 하여 기존 통합기준점망에 기선을 연결하여 망을 구성하고 계산 • 기선해석 · 망평균계산의 계산결과는 "기선해석 결과파일 · 망평균 결과파일"로 기록매체에 저장
[지] GNSS에 의한 지적측량규정 제12조, 제15조	• GNSS데이터의 망조정은 자유망조정으로 처리하여 기지점들의 성과를 점검 → 다점고정망으로 모든 기지점을 고정하여 처리 • 자유망조정은 기지점 중 한 점을 고정하고 기지점들을 처리하며, 기지점들 간의 성과부합 여부를 확인 • 자유망조정 결과 기지점들에 이상이 없을 때 모든 기지점을 고정하여 다점고정망조정으로 처리 • 고정밀자료처리 소프트웨어를 사용할 경우에는 기지점 및 소구점을 동시에 조정하여 처리할 수 있음 • 표고계산: 국가지오이드모델을 이용하는 경우 ① 기지점에서 지오이드모델로부터 구한 지오이드고에서 고시된 지오이드고 차이를 계산하고 소구점 지오이드고에 감하여 보정지오이드고를 산출하고 그 값과 타원체고와의 차이를 표고 계산 ② 보정지오이드고 = 소구점 지오이드모델 지오이드고 −(기지점 지오이드모델 지오이드고 − 고시 지오이드고) ③ 소구점 표고 = 소구점 타원체고 − 보정지오이드고
[공] 공공측량 작업규정 제25조	• 기지점 1점을 고정하는 3차원망 조정 계산(가정 3차원망 조정 계산)으로 처리 • 가정 3차원 망조정 계산의 중량(P)은 다음의 분산 · 공분산행렬의 역행렬을 이용 • 표고계산: 미지점 ① 연직선편차 등을 미지량으로 하고, 가정 3차원망 조정 계산으로 구함 ② GNSS관측과 수준측량 등으로 국소지오이드모델을 구하여 지오이드고를 보정 ③ 엄밀지오이드모델로 지오이드고를 보정

2) 작업절차

기본적인 망조정은 위성기준점 1점에 의한 최소제약조정(Minimally Constrained Adjustment, [지] 자유망조정) 후 기지점으로 사용되는 모든 위성기준점에 의한 완전제약조정(Full Constrained Adjustment, [국] 망평균계산, [지] 다점고정망조정, [공] 3차원 망조정)의 순서로 다음 그림과 같이 진행한다.

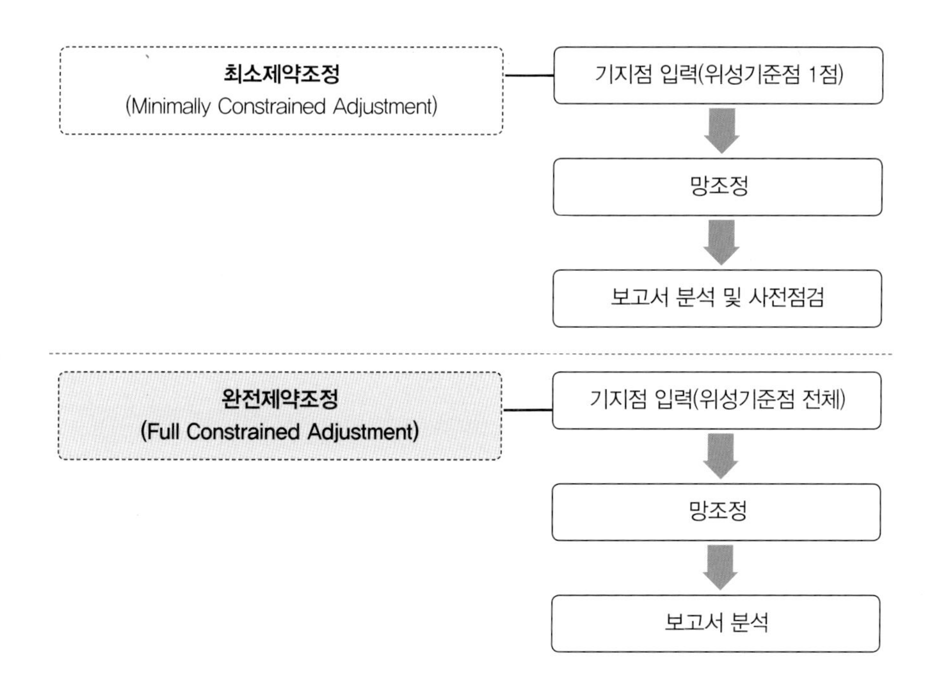

3) 기지점 고시성과 입력

기지점은 최종성과를 결정하기 위해 사용하는 기선(Baseline)을 구성하는 점이다. 어떠한 기준으로 최종성과를 산출하느냐에 따라 기지점은 달라질 수 있지만, GNSS위성으로부터 수신된 데이터를 기본적으로 GPS의 좌표계인 WGS84좌표계로 기선해석한다. 따라서 WGS84성과를 고시하고 있는 기준점의 성과를 입력하여 기선해석을 한다. 한국의 경우, 국토교통부의 국토지리정보원에서 전국에 걸쳐 80여 개의 상시관측소를 설치하여 실시간으로 위성정보를 수신하고 관측데이터를 제공하고 있으며, 이외에도 한국국토정보공사 공간정보연구원(측량인프라 조성), 해양수산부 국립해양측위정보원(해양관리 및 선박 유도), 천문연구원, 한국지질자원연구원, 우주전파센터, 국가기상위성센터, 서울특별시에서도 천문 및 기상 등 다양한 연구 등을 위해 상시관측소를 구축하여 관측데이터를 제공하고 있다(자세한 사항은 www.gnssdata.or.kr 참고).

물리적인 형상측면에서는 상시관측소라고 하지만 「공간정보관리법」 제7조 및 시행령 제8조는 국가기준점 중 위성기준점을 규정하고 있고, 국가에서 고시하는 위성기준점은 국토지리정보원에서 관리 및 고시하는 위성기준점만을 대상으로 하고 있으므로 신설점을 관측하고자 하는 지역을 포함하는 위성기준점의 WGS84 고시성과를 기지점으로 입력하여야 한다. 위성기준점의 고시성과는 제3장에서 설명한 것과 같이 국토지리정보원(www.ngii.go.kr)의 국토정보플랫폼에서 다운로드한다.

최소제약조정을 위한 위성기준점은 사업지구에 수원(SUWN)점을 사용하는 경우 수원점을 선택하고, 사용하지 않는다면 사업지구 내 가장 가까운 점을 기준으로 한다. 예제에서는 청양(CHYG)점을 사용한다. 최소제약조정은 사전분석을 위한 것으로 이 단계를 생략하고, 모든 점을 입력하여 완전제약조정을 실시해도 된다.

4) 최소제약조정

최소제약조정은 망조정에 앞서 네트워크점검을 위한 작업으로, 데이터에 관한 수학적인 체크뿐만 아니라 품질(Quality)을 체크하는 절차이다.

❶ (왼쪽)프로젝트 탐색기 탭 → ❷ CHYG 선택 – 마우스 우클릭 → ❸ 좌표 추가 Click

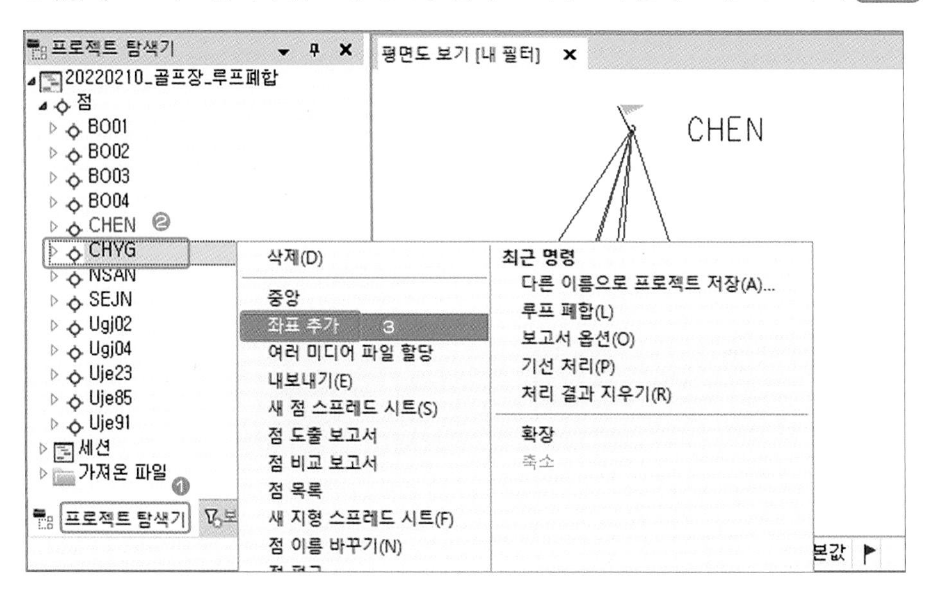

❹ 좌표 유형: 글로벌 → ❺ 위도, 경도, 높이(타원체고) 입력(고시성과) → ❻ 위도, 경도, 높이 등급: 기준 등급 → ❼ 확인 Click

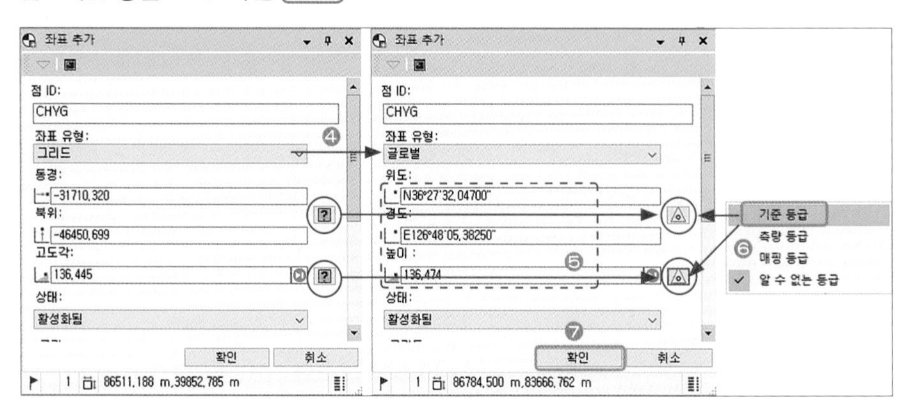

⑧ 측량 – 망조정 Click → ⑨ 2D, h 체크 → ⑩ 조정 – 확인 Click

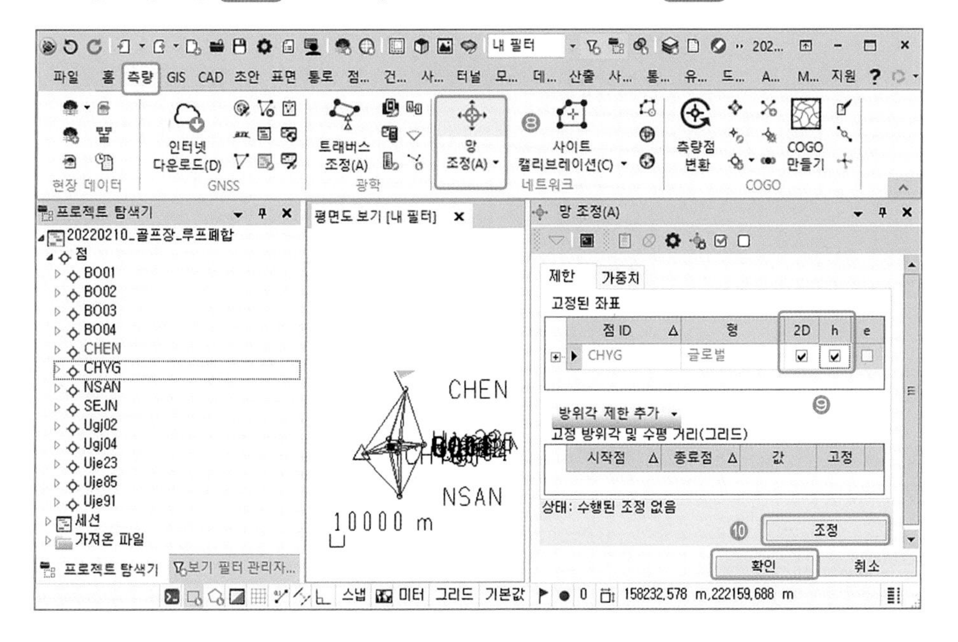

⑪ 보고서 Click → ⑫ 플래그 Click

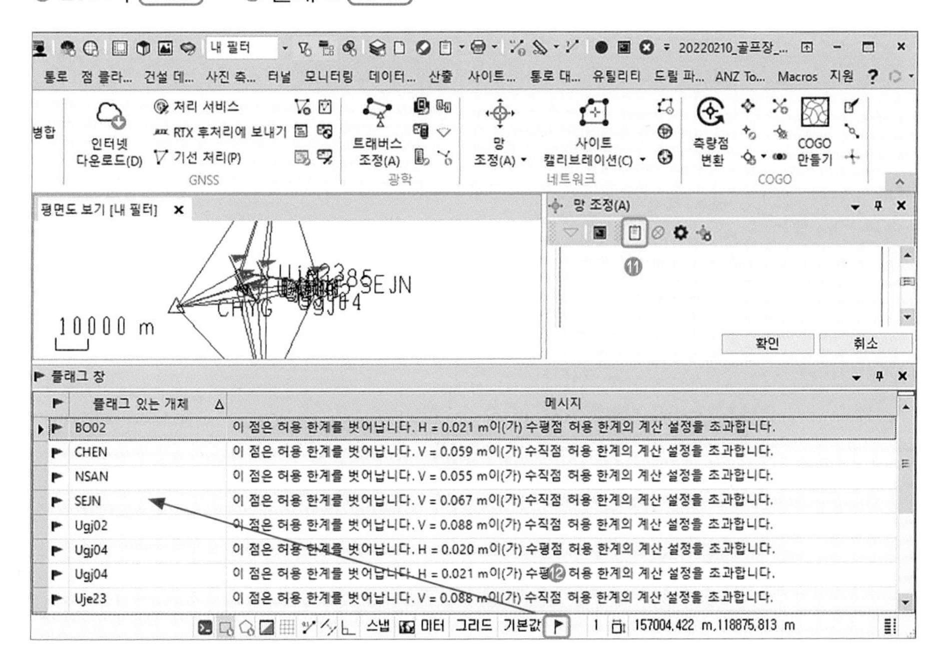

[검토]

보고서 내용에서는 카이제곱검정의 합격 여부를 확인해야 하며, 하단 상태표시줄의 플래그를 통해 문제가 되는 점을 확인할 수 있다. 앞선 기선해석에서 좋지 않은 데이터를 편집하여 오차요소를 최소화해야 좋은 성과가 나올 수 있으며, 최소제약조정의 결과는 단순히 참고사항으로, 보다 나은 성과를 만들기 위한 절차이다. 보고서 결과가 좋지 않은 경우 이전에 저장된 기선해석파일을 다시 열어서 데이터 편집 등으로 재계산하기를 권장한다. 다만 카이제곱검정은 확률적인 오차가능성을 말하는 것이며, 실패라고 해서 해당 성과를 무조건 폐기해야 하는 것은 아니다.

5) 완전제약조정

입력되지 않은 NSAN, CHEN, SEJN 위성기준점의 고시성과를 입력한다.

❶ (왼쪽) 프로젝트 탐색기 탭 → ❷ NSAN 선택 - 마우스 우클릭 → ❸ 좌표 추가 Click

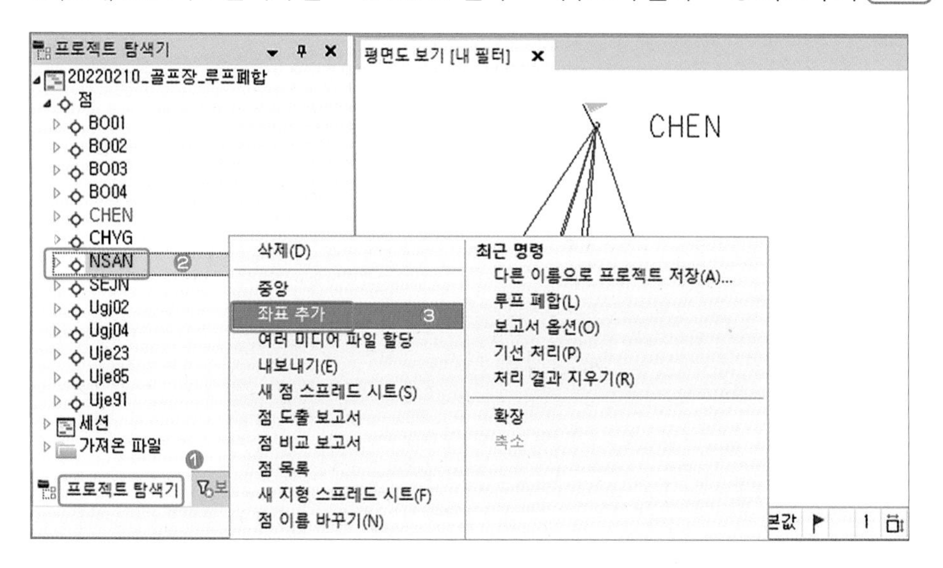

❹ 좌표 유형: 글로벌 → ❺ 위도, 경도, 높이(타원체고) 입력(고시성과) → ❻ 위도, 경도, 높이 등급: 기준 등급 → ❼ 확인 Click

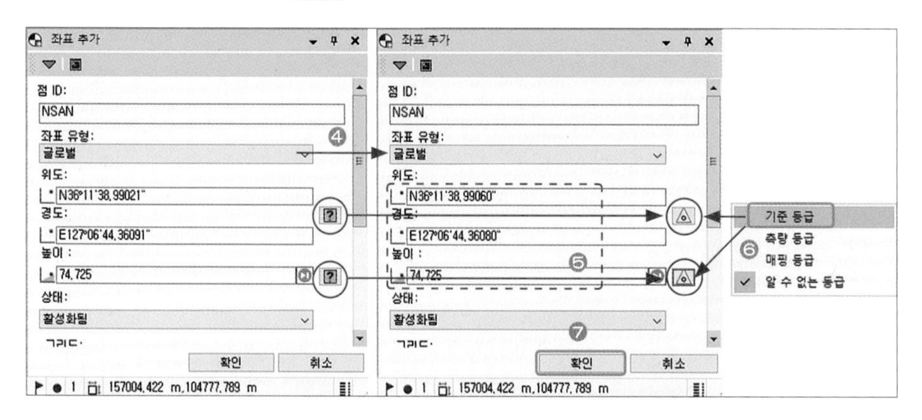

[CHEN]

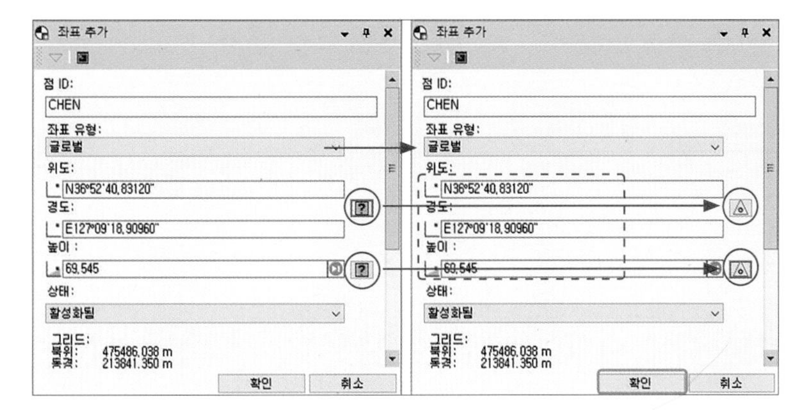
좌표 추가
점 ID:
CHEN
좌표 유형:
글로벌
위도:
N36°52'40.83120"
경도:
E127°09'18.90960"
높이 :
69.545
상태:
활성화됨
그리드:
북위: 475486.038 m
동경: 213841.350 m
확인
취소

[SEJN]

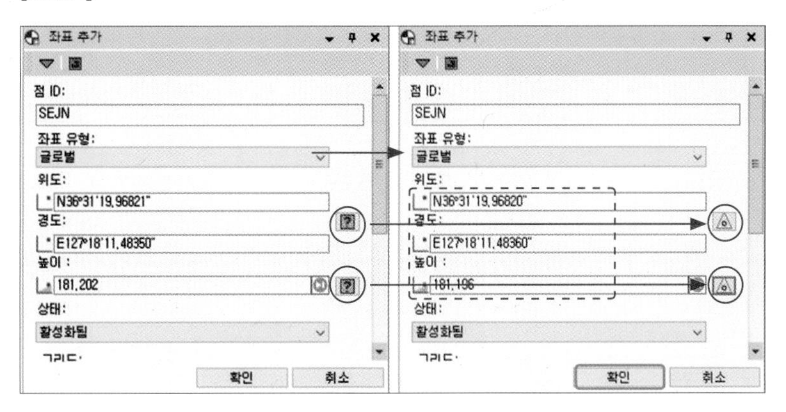
좌표 추가
점 ID:
SEJN
좌표 유형:
글로벌
위도:
N36°31'19.96821"
N36°31'19.96820"
경도:
E127°18'11.48350"
E127°18'11.48360"
높이 :
181.202
181.196
상태:
활성화됨
확인
취소

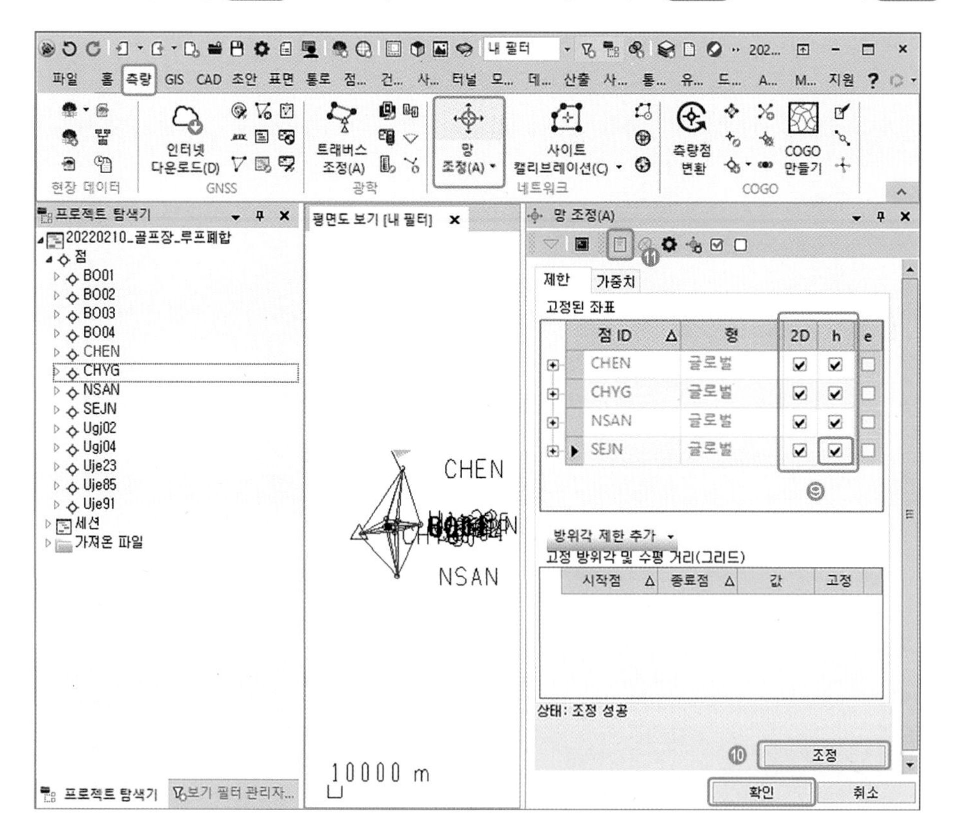

[보고서 검토]

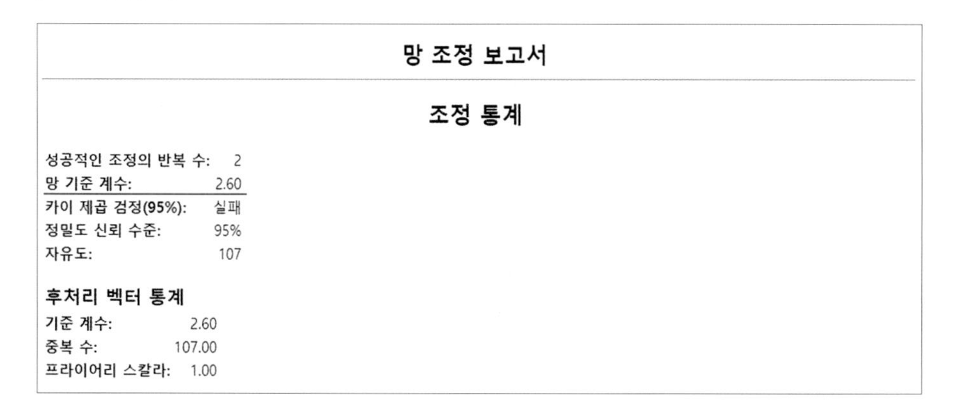

망 조정 보고서

조정 통계

성공적인 조정의 반복 수:	2
망 기준 계수:	2.60
카이 제곱 검정(95%):	실패
정밀도 신뢰 수준:	95%
자유도:	107

후처리 벡터 통계

기준 계수:	2.60
중복 수:	107.00
프라이어리 스칼라:	1.00

망조정보고서의 카이제곱검정은 '실패'이다. 이것은 일부 기선이 조정과정에서 이상치를 보여 플래그가 지정되었거나 처리된 기선에 가중치전략을 적용할 필요가 있음을 말한다. 보고서의 내용 중 '조정된 GNSS 관측'을 살펴보면 프레임점 또는 신설점은 문제없으나 위성기준점 간 기선에서 붉은색으로 표시되는데, 이는 Tau임계값을 초과한 경우에 나타나는 현상이다.

조정된 GNSS 관측

변환 파라미터

위도 편차:	-0.052 sec **(95%)** 0.096 sec
경도 편차:	0.026 sec **(95%)** 0.094 sec
방위각 회전:	0.000 sec **(95%)** 0.008 sec
축척 계수:	0.99999990 **(95%)** 0.00000004

관측 ID		관측	어포스테리어리 오차	잔차	표준화됨 잔차
CHYG --> NSAN(PV2)	방위각	136°22'30"	0.008 sec	-0.032 sec	-5.642
	Δ높이	-61.753 m	0.019 m	-0.004 m	-0.409
	타원체 거리	40520.559 m	0.002 m	-0.007 m	-5.774
CHYG --> SEJN(PV5)	**방위각**	80°58'05"	0.008 sec	-0.008 sec	-1.154
	Δ높이	44.729 m	0.021 m	-0.003 m	-0.281
	타원체 거리	45498.480 m	0.002 m	0.005 m	4.368
NSAN --> SEJN(PV4)	방위각	25°08'44"	0.008 sec	0.038 sec	4.350
	Δ높이	106.483 m	0.018 m	0.004 m	0.330
	타원체 거리	40231.771 m	0.002 m	-0.004 m	-2.040

즉 예제의 경우 확률분포 95% 수준 Tau임계값은 3.9로 이를 초과하여 실패한 것이다. 위성기준점의 고시성과가 잘못 입력되었거나 최근에 고시성과가 변경되었는지 확인하여 변경이 필요하다면 적용하여 망조정을 재실시한다(TBC 도움말 참조).

표준화 잔차 히스토그램

중요한 타우 가치 : 3.9
타우 테스트 실패 관찰 : 4

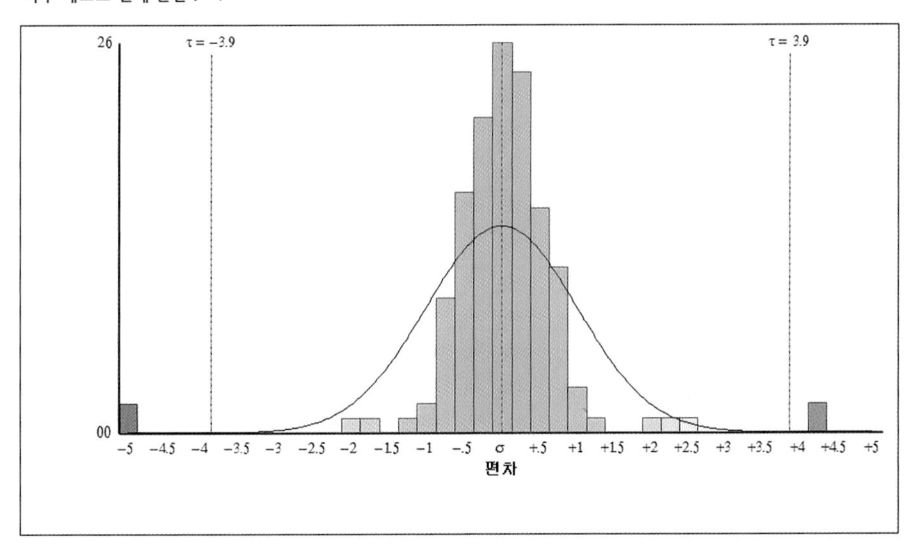

망기준계수가 0.95~1.05 이내인 경우 카이제곱검정은 합격이 되며, 이를 벗어나는 경우 일반적인 작업전략은 관측유형에 대하여 스칼라를 적용하는 것이다. 이 작업은 중복성이 가장 높은 관측유형에서 시작하여 중복성이 낮은 관측유형까지 반복적으로 순차적인 계산을 통하여 모든 기준계수값이 허용범위 이내가 될 때까지 수행하게 된다. 따라서 기선(경사거

리)의 중복성이 높은 관측유형이라도 기준계수가 이미 허용범위 이내에 있는 경우에는 스칼라를 적용하지 않는다. 다음의 전략으로 기준계수 허용범위를 초과하는 수직각도를 갖는 중복성이 높은 관측유형에 스칼라를 적용한다.

또한 관측데이터에 대한 신뢰수준을 기반으로 대안적인 작업전략을 적용할 수 있다. 이 전략은 가장 신뢰할 수 있는 관측유형을 우선 적용한 후 다음으로 신뢰도가 높은 관측유형을 적용하는 방식으로, 중복성을 기반으로 하는 것은 아니다. 예를 들면 수직(높이)데이터는 수준점, GNSS정지측량, 토털스테이션 관측값, GNSS-RTK 등의 순서로 적용한다. 필요에 따라 중복성 또는 신뢰도에 스칼라를 적용할 수 있으며, 사용자의 데이터 접근성 및 수집능력에 따라 더 나은 방법을 적용할 수 있다(TBC 도움말 참조).

상기 설명과 같이 다양한 관측유형에 각각 선택적으로 스칼라를 적용하고, 각 관측유형에 대해 표시된 기준계수가 0.95~1.05 범위에 적합하도록 조정하기 위해 가중치 탭이 필요하다. 조정을 수행할 때마다 선택한 관측유형에 대한 기준 계수가 변경되고, 그에 따라 스칼라 값도 변경되며 다른 관측유형의 기준계수도 변경될 수 있다(TBC 도움말 참조). 가중치 탭을 이용하여 스칼라 값을 변경해 보자.

⑫ 가중치 탭 Click → ⑬ 스칼라 [*] 버튼 Click → ⑭ 조정 Click → ⑮ 보고서 Click

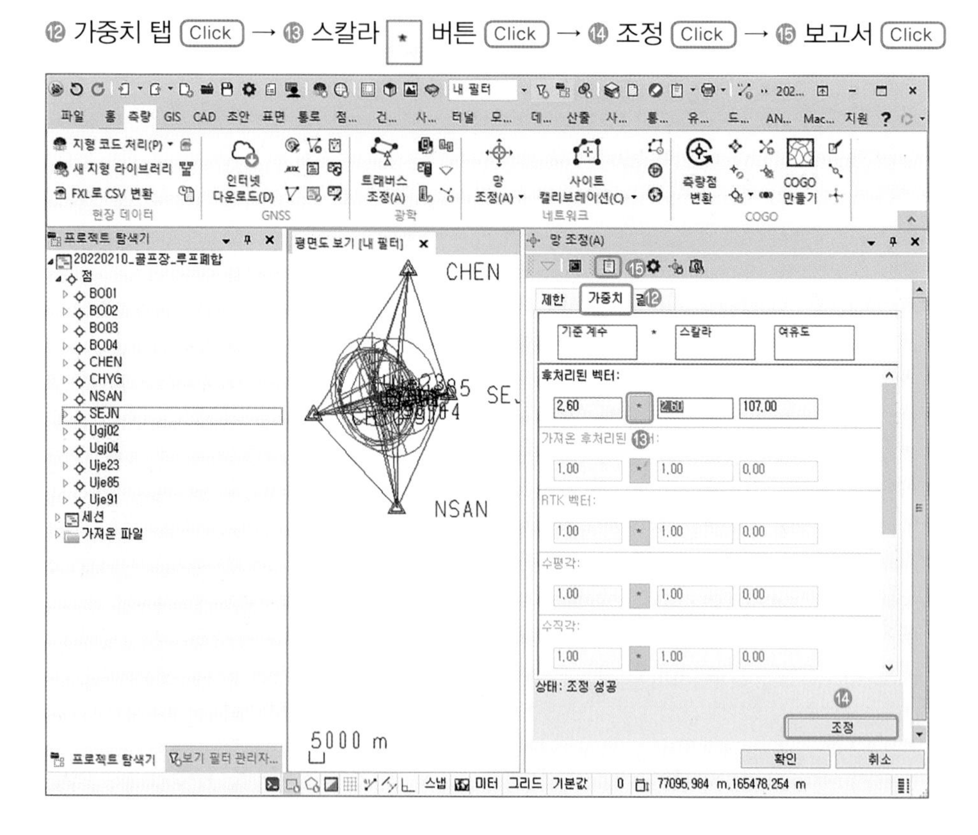

보고서 결과 카이제곱검정이 합격이며, 이상 없음이 확인되었다. 망조정보고서를 저장한다.

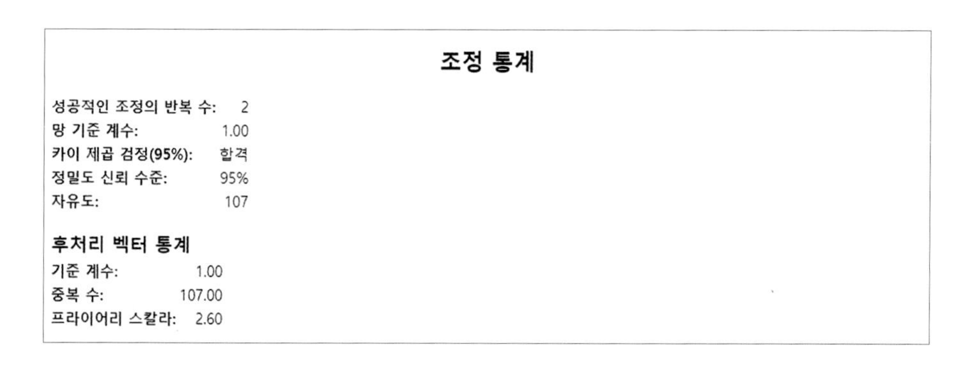

조정 통계

성공적인 조정의 반복 수:	2
망 기준 계수:	1.00
카이 제곱 검정(95%):	합격
정밀도 신뢰 수준:	95%
자유도:	107

후처리 벡터 통계

기준 계수:	1.00
중복 수:	107.00
프라이어리 스칼라:	2.60

[프로젝트 저장]

망조정이 완료되면 프로젝트를 저장한다.

❶ 파일 → ❷ 다른 이름으로 저장 → ❸ 저장 (Click)

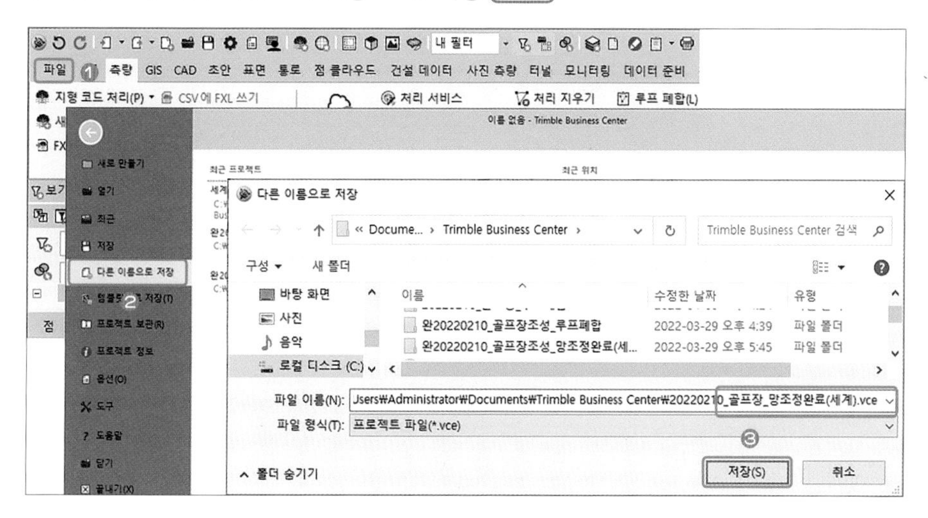

6) 성과결정 및 성과저장

조정이 완료되면 망조정보고서에 성과가 표시된다. 프로젝트 설정 시 출력될 좌표계를 GRS80중부 KN18로 설정하였기 때문에 별도의 좌표변환 없이 계산된 결과를 바로 저장하여 사용한다.

[평면직각좌표]

조정된 그리드 좌표

점 ID	동경 (미터)	동경 오류 (미터)	북위 (미터)	북위 오류 (미터)	표고 (미터)	표고 오류 (미터)	제약
BO01	203776.372	0.006	434529.340	0.007	40.890	0.048	
BO02	203876.098	0.007	435111.889	0.007	48.347	0.049	
BO03	202914.186	0.006	435099.311	0.007	29.971	0.053	
BO04	202481.118	0.005	435568.137	0.006	46.662	0.042	
CHEN	213841.350	?	475486.038	?	45.369	?	LLh
CHYG	182206.327	?	428984.225	?	112.594	?	LLh
NSAN	210102.524	?	399595.098	?	50.072	?	LLh
SEJN	227155.392	?	436034.220	?	156.276	?	LLh
Ugj02	203799.778	0.007	433392.027	0.009	34.140	0.059	
Ugj04	207731.096	0.005	430929.156	0.006	17.317	0.038	
Uje23	201861.271	0.006	439771.204	0.007	96.131	0.053	
Uje85	210698.249	0.005	438133.996	0.006	26.105	0.039	
Uje91	200973.168	0.005	434609.024	0.006	48.533	0.037	

[경위도좌표]

조정된 측지 좌표

점 ID	위도	경도	높이 (미터)	높이 오류 (미터)	제약
BO01	N36°30'32.50785"	E127°02'31.76191"	65.280	0.048	
BO02	N36°30'51.40525"	E127°02'35.78015"	72.742	0.049	
BO03	N36°30'51.00951"	E127°01'57.12079"	54.336	0.053	
BO04	N36°31'06.22336"	E127°01'39.72125"	71.016	0.042	
CHEN	N36°52'40.83120"	E127°09'18.90960"	69.545	?	LLh
CHYG	N36°27'32.04700"	E126°48'05.38250"	136.474	?	LLh
NSAN	N36°11'38.99060"	E127°06'44.36080"	74.725	?	LLh
SEJN	N36°31'19.96820"	E127°18'11.48360"	181.196	?	LLh
Ugj02	N36°29'55.61119"	E127°02'32.68244"	58.526	0.059	
Ugj04	N36°28'35.62619"	E127°05'10.56163"	41.792	0.038	
Uje23	N36°33'22.58218"	E127°01'14.84485"	120.476	0.053	
Uje85	N36°32'29.25990"	E127°07'10.11240"	50.638	0.039	
Uje91	N36°30'35.11799"	E127°00'39.10929"	72.840	0.037	

05 좌표변환

「공간정보관리법」에서 규정하고 있는 세계측지계(GRS80 타원체)는 프로젝트 설정 당시 출력좌표계로 입력하기 때문에 세계측지계의 성과를 별도로 계산할 필요는 없다. 그러나 해외 사업을 실시하는 경우 또는 과거에 사용되었던 지역측지계성과를 사용하는 경우, 지역 위주의 성과를 결정해야 하는 경우 등에서는 좌표변환방법이 필요하다.

좌표변환을 위해서는 계획단계에서부터 기지점의 배치를 고민해야 한다. 세계측지계를 산출하는 경우에는 국토지리정보원의 위성기준점을 기지점으로 사용하면 되지만 해당 지역의 성과에 맞추기 위한 좌표변환을 위해서는 신설점 외곽에 3점 이상의 해당 지역 성과를 가진 기지점을 동시에 관측하고, 기선해석을 완료해야 한다.

TBC에서는 좌표변환 기능보다는 망조정을 권장한다. 따라서 앞서 04의 망조정을 참고하여 동일하게 실시하면 된다.

1) 규정

<table>
<tr><th>규정</th><th colspan="3">내용</th></tr>
<tr><td rowspan="6">지
GNSS에 의한
지적측량규정
제14조</td><td colspan="3">• 세계좌표를 지역좌표로 변환하는 때에는 좌표변환계산방법 또는 조정계산방법에 의한다.
• 좌표변환계산방법
① 당해 관측지역에서 측정한 모든 기지점을 점검하여 변환계수 산출에 사용할 3점 이상의 양호한 점을 결정할 것
② 허용범위</td></tr>
<tr><th>측량범위</th><th>수평성분교차</th><th>비고</th></tr>
<tr><td>2km×2km 이내</td><td>6cm+2cm× $\sqrt{N}$ 이내</td><td rowspan="3">N 은 좌표변환 시 사용한 기지점 수</td></tr>
<tr><td>5km×5km 이내</td><td>10cm+4cm× $\sqrt{N}$ 이내</td></tr>
<tr><td>10km×10km 이내</td><td>15cm+4cm× $\sqrt{N}$ 이내</td></tr>
</table>

06 성과 작성

1) 국가기준점 국

국가기준점측량에서는 기준점 설치사업에 관한 보고서가 작성되는데, 해당 보고서의 첨부 서류를 다음과 같이 작성한다. 본 예제는 GNSS정지측량에 의한 통합기준점 신설을 예제로 하였으며, 수준측량 등 관련 없는 서류는 제외하였다.

가. 조사 및 선점현황

(1) 기준점현황

□ 통합기준점 선점현황

1. 총괄표

도엽명 / 상태	교육								
통합기준점	1								
수준점									
총계	1	0	0	0	0	0	0	0	

2. 세부조사결과

연번	도엽명	마산		소 재 지	지목	소유자	위치		비고
		신규	개선대상				위도	경도	
1	교육	U교육55		충청남도 공주시 사곡면 국토정보로	체육용지	공주시	36-13-35.0	127-30-11.9	완전

□ 국가기준점 조사현황

1. 총괄표

도엽명 / 상태	교육	전의	공주								
완전	1	3	1								
망실											
총계	1	3	1								
도엽명 / 상태											

2. 세부조사결과

연번	도엽명	교육	공주	조사내용		
				표석상태		보조수준점
				표석	보호석	A
1	전의	U전의85	충청남도 공주시 사곡면 국토리 100	완전	양호	완전
2	전의	U전의91	충청남도 공주시 정보면 국정리 24	완전	양호	완전
3	전의	U전의23	충청남도 공주시 상하면 정리 92	완전	양호	완전
4	공주	U공주04	충청남도 공주시 이안면 중리 123	완전	양호	완전
5	교육	BM24-18-06	충청남도 공주시 사사면 상중리 24	완전	양호	완전

(2) 기준점 조사 및 선점 조서

통합기준점 조사서

도엽명	점번호	소재지	지목	토지소유자
전의	U전의23	충청남도 공주시 상하면 정리 92	체육용지	국(공주시)
경로	과적화물 계측 검문소 옆 화단			

조사결과

통합기준점	안내표지판	제1방위표	제2방위표	인덱스방위표	보조점A	보조점B	GPS관측
완전	완전	완전	완전	완전	완전	완전	가능

특이사항		조사자	조사일
		나국토	2024-02-05

원경 / 근경

특이사항

기준점 선점 주변현황조사서

국점명	U교육55		도엽명	마산	
소재지	충청남도 공주시 사곡면 국토리 100				
토지현황	지목	체육용지	표지매설 가능여부	재질	토양
	소유자	국(공주시)		견고성	견고
	관리기관	충청남도 공주시		공사계획	없음
경로	국도정보도 시작 안내 표지판 아래				
개략위치	위도	36-29-55	선점	선점일	2024-02-05
	경도	127-02-32		선점자	나국토

GPS 수신 장애요소 / 설치위치 주변현황(원경)

설치위치 주변현황(동방향) / 설치위치 주변현황(서방향)

설치위치 주변현황(남방향) / 설치위치 주변현황(북방향)

(3) 매설과정별 사진첩

나. 관측

(1) GNSS측량

① 관측망도

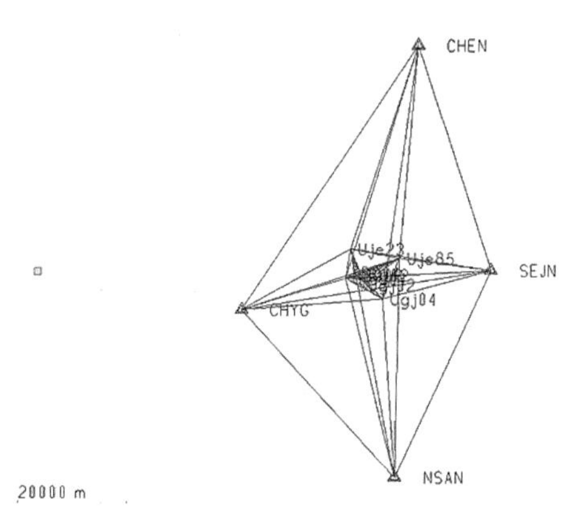

망조정에서 작성된 망도를 캡처하여 첨부

② GNSS 관측기록부

GNSS 관측기록부

2024년02월10일

세션	연번	점번호	측점	관측시간		Rinex	안테나	안테나고	측점	연직안테나고 ARP	점의 상태	수준	전세션과의	관측자	비고
			ID	시작	종료	파일명	종류	측정방법	안테나고			높이	중복점		
043A	1	U전의23	UJE11	2024년 02월10일 14시32분30초	2024년 02월11일 07시23분30초	uje230430	TRM41249.00	slant	1.222	1.1658	2차통합기준점	94.3094		홍길동	기지점
	2	U전의85	UJE11A	2024년 02월10일 14시52분30초	2024년 02월11일 07시30분30초	uje850430	TRM39105.00	slant	1.560	1.5185	2차통합기준점	102.5623		강감찬	기지점
	3	U공주04	UGJ21	2024년 02월10일 14시51분00초	2024년 02월11일 06시13분00초	ugj040430	TRM41249.00	slant	1.266	1.2102	2차통합기준점	152.9209		나지적	기지점
	4	U전의91	UJE18	2024년 02월10일 15시24분30초	2024년 02월11일 07시27분30초	uje910430	TRM39105.00	slant	1.182	1.1396	2차통합기준점	101.1811		김공간	기지점
	5	U교육55	U1250	2024년 04월10일 14시45분30초	2024년 02월11일 07시02분30초	u12500430	TRM41249.00	slant	1.210	1.1537	신설점	157.3344		이순신	

③ 기선처리 및 망조정

㉠ 점검계산

전후반 기선처리 결과

방송력사용

기선처리결과(15:42-19:42) kst								
from	to	관측시작시간	dx	dy	dz	slope dist	ant height	ant height
UJE85	UGJ04	02/16/2024 15:42:46	-6938.454	-2423.663	-3673.972	8216.712	1.1537	1.0924
UJE85	UJE91	02/16/2024 15:42:46	1598.023	5914.697	-5245.933	8065.800	1.1537	1.1396
UJE85	UKY55	02/16/2024 15:42:46	-1339.967	1616.385	-3080.096	3727.627	1.1537	1.1658
UKY55	UGJ04	02/16/2024 15:42:46	-5598.496	-4040.040	-593.874	6929.485	1.1658	1.0924
UKY55	UJE91	02/16/2024 15:42:46	2937.990	4298.313	-2165.836	5638.983	1.1658	1.1396
UKY55	UJE23	02/16/2024 15:42:46	-2312.280	321.883	-2295.102	3273.796	1.1658	1.2102
UJE23	UGJ04	02/16/2024 15:42:46	-3286.214	-4361.922	1701.228	5720.117	1.2102	1.0924
UJE23	UJE91	02/16/2024 15:42:46	5250.270	3976.432	129.266	6587.417	1.2102	1.1396

방송력사용

기선처리결과(00:27-04:27) kst								
from	to	관측시작시간	dx	dy	dz	slope dist	ant height	ant height
UJE85	UGJ04	02/17/2024 00:27:16	-6938.462	-2423.650	-3673.963	8216.711	1.1537	1.0924
UJE85	UJE91	02/17/2024 00:27:16	1598.027	5914.696	-5245.934	8065.801	1.1537	1.1396
UJE85	UKY55	02/17/2024 00:27:16	-1339.965	1616.384	-3080.098	3727.627	1.1537	1.1658
UKY55	UGJ04	02/17/2024 00:27:16	-5598.498	-4040.033	-593.865	6929.482	1.1658	1.0924
UKY55	UJE91	02/17/2024 00:27:16	2937.992	4298.314	-2165.836	5638.984	1.1658	1.1396
UKY55	UJE23	02/17/2024 00:27:16	-2312.284	321.897	-2295.101	3273.800	1.1658	1.2102
UJE23	UGJ04	02/17/2024 00:27:16	-3286.214	-4361.922	1701.236	5720.119	1.2102	1.0924
UJE23	UJE91	02/17/2024 00:27:16	5250.275	3976.417	129.266	6587.412	1.2102	1.1396

기선해석에서 산출된 '기선 처리 보고서'에서 양식에 필요한 내용 기재
기본자료: 기선 처리 보고서

벡터:					
Δ동경	613.071 m	도북 정방위각	171°37'23"	ΔX	-1976.954 m
Δ북위	-4204.071 m	타원체 거리	4248.530	ΔY	1593.551 m
Δ표고	-49.441 m	Δ높이	-49.441	ΔZ	-3406.647 m

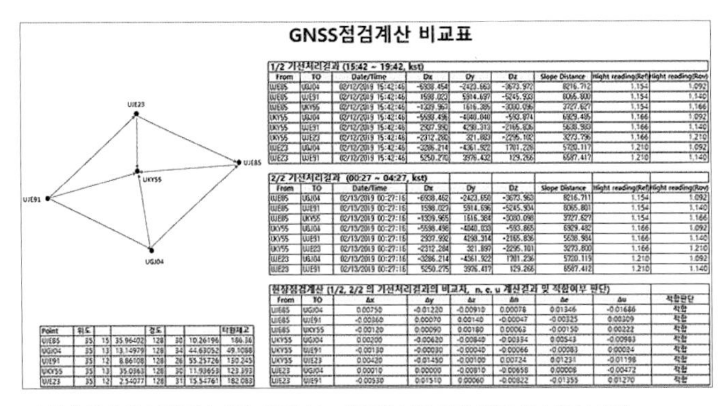

GNSS점검계산 비교표

1/2 기선처리결과 (15:42 ~ 19:42, kst)								
From	TO	Date/Time	Dx	Dy	Dz	Slope Distance	Hight reading(Ref)	Hight reading(Rov)
UJE85	UGJ04	02/12/2019 15:42:46	-6938.454	-2423.663	-3673.972	8216.712	1.154	1.092
UJE85	UJE91	02/12/2019 15:42:46	1598.023	5914.697	-5245.933	8065.800	1.154	1.140
UJE85	UKY55	02/12/2019 15:42:46	-1339.967	1616.385	-3080.096	3727.627	1.154	1.166
UKY55	UGJ04	02/12/2019 15:42:46	-5598.496	-4040.040	-593.874	6929.485	1.166	1.092
UKY55	UJE91	02/12/2019 15:42:46	2937.990	4298.313	-2165.836	5638.983	1.166	1.140
UKY55	UJE23	02/12/2019 15:42:46	-2312.280	321.883	-2295.102	3273.796	1.166	1.210
UJE23	UGJ04	02/12/2019 15:42:46	-3286.214	-4361.922	1701.228	5720.117	1.210	1.092
UJE23	UJE91	02/12/2019 15:42:46	5250.270	3976.432	129.266	6587.417	1.210	1.140

2/2 기선처리결과 (00:27 ~ 04:27, kst)								
From	TO	Date/Time	Dx	Dy	Dz	Slope Distance	Hight reading(Ref)	Hight reading(Rov)
UJE85	UGJ04	02/13/2019 00:27:16	-6938.462	-2423.650	-3673.963	8216.711	1.154	1.092
UJE85	UJE91	02/13/2019 00:27:16	1598.027	5914.696	-5245.934	8065.801	1.154	1.140
UJE85	UKY55	02/13/2019 00:27:16	-1339.965	1616.384	-3080.098	3727.627	1.154	1.166
UKY55	UGJ04	02/13/2019 00:27:16	-5598.498	-4040.033	-593.865	6929.482	1.166	1.092
UKY55	UJE91	02/13/2019 00:27:16	2937.992	4298.314	-2165.836	5638.984	1.166	1.140
UKY55	UJE23	02/13/2019 00:27:16	-2312.284	321.897	-2295.101	3273.800	1.166	1.210
UJE23	UGJ04	02/13/2019 00:27:16	-3286.214	-4361.922	1701.236	5720.119	1.210	1.092
UJE23	UJE91	02/13/2019 00:27:16	5250.275	3976.417	129.266	6587.412	1.210	1.140

현장점검계산 (1/2, 2/2 의 기선처리결과의 비교치, n, e, u 계산결과 및 적합여부 판단)								
From	TO	Δx	Δy	Δz	Δn	Δe	Δu	적합판단
UJE85	UGJ04	0.00750	-0.01220	-0.00910	0.00078	0.01346	-0.01686	적합
UJE85	UJE91	-0.00360	0.00070	0.00140	-0.00047	-0.00325	0.00309	적합
UJE85	UKY55	-0.00120	0.00090	0.00180	0.00063	-0.00150	0.00222	적합
UKY55	UGJ04	0.00200	-0.00620	-0.00840	-0.00334	0.00543	-0.00983	적합
UKY55	UJE91	-0.00130	-0.00030	-0.00040	-0.00066	-0.00083	0.00024	적합
UKY55	UJE23	0.00420	-0.01450	-0.00100	0.00724	0.01231	-0.01198	적합
UJE23	UGJ04	0.00010	0.00000	-0.00810	-0.00658	0.00008	-0.00472	적합
UJE23	UJE91	-0.00530	0.01510	0.00060	-0.00822	-0.01355	0.01270	적합

Point	위도			경도			타원체고
UJE85	35	15	35.96402	128	30	10.26196	186.36
UGJ04	35	13	13.14979	128	34	44.63052	49.1088
UJE91	35	12	8.86108	128	26	55.25726	130.245
UKY55	35	13	35.0363	128	30	11.93653	123.393
UJE23	35	12	2.54077	128	31	15.54761	182.083

기선해석에서 산출된 '기선 처리 보고서'에서 양식에 필요한 내용 기재
기본자료: 기선 처리 보고서

벡터:					
Δ동경	613.071 m	도북 정방위각	171°37'23"	ΔX	-1976.954 m
Δ북위	-4204.071 m	타원체 거리	4248.530	ΔY	1593.551 m
Δ표고	-49.441 m	Δ높이	-49.441	ΔZ	-3406.647 m

점검계산 기선해석결과

방송력사용

기선처리결과(15:32-23:32) kst								
from	to	관측시작시간	dx	dy	dz	slope dist	ant height	ant height
UKY55	UJE85	02/16/2024 15:32:46	1339.9650	-1616.3830	3080.0982	3727.6273	1.1658	1.1537
UKY55	UJE23	02/16/2024 15:32:46	-2312.2820	321.8900	-2295.1000	3273.7968	1.1658	1.2102
UKY55	UJE91	02/16/2024 15:32:46	2937.9898	4298.3149	-2165.8348	5638.9835	1.1658	1.1396
UJE85	UJE91	02/16/2024 15:32:46	1598.0251	5914.6973	-5245.9333	8065.8009	1.1537	1.1396
UJE91	UJE23	02/16/2024 15:32:46	-5250.2710	-3976.4274	-129.2660	6587.4145	1.1396	1.2102
UKY55	UGJ04	02/16/2024 15:32:46	-5598.4936	-4040.0394	-593.8701	6929.4827	1.1658	1.0924
UJE85	UGJ04	02/16/2024 15:32:46	-6938.4564	-2423.6581	-3673.9691	8216.7113	1.1537	1.0924
UGJ04	UJE23	02/16/2024 15:32:46	3286.2120	4361.9217	-1701.2309	5720.1168	1.0924	1.2102

기선해석에서 산출된 '기선 처리 보고서'에서 양식에 필요한 내용 기재
기본자료: 기선 처리 보고서

벡터:					
Δ동경	613.071 m	도북 정방위각	171°37'23"	ΔX	-1976.954 m
Δ북위	-4204.071 m	타원체 거리	4248.530	ΔY	1593.551 m
Δ표고	-49.441 m	Δ높이	-49.441	ΔZ	-3406.647 m

폐합차계산부							
관측세션	기선명	기선성분			기선장	해석종류	비고
		dx	dy	dz			
1	UJE85 – UKY55	-1339.965	1616.383	-3080.098	3727.627	fix	
	UKY55 – UJE91	2937.990	4298.315	-2165.835	5638.984	fix	
	UJE91 – UJE85	-1598.025	-5914.697	5245.933	8065.801	fix	
		0.000	0.001	0.000	17432.412		
		√ (∑dx² + ∑dx² + ∑dx²) ≤ 2.5mm √ (∑D) 0.73 ≤ 10.44 ∴PASS					
2	UJE91 – UKY55	-2937.990	-4298.315	2165.835	5638.984	fix	
	UKY55 – UJE23	-2312.282	321.890	-2295.100	3273.797	fix	
	UJE23 – UJE91	5250.271	3976.427	129.266	6587.415	fix	
		-0.001	0.002	0.001	15500.195		
		√ (∑dx² + ∑dx² + ∑dx²) ≤ 2.5mm √ (∑D) 2.74 ≤ 9.84 ∴PASS					

'GNSS 루프폐합 결과 보고서'에서 양식에 필요한 내용 기재
기본자료: GNSS 루프폐합 결과 보고서

루프: SEJN-Ugj04-Uje85				
벡터 ID	시작	종료	시작 시간	
SEJN --> Ugj04(PV36)	SEJN	Ugj04	2022-02-10 오후 2:24:42	
Ugj04 --> Uje85(PV51)	Ugj04	Uje85	2022-02-10 오후 2:24:42	
SEJN --> Uje85(PV57)	SEJN	Uje85	2022-02-10 오후 2:13:42	
PV36-PV51-PV57	길이 = 44467.942 m	Δ수평 = 0.020 m	Δ수직 = -0.005 m	PPM = 0.472
	Δ3D = 0.021 m	ΔX = 0.005 m	ΔY = -0.016 m	ΔZ = 0.013 m

ⓛ 위성기준점 기준

ⓒ 통합기준점 성과계산

1차 위성기준점 연결 기선처리 결과

정밀력사용

기선처리결과(15:32-23:32) kst								
from	to	관측시작시간	dx	dy	dz	slope dist	ant height	ant height
CHEN	CHYG	02/16/2024 15:32:46	-27186.9563	2762.0179	-26866.8411	38322.1409	0.0300	0.0000
CHEN	SEJN	02/16/2024 15:32:46	16221.5486	42309.2448	-32561.6912	55798.5176	0.0300	0.0000
CHYG	NSOS	02/16/2024 15:32:46	17362.0323	34599.0279	-23206.6069	45134.0172	0.0000	0.0000
NSOS	SEJN	02/16/2024 15:32:46	26046.4726	4948.1995	17511.7598	31773.6549	0.0000	0.0000
CHEN	UJE85	02/16/2024 15:32:46	-12758.2790	12426.3155	-24647.5655	30408.7074	0.0300	1.1537
CHYG	UJE85	02/16/2024 15:32:46	14428.6806	9664.3125	2219.2719	17507.4534	0.0000	1.1537
UKY55	UJE85	02/16/2024 15:32:46	1339.9649	-1616.3828	3080.0983	3727.6273	1.1658	1.1537
CHYG	UJE23	02/16/2024 15:32:46	10776.4122	11602.6457	-3155.9134	16146.5859	0.0000	1.2102
NSOS	UJE23	02/16/2024 15:32:46	-6585.6131	-22996.4604	20050.6838	31212.7764	0.0000	1.2102
UKY55	UJE23	02/16/2024 15:32:46	-2312.2819	321.8899	-2295.1001	3273.7967	1.1658	1.2102

기선해석에서 산출된 '기선 처리 보고서'에서 양식에 필요한 내용 기재
기본자료: 기선 처리 보고서

벡터:					
Δ동경	613.071 m	도북 정방위각	171°37'23"	ΔX	-1976.954 m
Δ북위	-4204.071 m	타원체 거리	4248.530	ΔY	1593.551 m
Δ표고	-49.441 m	Δ높이	-49.441	ΔZ	-3406.647 m

폐합차계산부

관측세션	기선명	기선성분			기선장	해석종류	비고
		dx	dy	dz			
1	CHEN - UJE85	-12758.279	12426.316	-24647.566	30408.707	fix	
	UJE85 - UJE91	1598.025	5914.897	-5245.984	8065.301	fix	
	UJE91 - CHEN	11160.255	-18341.018	29893.510	36804.482	fix	
		0.004	-0.004	0.011	75278.940		
		√ (Σdx² + Σdx² + Σdx²) ≤ 2.5mm √ (ΣD) 12.40 ≤ 21.69 ∴PASS					
2	UJE91 - CHEN	11160.255	-18341.018	29893.510	36804.482	fix	
	CHEN - SEJN	16221.549	42309.245	-32561.691	55798.518	fix	
	SEJN - UJE91	-27381.812	-23968.225	2668.191	36437.788	fix	
		-0.005	0.004	0.010	129090.737		
		√ (Σdx² + Σdx² + Σdx²) ≤ 2.5mm √ (ΣD) 12.05 ≤ 28.40 ∴PASS					

망조정에서 산출된 'GNSS 루프폐합 결과 보고서'에서 양식에 필요한 내용 기재
기본자료: GNSS 루프폐합 결과 보고서

루프: SEJN-Ugj04-Uje85

벡터 ID	시작	종료	시작 시간
SEJN --> Ugj04(PV36)	SEJN	Ugj04	2022-02-10 오후 2:24:42
Ugj04 --> Uje85(PV51)	Ugj04	Uje85	2022-02-10 오후 2:24:42
SEJN --> Uje85(PV57)	SEJN	Uje85	2022-02-10 오후 2:13:42

PV36-PV51-PV57 길이 = 44467.942 m Δ수평 = 0.020 m Δ수직 = -0.005 m PPM = 0.472
Δ3D = 0.021 m ΔX = 0.005 m ΔY = -0.016 m ΔZ = 0.013 m

위성기준점 및 통합기준점 성과 엑셀파일 작성

위성기준점 경위도					
CHEN	Control	02/16/2024 09:00:00	36° 52' 40.8312" N	127° 09' 18.9096" E	69.545
CHYG	Control	02/16/2024 09:00:00	36° 27' 32.0470" N	126° 48' 05.3825" E	136.474
NSOS	Control	02/16/2024 09:00:00	36° 11' 38.9906" N	127° 06' 44.3608" E	74.725
SEJN	Control	02/16/2024 09:00:00	36° 31' 19.9682" N	127° 18' 11.4836" E	181.196
UJE85	Adjusted	02/16/2024 10:21:10	36° 32' 29.5944" N	127° 07' 10.11175" E	50.7867
UGJ04	Adjusted	02/16/2024 10:21:10	36° 28' 35.62628" N	127° 05' 10.56106" E	41.9823
UJE91	Adjusted	02/16/2024 10:21:10	36° 30' 35.11782" N	127° 00' 39.10913" E	72.9778
UJE23	Adjusted	02/16/2024 10:21:10	36° 33' 22.58182" N	127° 01' 14.84446" E	120.6002
UKY55	Adjusted	02/16/2024 10:21:10	35° 12' 02.54094" N	128° 31' 15.54719" E	182.0931

통합기준점 경위도 → 평면좌표로 변환

투영변환 결과					
입력좌표계		타원체	GRS80	투영원점	126 - 128 (중부)
장반경	6378137	편평률	298.2572221	10.405초 보정	아니오
출력좌표계	TM 투영법				
측점명	위도(입력)	경도(입력)	Northing(X)(결과)	Easting(Y)(결과)	비고
UJE85	36-32-29.25944	127-07-10.11175	438133.9821	210698.2330	
UGJ04	36-28-35.62628	127-05-10.56106	430929.1583	207731.0815	
UJE91	36-30-35.11782	127-00-39.10913	434609.0192	200973.1640	
UJE23	36-33-22.58182	127-01-14.84446	439771.1927	201861.2617	

망조정에서 산출된 '망조정보고서' 첨부

망 조정 보고서

조정 설정

설정 오차

GNSS

안테나 높이 오차: 0.003 m
구심 오차: 0.000 m

공분산 표시

수평:
전파 선형 오차 [E]: 미국
상수항 [C]: 0.000 m
선형 오차의 축척 [S]: 1.960
3차원
전파 선형 오차 [E]: 미국
상수항 [C]: 0.000 m
선형 오차의 축척 [S]: 1.960

통합기준점 고시성과와 계산성과 비교

1차 기선해석에 의한 통합기준점 성과 비교표

점명	직각좌표			경위도		타원체고	비고
	Point Id	Northing	Easting	Latitude	Longitude	Ellip. Hgt.	
U전의85	UJE85	438133.9701	210698.2345	36-32-29.25944	127-07-10.11176	60.7814	측량성과
		438133.9821	210698.2330	36-32-29.25944	127-07-10.11176	60.7867	고시성과
		-0.0120	0.0015	0.00040"	0.00002"	-0.0053	차이
U공주04	UGJ04	430929.1671	207731.0857	36-28-35.62628	127-05-10.56106	41.9852	측량성과
		430929.1583	207731.0815	36-28-35.62628	127-05-10.56106	41.9823	고시성과
		-0.0012	0.0042	0.00002"	-0.00025"	0.0029	차이

- 기선처리 및 망조정은 ㉠ 점검계산 → ㉡ 위성기준점 기준계산 → ㉢ 통합기준점 성과계산 순으로 진행한다.
- ㉠ 점검계산: 정밀궤도력을 입력하지 않고(방송궤도력), 기선해석 및 망조정 실시
- ㉡ 위성기준점 기준계산: 정밀궤도력 및 위성기준점의 고시성과를 입력하고, 기선해석 및 망조정 실시
- ㉢ 통합기준점 성과계산: ㉡(위성기준점 기준계산)을 완료한 프로젝트에서 통합기준점 고시성과를 입력하고, 망조정 실시
- ㉢ 통합기준점 성과계산의 성과물은 ㉡과 동일하게 작성하며, 1차 기선해석에 의한 통합기준점 성과 비교표는 작성하지 않는다.

다. 계산 및 정리

(1) 통합기준점 성과표

□ 통합기준점 현황

1. 총괄표

상태 \ 도엽명	교육							소계
완전	1							1
총계	1							1

2. 세부조사결과

연번	도엽명	점번호	소 재 지	표석상태	GNSS 통합기준점	GNSS 제1방위표	수준	비고
1	교육	U교육55	충청남도 공주시 사곡면 국토리 100	완전	실시	실시	실시	

세 부 내 역

연번	점번호	주 소	소유자	지목	경도	위도	비고
1	U교육55	충청남도 공주시 사곡면 국토리 100	공주시	체육용지	127-02-32.68270	36-29-55.61085	완전

통합기준점 성과표

점번호	U교육55	도엽명(1/5만)	교육	상태	완전
소재지 / 도로명주소				지목	체육용지
소재지 / 지 번	충청남도 공주시 사곡면 국토리 100			토지소유자	공주시

통합기준점 성과 (세계측지계)					
위도	36-29-55.61085	X(m)	433392.0165	원점	중부
경도	127-02-32.68270	Y(m)	208799.7851		
타원체고	58.3015	표고	33.9159	직접수준측량	
지오이드고	24.3856	수준측량 노선	시점	U공주04	
중력값			종점	BM24-18-06	

통합기준점의 경로: 충청남도 공주시 사곡면 국토리 100, 국토정보로 시작 안내 표지판 아래 하단에 위치함.

제1방위표					
위도	36-32-29.5686	X(m)	432159.2345	원점	중부
경도	127-35-32.5263	Y(m)	203989.5623		
타원체고	78.4564	경로	국토교 남측 150m 지점 포장도로 우		
방위각	217-27-08.1				

구분	방위각	경로
제2방위표	322-23-31.5	북쪽 산 정상 철탑 우측 중앙 상부
인덱스방위표	154-26-24.8	남쪽 통신기지국 피뢰침 중앙 상부

구분	위도	경도	비고차	경로
보조점A	36-23-31.3	127-31-12.7	+0.0412	통합기준점에서 북서쪽 13m 지점 맨홀 콘크리트에 위치함.
보조점B	45-11-31.1	131-21-11.1	+0.0121	통합기준점에서 북동쪽 28m 지점 사각 맨홀 기초

매설일	2024년 02월 07일	평면성과 관측일	2024년 02월 10일
표고 관측일	2024년 02월 11일	중력 관측일	

지형도(약도) | 통합기준점(근경)

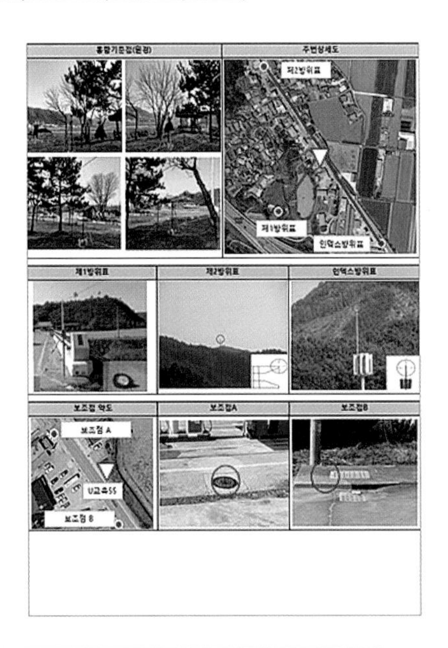

국토교통부 국토지리정보원

통 합 기 준 점 성 과 표

연번	구분	점번호	측점 ID	도엽명칭 (1:50,000)	지구중심직교좌표		GRS80 경위도		평면직각좌표		지오이드고	매설년월	제1방위표 방위각	제1방위표 방향각	원점	비고
1	통합기준점	U교육55	UKY55	교육	X	-3247142.5689 m	위도	36-29-55.61085	X	433392.0165	24.3856 m	2024.02	217-27-08.1	238-52-23.5	중부	세계측지계
					Y	4081235.2356 m	경도	127-02-32.68270	Y	203799.7851						
					Z	3658124.5689 m	타원체고	58.3015	H	33.9159						

통 합 기 준 점 방 위 표 성 과 표

연번	구분	점번호	측점 ID	도엽명칭 (1:50,000)	지구중심직교좌표		GRS80 경위도		평면직각좌표		지오이드고	매설년월	제1방위표 방위각	제1방위표 방향각	원점	비고
1	통합기준점 제1방위표	U교육56	UKY56	교육	X	-3247896.5326 m	위도	36-32-29.5685	X	432159.2345	- m	2024.02			중부	세계측지계
					Y	4082789.4562 m	경도	127-35-32.5263	Y	203989.5623						
					Z	3658012.3245 m	타원체고	78.4564	H	m						

(2) 국가기준점 이전부지 토지(임야)대장 및 지적(임야)도

기준점 매설위치의 토지대장등본 및 지적도 사본 첨부

(3) 토지사용허가 관련 증빙서류

국가기준점 설치승낙서

○ **토지소유자**

– 주　소 : 충남 공주시 시청길 1

– 성　명 : 공주시장

○ **국가기준점 관련**

– 점번호 : U교육55(신설)

– 주　소 : 충남 공주시 사곡면 국토리 100

– 지　목 : 체육용지

– 1/50,000 도엽명 및 번호 : NI51–1–06

위의 토지를 귀 원에서 실시하는 측량표지(국가기준점) 매설부지로 사용함을 승낙함

2024. 02. 12.

승 낙 자 : 공 주 시 장 (서명)

국토지리정보원장 귀하

(4) 관련사진 일체

사전조사, 매설, 관측 등 관련사진 일체 제출

2) 지적기준점 [지]

지적기준점측량에서는 지적위성측량부 서식에 맞춰 작성하면 된다. 본 예제는 GNSS정지측량에 의한 지적삼각보조점 신설을 예제로 하였으며, 좌표변환이 필요하지 않은 경우와 필요한 경우로 나눠 작성하였다.

본 교재에서는 좌표변환이 필요하다고 가정하고 통합기준점의 고시좌표로 좌표변환하였으나 현장업무에서는 지역좌표 등 현재 운영 중인 위성기준점(세계측지계)과 다른 좌표체계의 성과를 산출해야 하는 경우에만 좌표변환작업을 실시한다. 지적업무는 2021년부터 세계측지계를 전면 적용하고 있어 좌표변환작업을 별도로 진행해야 하는 경우는 거의 존재하지 않는다. 따라서 과거와 달리 대부분의 업무에서 좌표변환작업을 필요로 하지 않는다.

지적위성측량부 작성에 있어서 기선해석 및 성과계산을 위한 소프트웨어를 사용하는 경우 해당 소프트웨어에서 출력된 보고서를 사용할 수 있도록 규정하고 있으므로 출력물이 있는 경우 기본서식 뒤에 출력물을 첨부하여 성과물을 작성하면 된다.

가. 지적위성측량부

표지 및 목록

■ GNSS에 의한 지적측량 규정 [별지 제1호서식] <개정 2017. 7. 1>

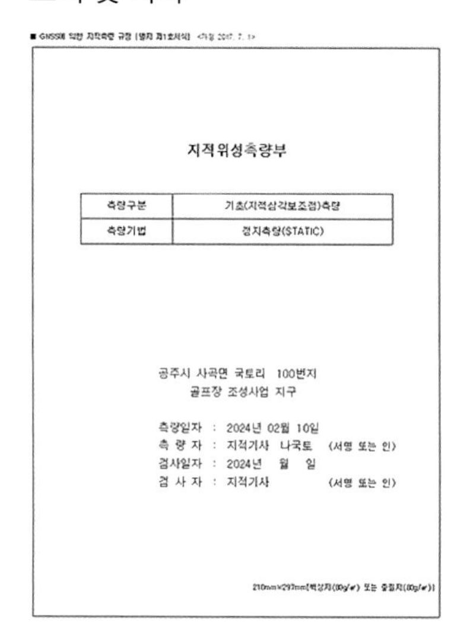

지적위성측량부

측량구분	기초(지적삼각보조점)측량
측량기법	정지측량(STATIC)

공주시 사곡면 국토리 100번지
골프장 조성사업 지구

측량일자 : 2024년 02월 10일
측 량 자 : 지적기사 나국토 (서명 또는 인)
검사일자 : 2024년 월 일
검 사 자 : 지적기사 (서명 또는 인)

210mm×297mm[백상지(80g/㎡) 또는 중질지(80g/㎡)]

【 별지 1호 서식 붙임 】

1. 지적위성측량 관측표
2. 지적위성측량 관측(계획)망도
3. 지적위성측량관측기록부 정지측량
4. 기선해석계산부
5. 기선벡터점검계산부
6. 기선벡터점검계산망도
7. 조정계산부
8. 좌표변환계산부(필요한 경우에 작성)
9. 지적기준점 위성측량 성과표

※ 위 붙임 서류는 필요시 작성하며, 부속 소프트웨어의 출력물이 있을 경우 출력물로 대체 가

① 지적위성측량관측표

■ GNSS에 의한 지적측량 규정 [별지 제1호서식-붙임 1] <개정 2017. 7. 1>

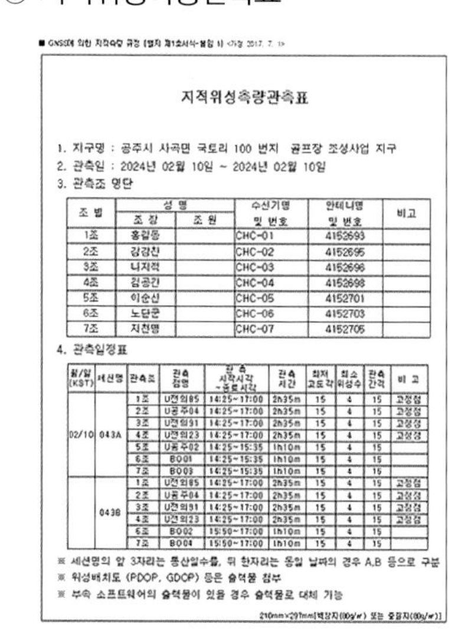

지적위성측량관측표

1. 지구명 : 공주시 사곡면 국토리 100 번지 골프장 조성사업 지구
2. 관측일 : 2024년 02월 10일 ~ 2024년 02월 10일
3. 관측조 명단

조 별	성 명		수신기명 및 번호	안테나명 및 번호	비고
	조 장	조 원			
1조	홍길동		CHC-01	4152693	
2조	강감찬		CHC-02	4152695	
3조	나지적		CHC-03	4152696	
4조	김공간		CHC-04	4152698	
5조	이순신		CHC-05	4152701	
6조	노단군		CHC-06	4152703	
7조	지천명		CHC-07	4152705	

4. 관측일정표

월/일 (KST)	세션명	관측조	관측 점명	관측 시작시각 ~종료시각	관측 시간	최저 고도각	최소 위성수	관측 간격	비 고
02/10	043A	1조	U전의85	14:25~17:00	2h35m	15	4	15	고정점
		2조	U공주04	14:25~17:00	2h35m	15	4	15	고정점
		3조	U전의91	14:25~17:00	2h35m	15	4	15	고정점
		4조	U전의23	14:25~17:00	2h35m	15	4	15	고정점
		5조	U공주02	14:25~15:35	1h10m	15	4	15	
		6조	B001	14:25~15:35	1h10m	15	4	15	
		7조	B003	14:25~15:35	1h10m	15	4	15	
	043B	1조	U전의85	14:25~17:00	2h35m	15	4	15	고정점
		2조	U공주04	14:25~17:00	2h35m	15	4	15	고정점
		3조	U전의91	14:25~17:00	2h35m	15	4	15	고정점
		4조	U전의23	14:25~17:00	2h35m	15	4	15	고정점
		6조	B002	15:50~17:00	1h10m	15	4	15	
		7조	B004	15:50~17:00	1h10m	15	4	15	

※ 세션명의 앞 3자리는 통산일수를, 뒤 한자리는 동일 날짜의 경우 A,B 등으로 구분
※ 위성배치도 (PDOP, GDOP) 등은 출력물 첨부
※ 부속 소프트웨어의 출력물이 있을 경우 출력물로 대체 가능

210mm×297mm[백상지(80g/㎡) 또는 중질지(80g/㎡)]

② 지적위성측량관측(계획)망도

■ GNSS에 의한 지적측량 규정 [별지 제1호서식-붙임 2] <개정 2017. 7. 1>

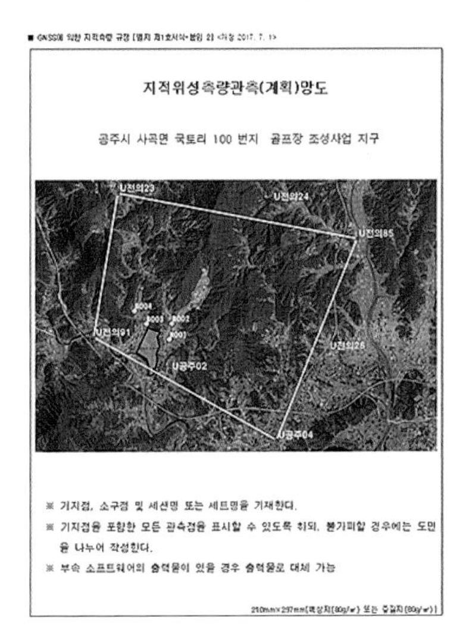

지적위성측량관측(계획)망도

공주시 사곡면 국토리 100 번지 골프장 조성사업 지구

※ 기지점, 소구점 및 세션명 또는 세트명을 기재한다.
※ 기지점을 포함한 모든 관측점을 표시할 수 있도록 하되, 불가피할 경우에는 도면을 나누어 작성한다.
※ 부속 소프트웨어의 출력물이 있을 경우 출력물로 대체 가능

210mm×297mm[백상지(80g/㎡) 또는 중질지(80g/㎡)]

③ 지적위성측량관측 기록부

■ GNSS에 의한 지적측량 규정 [별지 제1호서식-붙임 3] <개정 2017. 7. 1>

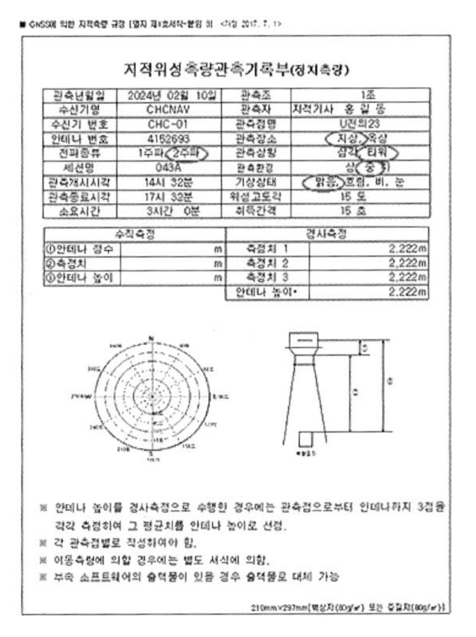

지적위성측량관측기록부(정지측량)

관측년월일	2024년 02월 10일	관측조	1조
수신기명	CHCNAV	관측자	지적기사 홍 길 동
수신기 번호	CHC-01	관측점명	U전의23
안테나 번호	4152693	관측장소	(지상), 옥상
전파종류	1주파, (2주파)	관측상황	삼각, (타워)
세션명	043A	관측환경	상, (중), 하
관측개시시각	14시 32분	기상상태	(맑음), 흐림, 비, 눈
관측종료시각	17시 32분	위성고도각	15 도
소요시간	3시간 0분	취득간격	15 초

수직측정		경사측정	
①안테나 정수	m	측정치 1	2.222m
②측정치	m	측정치 2	2.222m
③안테나 높이	m	측정치 3	2.222m
		안테나 높이*	2.222m

※ 안테나 높이를 경사측정으로 수행한 경우에는 관측점으로부터 안테나까지 3점을 각각 측정하여 그 평균치를 안테나 높이로 선정.
※ 각 관측점별로 작성하여야 함.
※ 이동측량에 의할 경우에는 별도 서식에 의함.
※ 부속 소프트웨어의 출력물이 있을 경우 출력물로 대체 가능

210mm×297mm[백상지(80g/㎡) 또는 중질지(80g/㎡)]

관측점별로 각각 작성한다.

④ 기선해석계산부

■ GNSS에 의한 지적측량 규정 [별지 제1호서식-붙임 6] <개정 2017. 7. 1>

기선해석계산부

사용 소프트웨어	LEICA Infinity

기선해석결과

기점명	종점명	세션명	세계 좌표				해의 종류	비고
			기선벡터(m)		추정오차(m)			
			ΔX		dX			
			ΔY		dY			
			ΔZ		dZ			
			ΔX		dX			
			ΔY		dY			
			ΔZ		dZ			
			ΔX		dX			
			ΔY		dY			
			ΔZ		dZ			
			ΔX		dX			
			ΔY		dY			
			ΔZ		dZ			
			ΔX		dX			
			ΔY		dY			
			ΔZ		dZ			
			ΔX		dX			
			ΔY		dY			
			ΔZ		dZ			

※ 삼차원(X,Y,Z) 좌표를 경위도(B,L,h)좌표로, (dX,dY,dZ)를 (dN,dE, dh)로 대체 가능

※ 부속 소프트웨어의 출력물이 있을 경우 출력물로 대체 가능

210mm×297mm[백상지(80g/㎡) 또는 중질지(80g/㎡)]

기선 처리 보고서

세션 세부 정보

Uje23 - BO04(오후 3:47:12-오후 4:59:27)(S42)

기선 관측: Uje23 --- BO04(S42)
처리일: 2022-04-05 오후 1:42:35
솔루션 유형: 고정
사용된 빈도: 다중 빈도
수평 정밀도: 0.008 m
수직 정밀도: 0.041 m
RMS: 0.016 m
최대 PDOP: 1.338
사용된 궤도력: 혼합
안테나 모델: NGS Absolute
처리 시작 시간: 2022-02-10 오후 3:47:42 (로컬: UTC+9시간)
처리 종지 시간: 2022-02-10 오후 4:59:12 (로컬: UTC+9시간)
처리 기간: 01:11:30
처리 간격: 30 초
처리 모드: 결합되지 않은 모드

벡터 요소 (표시 대 표시)

시작:	Uje23				
그리드		로컬		글로벌	
동경	-12037.911 m	위도	N36°33'22.58236"	위도	N36°33'22.58236"
북위	-35695.364 m	경도	E127°01'14.84511"	경도	E127°01'14.84511"
표고	120.451 m	높이	120.451 m	높이	120.451 m

종료:	BO04				
그리드		로컬		글로벌	
동경	-11424.841 m	위도	N36°31'06.22343"	위도	N36°31'06.22343"
북위	-35099.435 m	경도	E127°01'39.72171"	경도	E127°01'39.72171"
표고	71.010 m	높이	71.010 m	높이	71.010 m

벡터:					
Δ동경	613.071 m	도북 정방위각	171°37'23"	ΔX	-1976.954 m
Δ북위	-4204.071 m	타원체 거리	4243.530	ΔY	1593.551 m
Δ표고	-49.441 m	Δ높이	-49.441	ΔZ	-3406.647 m

출력물로 대체(기선해석에서 산출된 '기선 처리 보고서' 첨부)

⑤ 기선벡터점검계산부

■ GNSS에 의한 지적측량 규정 [별지 제1호서식-붙임 7] <개정 2017. 7. 1>

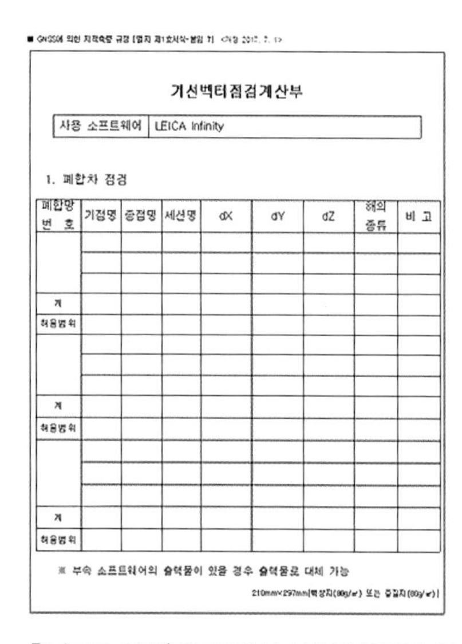

기선벡터점검계산부

사용 소프트웨어	LEICA Infinity

1. 폐합차 검검

폐합망 번 호	기점명	종점명	세션명	dX	dY	dZ	해의 종류	비 고
계								
허용범위								
계								
허용범위								
계								
허용범위								

※ 부속 소프트웨어의 출력물이 있을 경우 출력물로 대체 가능

210mm×297mm[백상지(80g/㎡) 또는 중질지(80g/㎡)]

GNSS 루프 폐합 결과

요약

	길이 (미터)	Δ3D (미터)	Δ수평 (미터)	Δ수직 (미터)	PPM
합격/실패 기준			0.500	0.500	
최선		0.003	0.000	0.000	0.025
최악		0.009	0.029	0.088	5.949
평균 루프	61820.305	0.021	0.007	0.019	0.600
표준 오차	38891.370	0.028	0.009	0.027	0.841

통과된 루프

루프: SEJN-Ugj04-Uje05

벡터 ID	시작	종료	시작 시간
SEJN --> Ugj04	SEJN	Ugj04	2022-02-10 오후 2:24:42
Ugj04 --> Uje05	Ugj04	Uje05	2022-02-10 오후 2:24:42
SEJN --> Uje05	SEJN	Uje05	2022-02-10 오후 2:15:42

길이 = 44467.942 m　Δ수평 = 0.020 m　Δ수직 = -0.005 m　PPM = 0.472
Δ3D = 0.021 m　ΔX = 0.005 m　ΔY = -0.016 m　ΔZ = 0.013 m

루프: CHEN-SEJN-Ugj04

벡터 ID	시작	종료	시작 시간
CHEN --> SEJN	CHEN	SEJN	2022-02-10 오전 8:59:42
SEJN --> Ugj04	SEJN	Ugj04	2022-02-10 오후 2:24:42
CHEN --> Ugj04	CHEN	Ugj04	2022-02-10 오후 2:24:42

길이 = 106697.335 m　Δ수평 = 0.019 m　Δ수직 = -0.012 m　PPM = 0.349
Δ3D = 0.037 m　ΔX = 0.027 m　ΔY = -0.026 m　ΔZ = -0.005 m

루프: CHEN-Uje23-Uje05

벡터 ID	시작	종료	시작 시간
CHEN --> Uje23	CHEN	Uje23	2022-02-10 오후 2:15:12
Uje23 --> Uje05	Uje23	Uje05	2022-02-10 오후 2:15:12
CHEN --> Uje05	CHEN	Uje05	2022-02-10 오후 2:13:42

출력물로 대체(망조정에서 산출된 'GNSS 루프폐합 결과 보고서' 첨부)

⑥ 기선벡터점검계산망도

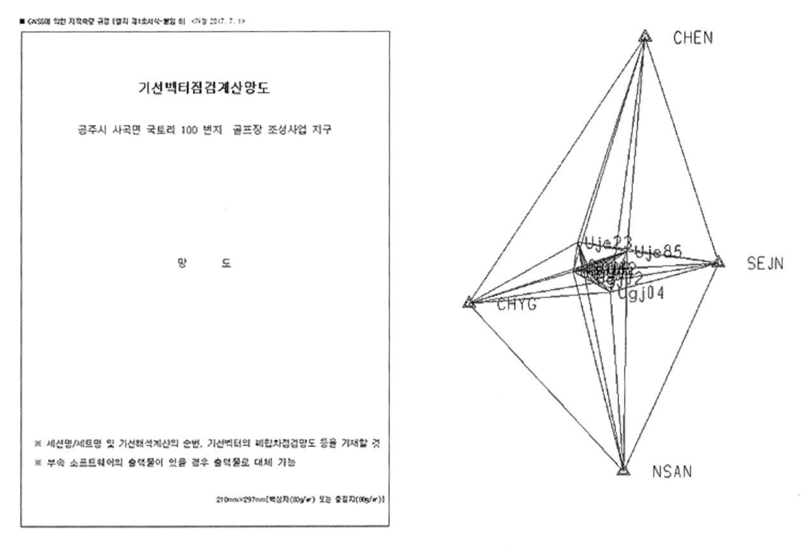

■ GNSS에 의한 지적측량 규정 [별지 제1호서식-붙임 9] <개정 2017. 7. 1>

기선벡터점검계산망도

공주시 사곡면 국토리 100 번지 골프장 조성사업 지구

망 도

※ 세션명/세트명 및 기선해석계산의 순번, 기선벡터의 폐합차점검망도 등을 기재할 것

※ 부속 소프트웨어의 출력물이 있을 경우 출력물로 대체 가능

210mm×297mm[백상지(80g/㎡) 또는 중질지(80g/㎡)]

출력물로 대체(망조정에서 작성된 망도를 캡처하여 첨부)

⑦ 조정계산부

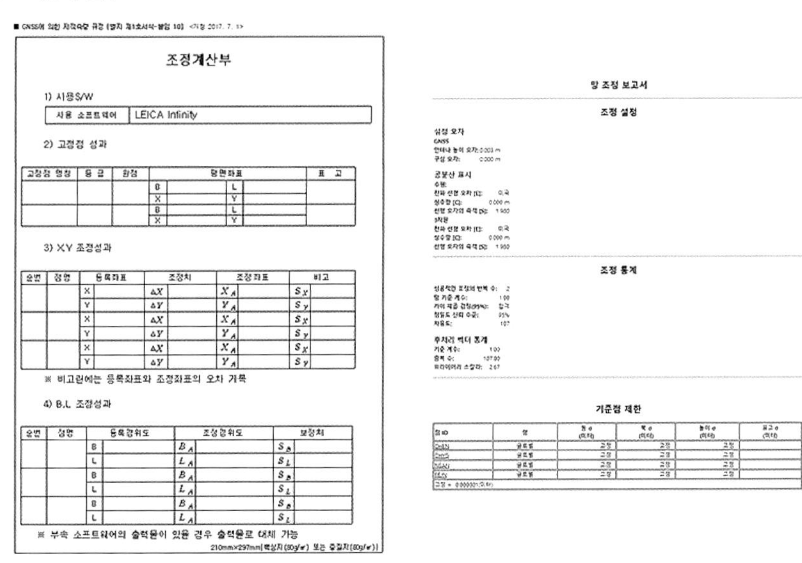

■ GNSS에 의한 지적측량 규정 [별지 제1호서식-붙임 10] <개정 2017. 7. 1>

조정계산부

1) 사용S/W

사용 소프트웨어	LEICA Infinity

2) 고정점 성과

고정점 명칭	등 급	원점	평면좌표				비 고
			B		L		
			X		Y		
			B		L		
			X		Y		

3) X.Y 조정성과

순번	점명	등록좌표		조정치		조정좌표		비고	
		X		ΔX		X_A		S_X	
		Y		ΔY		Y_A		S_Y	
		X		ΔX		X_A		S_X	
		Y		ΔY		Y_A		S_Y	
		X		ΔX		X_A		S_X	
		Y		ΔY		Y_A		S_Y	

※ 비고란에는 등록좌표와 조정좌표의 오차 기록

4) B.L 조정성과

순번	점명	등록경위도		조정경위도		보정치	
		B		B_A		S_B	
		L		L_A		S_L	
		B		B_A		S_B	
		L		L_A		S_L	
		B		B_A		S_B	
		L		L_A		S_L	

※ 부속 소프트웨어의 출력물이 있을 경우 출력물로 대체 가능

210mm×297mm[백상지(80g/㎡) 또는 중질지(80g/㎡)]

출력물로 대체(망조정에서 산출된 '망 조정 보고서' 첨부)

⑧ 좌표변환계산부(필요시)

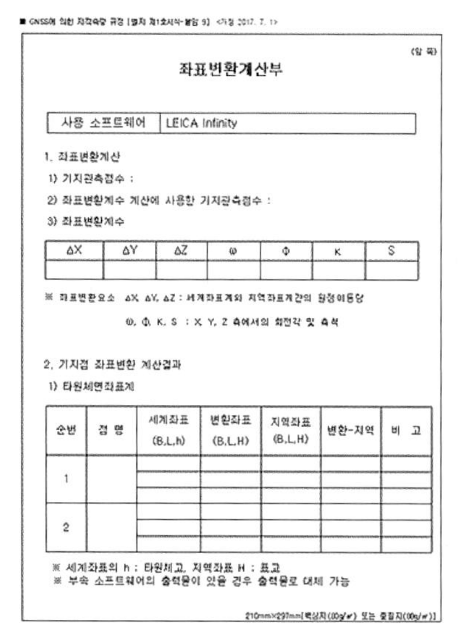

■ GNSS에 의한 지적측량 규정 [별지 제1호서식-붙임 9] <개정 2017. 7. 1>

(앞 쪽)

좌표변환계산부

사용 소프트웨어	LEICA Infinity

1. 좌표변환계산
 1) 기지관측점수 :
 2) 좌표변환계수 계산에 사용한 기지관측점수 :
 3) 좌표변환계수

ΔX	ΔY	ΔZ	ω	Φ	K	S

※ 좌표변환요소 ΔX, ΔY, ΔZ : 세계좌표계와 지역좌표계간의 원점이동량
ω, Φ, K, S : X, Y, Z 축에서의 회전각 및 축척

2. 기지점 좌표변환 계산결과
 1) 타원체면좌표계

순번	점 명	세계좌표 (B,L,h)	변환좌표 (B,L,H)	지역좌표 (B,L,H)	변환-지역	비 고
1						
2						

※ 세계좌표의 h : 타원체고, 지역좌표 H : 표고
※ 부속 소프트웨어의 출력물이 있을 경우 출력물로 대체 가능

210mm×297mm[백상지(80g/㎡) 또는 중질지(80g/㎡)]

■ GNSS에 의한 지적측량 규정 [별지 제1호서식-붙임 9] <개정 2017. 7. 1>

(뒤 쪽)

2) 평면직교좌표계

순번	점명	변환좌표 (x,y,H)	지역좌표 (x,y,H)	변환-지역	비 고
1					
2					
3					

3. 소구점 좌표변환 계산결과
 1) 타원체면좌표계

순번	점명	세계좌표 (B,L,h)	지역좌표 (B,L,H)	비 고
1				
2				
3				

2) 평면직교좌표계

순번	점명	세계좌표 (x,y,h)	변환좌표 (x,y,H)	지역좌표 (x,y,H)	변환-지역	비 고
1						
2						
3						

210mm×297mm[백상지(80g/㎡) 또는 중질지(80g/㎡)]

출력물로 대체(TBC에서는 망조정으로 대체 → '망 조정 보고서' 첨부)

⑨ 지적기준점 위성측량 성과표

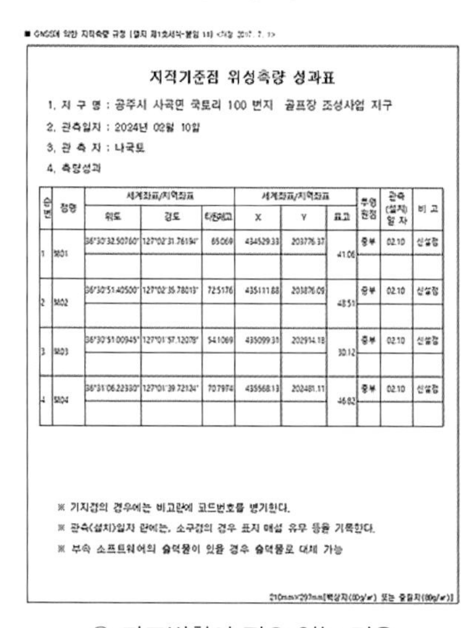

■ GNSS에 의한 지적측량 규정 [별지 제1호서식-붙임 11] <개정 2017. 7. 1>

지적기준점 위성측량 성과표

1. 지 구 명 : 공주시 사곡면 국토리 100 번지 골프장 조성사업 지구
2. 관측일자 : 2024년 02월 10일
3. 관 측 자 : 나국토
4. 측량성과

순번	점명	세계좌표/지역좌표 위도	경도	타원체고	세계좌표/지역좌표 X	Y	표고	투영원점	관측(설치)일자	비 고
1	보01	36°30'32.50760"	127°02'31.76194"	65.069	434529.33	203776.37	41.06	중부	02.10	신설점
2	보02	36°30'51.40500"	127°02'35.78013"	72.5176	435111.88	203876.09	48.51	중부	02.10	신설점
3	보03	36°30'51.00945"	127°01'57.12078"	54.1069	435099.31	202914.18	30.12	중부	02.10	신설점
4	보04	36°31'06.22330"	127°01'39.72124"	70.7974	435568.13	202481.11	46.82	중부	02.10	신설점

※ 기지점의 경우에는 비고란에 코드번호를 병기한다.
※ 관측(설치)일자 란에는, 소구점의 경우 표지 매설 유무 등을 기록한다.
※ 부속 소프트웨어의 출력물이 있을 경우 출력물로 대체 가능

210mm×297mm[백상지(80g/㎡) 또는 중질지(80g/㎡)]

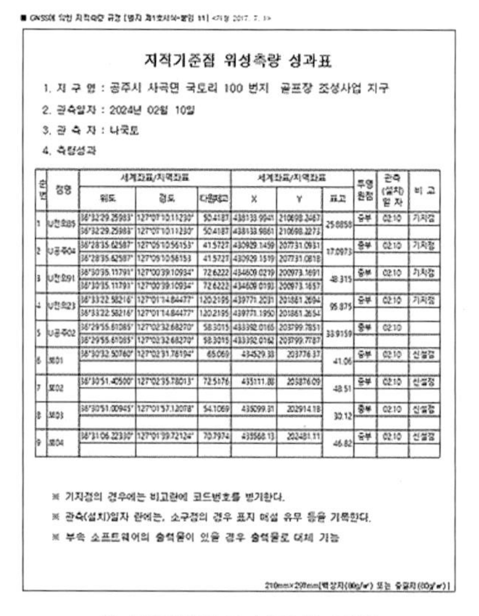

■ GNSS에 의한 지적측량 규정 [별지 제1호서식-붙임 11] <개정 2017. 7. 1>

지적기준점 위성측량 성과표

1. 지 구 명 : 공주시 사곡면 국토리 100 번지 골프장 조성사업 지구
2. 관측일자 : 2024년 02월 10일
3. 관 측 자 : 나국토
4. 측량성과

순번	점명	세계좌표/지역좌표 위도	경도	타원체고	세계좌표/지역좌표 X	Y	표고	투영원점	관측(설치)일자	비 고
1	U천안85	36°32'29.25983"	127°07'10.11230"	50.4187	438133.9941	210698.2467	25.0850	중부	02.10	기지점
		36°32'29.25983"	127°07'10.11230"	50.4187	438133.9861	210698.2273				
2	U공주04	36°28'35.62587"	127°05'10.56153"	41.5727	430929.1459	207731.0931	17.0973	중부	02.10	기지점
		36°28'35.62587"	127°05'10.56153	41.5727	430929.1519	207731.0818				
3	U천안91	36°30'35.11791"	127°00'39.10934"	72.6222	434609.0219	200973.1691	48.315	중부	02.10	기지점
		36°30'35.11791"	127°00'39.10934"	72.6222	434609.0193	200973.1657				
4	U천안23	36°33'22.58216"	127°01'14.84477"	120.2195	439771.2031	201861.2694	95.875	중부	02.10	기지점
		36°33'22.58216"	127°01'14.84477"	120.2195	439771.1950	201861.2654				
5	U공주02	36°29'55.61085"	127°02'32.68270"	58.3015	433392.0165	203799.7851	33.9159	중부	02.10	
		36°29'55.61085"	127°02'32.68270"	58.3015	433392.0162	203799.7787				
6	보01	36°30'32.50760"	127°02'31.76194"	65.069	434529.33	203776.37	41.06	중부	02.10	신설점
7	보02	36°30'51.40500"	127°02'35.78013"	72.5176	435111.88	203876.09	48.51	중부	02.10	신설점
8	보03	36°30'51.00945"	127°01'57.12078"	54.1069	435099.31	202914.18	30.12	중부	02.10	신설점
9	보04	36°31'06.22330"	127°01'39.72124"	70.7974	435568.13	202481.11	46.82	중부	02.10	신설점

※ 기지점의 경우에는 비고란에 코드번호를 병기한다.
※ 관측(설치)일자 란에는, 소구점의 경우 표지 매설 유무 등을 기록한다.
※ 부속 소프트웨어의 출력물이 있을 경우 출력물로 대체 가능

210mm×297mm[백상지(80g/㎡) 또는 중질지(80g/㎡)]

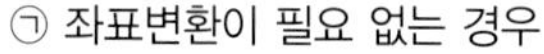

㉠ 좌표변환이 필요 없는 경우

㉡ 좌표변환이 필요한 경우

- 일반적으로 ㉠과 같이 작성하며, 위성기준점의 고시좌표로 계산하므로 계산된 신설점의 성과만 기록한다.
- 좌표변환이 반드시 필요한 경우 ㉡과 같이 좌표변환에 사용된 기지점과 신설점의 성과를 같이 기록한다.

3) 공공기준점 공

공공측량의 경우 다양한 사업이 존재하며, 관리기관들이 달라 요청양식이 약간은 다를 수 있으나 표준적인 내용 중심으로 성과물 샘플을 작성하였다. 본 샘플은 도로 또는 철도시공을 위한 측량을 예제로 하였다.

공공측량에서는 사업에 관한 보고서가 작성되는데, 해당 보고서의 첨부서류를 다음과 같이 작성한다. GNSS정지측량과 관련 없는 서류는 제외하였다.

가. 성과표

① 시공기준점 성과표

② TBM 성과표

③ 노선중심 선형좌표

④ 용지좌표

성 과 표

점의종류 : 시공기준점(GRS80)

점명 및 번호	X	Y	H(표고)	비 고
NO.102	440495.509	195427.067	19.253	설계기준점
NO.103	440403.535	195908.259	22.830	"
NO.104	436446.065	196932.661	32.199	"
NO.105	435239.349	196719.688	31.917	"
NO.106	435267.224	196924.709	35.445	"
PS.50	435226.898	197321.473	41.591	신설점
PS.51	435178.993	197431.056	40.343	"
PS.52	435339.169	197284.461	38.892	"
PS.53	435440.862	197303.433	39.666	"
PS.54	435771.323	197233.367	45.970	"

나. 기지점 성과표

① 통합기준점 성과표

② 국가수준점 성과표

성 과 표

점의종류 : 통합 기준점

점 명	X(종좌표)	Y(횡좌표)	H(표고)	비 고
U교육04	440495.5090	195427.067	19.253	
U교육05	440403.5350	195908.259	22.83	
U교육09	436446.0650	196932.661	32.199	
U교육12	435239.349	196719.688	31.917	

다. 성과 비교표

① 기준점 성과 비교표

② 중복변 비교표

③ 종단성과 비교표

기준점 성과 비교표

NO	사진대지	좌표계	실시설계성과			확인성과			차이			비고
			X	Y	Z	X	Y	Z	ΔX	ΔY	ΔZ	
NO.102		GRS80	440,495.509	195,427.067	19.253	440,495.502	195,427.069	19.246	0.007	-0.002	0.007	NO.102
NO.103		GRS80	440,403.535	195,908.259	22.830	440,403.531	195,908.254	22.839	0.004	0.005	-0.009	NO.103

중복변 비교표

점명 및 번호	Dx, Dy, Dz	측량년월일		비교차
U교육04->U교육05		2024년 2월 10일	2024년 2월 10일	
	Dx	-6156.277	-6156.277	0.000
	Dy	-4380.226	-4380.252	0.026
	Dz	-134.813	-134.817	0.004

- ① 기준점 성과 비교표

  기준점 점의조서에 고시된 성과와 망조정 완료된 성과를 비교하여 기재

- ② 중복변 비교표

  세션을 달리하여 중복관측된 점에 대하여 기선해석에서 산출된 '기선 처리 보고서'에서 양식에 필요한 내용 기재(기본자료: 기선 처리 보고서)

벡터:					
Δ동경	613.071 m	도북 정방위각	171°37'23"	ΔX	-1976.954 m
Δ북위	-4204.071 m	타원체 거리	4248.530	ΔY	1593.551 m
Δ표고	-49.441 m	Δ높이	-49.441	ΔZ	-3406.647 m

라. 계산부

① GNSS정확도 관리표

② 기선해석 결과 보고서

③ 수준측량 계산부(표고)

④ 토공량 계산서

GNSS정확도 관리표

세션명	기선명			기선성분 dx	dy	dz	기선장	해석종류	비고
1	U05	·	U04	6156.277	4380.252	134.817	7556.754	fix	
	U04	·	U12	-4290.556	2434.838	-5877.389	7673.396	fix	
	U12	·	U05	-1865.725	-6815.086	5742.574	9105.135	fix	
	계			-0.004	0.004	0.002	24335.285		
				(ds=√(Σdx2+Σdy2+Σdz2) ≤ 2mmΣD ,D은 사거리km) ⇒ 6 ≤ 48.7 ∴ pass					
2	U12	·	U05	-1865.725	-6815.086	5742.574	9105.135	fix	
	U05	·	PS.51	1524.405	5544.022	-4677.894	7412.333	fix	
	PS.51	·	U12	341.312	1271.061	-1064.673	1692.814	fix	
	계			-0.008	-0.003	0.007	18210.282		
				(ds=√(Σdx2+Σdy2+Σdz2) ≤ 2mmΣD ,D은 사거리km) ⇒ 11 ≤ 36.4 ∴ pass					

기선해석 결과 보고서

시점	종점	dx	dy	dz	사거리	타원체고 차
U04	U05	-6156.277	-4380.252	-134.817	7556.754	7556.754
U04	U12	-4290.556	2434.838	-5877.389	7673.396	16.950
U04	PS.50	-4527.325	1207.147	-4774.037	6689.193	19.726

• ① GNSS정확도 관리표

망조정에서 산출된 'GNSS 루프폐합 결과 보고서'에서 양식에 필요한 내용 기재

루프: SEJN-Ugj04-Uje85

벡터 ID	시작	종료	시작 시간
SEJN --> Ugj04(PV36)	SEJN	Ugj04	2022-02-10 오후 2:24:42
Ugj04 --> Uje85(PV51)	Ugj04	Uje85	2022-02-10 오후 2:24:42
SEJN --> Uje85(PV57)	SEJN	Uje85	2022-02-10 오후 2:13:42

PV36-PV51-PV57	**길이 = 44467.942 m**	**Δ수평 = 0.020 m**	**Δ수직 = -0.005 m**	**PPM = 0.472**
	Δ3D = 0.021 m	**ΔX = 0.005 m**	**ΔY = -0.016 m**	**ΔZ = 0.013 m**

기본자료: GNSS 루프폐합 결과 보고서

• ② 기선해석 결과 보고서

기선자료처리에서 산출된 '망 조정 보고서'에서 양식에 필요한 내용 기재

관측 ID		관측	어포스테리어리 오차	잔차	표준화됨 잔차
CHYG --> NSAN(PV2)	방위각	136°22'30"	0.008 sec	-0.040 sec	-6.746
	Δ높이	-61.750 m	0.020 m	-0.005 m	-0.456
	타원체 거리	40520.560 m	0.002 m	-0.005 m	-4.194

기본자료: 망 조정 보고서

마. 망도

① GNSS망도

② 수준망도

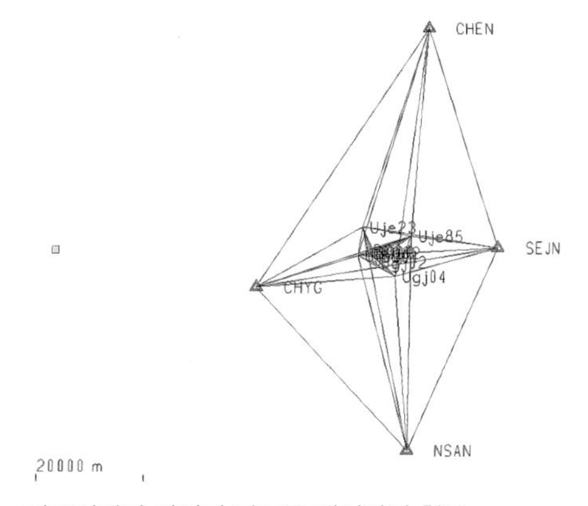

망조정에서 작성된 망도를 캡처하여 첨부

바. 관측기록부

① GNSS 관측기록부

② 수준측량 관측기록부

③ 횡단측량 관측기록부

GNSS 관측기록부

세 션	점번호	측 점 ID	관측 시간 (KST)		RINEX 파일명	안테나 종류	수신기번호	안테나고 측정방법	측정 안테나고	해석 안테나고	점의 상태	수준 높이	전세션과의 중복점	관측자	비 고
1	1	U교육05	02/10/2024 10:28	02/10/2024 17:43		CHC190	123-2456	경 사	1.258	1.211	양호			나국토	
	2	U교육04	02/10/2024 14:52	02/10/2024 18:05		CHC190	123-2457	경 사	1.122	1.089	양호			이순신	
	3	U교육12	02/10/2024 14:51	02/10/2024 17:16		R12	1285-6578	경 사	1.205	1.172	양호			홍길동	
	4	PS.50	02/10/2024 15:29	02/10/2024 17:24		R12	1285-6579	경 사	1.446	1.413	양호			홍달래	
	5	PS.51	02/10/2024 15:27	02/10/2024 17:22		R12	1285-6580	경 사	1.505	1.472	양호			나디오	
	6	PS.52	02/10/2024 14:42	02/10/2024 17:18		HIV60	N2356-11	수 직	1.556	1.556	양호			최국가	
	7	PS.53	02/10/2024 15:00	02/10/2024 17:15		HIV60	N2356-12	수 직	1.495	1.495	양호			명천명	

사. 점의 조서

④ 기지점 조서

⑤ 시공기준점 조서

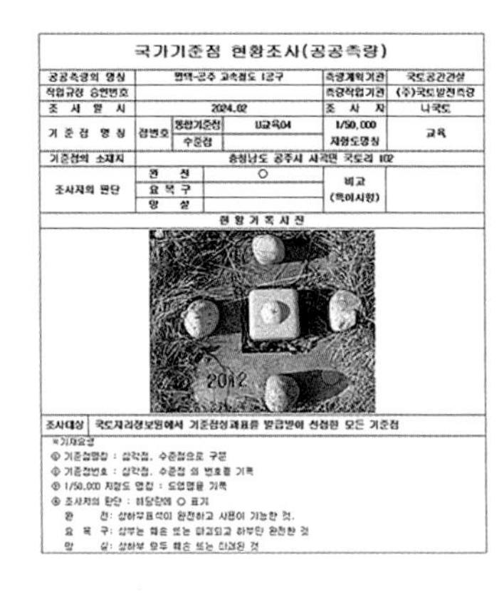

국가기준점 현황조사(공공측량)

공공측량의 명칭	평택-공주 고속철도 1공구			측량계획기관	국토공간건설
작업규정 승인번호				측량작업기관	(주)국토발전측량
조 사 일 시	2024.02			조 사 자	나국토
기 준 점 명 칭	점번호	통합기준점	U교육04	1/50,000 지형도명칭	교육
		수준점			
기준점의 소재지	충청남도 공주시 사곡면 국토리 102				
조사자의 판단	완 전	○		비고 (특이사항)	
	요 복 구				
	망 실				

현 황 기 록 사 진

조사대상	국토지리정보원에서 기준점성과표를 발급받아 신청한 모든 기준점

※기재요령
① 기준점명칭 : 삼각점, 수준점으로 구분
② 기준점번호 : 삼각점, 수준점 의 번호를 기록
③ 1/50,000 지형도 명칭 : 도엽명을 기록
④ 조사자의 판단 : 해당란에 ○ 표기
완 전: 상하부표석이 완전하고 사용이 가능한 것.
요 복 구: 상부는 훼손 또는 파괴되고 하부만 완전한 것
망 실: 상하부 모두 훼손 또는 파괴된 것

점 의 조 서

점 의 명 칭	PS.50		도엽명(1:50,000)		교육
점의소재지	충청남도 공주시 사곡면 국토리				
계 획 기 관	국토공간건설		작업기관		㈜국토발전측량
설치년월일	2024년 2월 5일		설 치 자		홍길동
관측년월일	2024년 2월 10일		관 측 자		나국토
GRS80 좌표계	B		X(N)	435226.898	표석상황
	L		Y(E)	197321.4730	동판
	H		H	41.591	
Bessel 좌표계	B		X(N)		좌표원점
	L		Y(E)		중부
	H		H		
경 로	국토정보로의 시작안내표 아래 위치.				

약 도

사 진 대 장

아. 작업사진

자. 투입장비 및 성능검사서

사 진 대 장

Page: 1

내 용	기준점측량/통합기준점	내 용	기준점측량/통합기준점
비 고	GPS 기준점측량	비 고	GPS 기준점측량

내 용	기준점측량/통합기준점	내 용	기준점측량/시공기준점
비 고	GPS 기준점측량	비 고	GPS 기준점측량

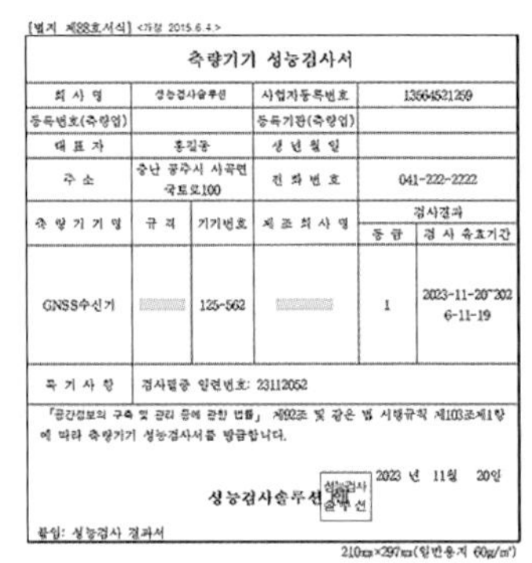

[별지 제98호서식] <개정 2015.6.4.>

측량기기 성능검사서

회 사 명	성능검사솔루션		사업자등록번호	13564521259	
등록번호(측량업)			등록기관(측량업)		
대 표 자	홍길동		생 년 월 일		
주 소	충남 공주시 사곡면 국토로100		전 화 번 호	041-222-2222	
측 량 기 기 명	규 격	기기번호	제 조 회 사 명	검사결과	
				등 급	검 사 유효기간
GNSS수신기		125-562		1	2023-11-20~2026-11-19
특 기 사 항	검사필증 일련번호: 23112052				

「공간정보의 구축 및 관리 등에 관한 법률」 제92조 및 같은 법 시행규칙 제103조제1항에 따라 측량기기 성능검사서를 발급합니다.

2023 년 11월 20일

성능검사솔루션 (인)

붙임: 성능검사 결과서

210㎜×297㎜(일반용지 60g/㎡)

MEMO

G N S S 측 량 실 무

CHAPTER 05

기선해석 및 성과계산, 성과작성 -Leica Infinity-

CHAPTER 05

기선해석 및 성과계산, 성과작성 -Leica Infinity-

현장관측이 완료된 데이터의 RINEX파일 작성 및 위성기준점데이터 다운로드 등 기선해석을 위한 사전준비가 완료되면, 기선해석용 전문프로그램을 이용하여 기선해석 및 성과계산을 실시한다. 작업의 절차는 다음과 같이 기선처리, 망조정, 성과결정, 성과물작성 순으로 진행하는데, Infinity프로그램은 기선자료처리 전에 기지점의 고시성과를 입력하여야 한다. 물론 기선자료처리 이후에 넣을 수도 있지만, 속도가 저하되는 문제가 있다. 따라서 Infinity는 최소제약조정(Minimally Constrained Adjustment) 단계 없이 완전제약조정(Full Constrained Adjustment)만을 실시하여 성과를 결정하고, 성과를 작성한다.

※ 본 교재는 Infinity 3.4.2버전 기준으로 작성되었습니다.

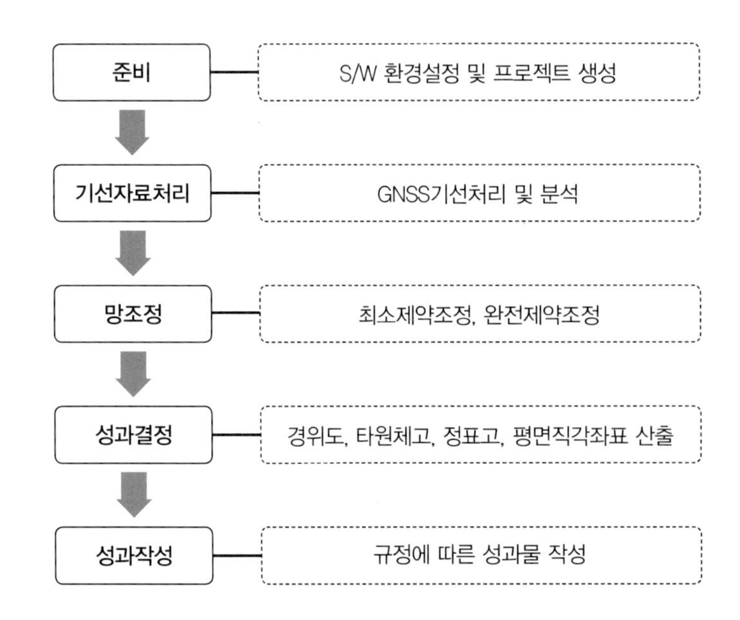

01 환경설정

환경설정을 위해서는 안테나파일, 좌표계, 지오이드모델 등이 필요하며, 인터넷이 정상적으로 접속할 수 있는 경우에는 자동업데이트를 통해 해결하지만, 불가능한 경우(해외사업 등)에는 해당 자료를 미리 준비하여 수동으로 업데이트를 해야 한다.

1) 자동업데이트

정보 탭에서 업데이트가 되는 경우 해당 지역에 맞는 설정으로 환경설정(안테나파일, 좌표계, 지오이드모델 등)이 자동으로 된다. 그러나 자동업데이트가 되더라도 그 내용에 대해서는 반드시 확인하여야 한다.

파일 - 정보 - 업데이트 확인 Click

2) 수동업데이트

정보 탭에서 업데이트가 되지 않는 경우에는 안테나, 좌표계, 지오이드파일을 수작업으로 입력한다(실습자료 참고).

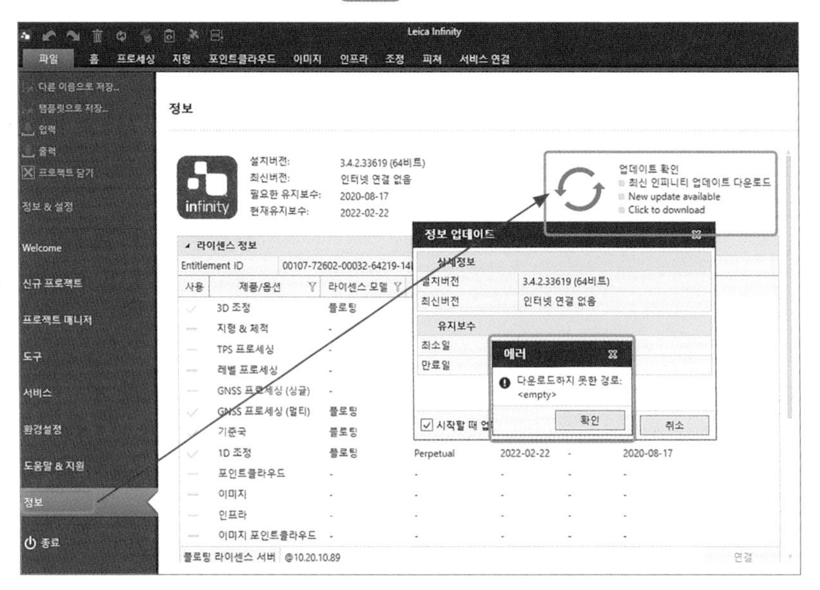

Tip◆ 인터넷이 안 되는 지역인 경우에는 업데이트가 되지 않을 수 있음

(1) 안테나파일 입력

안테나파일은 인터넷포털 검색창에서 '인피니티 안테나'로 검색하여 leica에서 제공하는 최신 안테나파일을 다운로드 받는다.

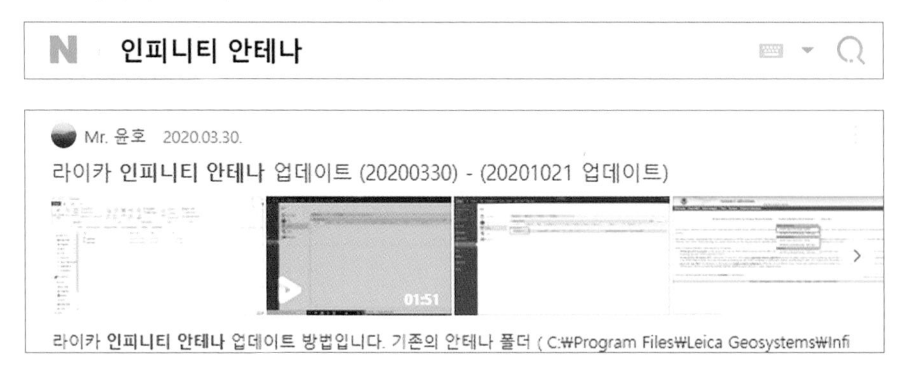

최신 GNSS수신기의 경우 업데이트가 바로 되지 않을 수 있으니, 아래의 주소로 접속하여 'NGS 14 절대' 안테나보정정보를 받아서 사용한다. 만약 NGS14파일에도 없다면, 메모장으로 ngs14.atx 파일을 편집하여 해당 장비사로부터 받은 안테나보정파일을 넣어 저장한 후 사용한다.

접속주소 https://www.ngs.noaa.gov/ANTCAL/

❶ Access Calibrations for All Antennas – NGS14 Absolute – ANTEX(New IGS format – GNSS)

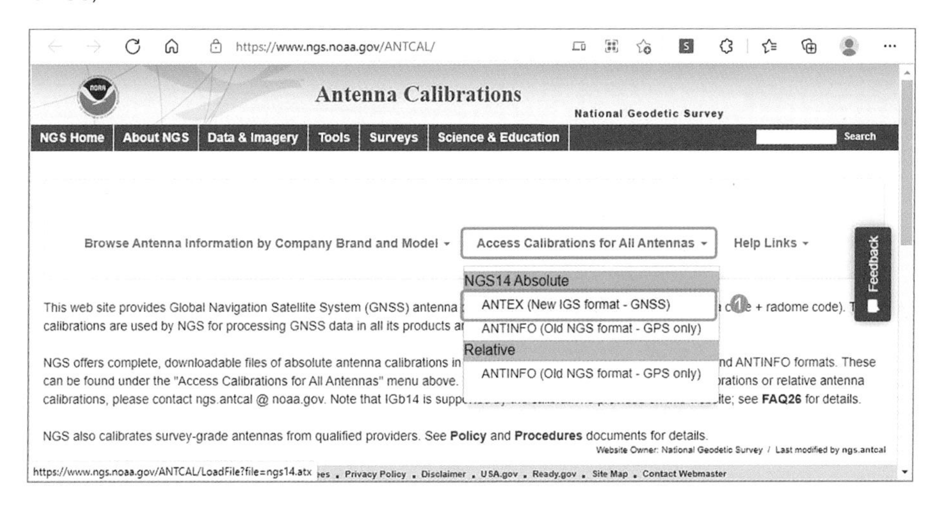

❷ 마우스 우클릭 – 다른 이름으로 저장 – ngs14.atx(파일 형식: 모든 파일) – 저장 Click

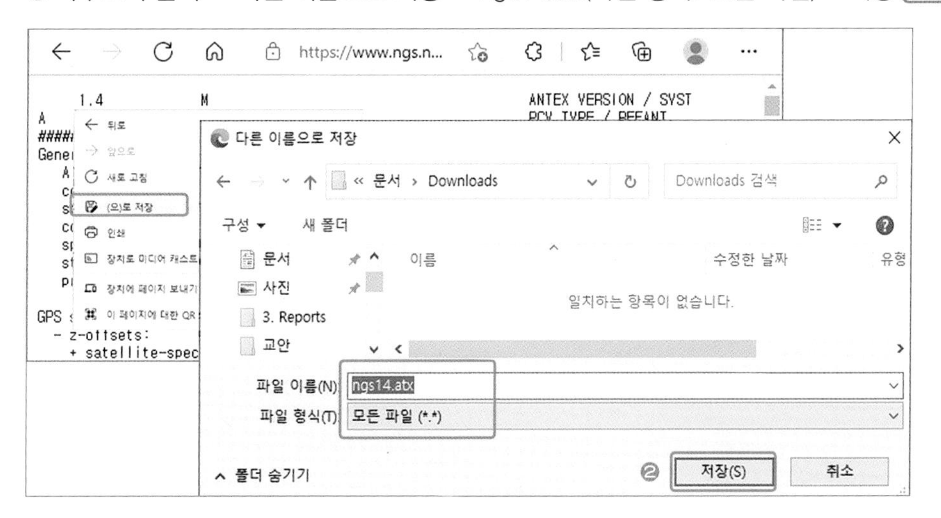

[GNSS Antenna Calibration]

GNSS사용자에게 있어서 정확한 위치측정을 위한 중요정보로서, GNSS안테나의 보정정보(GNSS Antenna Calibration), ARP(Antenna Reference Point), APC(Antenna Phase Center)에 대한 이해가 필요하다. 즉 우리가 관측하고자 하는 기준점 또는 경계점의 위치를 알기 위해서는 안테나의 어느 부분에 데이터가 수신되고 거기로부터 얼마의 아래에 관측점이 있는가를 측정하는 것이 중요한데, 일반적으로 안테나의 하단(ARP: Antenna Reference Point)을 알고 있다면, ARP와 관측점 간의 거리는 외관상으로 측정이 가능하므로 문제가 없다. 다만, ARP로부터 GNSS데이터가 수신되는 Phase Center(APC: Antenna Phase Center)까지의 높이를 측정하는 일이 남게 된다.

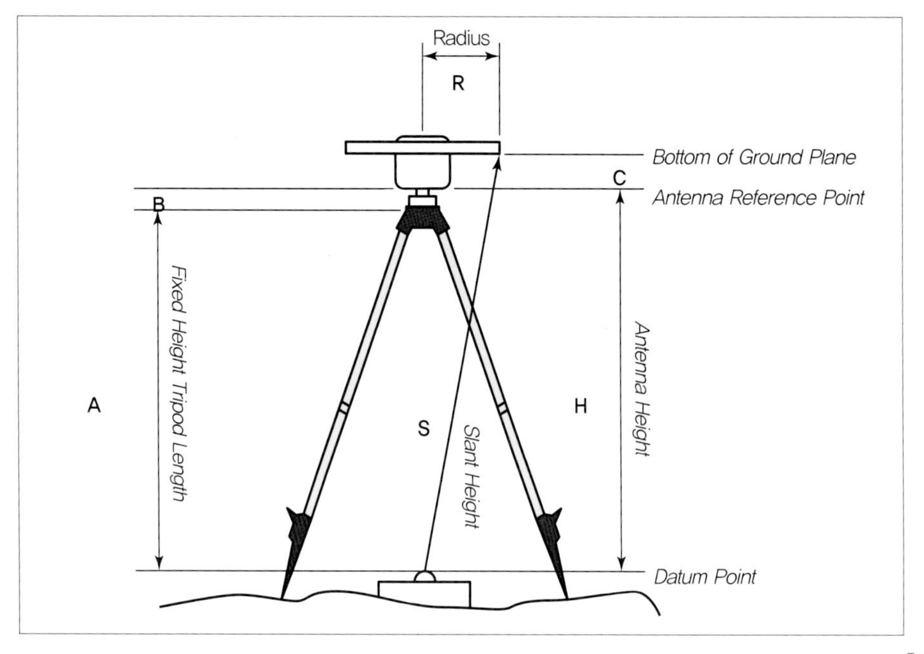

출처: NOAA

그런데 APC는 다음 그림과 같이 ARP가 0일 때, L1, L2 각각 다른 값을 가지고 있기 때문에 이 값을 알아야 한다.

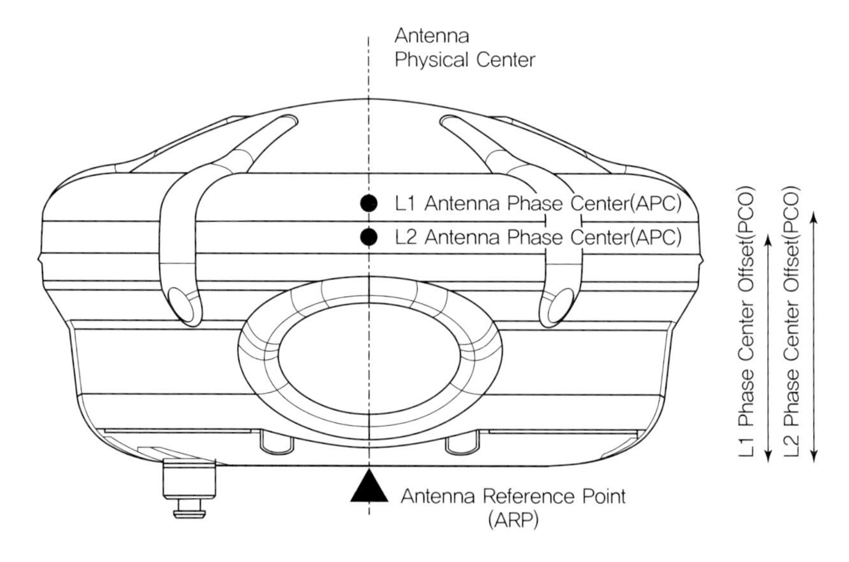

출처: https://www.sciencedirect.com/science/article/pii/S2090997713000515

그 이유는 다음 그림과 같이 APC에 들어오는 위성신호가 균일한 선형을 이루는 것이 아니라 불규칙하기 때문이다.

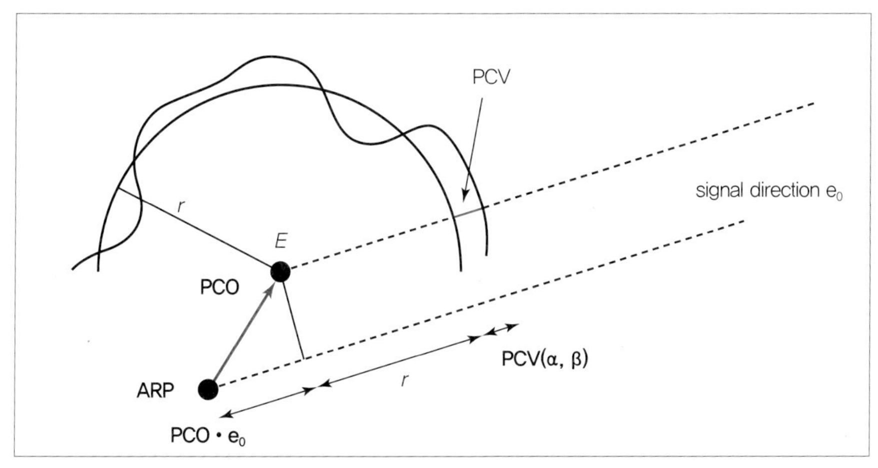

출처: Philipp ZEIMETZ und Heiner KUHLMANN, Germany, Validation of the Laboratory Calibration of Geodetic Antennas based on GPS Measurements, 2010.

따라서 안테나보정(Antenna Calibration)이 필요하며, 기선해석프로그램에 안테나보정파일을 입력하는 것이다. 각 제조사에서 만든 안테나에 대한 보정파일은 미국 NGS(National Geodetic Survey)에서 측정하여 전 세계적으로 서비스하는 것으로, 최신의 보정파일을 사용하는 것이 좋다.

Antenna Calibration은 Relative Calibration과 Absolute Calibration의 두 가지 종류가 있으며, NGS는 Relative Calibration값만을 제공하다가 최근에는 Absolute Calibration값도 제공하고 있다.

① Relative Calibration

다음 그림과 같이 두 개의 서로 다른 안테나(Reference Antenna & Test Antenna)를 세우고, 두 안테나 간 시각동기화를 이용해 보정값을 산출한다.

출처: Andria Bilich, Antenna Calibration at the National Geodetic Survey, 2021.

② Absolute Calibration

다음 그림과 같이 로봇을 이용하여 각도(5도)별로 안테나를 움직이면서 테스트를 진행하며, NGS와 IGS에서 동일하게 진행한다.

출처: Andria Bilich, Antenna Calibration at the National Geodetic Survey, 2021.

③ Antenna Calibration 정보

Antenna Calibration은 아래와 같이 맨 윗줄은 안테나이름, 고유번호, 테스트기관, 테스트 연월일이 기재되고, 둘째 줄은 북쪽, 동쪽, 상단값과 이후에는 고도각 5도씩 Calibration값이 기재된다. 물론 L1, L2의 APC가 다르므로 각각 나뉘 기록된다.

```
ANTENNA ID        DESCRIPTION                  DATA SOURCE (# OF TESTS) YR/MO/DY
                                               |AVE = # in average
 [north]  [ east]  [ up ]                         | L1 Offset (mm)
 [90]  [85]  [80]  [75]  [70]  [65]  [60]  [55]  [50]  [45]  | L1 Phase at
 [40]  [35]  [30]  [25]  [20]  [15]  [10]  [ 5]  [ 0]        | Elevation (mm)
 [north]  [ east]  [ up ]                         | L2 Offset (mm)
 [90]  [85]  [80]  [75]  [70]  [65]  [60]  [55]  [50]  [45]  | L2 Phase at
 [40]  [35]  [30]  [25]  [20]  [15]  [10]  [ 5]  [ 0]        | Elevation (mm)
```

④ Relative Calibration과 Absolute Calibration값의 비교

NGS에서 서비스하고 있는 Relative Calibration과 Absolute Calibration값은 아래와 같이 미소한 차이(mm단위임)를 보이고 있다. 그러나 정확성 향상을 위해서는 Absolute Calibration값을 사용하는 것이 바람직하다.

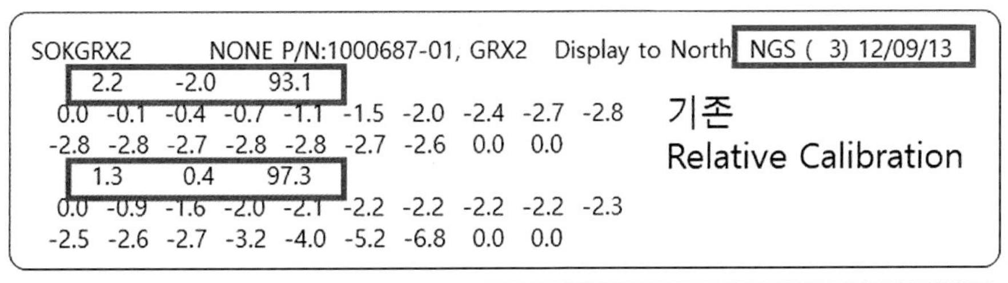

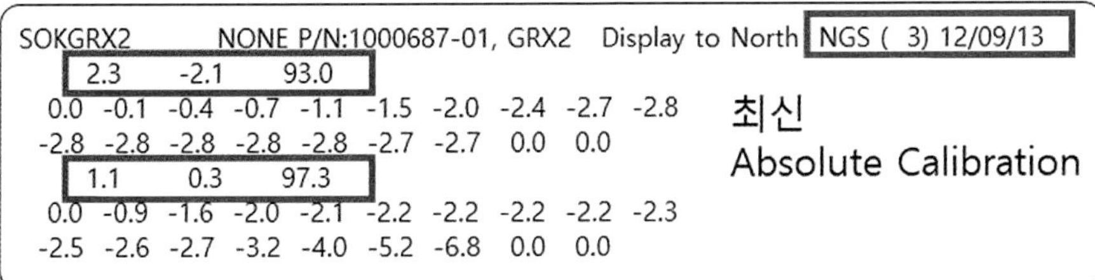

[안테나파일이 없거나 적용되지 않은 경우]

기선해석을 하는 데 다음과 같은 경고문구가 뜬다면, 안테나파일이 적용되지 않은 것이다. 해당 안테나는 'CHCI90'장비이다.

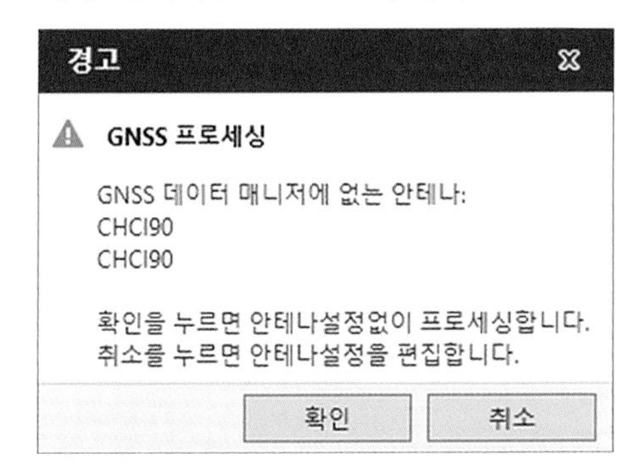

안테나파일은 C:/Program Files/Leica Geosystems/Infinity/Predefined에 위치해 있다. 탐색기에서 해당 경로에서 ngs14.atx를 메모장으로 열어 'CHCI90'이 있는지 확인해 보자.

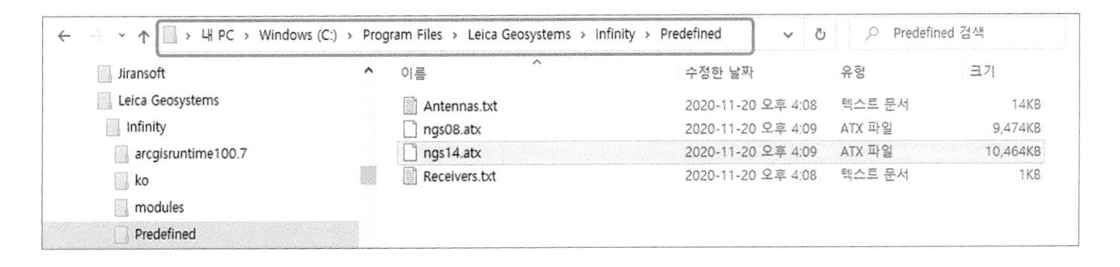

검색 결과 'CHCI90'안테나 정보가 없는 것이 확인되었다.

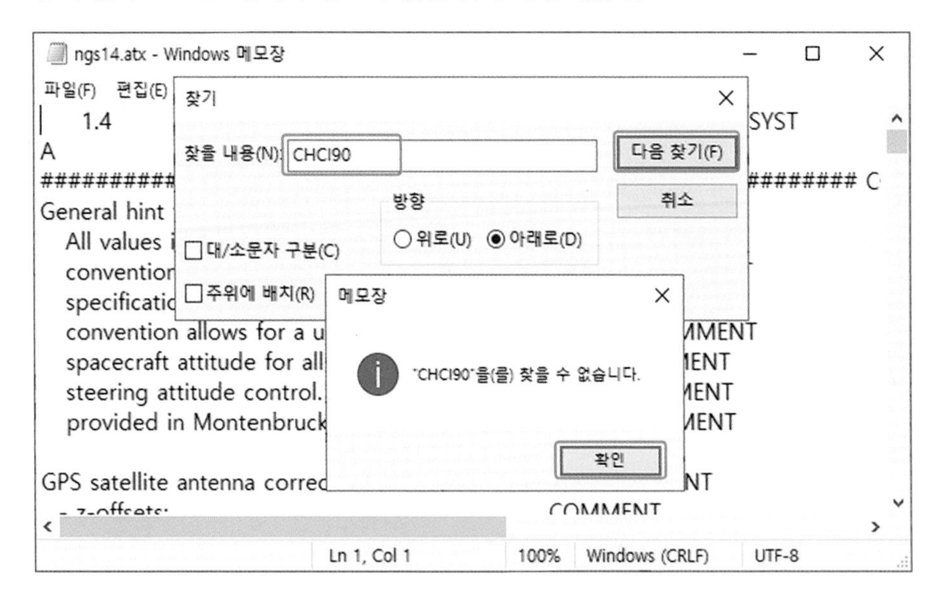

앞에서 받은 안테나파일을 확인해 보자.

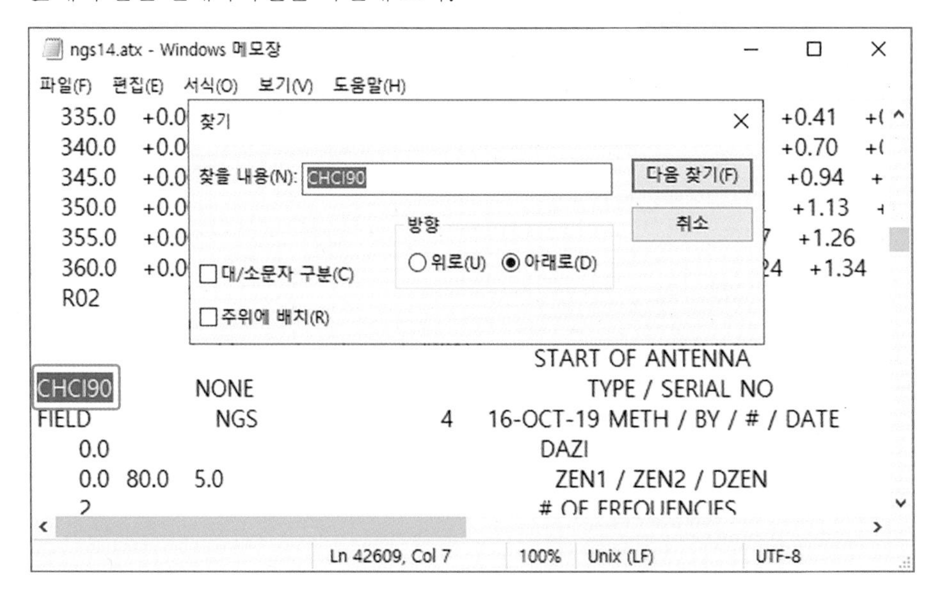

'CHCI90'안테나 정보가 존재하는 것이 확인되었다. 해당 파일을 기존 안테나 파일경로(C:/Program Files/Leica Geosystems/Infinity/Predefined)에 붙여 넣는다.

❸ 파일 – 도구 → ❹ 안테나 → ❺ 'CHCI90' 검색 → ❻ 프로젝트로 복사 (Click)

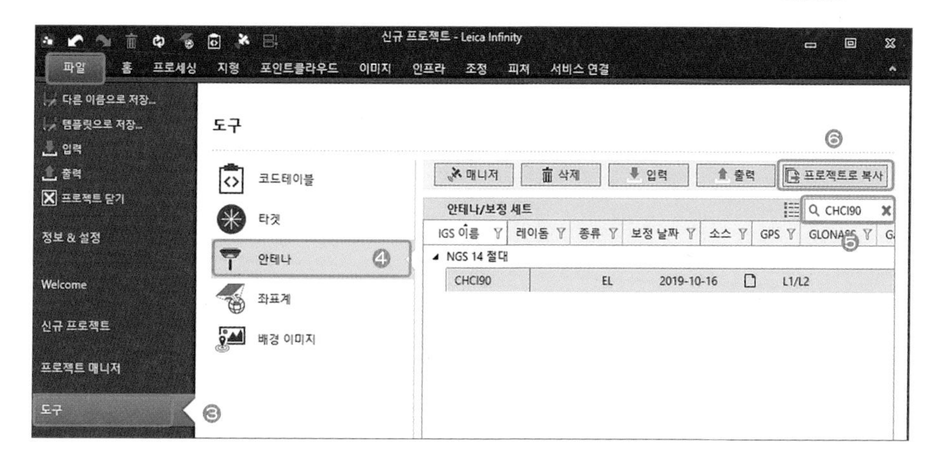

기선해석 결과 경고 문구 없이 계산이 되는 것을 확인할 수 있다.

(2) 좌표계 입력

❶ 좌표계 → ❷ 입력 → ❸ 파일 선택 – 입력 (Click)

(3) 지오이드 입력

지오이드모델은 GPS좌표체계에 의해 전 세계적으로 만들어진 EGM계열 모델이 있고, 국토지리정보원에서 한국형으로 만든 KNGeoid모델이 있다. 해당 정보는 국토지리정보원 '국토정보플랫폼 – 국가수직연계'에서 확인이 가능하며, 모델파일은 GNSS수신기 제조사에 요청하면 해당 장비 등에 맞는 모델을 제공한다. KNGeoid 14(약 3cm 수준 신뢰도)는 전국에 10 * 10km로 설치된 통합기준점(U0000)의 중력측정값 등을 통해 만들어졌으며, KNGeoid 18(약 2.3cm 수준 신뢰도)은 최근 설치된 통합기준점(U도엽명00)의 중력측정 값 등이 추가되어 만들어진 모델이다. 따라서 GNSS기선처리에서는 가능하면, 최신의 모델을 적용하여 기선처리를 하는 것이 바람직하다. 또한 Network-RTK장비를 사용하는 경우에도 최신의 모델을 적용하여 현장관측에서 높은 정확도의 표고를 측정할 수 있도록 해야 한다. 국가지오이드모델 구축사업현황은 다음 그림과 같다.

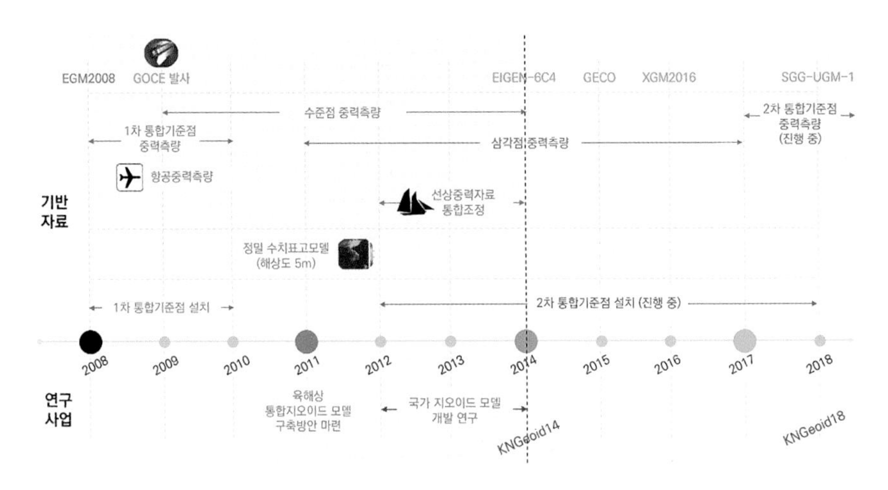

▲ 국가지오이드모델 구축사업

출처: http://www.ngii.go.kr

해당 모델 적용 후 정확도 평가방법은 GNSS현장관측 시 기 고시된 통합기준점을 관측하고(본 교재에서는 U공주02), 기선자료처리 시 신설점으로 계산하여, 위성기준점을 기지점으로 망조정 후 계산성과와 고시좌표를 비교하여 확인한다. Network-RTK장비를 운용하는 경우에는 측량 전에 사업지구 인근의 통합기준점을 관측하여 고시성과와 비교한 후 세부측량작업을 실시하도록 한다.

❶ 도구 – 좌표계 – 매니저 Click

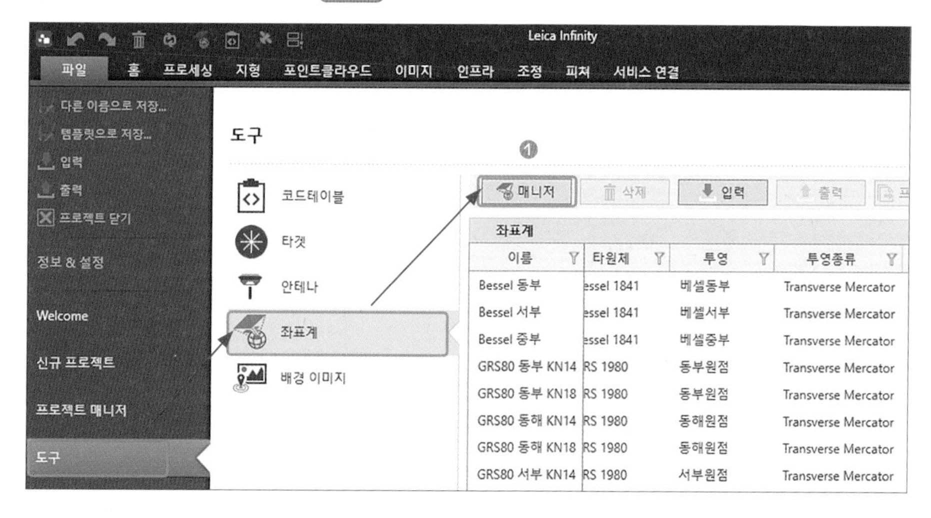

❷ 해당 좌표계(GRS80 중부 KN18) 선택 – 마우스 우클릭 → ❸ 속성 Click

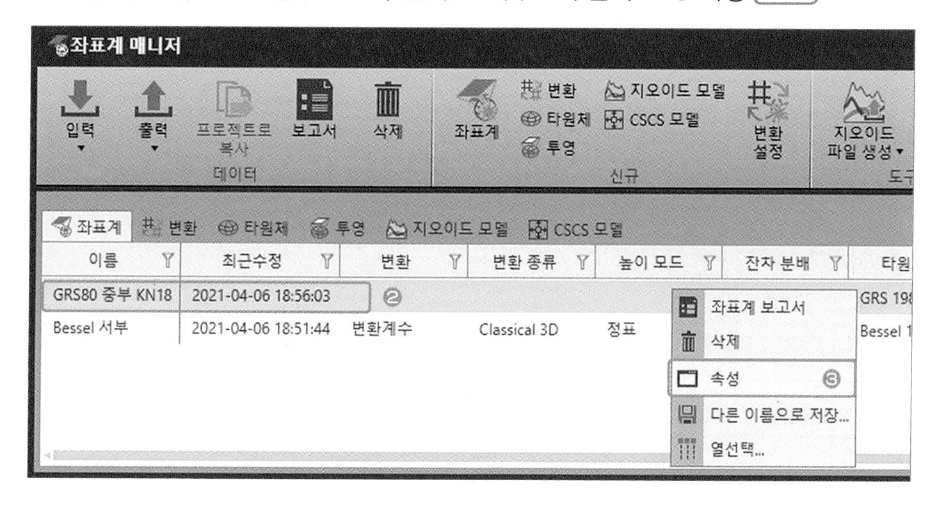

④ 지오이드 모델 탭 Click – 속성 창에서 '지오이드 모델: 없음'으로 나타나는 경우 → ⑤ 수정 Click

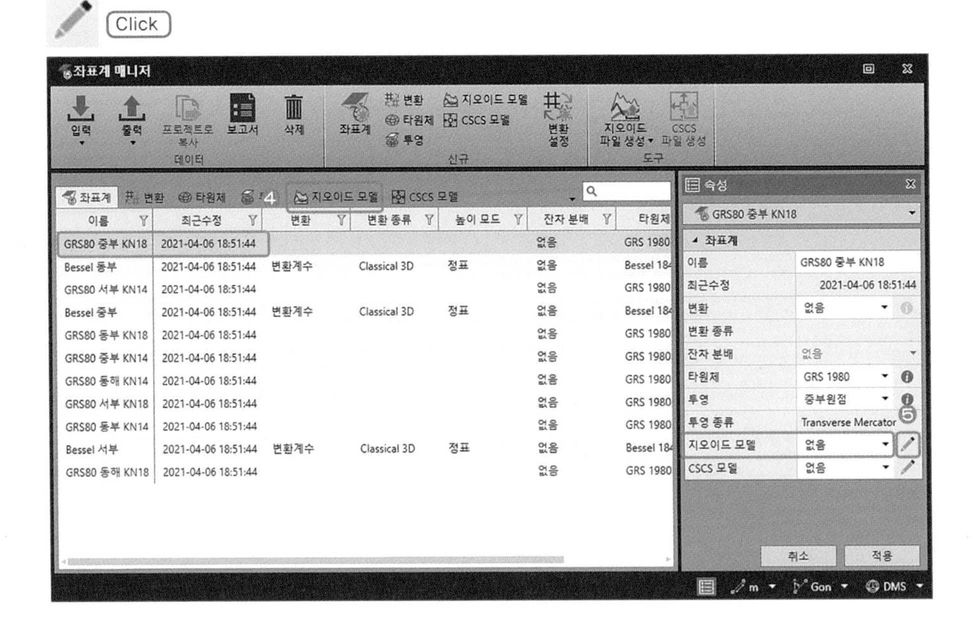

⑥ 파일 열기 → ⑦ 파일 선택 – 열기 Click

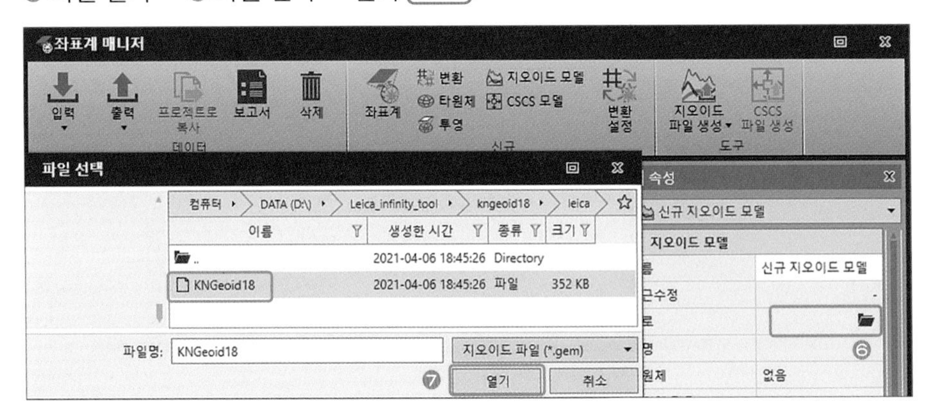

⑧ 생성 (Click) → ⑨ 적용 (Click)

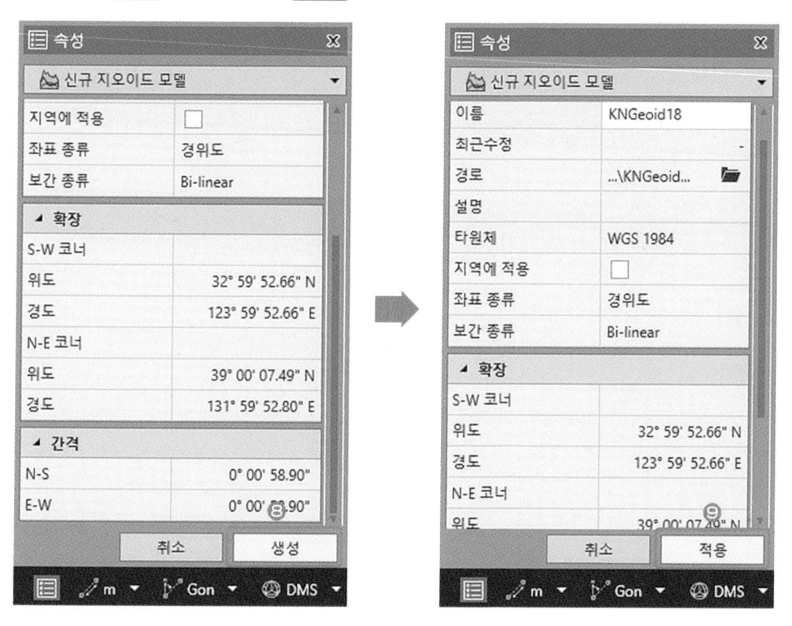

Tip◆ 지오이드모델이 정상적으로 입력된 것을 확인할 수 있다.

⑩ 좌표계 탭 (Click) – 해당 좌표계 선택 → ⑪ 지오이드 모델 선택(없음 → KNGeoid18) → ⑫ 생성 (Click)

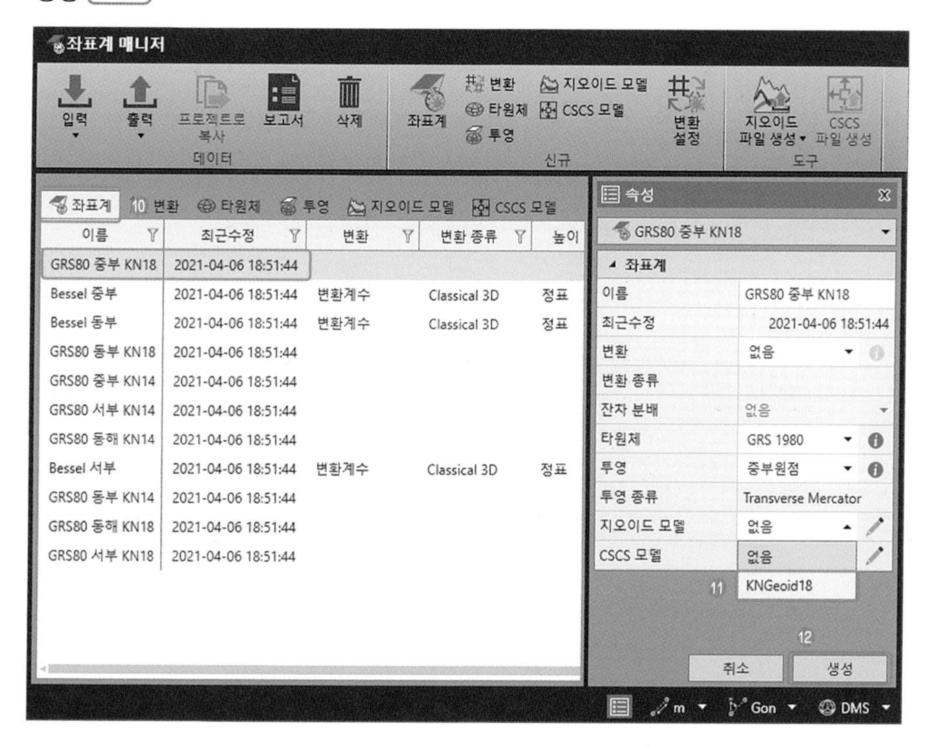

02 프로젝트 생성

1) 새 프로젝트 생성

❶ 파일 - 신규 프로젝트 [Click] → ❷ 프로젝트 상세정보 입력 → ❸ 단위, 좌표계 설정 → ❹ 생성 [Click]

대항목	소항목	설정
단위	각도	DMS [0.01″]
	경위도	DMS [0.00001″]
	좌표 순서	N, E
좌표계	이름	GRS80 중부 KN18

Tip ◆ 좌표계는 해당 지역의 ZONE에 맞춰 선택한다(서부, 중부, 동부).

2) 템플릿 활용하기

템플릿은 마치 워드프로그램에서 스타일을 활용하는 것과 같다. Infinity에서는 템플릿을 만들어 놓으면, 생성할 때마다 1)에서와 같이 일일이 설정하지 않아도 된다. 템플릿 설정방법을 알아보자.

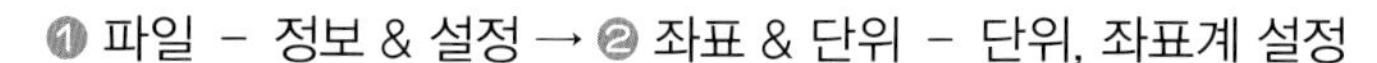

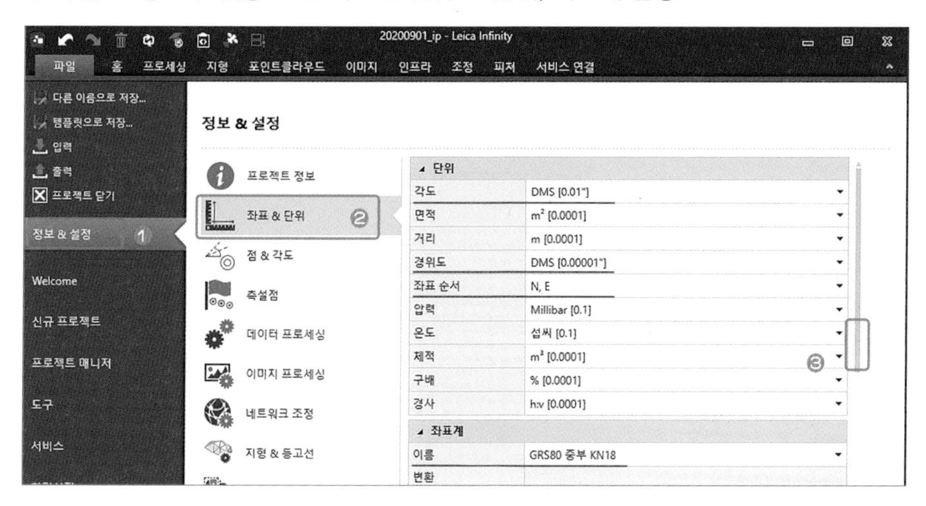

❸ 스크롤바를 아래로 내림 - 좌표 표시 설정

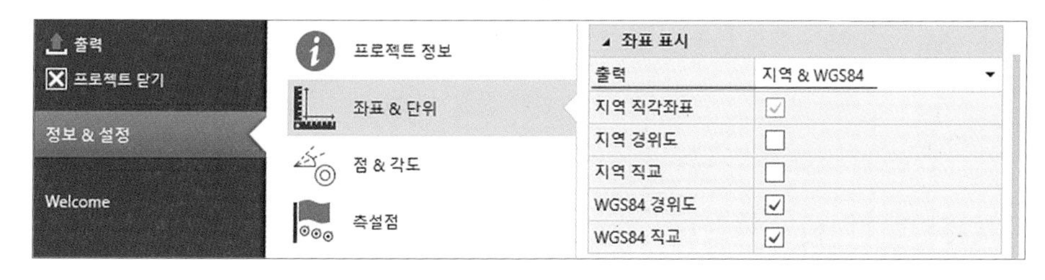

대항목	소항목	설정
단위	각도	DMS [0.01″]
	경위도	DMS [0.00001″]
	좌표순서	N, E
좌표계	이름	GRS80 중부 KN18
좌표 표시	출력	지역 & WGS84

Tip◆ 좌표계는 해당 지역의 ZONE에 맞춰 선택한다(서부, 중부, 동부).

❹ 데이터 프로세싱 → ❺ GNSS 탭 Click – 데이터, 프로세싱 전략 설정

❻ 스크롤바를 아래로 내림 – 고급 프로세싱 전략 설정

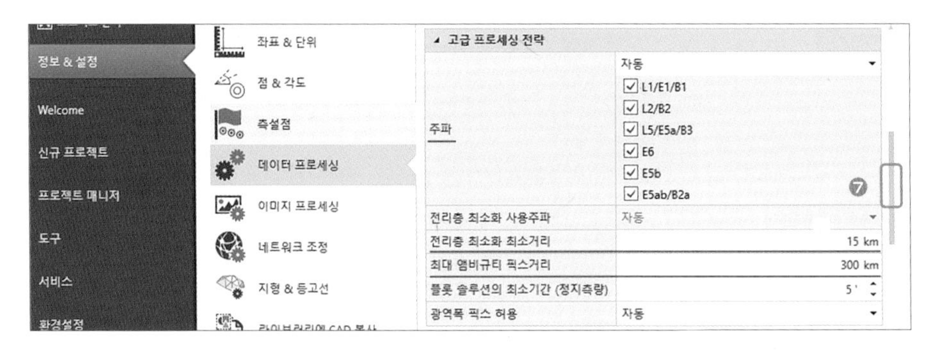

❼ 스크롤바를 아래로 내림 – 추천기선 전략 설정

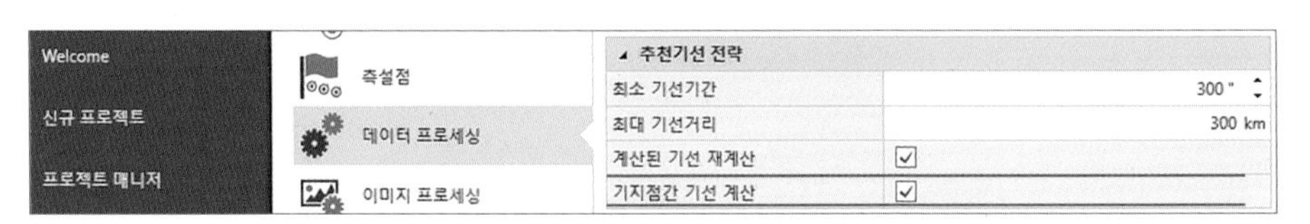

대항목	소항목	설정
데이터	절사각	15도
	위성계	GPS, GLONASS, Beidou, Galileo
	궤도력 종류	정밀력
	안테나 보정세트	NGS14 절대
프로세싱 전략	솔루션 종류	위상차 픽스

고급 프로세싱 전략	주파	L1, L2, L5, E6, E5b, E5ab
	전리층 최소화 최소거리	15km
	최대 엠비규티 픽스거리	300km
추천기선 전략	계산된 기선 재계산	체크
	기지점간 기선 계산	체크

⑧ 네트워크 조정 → ⑨ 일반사항 탭 Click - 좌표계 설정

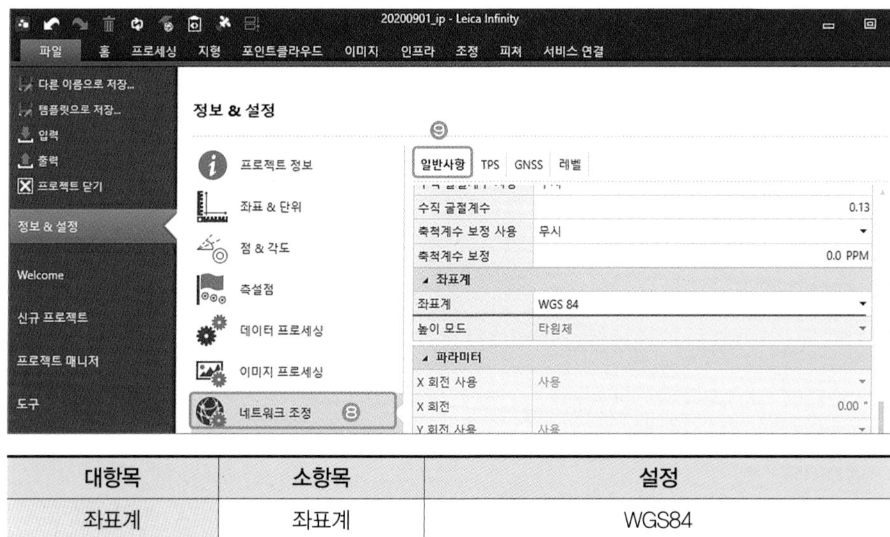

대항목	소항목	설정
좌표계	좌표계	WGS84

⑩ 템플릿으로 저장 Click → ⑪ 파일명 설정 - 저장 Click

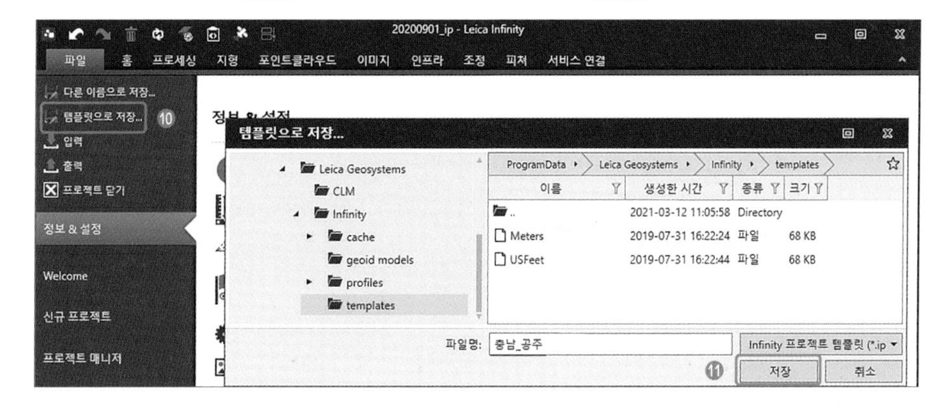

⑫ 신규 프로젝트 → ⑬ 템플릿 선택 → ⑭ 프로젝트 상세정보 입력→ ⑮ 생성 Click

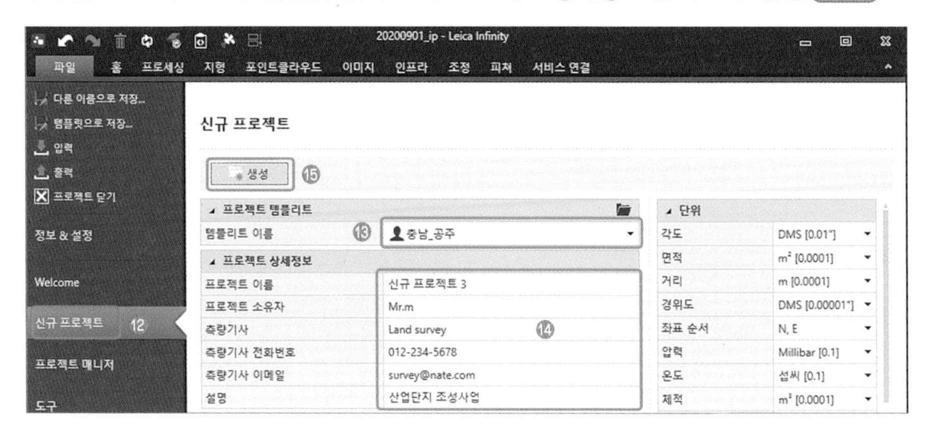

3) 화면구성

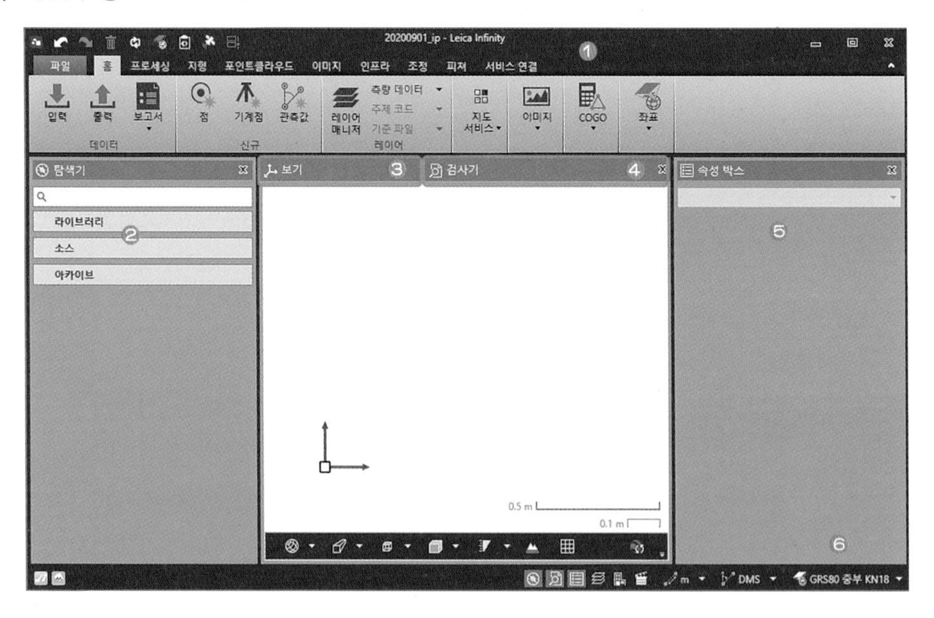

구분	내용
① 메뉴 바	프로세싱, 조정 메뉴를 주로 사용
② 탐색기	점 선택 시 활용
③ 보기 탭	GNSS기선자료 처리상황을 그래픽으로 확인
④ 검사기 탭	GNSS기선자료처리, 망조정 시 사용
⑤ 속성 탭	객체의 속성 확인
⑥ 좌표계	현재 계산 중인 좌표계 확인

4) 데이터 입력

데이터는 관측 당일 GNSS위성기준점데이터, 현장관측데이터(현장관측데이터의 경우에도 프레임점 또는 기지점의 관측데이터와 신설점의 관측데이터를 구분하여 관리하는 경우도 있다), 위성기준점 및 기지점의 성과파일을 별도로 관리하면 편리하다.

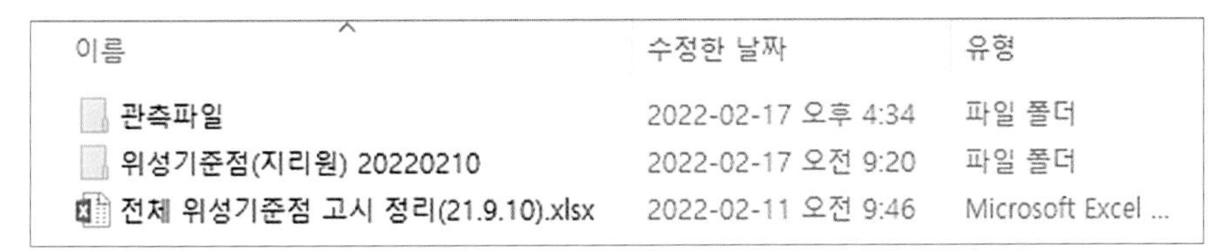

❶ 홈 - 입력 → ❷ 데이터경로 선택(위성기준점폴더) → ❸ 파일 선택 → ❹ 입력 Click

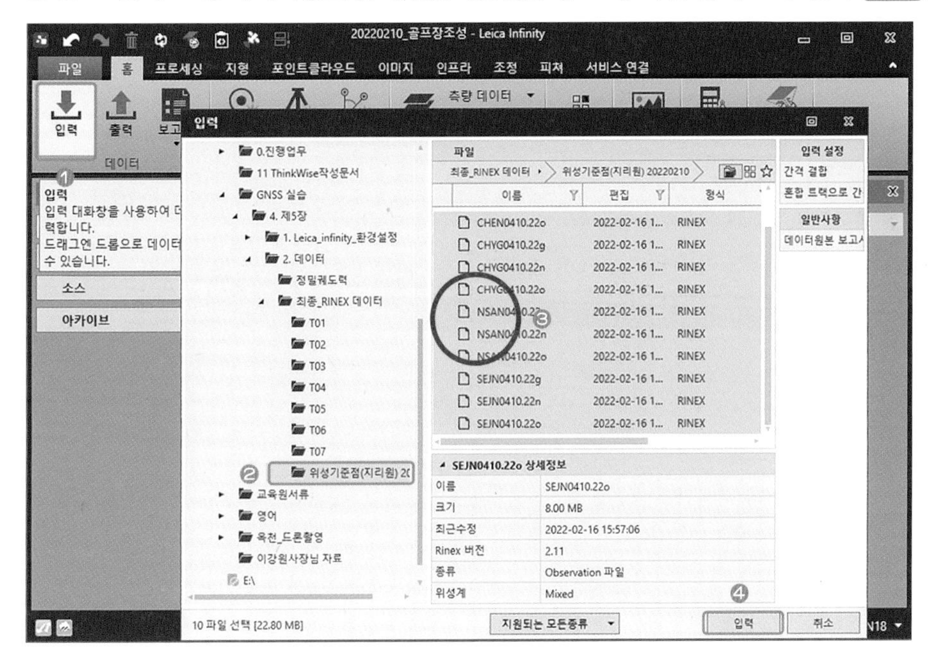

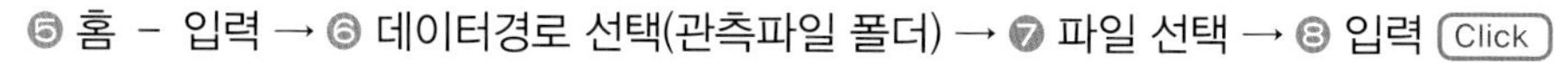
⑤ 홈 - 입력 → ⑥ 데이터경로 선택(관측파일 폴더) → ⑦ 파일 선택 → ⑧ 입력 Click

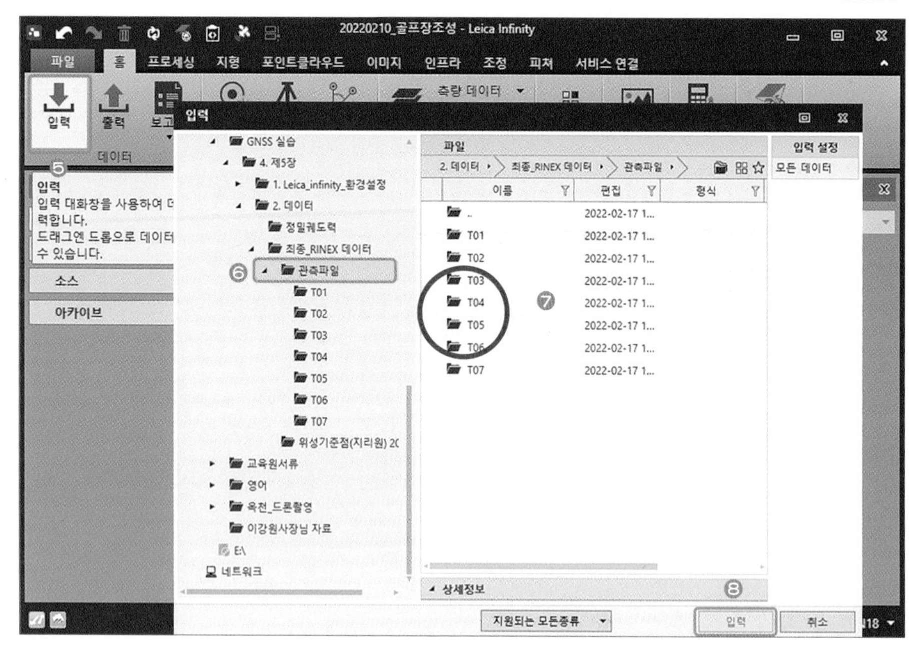

Tip ◆ 상위폴더를 선택하고 '하위폴더 보기'를 클릭하여 하위폴더의 전체 데이터를 입력할 수도 있다.

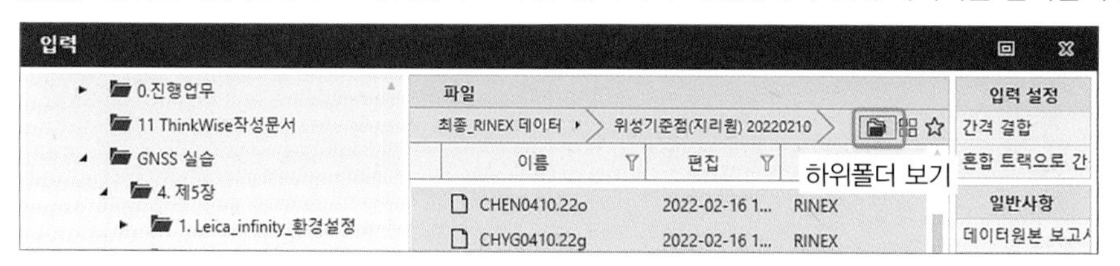

5) 정밀궤도력 입력

기선해석에 있어서 장기선의 자료처리에는 정밀궤도력을 이용하는 것이 좋다. 관련 규정을 보면, 국 정밀궤도력으로 기선해석을 하도록 규정하고 있으며, 지 기지점과 소구점 간의 거리가 50km를 초과하는 경우에는 정밀궤도력을 적용하여 기선해석을 해야 한다. 공 방송력으로 기선해석을 하도록 규정하고 있다. 다만 가능하다면 정밀궤도력을 적용하여 정밀도를 높이기를 권장한다.

Infinity에서는 정밀궤도력정보를 인터넷으로 다운로드할 수 있도록 하고 있다. 다만 인터넷이 불가능한 경우에는 수동적인 방법으로 다운로드 받아 적용한다. 정밀궤도력은 일반적으로 관측 후 1일 이상이 지난 후에 등록되므로 일정기간이 경과한 후에 받을 수 있음을 유의해야 한다. 정밀궤도력의 입력방법을 알아보자.

(1) 자동 적용

❶ 프로세싱 (Click) → ❷ 다운로드 (Click)

❸ GNSS 매니저 창에서 – 다운로드 (Click) – ❹ 관측일 설정 후 시작 (Click)

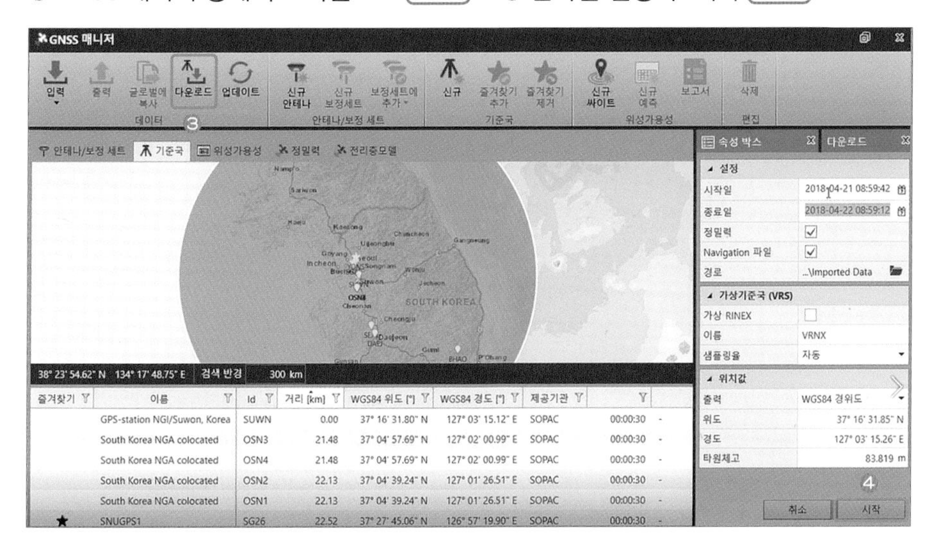

(2) 수동 적용

Infinity프로그램에서 정밀궤도력이 자동으로 다운로드되지 않는다면, 아래의 경로에 접속하여 해당 관측일의 정밀궤도력을 다운로드한다.

접속주소 https://cddis.nasa.gov/archive/gnss/products/

정밀궤도력의 다운로드를 위해서는 GPS Week Number를 알아야 하므로 인터넷포털 검색창에서 'GNSS calendar'를 검색하여 'GNSS calendar and utility'로 해당일의 GPS Week Number를 확인한다.

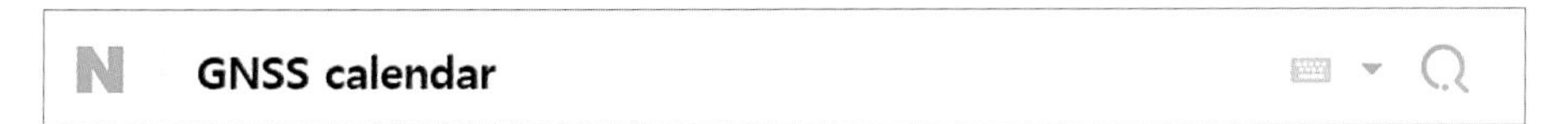

❶ 관측일 선택(2022. 02. 10.)

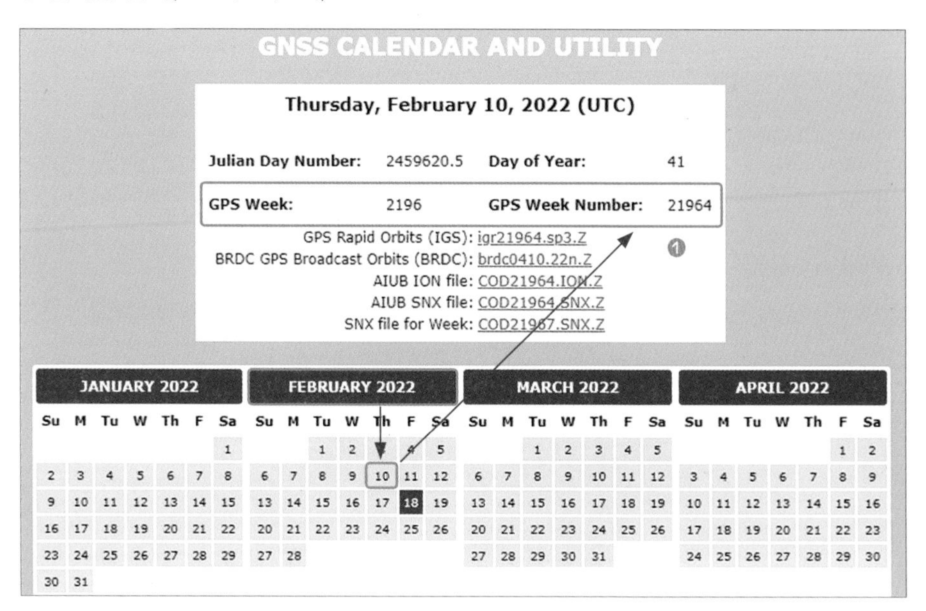

2022년 2월 10일은 GPS Week 2196주이며, 해당 주 4일째 날이므로 GPS Week Number는 21964이다. 즉 2196폴더에서 21964파일을 찾으면 된다.

파일명은 OOOWWWWD.TYP.Z으로 표기되므로 'OOO21964.sp3.Z'파일 중에서 찾으면 된다.

구분	내용	값
OOO	분석센터명	igr, igu, gfz …
WWWW	GPS Week	2196
D	해당 주 날짜	4
TYP	파일 타입	SP3(궤도력)

❷ 로그인(최근 정책이 바뀌어 반드시 회원가입을 하여야 자료를 받을 수 있음-무료)

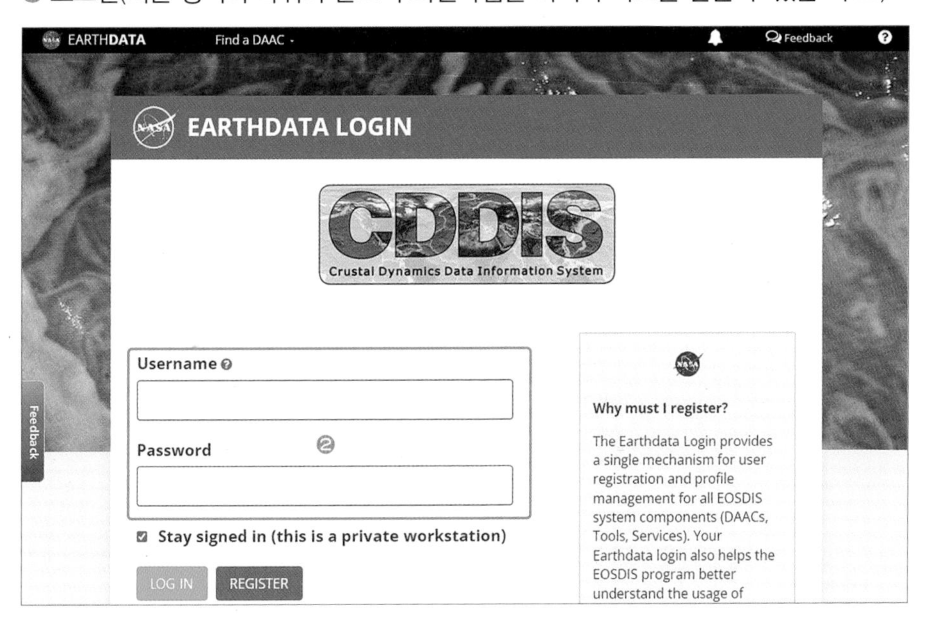

❸ 디렉토리 – 2196폴더 – 'gfz21964.sp3.Z'파일 다운로드 Click

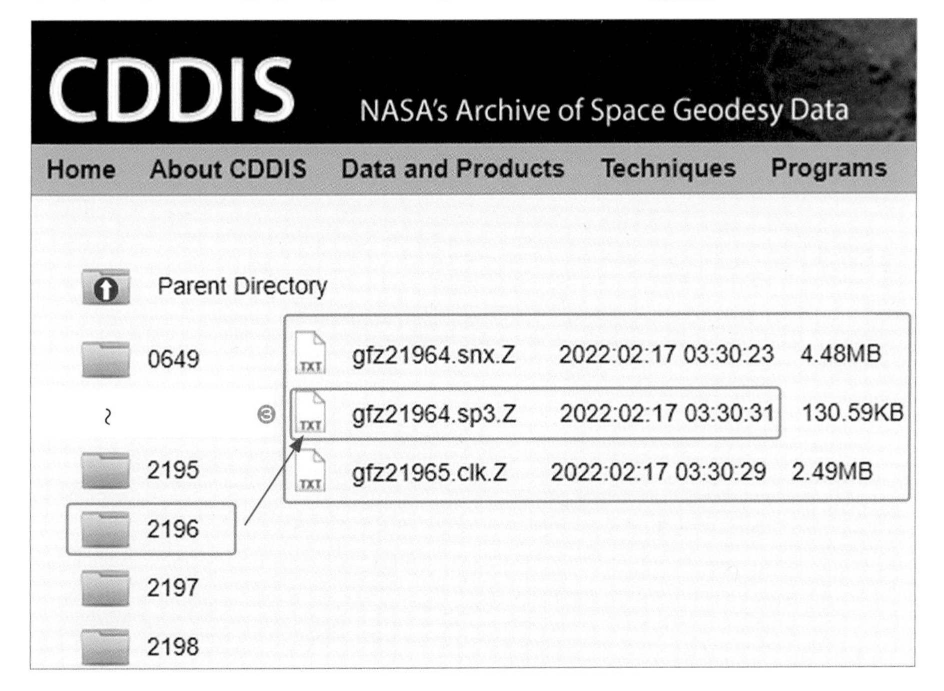

센터	제공일	위성궤도력			
		G	R	E	C
emr	2022.02.18.	○	–	–	–
esa	2022.02.17.	○	○	–	–
gfz	2022.02.17.	○	○	–	–
grg	2022.02.17.	○	○	–	–
igr	2022.02.11.	○	–	–	–
igu	2022.02.10.	○	–	–	–
jpl	2022.02.17.	○	–	–	–
mit	2022.02.17.	○	–	–	–
ngs	2022.02.19.	○	–	–	–
sio	2022.02.19.	○	–	–	–

2022년 2월 10일에 관측을 실시하였고, GNSS위성의 정밀궤도력을 받은 결과 위와 같이 센터별로 제공되는 시기가 각각 다르며, 제공하는 궤도력의 종류도 다르다. GPS위성 정밀궤도력의 경우 igu에서 제공하는 데이터가 가장 빠르며, igu는 하나의 파일이 아닌 00:00, 06:00, 12:00, 18:00 시간대별로 나눠서 제공하고 있어 모든 파일을 받아서 적용하여야 한다. 만약 GPS위성 정밀궤도력만을 사용한다면 관측일 다음날 하나의 파일로 받을 수 있는 igr센터의 정보를 받는 것이 합리적이며, GLONASS위성 정밀궤도력을 함께 받는 경우라면 약 1주가 지난 후 esa, gfz, grg센터의 정보를 받아 사용한다(2022.02.21. 서비스 운영 기준). Galileo나 BDS위성 정밀궤도력은 아직 서비스가 이루어지지 않는 것으로 보인다.

④ 입력 – 정밀력 (Click) → ⑤ 파일 선택 – 적용 (Click)

[정밀궤도력의 장점]

관측계획수립 시 전리층의 특성을 고려하여 관측시기 및 시간과 고도각(15도)을 설정하였고, 계획에 따라 관측을 하였다고 하더라도 전리층지연을 완전히 보정하기란 쉽지 않다. 따라서 이를 보정하기 위한 방법으로 첫째, 다채널수신기를 사용하는 것이다. GNSS신호인 L1, L2, L5주파수를 L1/L2, L1/L5, L2/L5, L1/L2/L5 등 다양하게 조합함으로써 전리층지연을 모델링할 수 있다. 전리층효과와 주파수 의존성은 다음 식과 같이 나타낸다(Klobuchar 1983 in Brunner and Welsch, 1993).

$$v = \frac{40.3}{cf^2} \cdot TEC$$

v = the ionospheric delay

c = the speed of light in meters per second

f = the frequency of the signal in Hz

TEC = the quantity of free electrons per square meter

전리층에서 발생하는 시간지연은 주파수의 제곱에 반비례하므로, 주파수가 높을수록 지연이 줄어들게 된다. 따라서 L2(1227.60MHz)의 전리층지연은 L1(1575.42MHz)에 비해 65% 더 크게 나타나고, L5(1176.45MHz)는 L1(1575.42MHz)보다 80% 더 크게 나타난다(Jan Van Sickle, 2008),

둘째, 정밀궤도력을 사용하는 것이다. 전 세계에 설치되어 있는 GPS 등 GNSS위성감시국과 IGS에서 서비스하는 상시관측소(CORS)는 이미 그 위치를 알고 있기 때문에 지연량을 정량화할 수 있다(Jan Van Sickle, 2008). 이러한 데이터는 GPS시스템의 경우 GPS위성신호를 감시국에서 받아서 주제어국에 보내면, 전리층 등 다양한 오차량을 계산하고 이를 위성안테나를 통해 GPS위성에 전송한다. GPS위성은 해당 정보를 사용자의 수신기에 보내어 오차량의 보정을 가능하게 하는 것으로, 항법메시지(Navigation Message)라고 부르며 여기에는 보정정보가 담긴 방송궤도력(Broadcast Ephemeris)이 있다.

방송궤도력은 10여 개의 감시국에서 수집한 정보를 바탕으로 계산하며, IGS는 전 세계 각국에서 운영 중인 상시관측소 중 적정한 분포로 선정된 상시관측소데이터를 계산하여 보정량 등의 정보를 제공하는 정밀궤도력을 서비스하고 있으므로, IGS에서 서비스하는 정밀궤도력을 적용하면 보다 정밀하게 보정할 수 있다. 따라서 다채널수신기와 정밀궤도력을 적용하면, 전리층지연에 따른 보정을 보다 정밀하게 적용하여 정확성을 높일 수 있는 장점이 있다.

6) 데이터품질 확인

❶ 검사기 Click → ❷ GNSS 탭 Click → ❸ GNSS 간격 아이콘 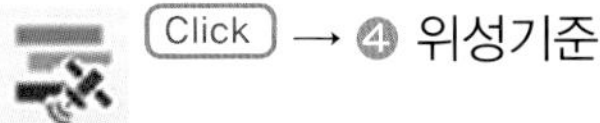 Click → ❹ 위성기준점 마우스 우클릭 – 위성뷰 열기 Click

❺ SNR값 보기/ 높이값 보기 Click

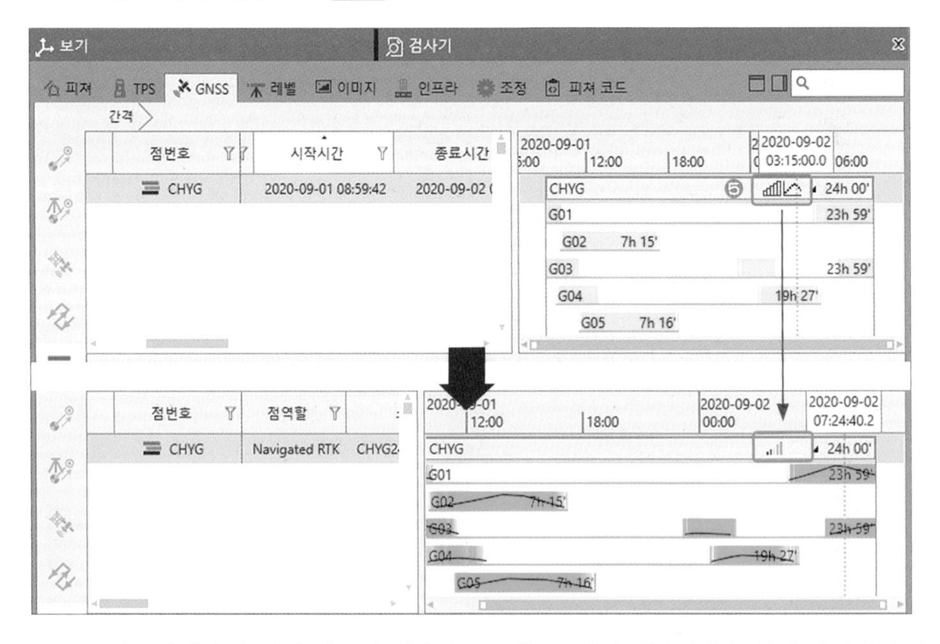

- SNR값: 데이터 수신이 양호한 경우 '초록색', 불량한 경우 '붉은색'에 가까워진다.
- 높이값: 위성의 운행고도가 높을수록 데이터정밀도가 높아진다. 따라서 SNR값이 붉은색에 가깝고, 높이값이 낮은 데이터는 제거하여 성과의 정확성을 높일 수 있으므로 데이터편집이 필요하다. 위의 창에서는 아래와 같이 간단하게 편집할 수 있다.

- 불량한 데이터 제거: Shift + 마우스 좌클릭–왼쪽에서 오른쪽으로 제거할 범위 선택
- 제거한 데이터 복원: Shift + 마우스 좌클릭–오른쪽에서 왼쪽으로 복원할 범위 선택
- 실행한 작업 취소: 화면 창 왼쪽 상단 취소버튼 Click

 기선자료처리

1) 규정

규정	내용
국 국가기준점측량 작업규정 제30조, 제33조	• 수평위치 · 높이 등 이에 관련하는 제반요소의 산출은 GNSS측량 계산식에 따라 계산 • 정밀력에 따라 위성기준점 · 통합기준점을 고정점으로 한 기선해석 및 망평균계산을 실시하여 통합기준점의 경위도 및 타원체고 결정 • 성과결정을 위한 기선해석 및 망평균계산은 정밀GNSS관측데이터처리 소프트웨어 또는 국토지리정보원에서 승인한 상용GNSS관측데이터처리 소프트웨어를 사용하여 위성기준점 성과결정방식과 동일한 방식으로 계산 • GNSS관측데이터의 기선해석은 KST기준 09시 00분부터 다음날 09시 00분 이전까지 취득된 4시간 이상의 연속관측데이터만을 사용 • 기선해석에서 고정하는 관측점의 좌표는 세계측지계의 값을 사용하고, 기선해석은 세션마다 실시 • 기선해석 · 망평균계산의 계산결과는 "기선해석결과파일 · 망평균결과파일"로 기록매체에 저장 • 제1방위표에 대한 방위각은 당해 통합기준점을 고정점으로 하여 정밀력에 따른 기선해석을 실시하여 결정
지 GNSS에 의한 지적측량규정 제10조	• 당해 관측지역의 가장 가까운 위성기준점(최소 2점 이상) 또는 세계좌표를 이미 알고 있는 측량기준점을 기점으로 하여 인접하는 기지점 또는 소구점을 순차적으로 각 성분의 교차(ΔX, ΔY, ΔZ)를 해석할 것 • 기지점과 소구점 간의 거리가 50km를 초과하는 경우에는 정밀궤도력에 의하고 기타는 방송궤도력을 이용할 수 있음 → 다만, 고정밀자료처리 소프트웨어를 사용할 경우에는 초신속 또는 신속궤도력을 이용할 수 있음 • 기선해석의 방법은 세션별로 실시하되 단일기선해석방법에 의할 것 • 기선해석 시에 사용되는 단위는 미터단위로 하고 계산은 소수점 이하 셋째자리까지 할 것 • 2주파 이상의 관측데이터를 이용하여 처리할 경우에는 전리층보정을 할 것 • 기선해석의 결과는 고정해에 의하며, 그 결과를 기초로 소프트웨어에서 제공하는 형식으로 기선해석계산부를 작성할 것
공 공공측량 작업규정 제23조 4항	• 기선해석 시에 사용되는 단위는 미터단위로 하고 계산은 소수점 이하 셋째자리까지 할 것 • GNSS위성궤도정보는 방송력으로 함 • 기선해석의 고정점에 쓰이는 관측점의 경도, 위도 및 타원체고는 위성기준점 및 삼각점 등의 기지점 성과를 사용하고 이후의 기선해석은 이에 의해 구한 값을 순차적으로 입력 • 기선해석에 사용하는 고도각은 관측 시 GNSS측량기에 설정된 수신 고도각으로 함 • 기상요소의 보정은 기선해석 소프트웨어에서 채용하고 있는 표준대기에 의함

[대류권모델]

기선자료처리 전에 프로세싱 전략을 설정하게 되는데, 여기에는 다음 그림과 같이 기선해석의 정도(솔루션 종류), 대류권 모델, 전리층 모델 등이 있다. 기선해석은 위상차 픽스로 설정되어야 하며, 대류권 모델과 전리층 모델을 선택할 수 있다.

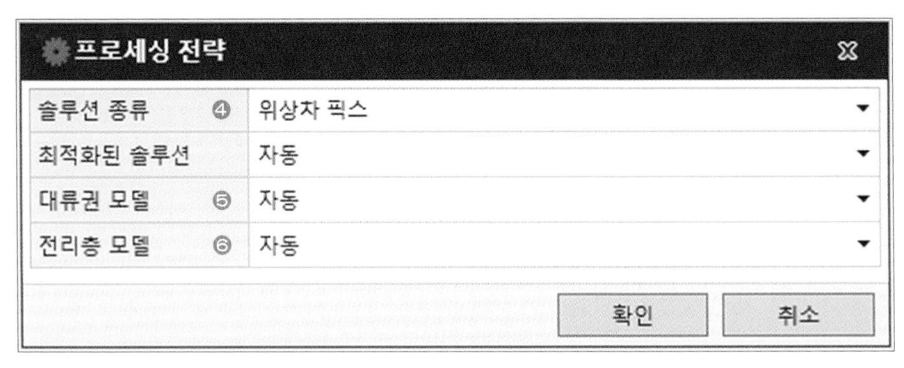

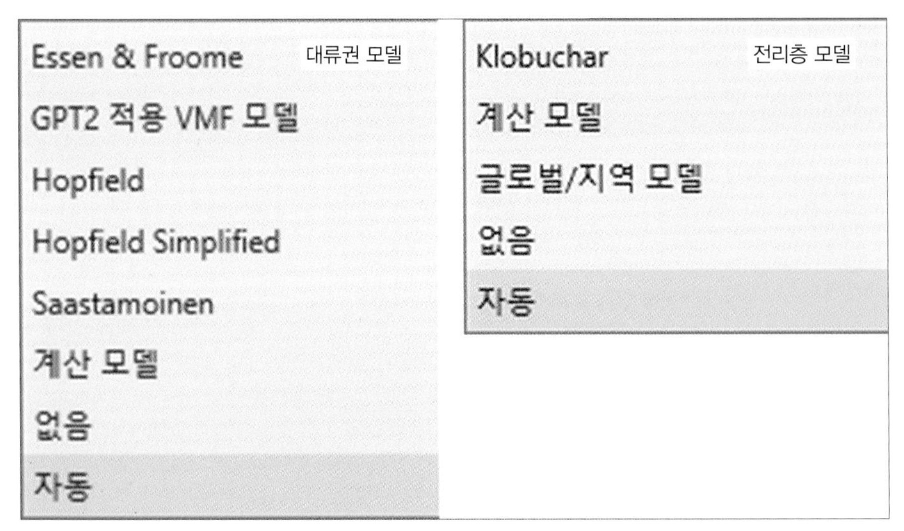

전리층지연의 보정을 위해 정밀궤도력을 사용하는 것이 좋다는 것은 앞에서 설명하였으며, 다음으로 대류권모델을 살펴보기로 하자.

GNSS데이터처리의 편향을 줄이는 기술 중의 하나로, 대류권모델은 Saastamoinen모델, Hopfield모델 등이 활용된다. 전리층과 달리 대류권은 분산되지 않기 때문에 L1, L2, L5 각 주파수에 다르게 영향을 미치지 않는다. 다만 전리층보다 일관성이 떨어져 장소마다 다르게 나타난다는 문제가 있다. 이러한 장소에 관한 문제에 있어서 고려할 것이 두 대 이상의 수신기를 이용하여 관측하는 경우이다. 만약 두 수신기 간 거리가 상당하다면, 하나의 위성으로부터 두 수신기에 도달하는 위성신호는 각각 다른 환경의 대기를 통과할 것이다. 대류권모델을 이용하면, 위성의 고도가 높아 최적의 관측상태인 경우에는 최대 95%의 오차를 제거하는 효과가 있다(Jan Van Sickle, 2008).
반대로 두 수신기 간의 거리가 가깝다면 대기환경에 큰 차이가 없을 것이다. 이는 지적기준점 관측시간설계에 있어서 10km 이하는 60분 이상 관측, 5km 이하는 30분 이상 관측으로 규정하고 있는 것과 관계가 있다. 위성기준점 간에는 50~90km 정도 떨어져 있지만, 제2장 관측계획수립에서 살펴본 바와 같이 프레임망에 따라 사업지구 외곽에 프레임점을 배치함으로써 관측의 안전성과 대류권오차를 최소화할 수 있다.

2) 기지점 고시성과 입력

기지점은 최종성과를 결정하기 위해 사용하는 기선(Baseline)을 구성하는 점이다. 어떠한 기준으로 최종성과를 산출하느냐에 따라 기지점은 달라질 수 있지만, GNSS위성으로부터 수신된 데이터를 기본적으로 GPS의 좌표계인 WGS84좌표계로 기선해석한다. 따라서 WGS84성과를 고시하고 있는 기준점의 성과를 입력하여 기선해석을 한다. 한국의 경우, 국토교통부의 국토지리정보원에서 전국에 걸쳐 80여 개의 상시관측소를 설치하여 실시간으로 위성정보를 수신하고, 관측데이터를 제공하고 있으며, 이외에도 한국국토정보공사 공간정보연구원(측량인프라 조성), 해양수산부 국립해양측위정보원(해양관리 및 선박 유도), 천문연구원, 한국지질자원연구원, 우주전파센터, 국가기상위성센터, 서울특별시에서도 천문 및 기상 등 다양한 연구 등을 위해 상시관측소를 구축하여 관측데이터를 제공하고 있다(자세한 사항은 www.gnssdata.or.kr 참고).
물리적인 형상측면에서는 상시관측소라고 하지만「공간정보관리법」제7조 및 시행령 제8조는 국가기준점 중 위성기준점을 규정하고 있고, 국가에서 고시하는 위성기준점은 국토지리정보원에서 관리 및 고시하는 위성기준점만을 대상으로 하고 있으므로 신설점을 관측하고자 하는 지역을 포함하는 위성기준점의 WGS84 고시성과를 기지점으로 입력하여야 한다. 위성기준점의 고시성과는 제3장에서 설명한 것과 같이 국토지리정보원(www.ngii.go.kr)의 국토정보플랫폼에서 다운로드한다.
최소제약조정을 위한 위성기준점은 사업지구에 수원(SUWN)점을 사용하는 경우 수원점을 선택하고, 사용하지 않는다면 사업지구 내 가장 가까운 점을 기준으로 한다. 최소제약조정은 사전분석을 위한 것으로 이 단계를 생략하고, 모든 점을 입력하여 완전제약조정을 실시해도 된다. 지역 좌표인 x, y 평면좌표형태의 성과를 결정하기 위한 경우에는 기선해석과 망조정이 완료된 이후 기지점은 별도로 설정하여 좌표변환방식으로 결정할 수 있다. 좌표변환에 대해서는 본 장의 마지막에서 설명한다.

❶ 탐색기 - 라이브러리 - 점 - 위성기준점 선택 - 마우스 우클릭 - 속성 Click → ❷ CP생성 Click → ❸ 스크롤바 Down

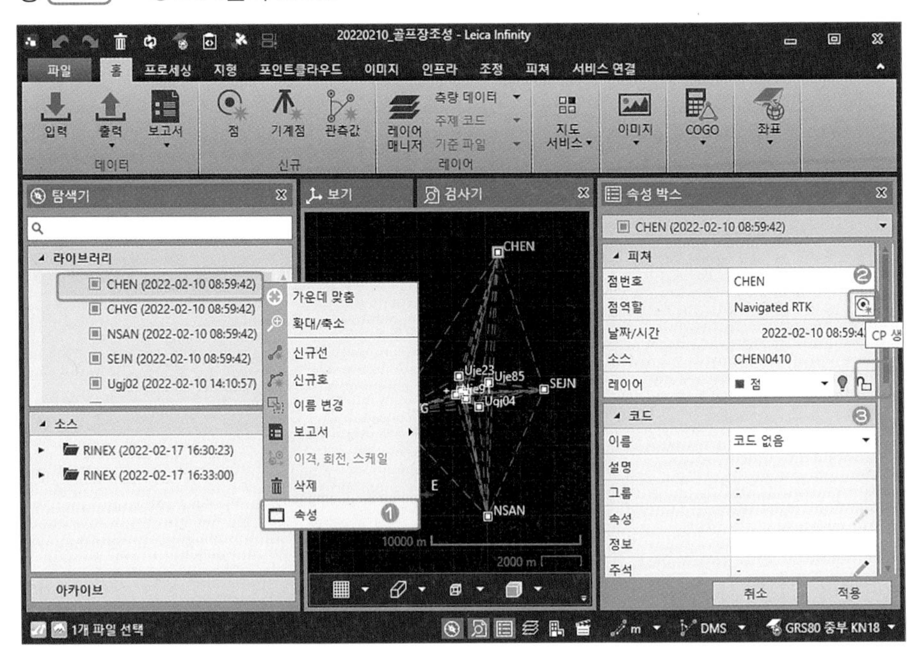

❹ (하단 쪽)WGS84좌표 편집 Click → ❺ 위도, 경도, 타원체고 입력(고시성과) → ❻ (중간 쪽)지역 좌표 편집 Click → ❼ 스크롤바 Down → ❽ (하단 쪽)위치 품질: SD N, SD E, SD 정표고 표준편차값 변경(0.000 → 0.050) → ❾ 생성 Click

CP점( )이 생성되었다. 나머지 위성기준점도 고시성과를 입력하여 CP점을 생성한다.

3) 데이터 사전분석 및 데이터처리 전략수립

기선해석은 전체 기선을 한꺼번에 해석하는 방법(자동모드)과 위성기준점부터 필요한 기선을 중심으로 해석하는 방법(수동모드)이 있다. 자동모드는 기선해석프로그램이 자동처리하는 방식으로, 작업자의 고민이 적은 반면 모든 데이터를 한꺼번에 계산하므로 계산속도가 늦고 불필요한 기선이 많아지며, 출력물이 늘어나는 문제가 있다. 자동모드는 최종 성과 산출보다는 수일 또는 수주에 걸쳐 지속적으로 관측하는 경우 당일 관측된 데이터가 정상적인지를 사전에 파악하기 위해 사용하는 경우가 대부분이다. 따라서 실제 기선해석은 수동모드로 실시하며, 사전에 관측계획수립 시 계획한 설계에 따라 하나씩 계산한다.

(1) 자동모드처리

안테나를 선택하고 자동모드로 기선해석을 실시한다.

❶ 프로세싱 → ❷ NGS14 절대 선택 → ❸ 자동설정 (Click) - 기지점간 기선 계산 체크 → ❹ 확인 (Click)

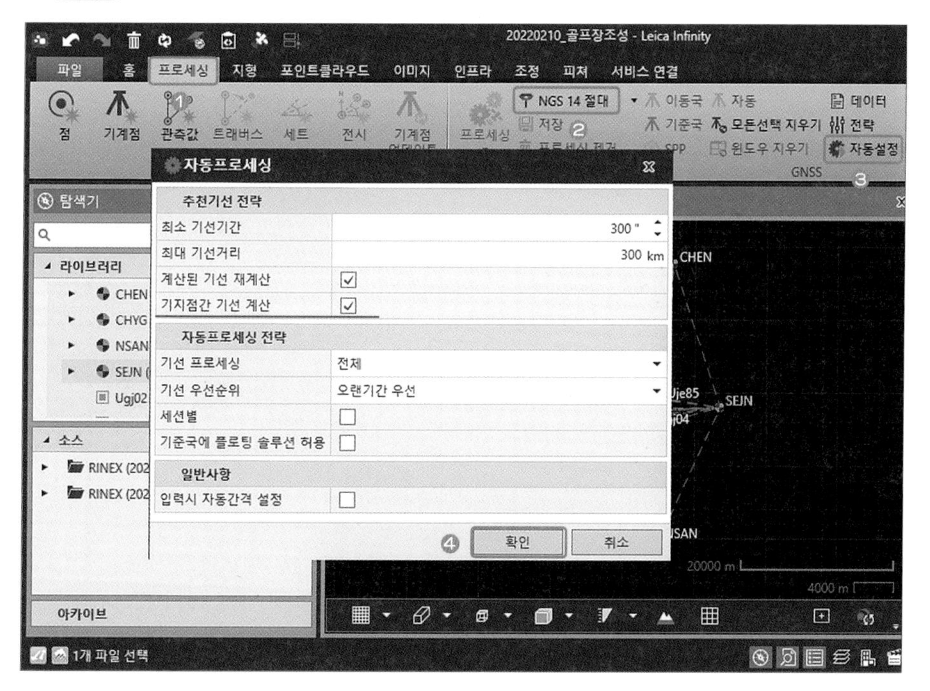

❺ 모든 점 선택 – 마우스 우클릭 → ❻ 자동 Click

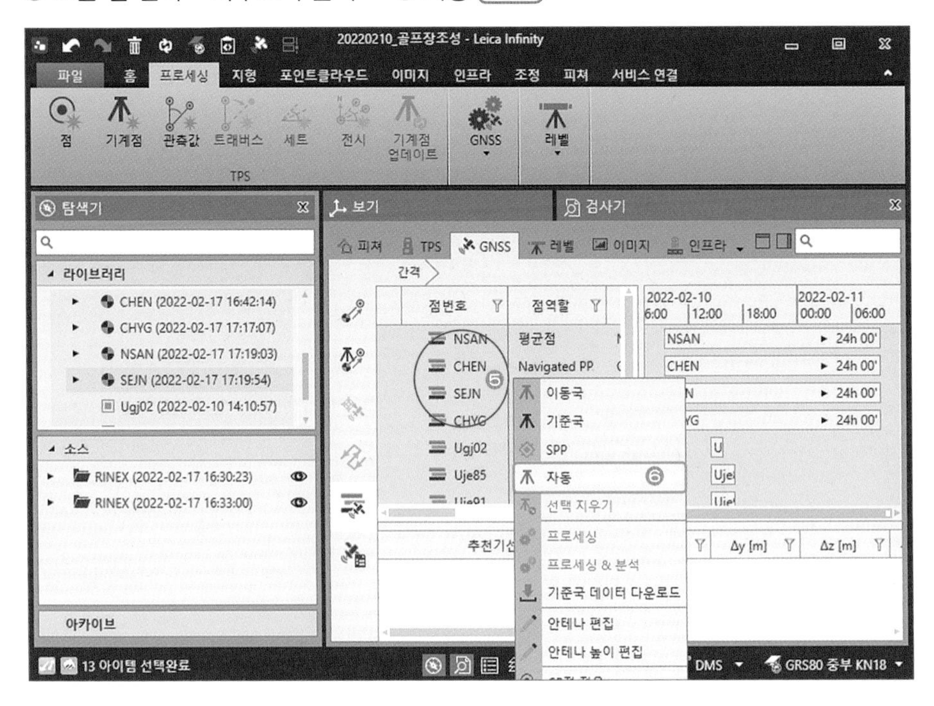

❼ 마우스 우클릭 - 프로세싱 Click

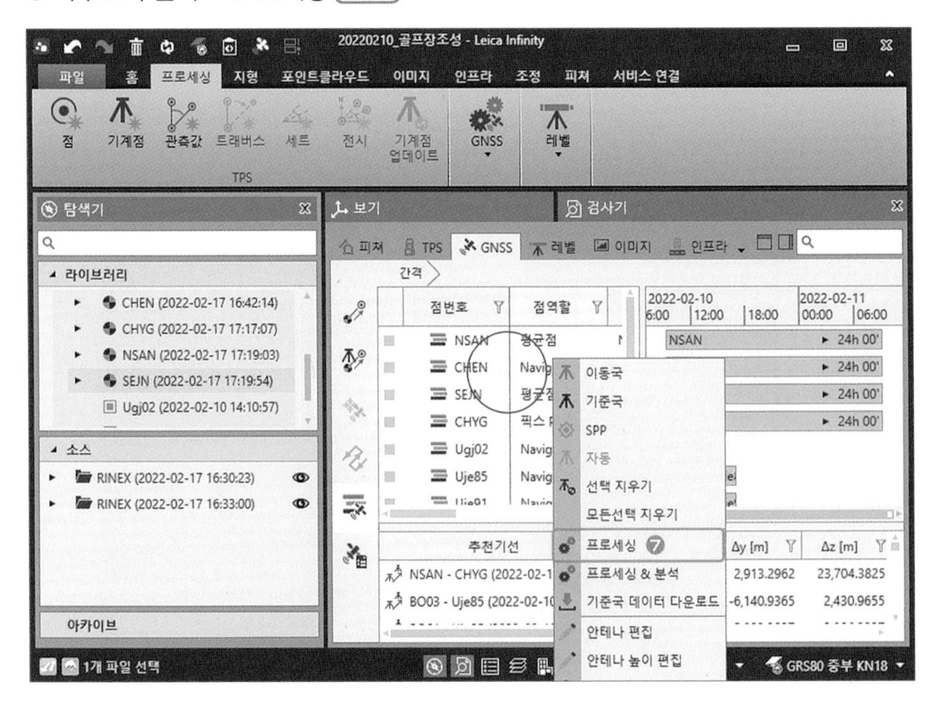

[결과 화면]

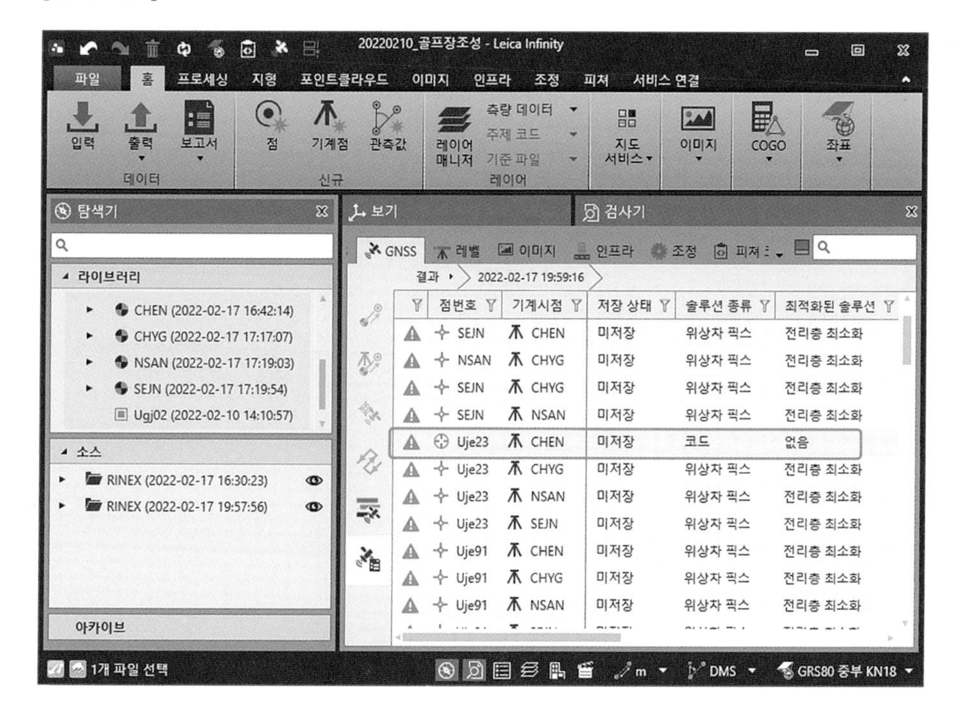

결과내용에서 맨 앞에 느낌표(▲)는 기선해석에 있어서 문제된 내용을 표시한다. 느낌표 표식에 마우스를 대면 아래와 같이 정밀궤도력정보가 없다거나 위성상황 등에 관한 내용을 확인할 수 있다.

최소 한개 이상 위성의 처리중인 데이터가 정밀력 범위 끝까지 확장됩니다. 정밀력 추가 입력이 필
Galileo 정밀력이 없어서 방송력으로 변경합니다.
Galileo 궤도가 없습니다.
2022-02-10 08:59:42 ~ 2022-02-10 10:59:12 사이에서 사용 가능한 위치 없음 CHEN
좌표를 계산할 위성이 충분하지 않습니다. 2022-02-10 08:59:42 ~ 2022-02-10 10:59:12
2022-02-11 07:10:12 ~ 2022-02-11 08:59:12 사이에서 사용 가능한 위치 없음 CHEN
좌표를 계산할 위성이 충분하지 않습니다. 2022-02-11 07:10:12 ~ 2022-02-11 08:59:12

결과내용 2번째에 '점번호'셀에는 아래와 같은 표식을 보여 주는데, 정상적으로 기선해석이 이루어지는 경우 위상차 픽스가 되었다고 ✣ 표식이 보여지고, 그 이외의 표식의 경우 픽스가 되지 않았으므로 보고서를 확인하여 문제가 되는 사항 등을 제거해야 한다. 이에 관해서는 후술할 데이터 사전분석에서 자세히 설명한다.

구분	내용	세부사항
✣	위상차 픽스 ok	1cm 이내 정밀도
	DGPS수준, L1만 해석	50cm 이내 정밀도
⊕	해석 불가	미터급 이상

(2) 데이터 사전분석

자동모드로 데이터를 기선해석하였을 때 해석이 되지 않는 기선에 대하여 3가지 측면에서 사전분석이 이루어져야 한다.

첫째, 위성의 사용 여부를 결정한다. 궤도정보가 완전하지 않은 경우 기선해석이 되지 않을 수 있으므로 정밀궤도력을 입력한 상태에서 GPS, GLONASS, Galileo, BDS의 위성군 중 관측 당일에 사용이 불가능한 위성군이 있다면 제외하여야 한다. 또한 위성군 안에서도 특정 위성의 운행상태 등이 좋지 않은 경우나 관측데이터가 불량한 위성을 개별적으로 제외하는 전략을 세워야 한다.

둘째, 관측시간 선택으로 관측된 데이터를 분석하여 불량한 시간대를 제외해야 한다. 데이터 불량에는 상공장애, 다중경로, 주위 전파에 의한 영향 등 다양한 원인이 있을 수 있다. 다음의 데이터 그림은 하나의 수신기로 데이터로 A위성 데이터의 경우 데이터의 끊김이 많은 반면, B위성의 데이터는 끊김이 전혀 없다. 그 이유는 답사 및 선점에서 설명한바와 같이 상공 장애물로 인한 현상이 대부분이다. A와 같이 끊김현상이 많은 데이터의 경우, 신호 단절뿐만 아니라 다중경로현상도 같이 나타나므로 기선해석을 더욱 어렵게 한다.

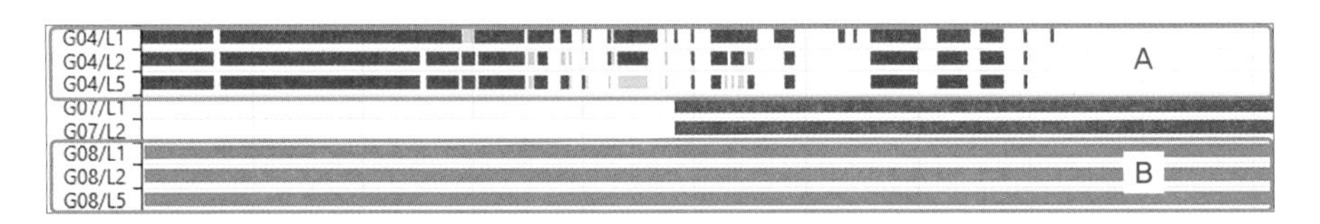

셋째, 절사각의 적용이다. 관측점 주위의 다양한 환경으로 인해 기본 절사각인 15도보다 더 높이 절사각을 적용하여야 하는 경우가 있다. 특히 다중경로가 많은 지역에서는 최대 30도까지 절사각을 높이는 전략을 사용할 수 있다. 다만 절사각을 높일수록 기선해석에 사용되는 위성의 수가 줄어들고, PDOP가 높아지는 문제가 있으므로 절사각에 따른 데이터 해석 결과를 확인하면서 적용해야 한다.

❶ 기선해석되지 않은 데이터 선택(Uje23–CHEN) – 마우스 우클릭 → ❷ 보고서 - 상세정보 Click

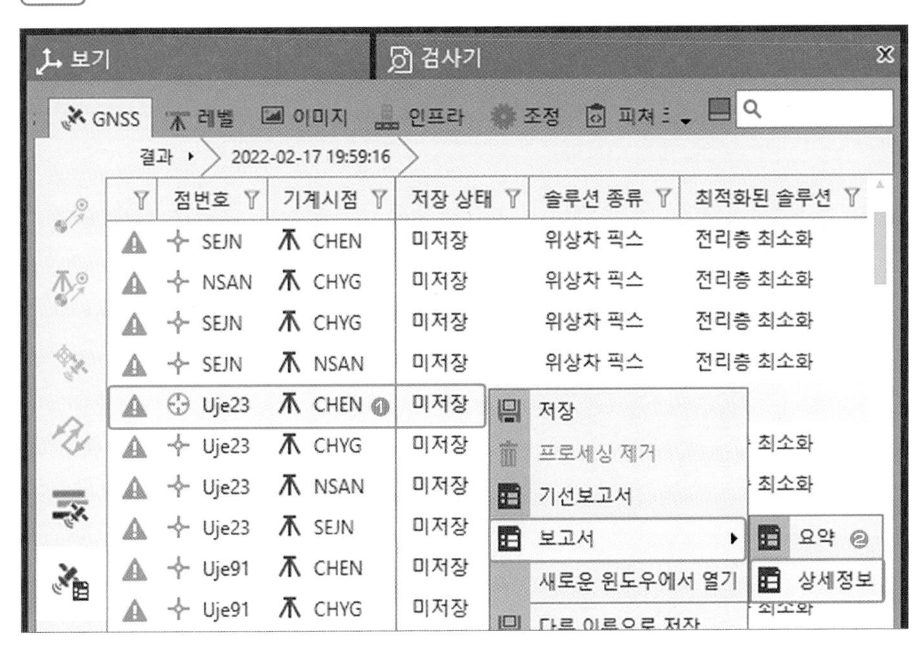

[보고서 내용 분석]

다음 그림의 트래킹신호를 확인하면, 관측시간 동안 G04, G09, G18 데이터 등에 끊김현상이 있는 것을 확인할 수 있다. 트래킹위성으로 GPS위성 이외의 위성군은 보이지 않는다. 정밀궤도력이 적용되지 않아서 생기는 문제일 수 있으므로 정밀궤도력을 다시 입력하고 확인할 필요가 있다.

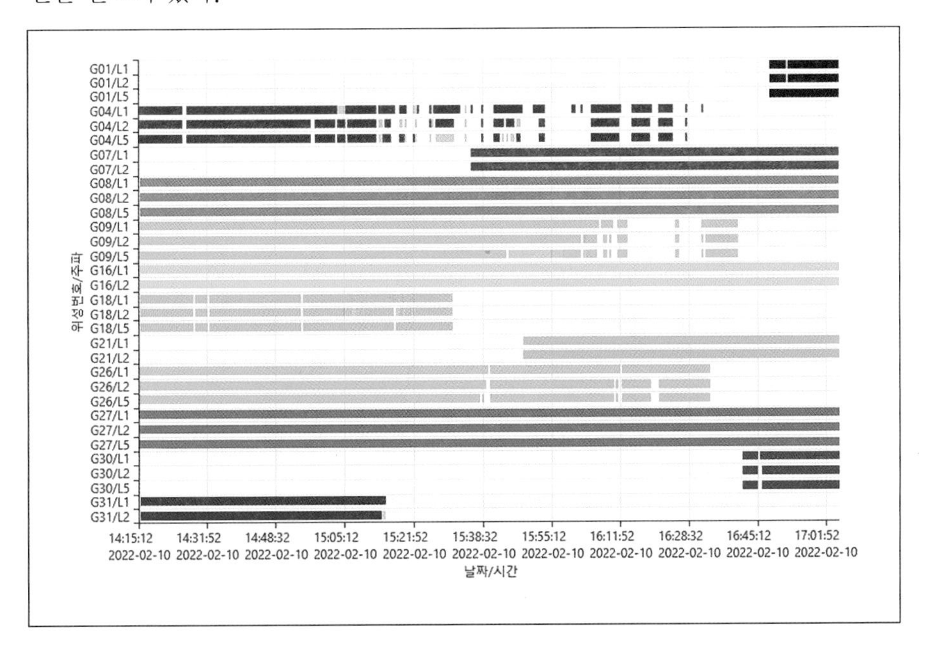

DOP는 5 이하로, 사용에는 문제가 없으나 16:40 정도에 조금 올라가는 경향을 보이는데, 이는 해당 시간에 위성의 개수가 적어서 나타나는 현상이다.

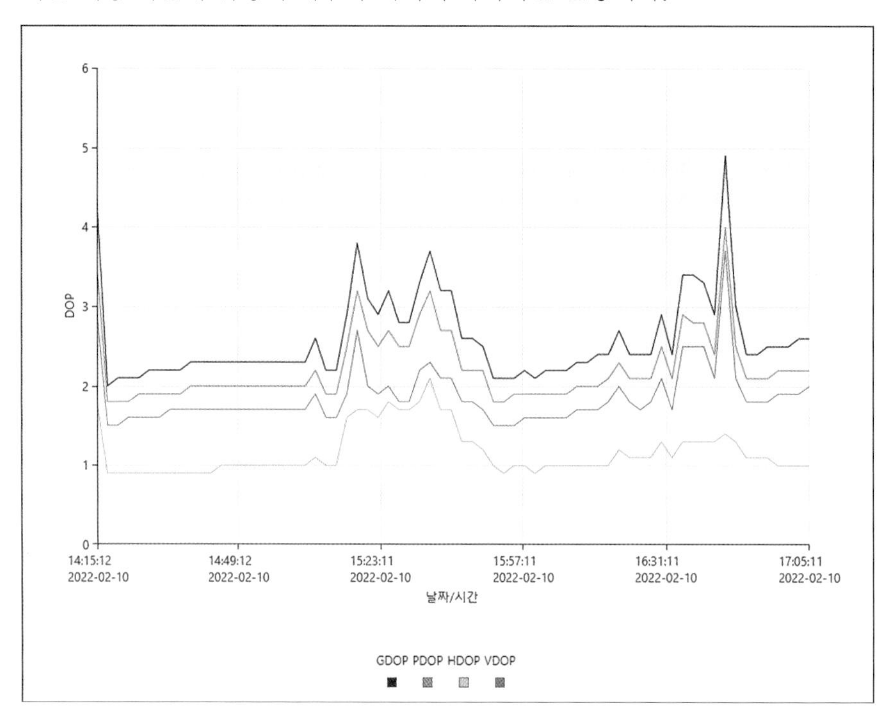

엠비규티 통계에서는 기선해석에 GPS위성만 사용되었으며, 약 2시간 50분 정도 수신하였으나 픽스가 되지 않은 것으로 나타났다.

앰비규티 통계

앰비규티 갯수	GPS	GLONASS	Beidou	Galileo
픽스	67	0	0	0
총	141	0	0	0
독립 픽스	211	0	0	0
독립 픽스 가능	282	282	282	282

데이터픽스 평균시간: 00:03:00

에포크 %	GPS		
	L1 [%]	L2 [%]	L5 [%]
픽스	40.70	35.77	25.63
픽스 안됨	4.00	4.28	5.95
픽스 안됨 - 모순	55.01	59.48	68.42
픽스 안됨 - 페이즈 없음	0.29	0.46	0.00

상태	에포크 시점	에포크 종점	기간
픽스 안됨	2022-02-10 14:15:12	2022-02-10 17:05:12	02:50:00

기선해석전략을 검토하면,
위성기준점인 세종, 논산, 청양과의 기선해석에는 문제가 없으나 천안(Uje23-CHEN)과의 기선해석만 되지 않는 상황으로, 기석해석이 된 데이터는 저장하고 해석되지 않은 Uje23-CHEN기선에 대해서만 기선해석을 실시한다.

첫째, GLONASS위성 정밀궤도력을 적용하여 기선해석에 사용되는 위성수를 늘려 기선해석을 실시한다.
둘째, 위의 방법으로도 해석되지 않는 경우에는 불필요한 위성을 제거하고, 끊김현상이 있는 데이터의 시간을 제외하여 기선해석을 실시한다.
셋째, 위의 방법으로도 해석되지 않는 경우에는 절사각을 15도에서 2~3도씩 높여가며 기석해석을 실시한다.
자동모드의 데이터는 단순 검토용이므로 저장하지 말고, 위의 전략은 실제 기선해석을 실시하는 다음의 수동모드에 적용해 보자.

(3) 규정

국가기준점은 데이터를 사전 점검하여 다음의 규정에 벗어나는 경우 재관측하여야 한다.

규정	내용
국 국가기준점측량 작업규정 제31조 1항	• 기선해석에 의한 기준점망의 폐합차: 5mm + 1.0ppm × ΣD (D : 사거리km) • 인접 세션 간 중복변 교차의 허용범위: 15mm

4) 기선해석(수동모드)

기선해석을 위해서는 위성기준점을 최소 3점 이상 기지점으로 사용하는 것이 좋다. 본 프로젝트에서는 CHYG, CHEN, SEJN, NSAN의 총 4점 위성기준점을 기지점으로 사용하였다.
기선해석은 데이터를 장시간 받을수록 좋은 성과를 기대할 수 있다. 특히 위성기준점은 별도의 관측장비나 인원을 필요로 하지 않으면서도 24시간 데이터를 수신하므로 기지점으로 활용하기에 적합하다. 기선해석은 이와 같이 장시간 수신된 측점 간을 계산한 후 신설점의 성과를 계산하는 것이 효과적이다. 그 이유는 2가지 측면에서 살펴볼 수 있다.
첫째, 기선해석의 효율성 측면으로 위성기준점과 신설점간, 신설점과 신설점간 기선해석을 하게 되면 관측점에 따라 기선수가 많아지는 문제가 있다. 일반적으로 신설점의 성과결정은 다음 그림과 같이 3~4개 정도의 기선이 고르게 분포되는 것이 효과적이다.

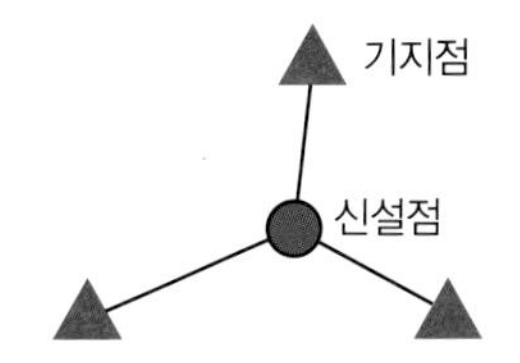

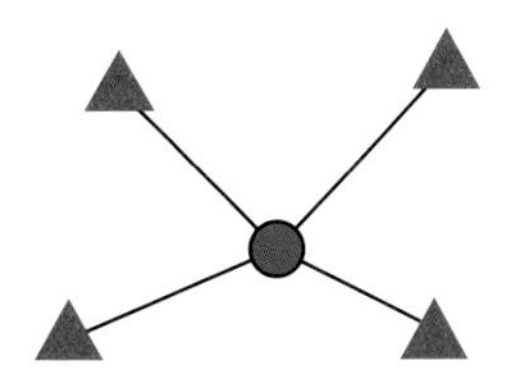

둘째, 기선해석의 정밀성 측면으로 관측간격을 활용해야 한다. 앞서 제2장 계획수립에서 통합기준점으로 외곽 프레임을 구성하여 프레임점으로 하는 관측계획을 수립하고 관측을 실시하였다. 이때 수신기는 관측간격을 15초로 설정하였는데, 위성기준점은 현재 30초의 관측간격으로 설정되어 있기 때문에 기선해석 시 위성기준점과 한 번 해석할 때 현장에서 관측된 데이터는 2번 해석하게 된다.
따라서 ㉠ 위성기준점 간 기선해석, ㉡ 위성기준점과 외곽 프레임으로 사용한 통합기준점(프레임점) 간 기선해석, ㉢ 프레임점 간 기선해석, ㉣ 프레임점과 신설점 간 기석해석의 순서로 해석하게 되면, ㉢과 ㉣은 ㉠과 ㉡보다 2배의 데이터로 해석하게 되어 신설점의 기선해석 성공률이 높아지고, 관측점 간 거리가 짧기 때문에 대류권오차를 최소화하는 장점이 있다.

(1) 기지점 기선해석

기지점의 기선해석은 기지점간 삼각망형태로 작성한다. 본 프로젝트의 기선은 아래와 같이 2가지 형태로 작성할 수 있다. A형태가 B형태에 비해 정삼각형에 가까워 망의 강도가 높다. 망 형태는 가급적이면 정삼각형에 가깝도록 구성하는 것이 바람직하다.

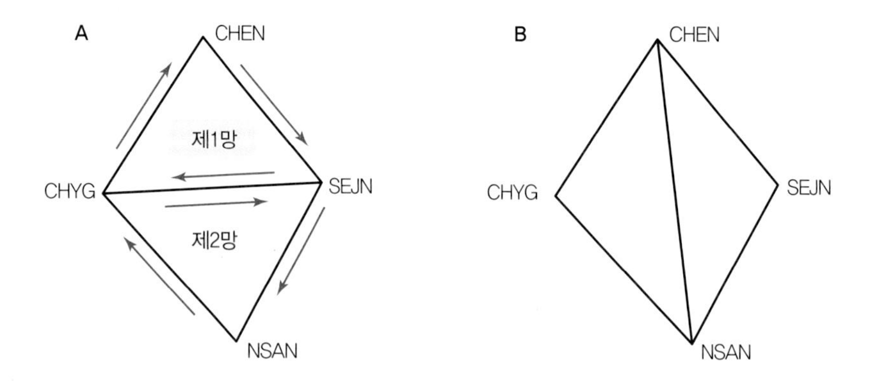

기선해석 순서는
제1망: CHYG – CHEN – SEJN / 제2망: CHYG – SEJN – NSAN

❶ 프로세싱 - 데이터 Click → ❷ 설정 내용(화면과 같은 초기 설정 상태에서 실시한다) 확인 → ❸ 확인 Click

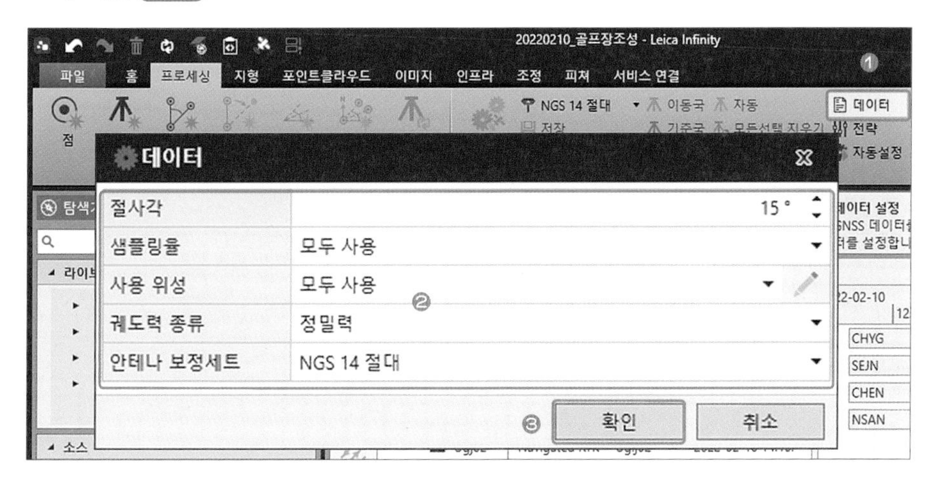

Tip◆ 기선해석에 앞서 반드시 데이터 설정을 확인해야 한다.

❹ 프로세싱 → ❺ 검사기 → ❻ GNSS 탭 Click → ❼ GNSS 간격 → ❽ CHYG 선택 - 마우스 우클릭 → ❾ 기준국 Click

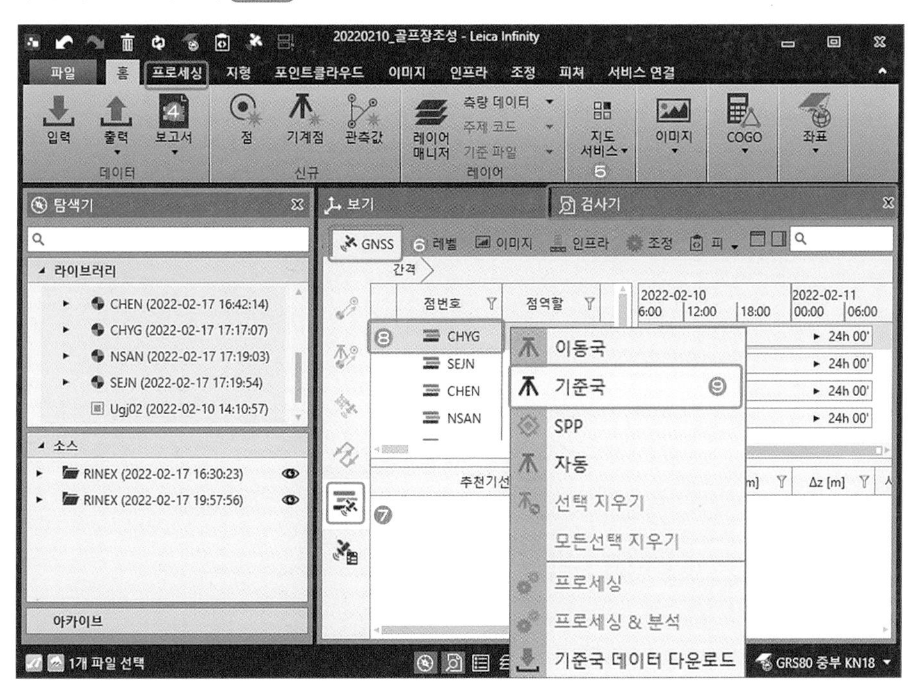

⑩ CHEN 선택 – 마우스 우클릭 → ⑪ 이동국 Click

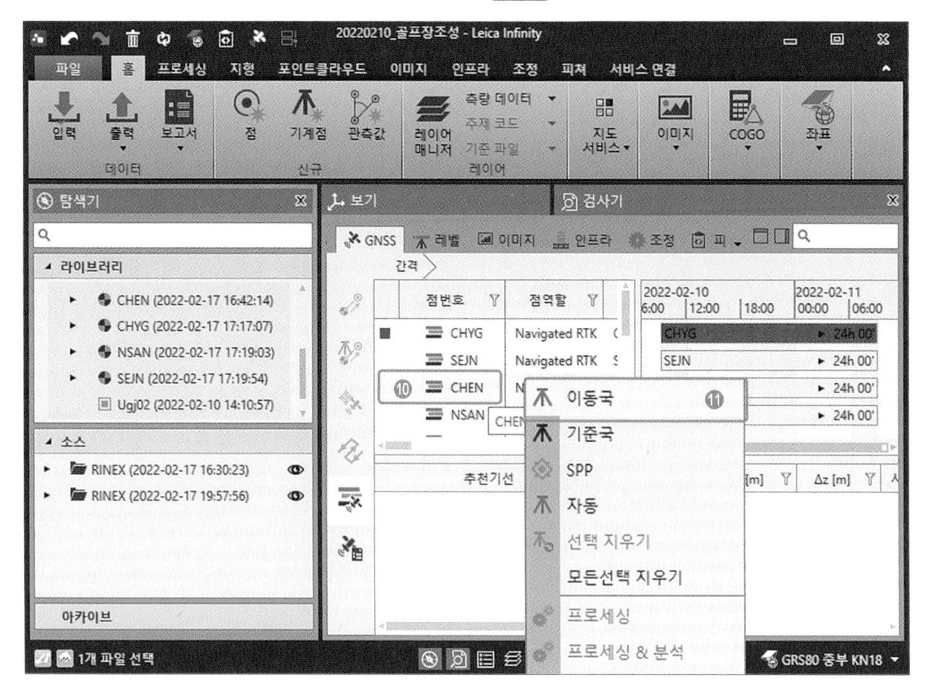

⑫ 프로세싱 – 프로세싱 Click

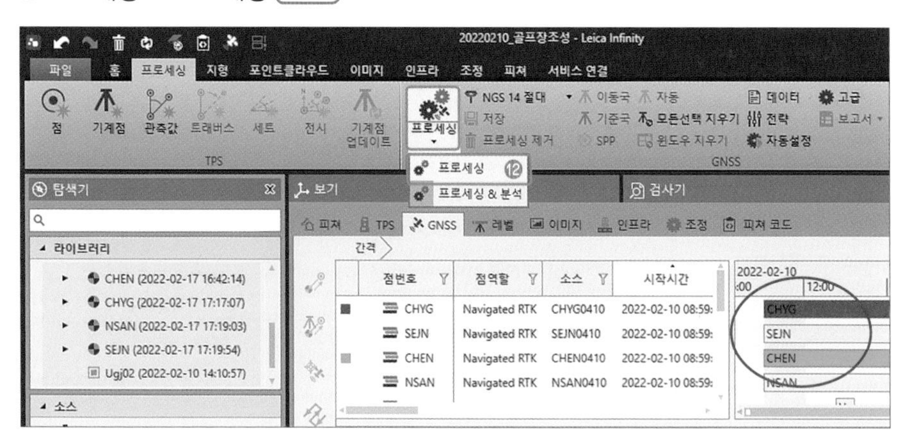

Tip◆ CHYG(붉은색), CHEN(초록색)이 표시되었는지 확인 후 프로세싱을 한다.

⑬ 기선해석 결과를 확인한 후 이상 없으면, 마우스 우클릭 – 저장 Click

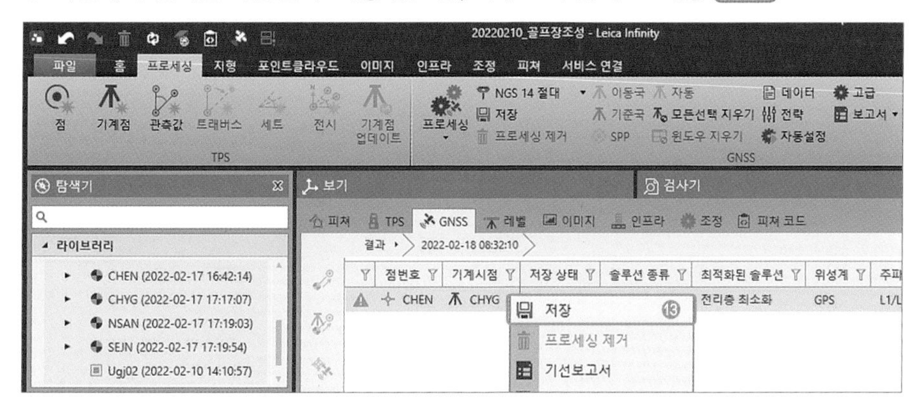

보기 탭을 클릭하면 다음과 같이 CHYG – CHEN 간 기선이 연결된 것을 확인할 수 있다.

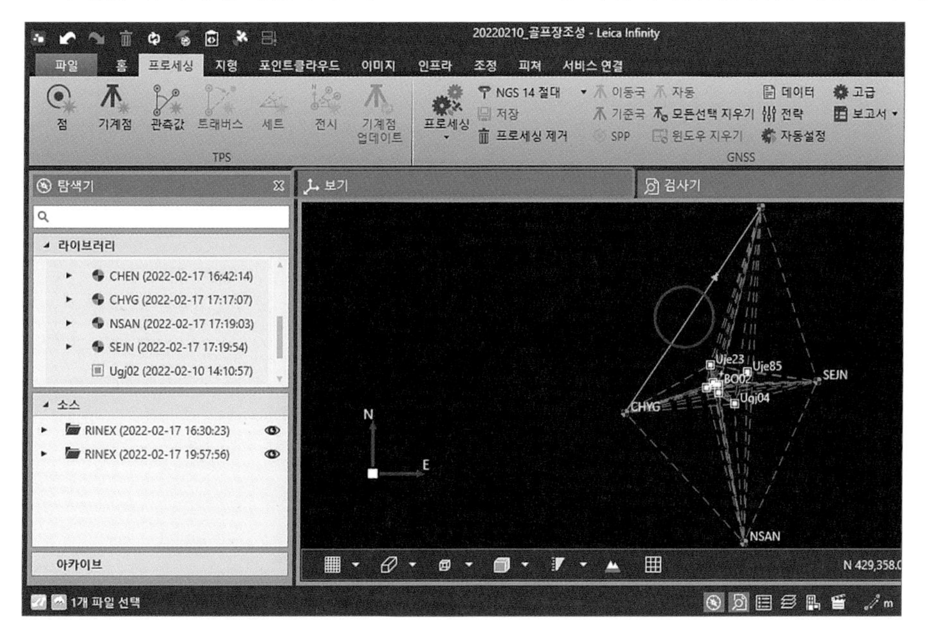

⑭ 검사기 탭 (Click) → ⑮ 데이터 마우스 우클릭 – 모든선택 지우기 (Click)

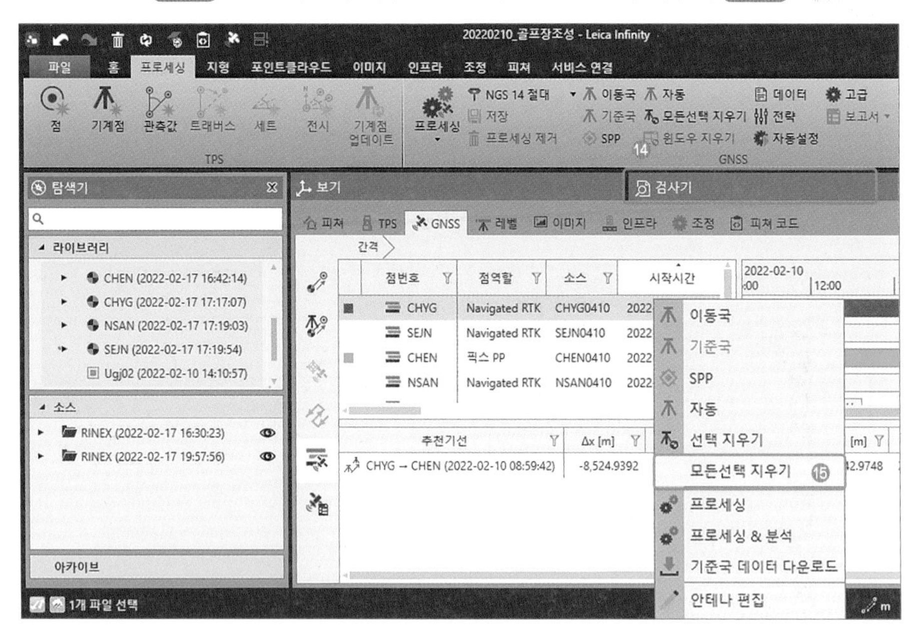

같은 방법으로 CHEN(기준국) – SEJN(이동국) – 프로세싱 – 저장,
모든선택 지우기, SEJN(기준국) – CHYG(이동국) – 프로세싱 – 저장하여 제1망을 완성하고,
모든선택 지우기, CHYG(기준국) – SEJN(이동국) – 프로세싱 – 저장,
모든선택 지우기, SEJN(기준국) – NSAN(이동국) – 프로세싱 – 저장,
모든선택 지우기, NSAN(기준국) – CHYG(이동국) – 프로세싱 – 저장하여 제2망을 완성한다.

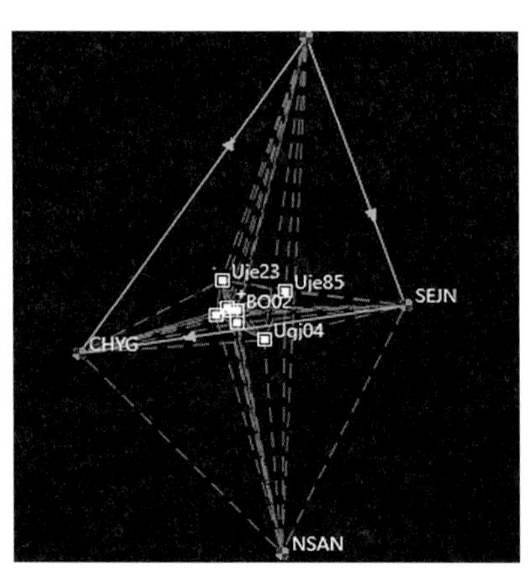

▲ 제1망

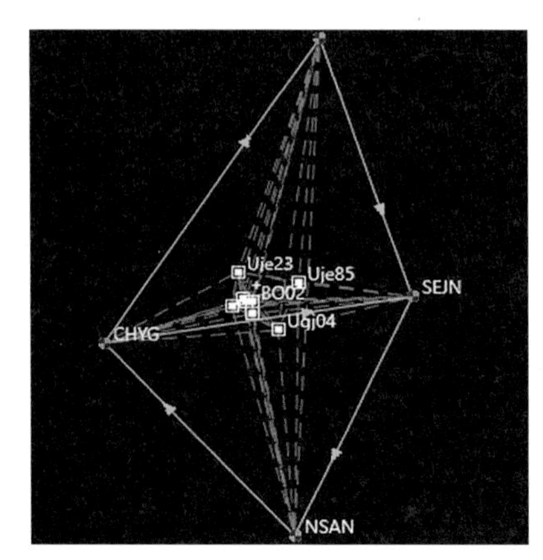

▲ 제2망

(2) 기지점-프레임점 기선해석

관측계획과 마찬가지로 U전의23, U전의85, U공주04, U전의91을 프레임점으로 약 3시간 동안 관측을 실시하였다. 위성기준점과 프레임점 간 기선해석을 해 보자.

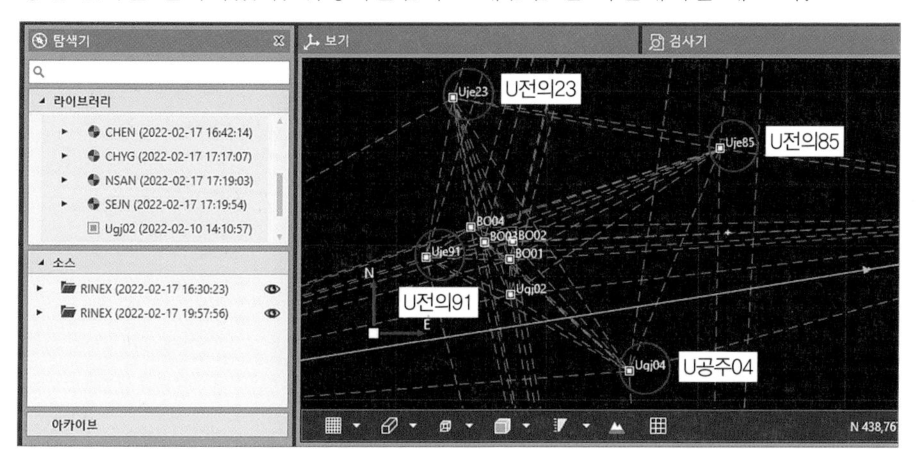

❶ 기지점(위성기준점) 모두 선택(Shift 키 이용) - 마우스 우클릭 → ❷ 기준국 Click

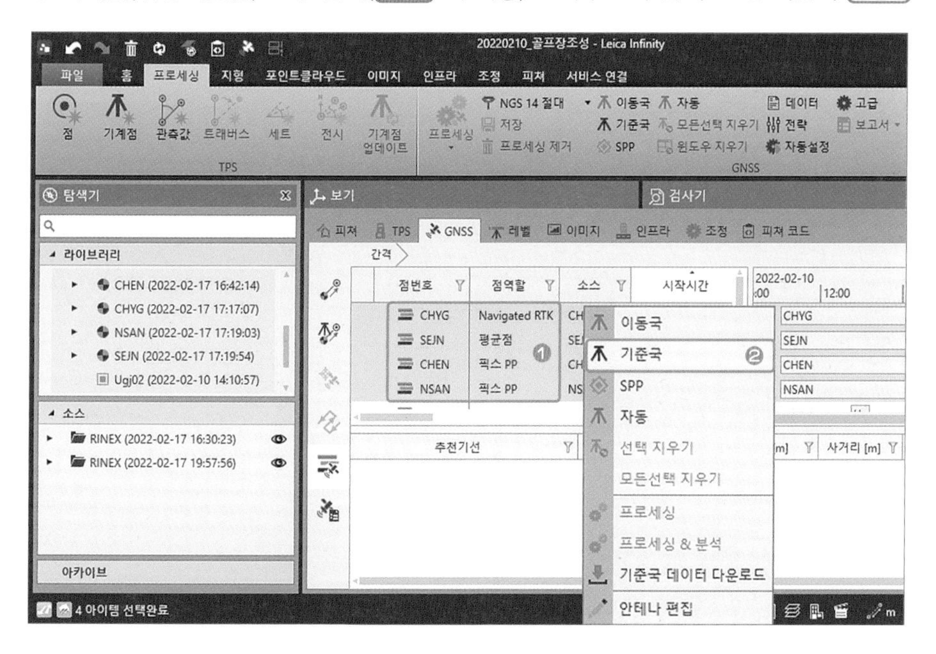

❸ 프레임점 모두 선택 – 마우스 우클릭 → ❹ 이동국 Click → ❺ 프로세싱 – 프로세싱 Click

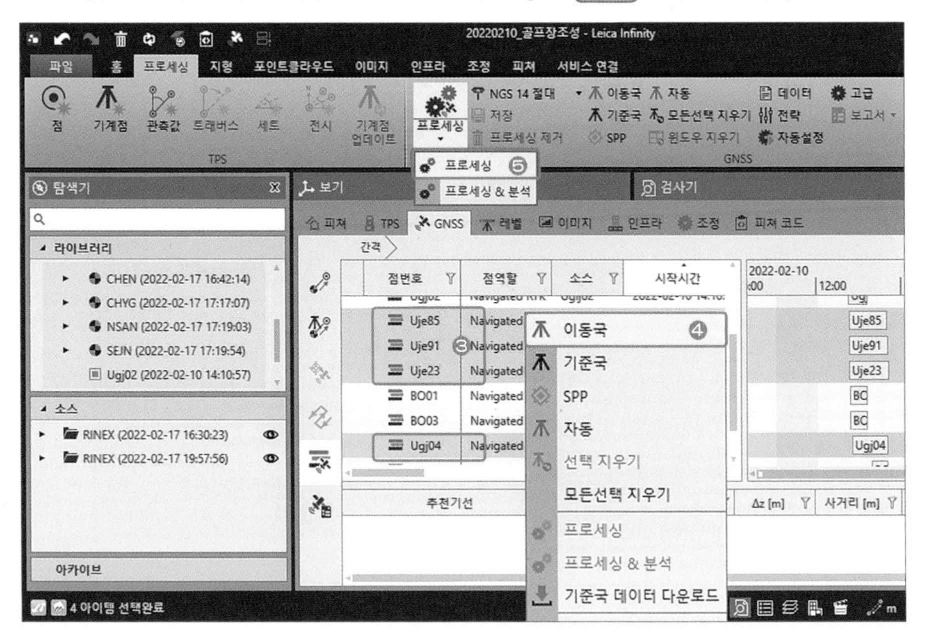

❻ 정상적으로 기선해석된 데이터를 모두 선택(솔루션 종류: 위상차 픽스 저장) – 마우스 우클릭 → ❼ 저장 Click

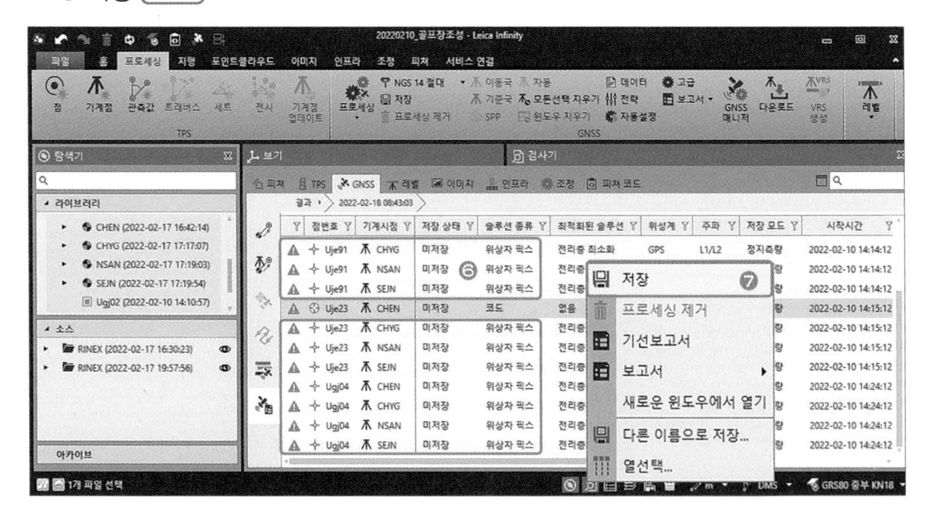

(3) 기선해석이 되지 않은 데이터의 처리

기선해석이 되지 않은 경우 정밀궤도력의 적용, 데이터 시간편집, 절사각 조정의 3가지 기선 해석전략방법을 앞서 설명하였다. 해당 데이터의 보고서를 확인하고 전략을 적용해 보자.

❶ 기선해석 되지 않은 데이터 선택(Uje23-CHEN) - 마우스 우클릭 → ❷ 보고서 - 상세정보 Click

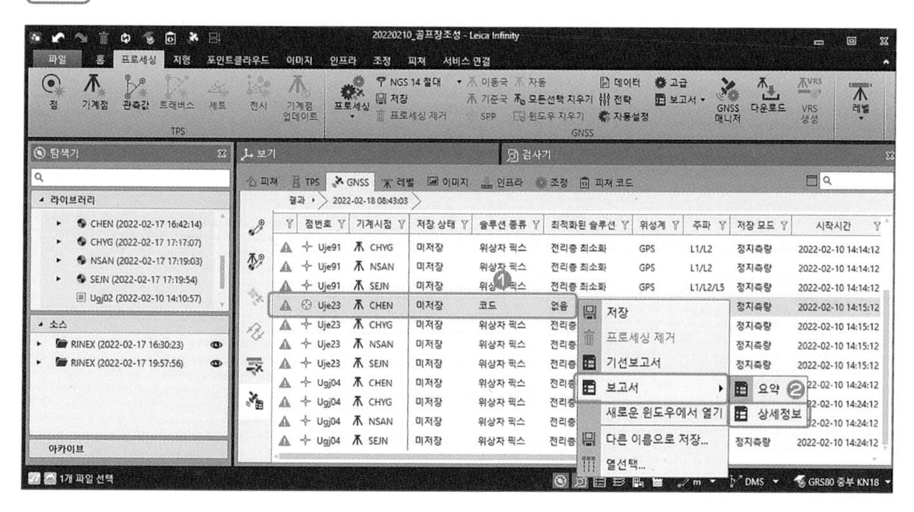

[트래킹신호 확인]

아래의 트래킹신호를 확인하면, G, R로 시작하는 위성번호가 있으므로, GPS(G)와 GLONASS(R)위성의 정밀궤도력이 적용되었다. 따라서 GLONASS위성군을 제외할 필요는 없다.

다음으로 신호의 끊김현상을 살펴보면, G04위성, G09위성이 심각하다. 따라서 G04위성은 15:10~16:35데이터를 제외하고, G09위성은 16:00~16:40데이터를 제외할 필요가 있다(U전의23은 앞서 현장답사에서 서쪽-북쪽-동쪽에 걸쳐 장애물이 있는 것을 확인하였다. 실제 현장에서는 현장답사를 통해 국가기준점이라도 이와 같이 관측환경이 좋지 않은 기준점은 제외하도록 해야 한다). 또한 G01, R03, R18위성은 관측시간이 15분 이하로 너무 짧은 시간 관측되었으므로 해당 위성데이터를 사용하지 않도록 시간편집에서 제외하거나 해당 위성을 제외할 필요가 있다.

마지막으로 위와 같이 데이터처리를 하였음에도 기선해석이 되지 않는다면, 절사각을 높여보자.

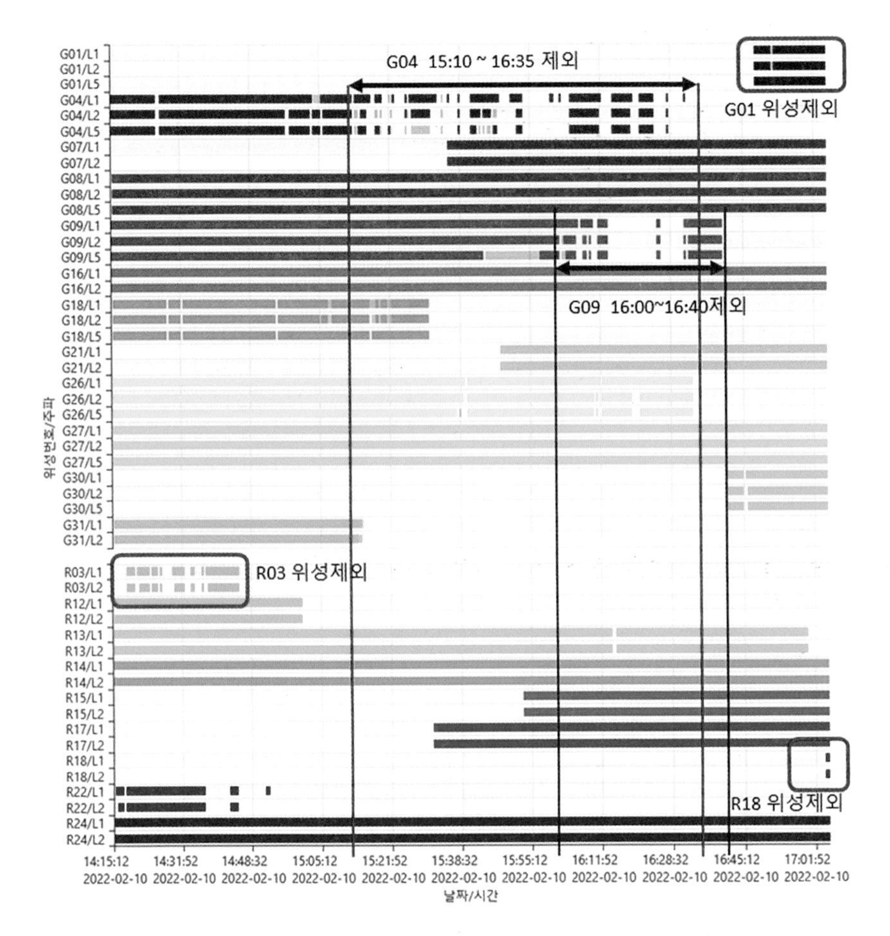

Tip◆ 제공된 자료파일과 같이 파워포인트 등에 트래킹신호를 캡처하여 넣은 후 하단의 Time Table을 이용하여 제외할 시간을 산정한다(GNSS 실습\4. 제5장\데이터 편집 샘플 Infinity.pptx 참조).

[앰비규티 통계 확인]

앰비규티 통계를 확인하면 2시간 50분간 관측이 이루어졌고, GPS, GLONASS위성에 의한 기선해석이 이루어졌으나 관측된 모든 데이터가 픽스가 되지 않았다. 위의 전략에 따라 기선해석 후 확인해 보자.

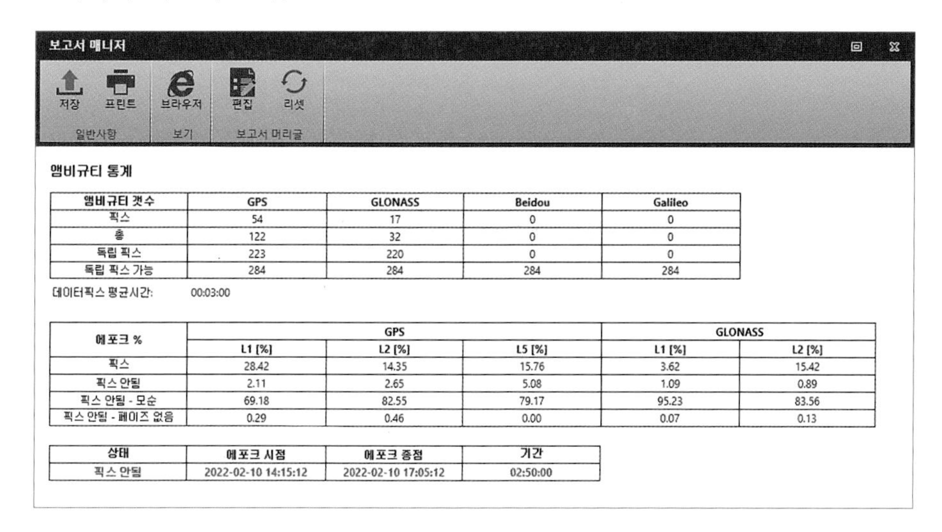

앰비규티 통계

앰비규티 갯수	GPS	GLONASS	Beidou	Galileo
픽스	54	17	0	0
총	122	32	0	0
독립 픽스	223	220	0	0
독립 픽스 가능	284	284	284	284

데이터픽스 평균시간: 00:03:00

에포크 %	GPS			GLONASS	
	L1 [%]	L2 [%]	L5 [%]	L1 [%]	L2 [%]
픽스	28.42	14.35	15.76	3.62	15.42
픽스 안됨	2.11	2.65	5.08	1.09	0.89
픽스 안됨 - 모순	69.18	82.55	79.17	95.23	83.56
픽스 안됨 - 페이즈 없음	0.29	0.46	0.00	0.07	0.13

상태	에포크 시점	에포크 종점	기간
픽스 안됨	2022-02-10 14:15:12	2022-02-10 17:05:12	02:50:00

[시간편집]

❶ GNSS 간격 Click → ❷ Time Table – Uje23선택 – 마우스 우클릭 → ❸ 위성뷰 열기 Click

Tip Time Table 길이가 짧은 경우 선택이 안 되거나 메뉴가 나오지 않으므로, Ctrl 키를 누른 채로 마우스 휠을 이용하여 길이를 크게 조절한다.

④ G04, G09위성데이터 시간편집 → ⑤ 마우스 우클릭 - 위성뷰 닫기 Click

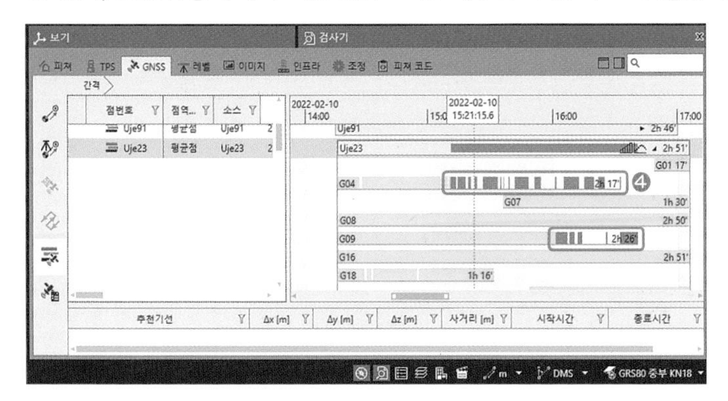

- 시간편집 대상: G04위성(15:10~16:35), G09위성(16:00~16:40)
- 편집방법: Shift + 마우스 좌클릭–해당 시간대 왼쪽에서 오른쪽으로 범위 선택, 만약 제외(회색) 시간을 잘못 선택하여 복원해야 한다면, Shift + 마우스 좌클릭–해당 시간대 오른쪽에서 왼쪽으로 범위 선택

[위성 제거]

① 프로세싱 → ② 데이터 Click → ③ 사용위성 – 편집 Click

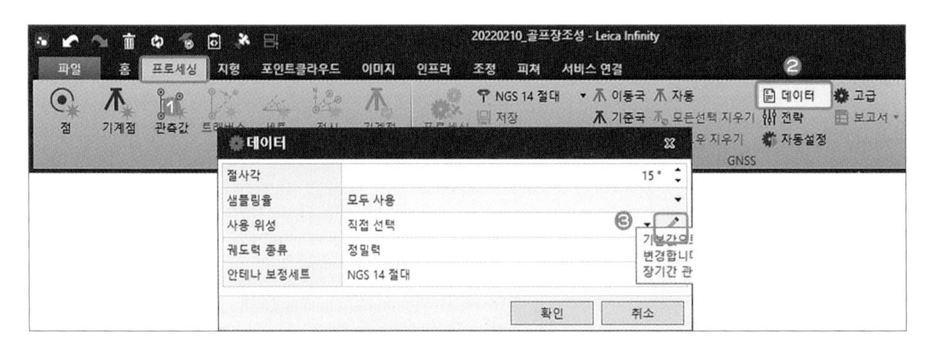

❹ 관측시간이 짧은 GPS위성 G01, GLONASS위성 R03, R18 체크 해제 → ❺ 확인 Click → ❻ 데이터 확인 Click

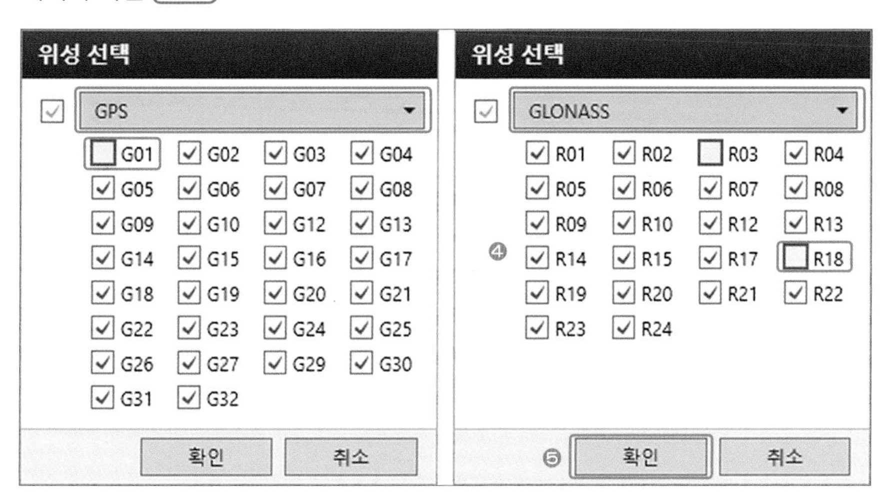

❼ CHEN 기준국 → ❽ Uje23 이동국 → ❾ 프로세싱 – 프로세싱 Click → ❿ 기선해석 결과 확인

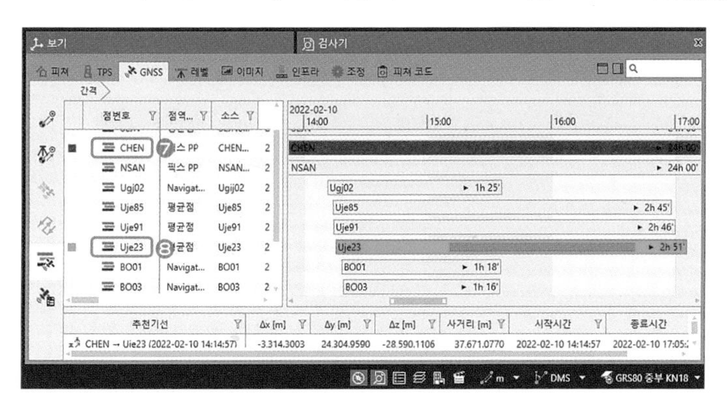

시간편집, 위성 제거 후 기선해석을 실시하고 보고서를 확인한 결과 일부분만 픽스되었다. 따라서 다음과 같이 다른 위성의 시간도 편집하였다. 위성신호 수신이 시작 또는 종료될 때 다중경로 등으로 데이터가 안 좋은 경우가 많으므로 해당 부분을 제외하였다.

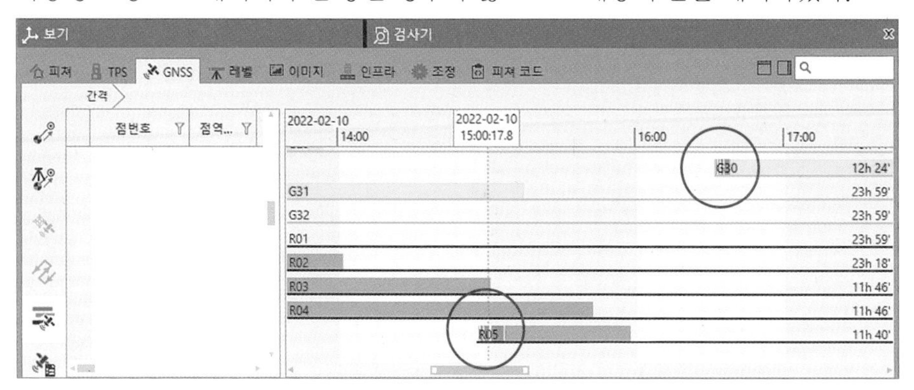

위와 같은 편집에도 전체 데이터가 픽스되지 않았다. 마지막 방법으로 절사각을 조정하기로 한다.

[절사각 조정]

❶ 프로세싱 → ❷ 데이터 (Click) → ❸ 절사각: 18° → ❹ 확인 (Click)

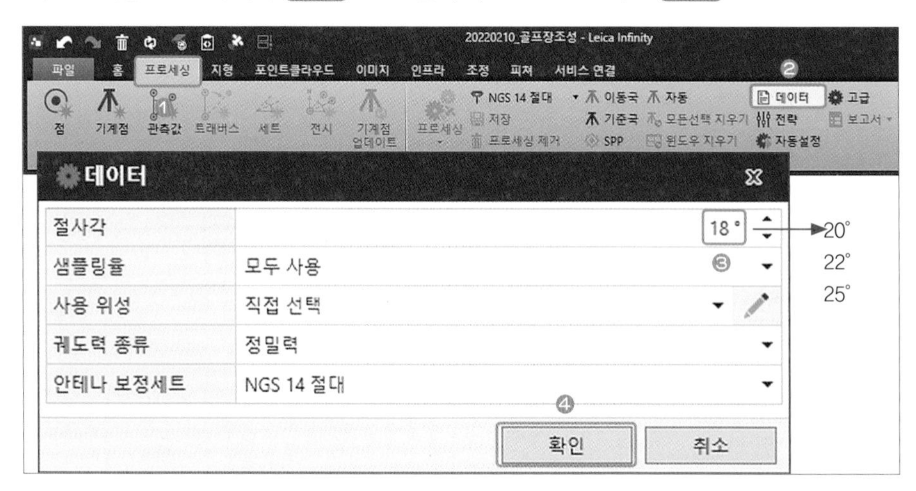

절사각을 18도로 높여 기선해석하고, 해석이 되지 않는다면, 20도, 22도, 25도점점 높여서 해석한다. 예제 데이터는 아래와 같이 절사각을 15도에서 20도로 높였을 때 30초 정도 시간의 데이터만 빼고 모든 데이터가 픽스되는 것을 확인할 수 있다. 따라서 해당 데이터는 절사각 20도로 기선해석하는 것이 적합하다고 판단된다.

절사각 15도			
상태	에포크 시점	에포크 종점	기간
픽스 안됨	2022-02-10 14:15:12	2022-02-10 17:05:12	02:50:00

절사각 20도			
상태	에포크 시점	에포크 종점	기간
픽스 안됨	2022-02-10 14:15:12	2022-02-10 14:15:42	00:00:30
픽스	2022-02-10 14:15:42	2022-02-10 17:05:12	02:49:30

⑤ 마우스 우클릭 – 저장 Click

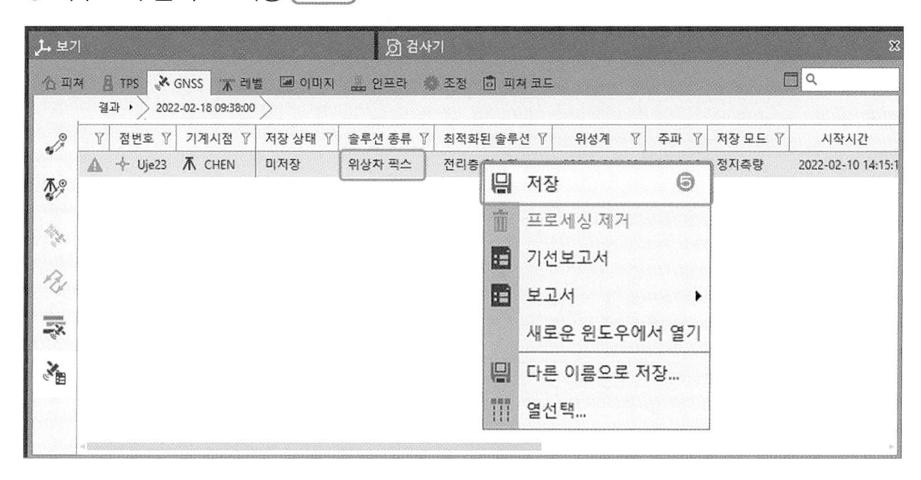

[결과 화면]

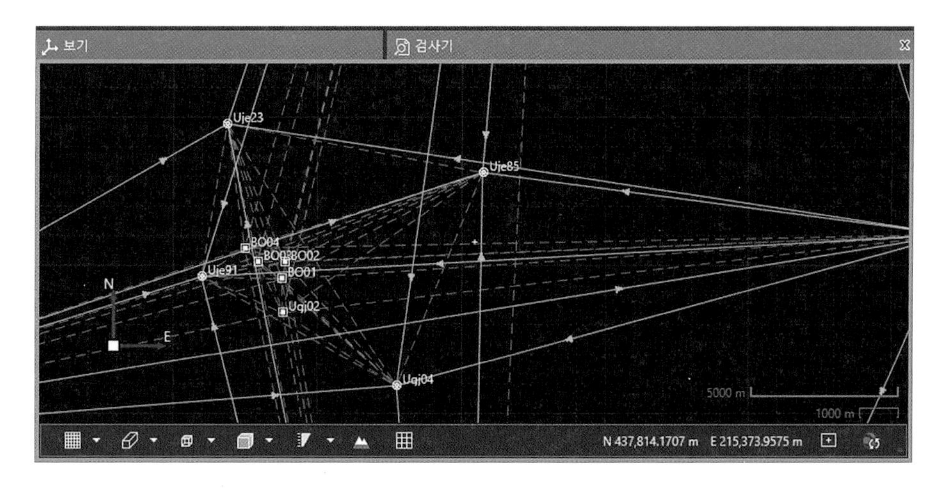

기선해석이 되지 않는 다른 기선(솔루션 종류: 위상차 픽스가 되지 않은 기선)도 위와 같은 방법으로 데이터처리작업을 실시한다. 여기서 주의할 점은 데이터처리를 위해 "프로세싱 – 데이터"설정을 변경한 경우에는 반드시 기본값으로 설정한 후 다음 기선처리를 해야 한다(다음 그림 참고). 즉 기선처리가 되지 않는 기선별로 데이터 설정을 다르게 적용해야 한다.

데이터

절사각	15 °
샘플링율	모두 사용
사용 위성	모두 사용
궤도력 종류	정밀력
안테나 보정세트	NGS 14 절대

확인 취소

(4) 프레임점 간 기선해석

프레임점인 U전의23, U전의85, U공주04, U전의91 간에는 연결되어 있지 않으므로 프레임점 간 연결이 필요하다. 프레임점의 연결은 위성기준점 간 연결과 동일한 방식으로 정삼각형에 가깝도록 망을 구성한다.

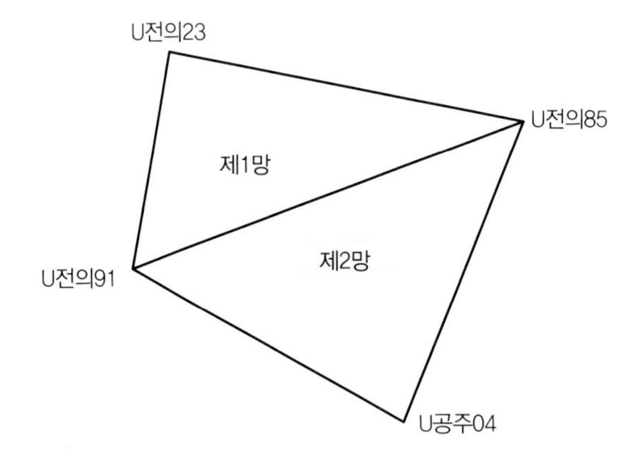

프레임점간 기선망은

제1망: U전의91–U전의23–U전의85, 제2망: U전의91–U전의85–U공주04

① Uje91(기)–Uje23(이) / Uje23(기)–Uje85(이) / Uje85(기)–Uje91(이)

② Uje91(기)–Uje85(이) / Uje85(기)–Ugj04(이) / Ugj04(기)–Uje91(이)

위에서도 언급했듯이 기선해석 전에 반드시 데이터 설정을 기본 값으로 설정한 후 기선해석을 실시한다.

(5) 프레임점-신설점 기선해석

❶ 프로세싱 - 데이터 (Click) → ❷ 데이터 설정 초기화 → ❸ 확인 (Click)

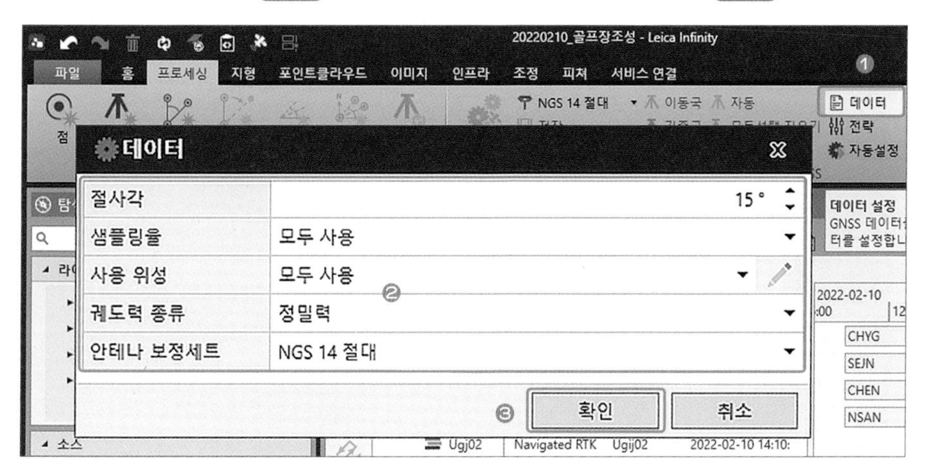

Tip◆ 기선해석 전에는 반드시 데이터 설정을 위와 같이 초기 설정값으로 설정한다.

❹ 프레임점 모두 선택(Shift 키 이용) – 마우스 우클릭 → ❺ 기준국 (Click)

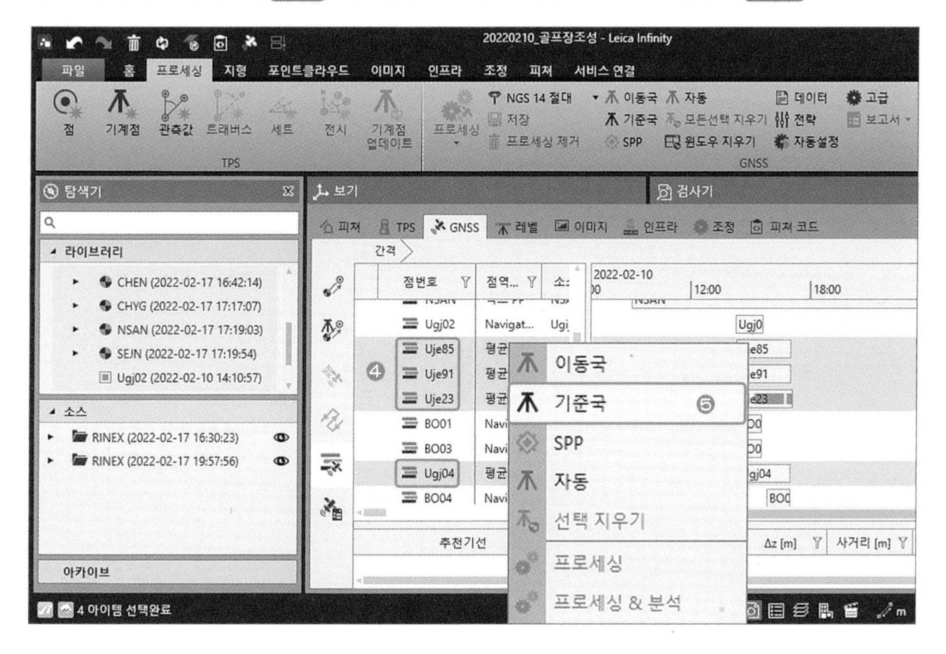

⑥ 신설점 모두 선택(Shift 키 이용) – 마우스 우클릭 → ⑦ 이동국 Click → ⑧ 프로세싱 – 프로세싱 Click

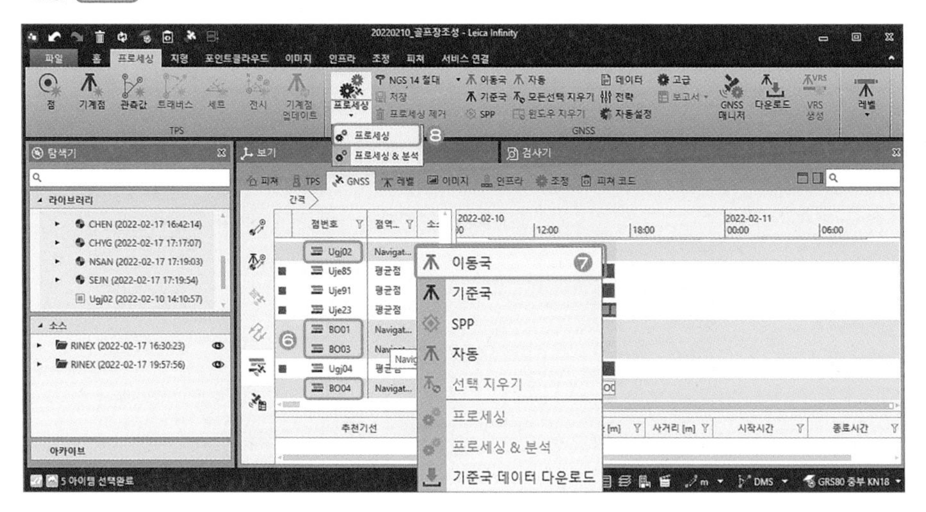

⑨ 마우스 우클릭 → ⑩ 저장 Click

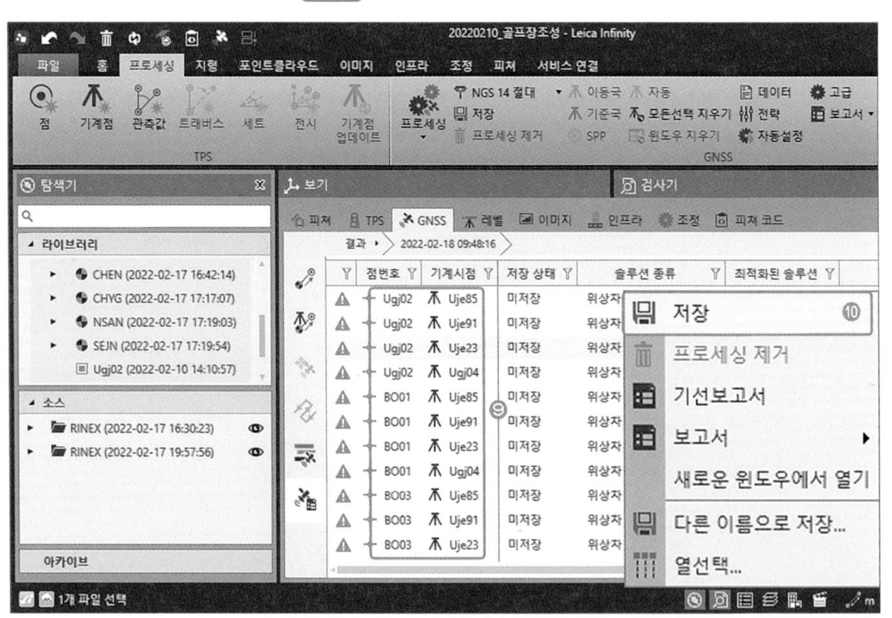

[결과 화면]

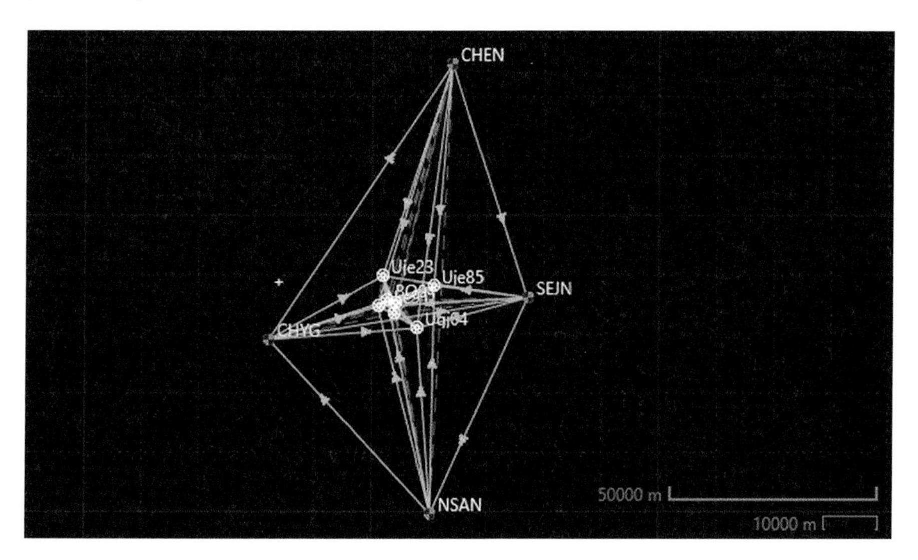

(6) 기선해석보고서 저장

❶ GNSS프로세싱 결과 → ❷ 결과 (Click)

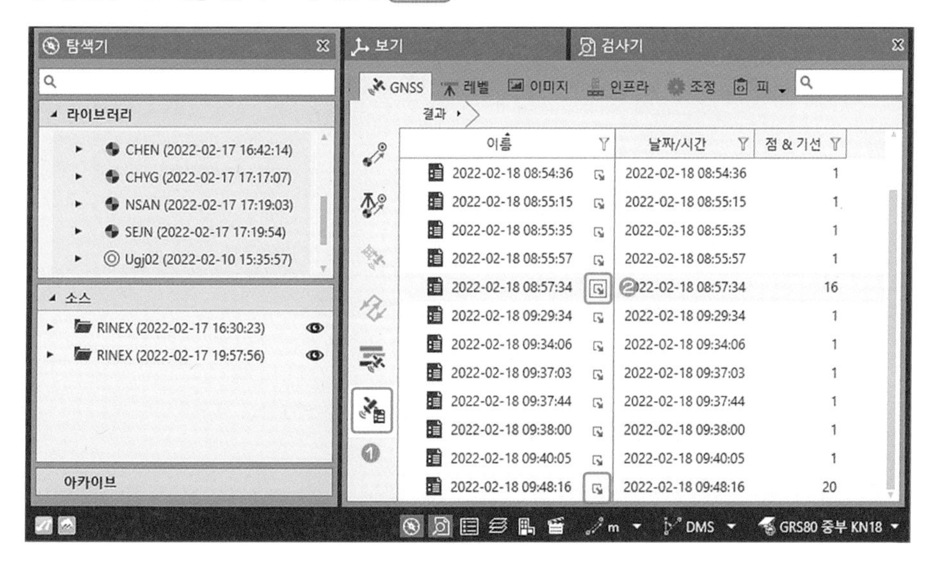

㉠ 기지점 간(위성기준점), ㉡ 기지점-프레임점, ㉢ 프레임점 간(통합기준점), ㉣ 프레임점-신설점의 기선해석 중 ㉡, ㉣의 기선해석보고서를 저장하면 된다. 별도로 기선해석한 Uje23-CHEN 간 기선해석보고서도 저장해야 한다.

❸ 전체 선택 – 마우스 우클릭 → ❹ 보고서 – 상세정보 Click

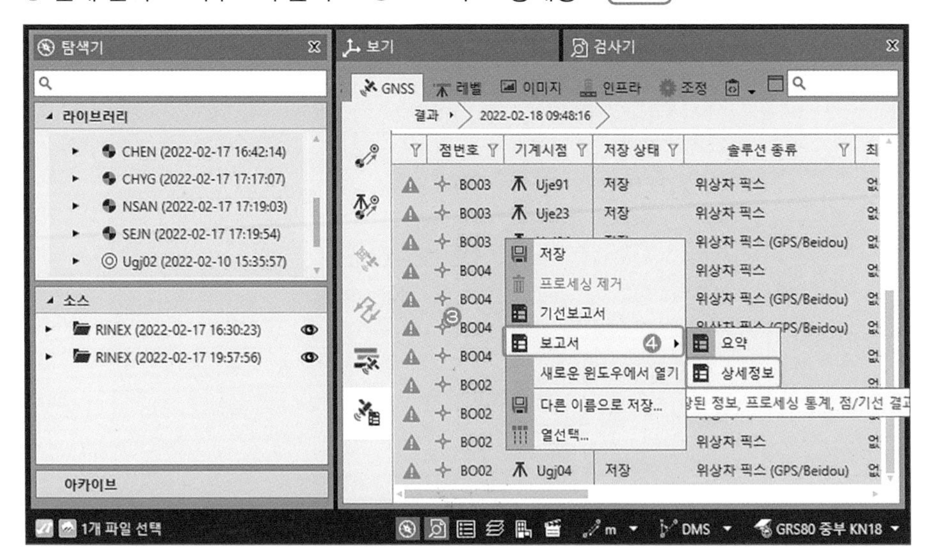

❺ 저장 Click

❻ 이름 지정 – 출력 Click

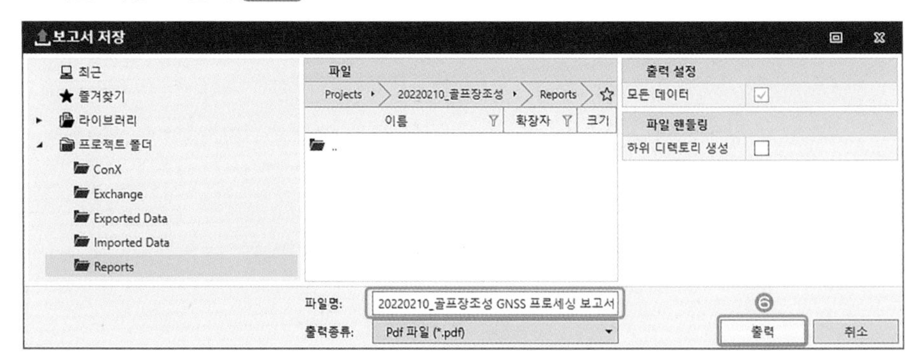

[저장경로]
해당 프로젝트 Reports폴더에 저장된다.

04 망조정

1) 규정

규정	내용
국 국가기준점측량 작업규정 제33조	• 정밀력에 따라 위성기준점 · 통합기준점을 고정점으로 한 기선해석 및 망평균계산을 실시하여 통합기준점의 경위도 및 타원체고 결정 • 성과결정을 위한 기선해석 및 망평균계산은 정밀GNSS관측데이터처리 소프트웨어 또는 국토지리정보원에서 승인한 상용GNSS관측데이터 처리 소프트웨어를 사용하여 위성기준점 성과결정방식과 동일한 방식으로 계산 • 기선해석결과를 이용한 망평균계산을 실시할 때에는 기존 통합기준점을 고정점으로 하여 기존 통합기준점망에 기선을 연결하여 망을 구성하고 계산 • 기선해석 · 망평균계산의 계산결과는 "기선해석결과파일 · 망평균결과파일"로 기록매체에 저장
지 GNSS에 의한 지적측량규정 제12조, 제15조	• GNSS데이터의 망조정은 자유망조정으로 처리하여 기지점들의 성과를 점검 → 다점고정망으로 모든 기지점을 고정하여 처리 • 자유망조정은 기지점 중 한 점을 고정하고 기지점들을 처리하며, 기지점들 간의 성과부합 여부를 확인 • 자유망조정결과 기지점들에 이상이 없을 때 모든 기지점을 고정하여 다점고정망조정으로 처리 • 고정밀자료처리 소프트웨어를 사용할 경우에는 기지점 및 소구점을 동시에 조정하여 처리할 수 있음 • 표고계산: 국가지오이드모델을 이용하는 경우 ① 기지점에서 지오이드모델로부터 구한 지오이드고에서 고시된 지오이드고 차이를 계산하고 소구점지오이드고에 감하여 보정지오이드고를 산출하고 그 값과 타원체고와의 차이를 표고 계산 ② 보정지오이드고 = 소구점지오이드모델 지오이드고 − (기지점지오이드모델 지오이드고 − 고시지오이드고) ③ 소구점표고 = 소구점타원체고 − 보정지오이드고

 공공측량 작업규정 제25조	• 기지점 1점을 고정하는 3차원망 조정계산(가정 3차원망 조정계산)으로 처리 • 가정 3차원 망조정계산의 중량(P)은 다음의 분산 · 공분산 행렬의 역행렬을 이용 • 표고계산: 미지점 ① 연직선편차 등을 미지량으로 하고, 가정 3차원망 조정계산으로 구함 ② GNSS관측과 수준측량 등으로 국소지오이드모델을 구하여 지오이드고를 보정 ③ 엄밀지오이드모델로 지오이드고를 보정

2) 작업절차

기본적인 망조정은 위성기준점 1점에 의한 최소제약조정(Minimally Constrained Adjustment) 후 기지점으로 사용되는 모든 위성기준점에 의한 완전제약조정(Full Constrained Adjustment)의 순서로 다음 그림과 같이 진행한다. 그러나 앞에서 설명한 바와 같이 Infinity버전은 기선자료처리 전에 기지점의 고시성과를 입력하고 실시하므로 완전제약조정만을 실시하여 성과를 결정한다.

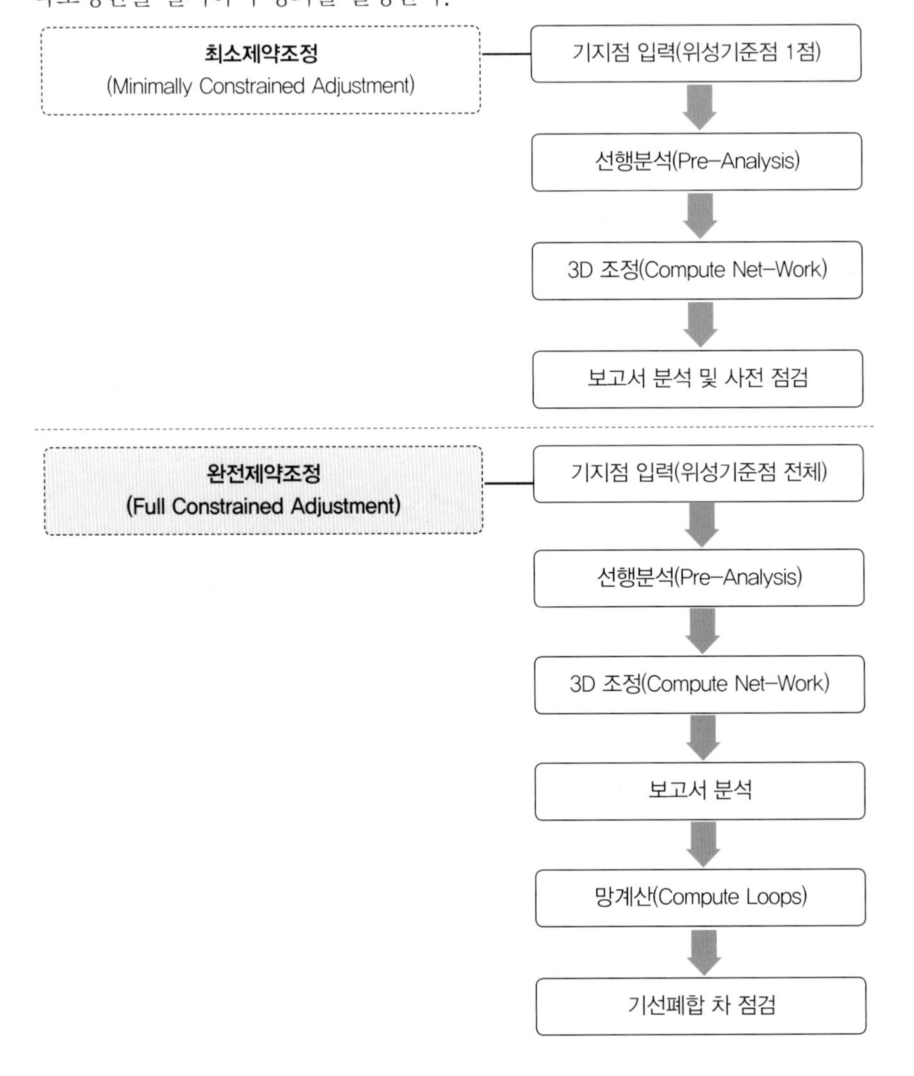

3) 선행분석(Pre-Analysis)

선행분석(Pre-Analysis)은 3D 조정에 앞서 네트워크점검을 위한 작업으로, 데이터에 관한 수학적인 체크뿐만 아니라 품질(Quality)을 체크하는 절차이다.

❶ 조정 → ❷ 좌표계 – 좌표계: WGS84 → ❸ 확인 Click → ❹ 선행분석 실행 – 3D Click → ❺ 보고서 – 선행분석 보고서 Click

Tip◆ 좌표계를 제대로 설정하지 않는 경우 "선행분석을 계속할 수 없습니다."라는 에러 메시지가 나타난다.

❻ 보고서 저상 Click

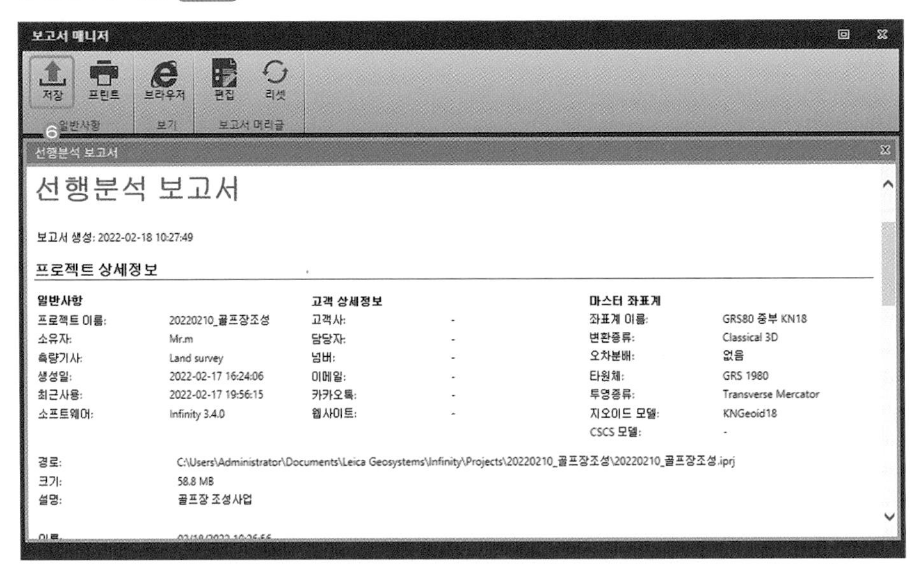

Tip◆ 선행분석보고서 내용을 확인하여 필요한 조치를 한다.

4) 3D 조정(Compute Net-Work, 기선벡터 조정)

❶ 3D 조정 실행 - 3D Click → ❷ 보고서 - 기선벡터 조정 보고서 Click - F검증 등 검증값 확인

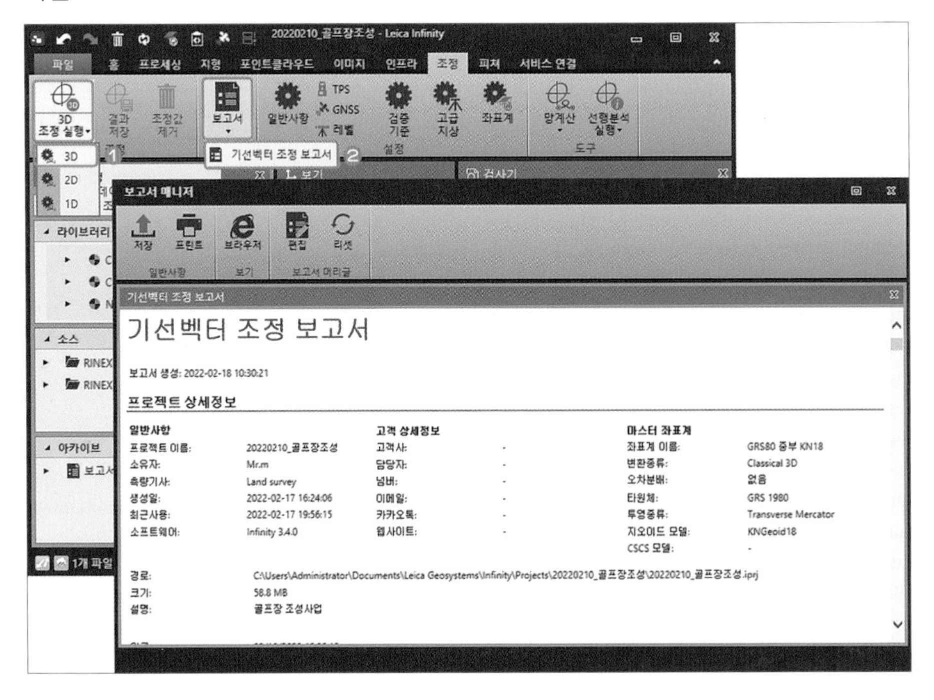

Tip◆ 기선벡터 조정 보고서 내용을 확인하여 필요한 조치를 한다.

[보고서 내용]

3차원 완전제약조정결과를 검증하는 F검증값과 카이스퀘어검증값을 중점적으로 살펴봐야 한다. F검증값과 카이스퀘어검증값이 붉은색으로 표현되는 경우 성과를 점검해 보아야 하는데, 확률상의 검증이므로 성과에 특별한 문제가 없는 경우가 대부분이다. 그러나 3D 조정까지의 절차를 진행하면서 절차상 누락 또는 오기 입력이 있었는지를 확인할 필요가 있다. 특히 안테나보정을 NGS14절대로 설정하였는지, 최신 수신기의 경우 안테나모델이 적용되어 있는지, 안테나 높이는 정상적으로 입력되었는지, 정밀궤도력이 정상적으로 적용되었는지 등을 면밀히 검토하여 누락 또는 오기된 부분이 있다면, 수정 후 기선해석을 재실시하고 망조정을 해야 한다.

F검증값과 카이스퀘어검증값은 다음의 설명과 같은 관계가 있으며, 데이터의 문제가 없다면 다음 설명에 따라 처리한다(Infinity 도움말 참조).

Ⓐ F검증값: 이상값은 1에 가까울 수록 좋으며, 1을 초과하면 붉은색으로 표현된다. 반면 너무 낮은 경우 카이스퀘어검증값이 안 좋게 나타날 수 있다.

Ⓑ 카이스퀘어검증값: F검증과 동일하게 95% 수준으로 검증하는데, 카이스퀘어검증값이 낮게 나오는 경우 입력한 값보다 장비의 성능이 높게 나왔다는 것이기 때문에 표준편차의 문제가 있다.

따라서 이를 조정하기 위해서는 아래와 같이 기본값이 '10'인 논리시그마의 선험값을 높이거나 낮춰야 한다. F검증은 1 이하의 1에 가까운 값으로, 카이스퀘어검증은 1에 가까운 값이 나오도록 설정하여야 한다.

반대로 카이스퀘어검증값이 2~3 정도 초과 수준이라면, 작은 문제에 의한 것으로 성과에 미치는 영향은 미미하다. 반대로 5 이상이 넘는 경우에는 프로세싱이 잘못되었을 가능성이 높다. 따라서 불량한 데이터를 제거하고 기선해석부터 재실시해야 한다.

❹ 조정 – GNSS → ❺ 논리 시그마 – 선험: 값 조정 → ❻ 확인 Click → ❼ 3D 조정 실행 – 보고서 확인

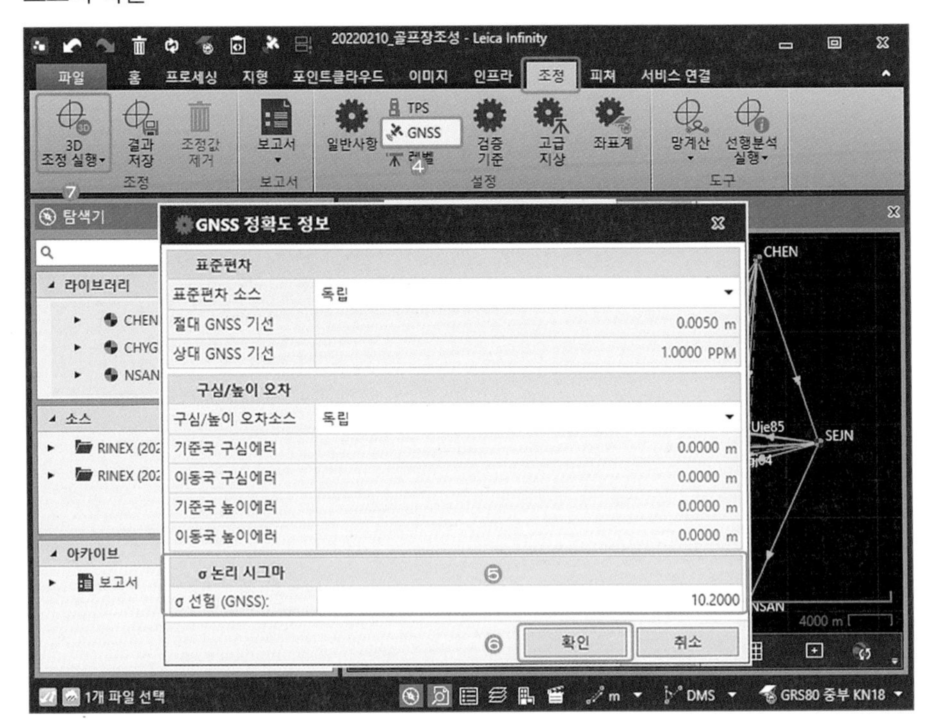

본 교재의 실습데이터는 논리시그마선험값을 10.2로 설정하는 것이 적합하다고 판단되었다.

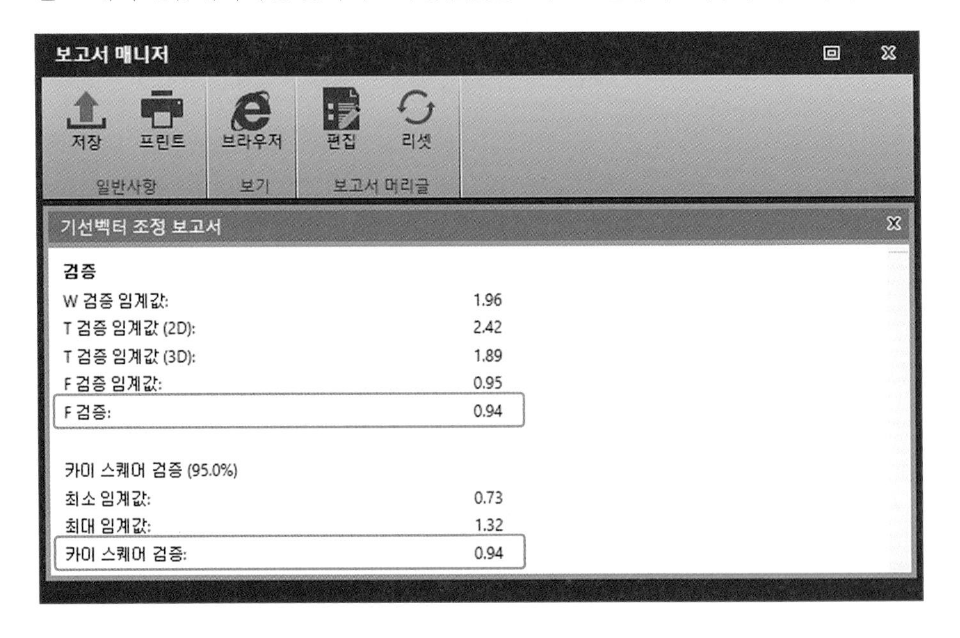

⑧ 검증값에 이상이 없으면, 해당 보고서 선택 – 마우스 우클릭 → ⑨ 저장 Click

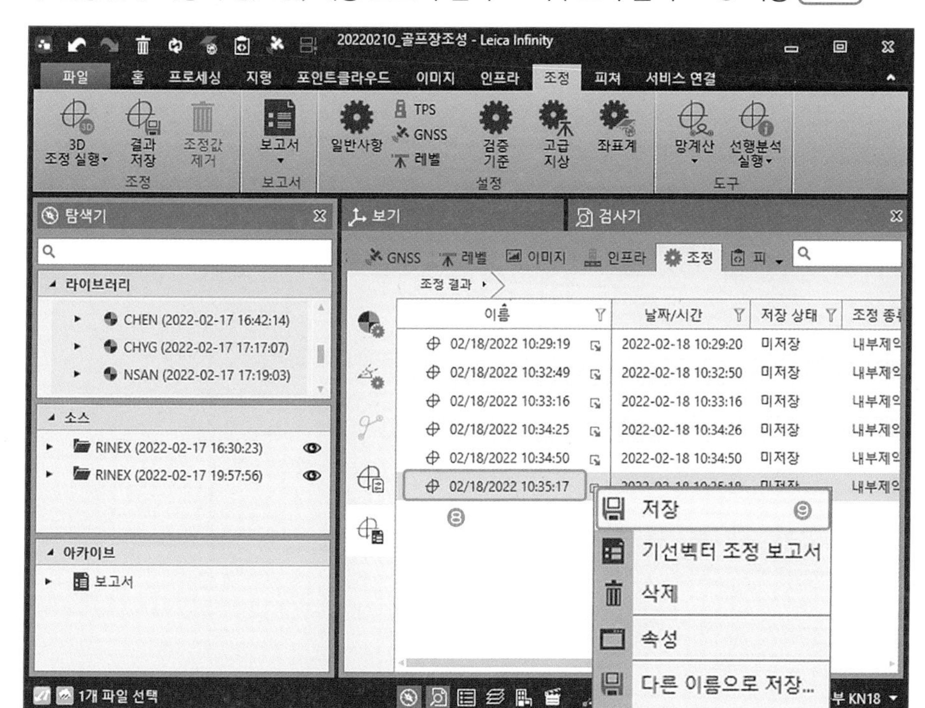

5) 망계산(Compute Loops, 폐합망계산)

각각의 기선에 대한 3D 조정을 완료하고, 각 점 간 기선 3개를 연결하여 폐합망테스트를 통해 각 기선의 측정정밀도를 계산한다. 규정에서는 정하는 정밀도 이내인 경우에 성과를 사용한다. 따라서 성과검사에서는 U공주02와 같이 기 고시된 기준점을 신설점으로 계산하여 고시된 성과와 비교하는 방법과 망계산보고서에서 규정된 정밀도를 갖추었는지를 판단하는 방법을 사용한다.

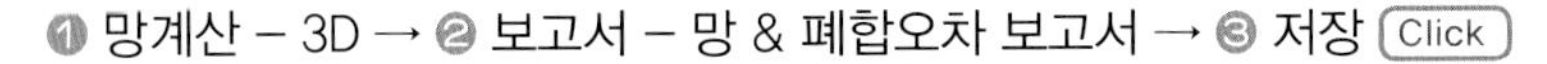

[보고서 내용]

망 & 폐합오차 보고서의 망16은 'SEJN – Uje85(U전의85) – CHYG' 3개의 점을 연결하여 하나의 망을 형성하였다.

망 7

시점	종점	ΔX [m]	ΔY [m]	ΔZ [m]
SEJN (2022-02-18 10:35:18)	Uje85 (2022-02-10 16:58:12)	13,935.5815	8,853.6062	1,638.4175
Uje85 (2022-02-10 16:58:12)	CHYG (2022-02-18 10:35:18)	19,445.4980	21,538.9022	-7,313.3564
CHYG (2022-02-18 10:35:18)	SEJN (2022-02-11 08:59:12)	-33,381.1612	-30,392.4411	5,674.9662

WGS84 직교	X	Y	Z
폐합차	-0.0817 m	0.0673 m	0.0272 m
W 검증	-1.11	0.74	0.33

지역 직각좌표	N	E	높이
폐합차	-0.0394 m	0.0246 m	0.0990 m
W 검증	-0.47	0.31	1.18

폐합차	거리	PPM	비율
0.1093 m	92,016.3552 m	1.2	1/841717

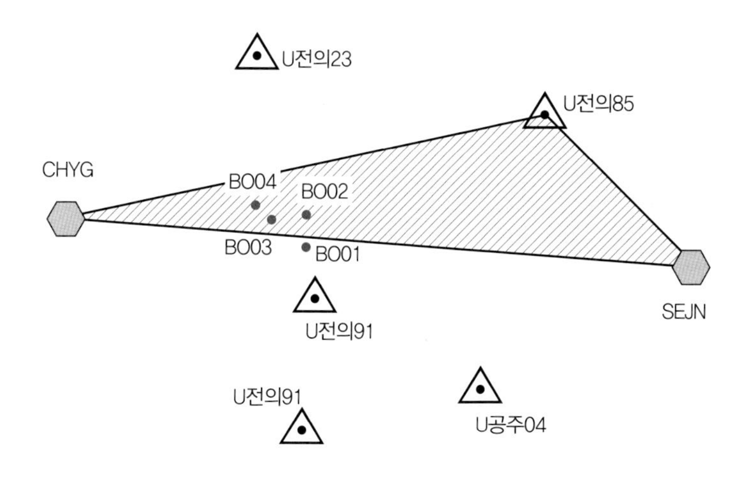

NSOS

관련 규정의 허용범위 이내에 해당하는지 확인하여야 한다.

<table>
<tr><th>규정</th><th colspan="3">내용</th></tr>
<tr><td rowspan="6">지
GNSS에 의한
지적측량규정
제11조</td><td colspan="3">• 서로 다른 세션에 속하는 중복기선으로 최소변수의 폐합다각형을 구성하여 기선벡터 각 성분(ΔX, ΔY, ΔZ)의 폐합차를 계산
① 허용범위를 초과하는 경우에는 재관측
② 허용범위</td></tr>
<tr><th>거리</th><th>ΔX, ΔY, ΔZ의 폐합차</th><th>비고</th></tr>
<tr><td>10km 이내</td><td>±3cm 이내</td><td rowspan="2">D : 기선거리 합(km)</td></tr>
<tr><td>10km 이상</td><td>±(2cm + 1ppm× D) 이내</td></tr>
</table>

해당 기선의 폐합 총 길이는 92km이므로

±(2cm + 1ppm × 92) = 11.2cm = 0.112m의 허용공차를 가지고 있으며, 폐합차는 0.1093m이므로 허용범위에 속한다.

6) 성과결정 및 성과저장(세계측지계)

조정이 완료되면 다음과 같이 성과가 결정된다. 프로젝트 설정시 출력될 좌표계를 GRS80 중부 KN18로 설정하였기 때문에 별도 좌표변환 없이 계산된 결과를 바로 저장하여 사용한다.

❶ 검사기 → ❷ 피쳐 탭 → ❸ 점 → ❹ 제목줄 – 마우스 우클릭 – 열선택 Click → ❺ 출력할 열 선택 – 확인 Click

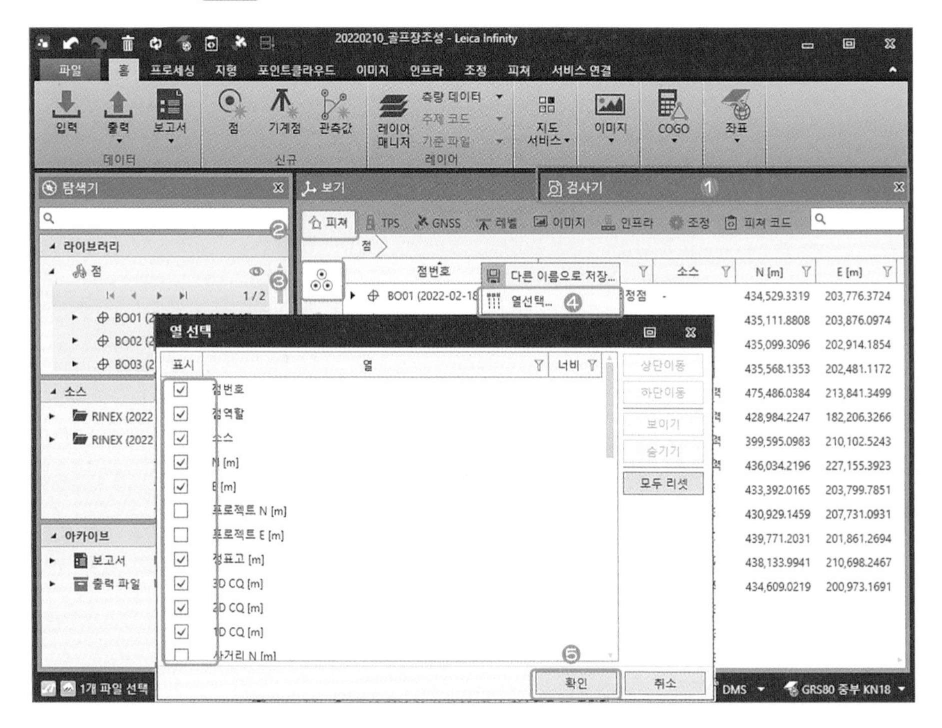

⑥ 마우스 우클릭 – 다른 이름으로 저장 Click

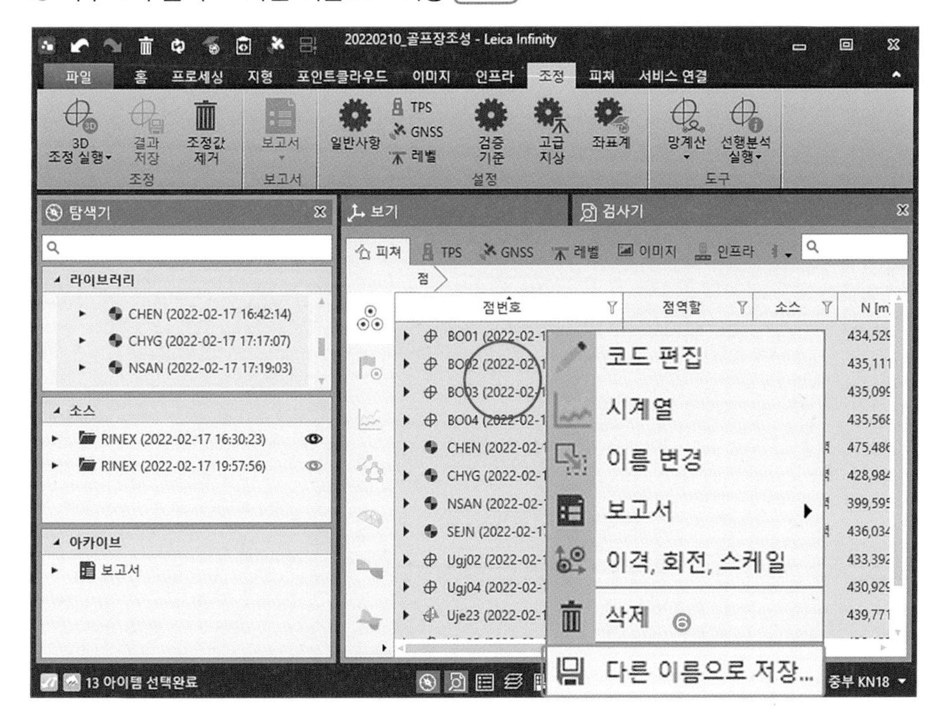

⑦ 파일이름 지정 – 저장 Click

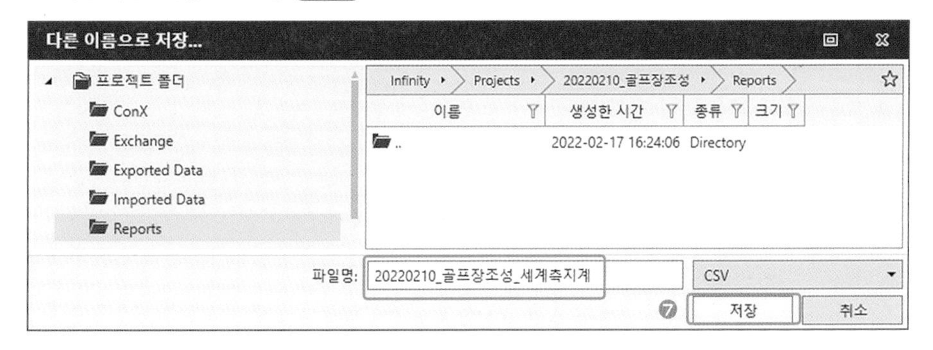

[저장 파일]

점번호	점역할	소스	N [m]	E [m]	정표고 [m]	3D CQ [m]	2D CQ [m]	1D CQ [m]	지오이드고 [m]	WGS84 위도 [°]	WGS84 경도 [°]	WGS84 타원체고 [m]
BO01	최소제곱 3D 조정점	-	434529.3319	203776.3724	40.6798	0.0061	0.0015	0.006	24.3893	36° 30' 32.50760" N	127° 02' 31.76194" E	65.069
BO02	최소제곱 3D 조정점	-	435111.8808	203876.0974	48.123	0.0074	0.0026	0.0069	24.3947	36° 30' 51.40500" N	127° 02' 35.78013" E	72.5176
BO03	최소제곱 3D 조정점	-	435099.3096	202914.1854	29.7424	0.0063	0.0017	0.0061	24.3646	36° 30' 51.00945" N	127° 01' 57.12078" E	54.1069
BO04	최소제곱 3D 조정점	-	435568.1353	202481.1172	46.4439	0.0065	0.0019	0.0062	24.3536	36° 31' 06.22330" N	127° 01' 39.72124" E	70.7974
CHEN	기지점	사용자 입력	475486.0384	213841.3499	45.3688	0.0866	0.0707	0.05	24.1763	36° 52' 40.83120" N	127° 09' 18.90960" E	69.545
CHYG	기지점	사용자 입력	428984.2247	182206.3266	112.5937	0.0866	0.0707	0.05	23.8803	36° 27' 32.04700" N	126° 48' 05.38250" E	136.474
NSAN	기지점	사용자 입력	399595.0983	210102.5243	50.0733	0.0866	0.0707	0.05	24.6517	36° 11' 38.99060" N	127° 06' 44.36080" E	74.725
SEJN	기지점	사용자 입력	436034.2196	227155.3923	156.2764	0.0866	0.0707	0.05	24.9196	36° 31' 19.96820" N	127° 18' 11.48360" E	181.196
Ugj02	최소제곱 3D 조정점	-	433392.0165	203799.7851	33.9159	0.0072	0.0024	0.0067	24.3857	36° 29' 55.61085" N	127° 02' 32.68270" E	58.3015
Ugj04	최소제곱 3D 조정점	-	430929.1459	207731.0931	17.0973	0.0062	0.0015	0.006	24.4755	36° 28' 35.62587" N	127° 05' 10.56153" E	41.5727
Uje23	최소제곱 3D 조정점	-	439771.2031	201861.2694	95.875	0.0072	0.0023	0.0068	24.3446	36° 33' 22.58216" N	127° 01' 14.84477" E	120.2195
Uje85	최소제곱 3D 조정점	-	438133.9941	210698.2467	25.8858	0.0063	0.0016	0.0061	24.5329	36° 32' 29.25983" N	127° 07' 10.11230" E	50.4187
Uje91	최소제곱 3D 조정점	-	434609.0219	200973.1691	48.315	0.0061	0.0015	0.0059	24.3072	36° 30' 35.11791" N	127° 00' 39.10934" E	72.6222

Tip◆ 기지점으로 사용한 위성기준점의 고시성과와 결과파일의 좌표를 반드시 비교한다. 또한 신설점으로 계산한 'U공주02'의 고시성과와 비교하면 표고에서 52cm의 차이를 보이고 있다. 이는 기준점 매설 후 침하나 슬라이딩에 의한 것인지 신설 당시의 위성기준점 고시성과와 현재의 고시성과 차이로 의한 것인지 등 다각적인 검토가 필요하다.

점명		고시성과	계산성과	차이
U공주02	X	433392.0329	433392.0165	-0.0164
	Y	203799.7692	203799.7851	+0.0159
	h	34.440	33.916	-0.524

⑧ 파일 - 프로젝트 매니저 - 망조정 완료된 프로젝트 선택 - 다른 이름으로 저장 - 이름 지정 → ⑨ 파일이름 지정 - 저장 Click

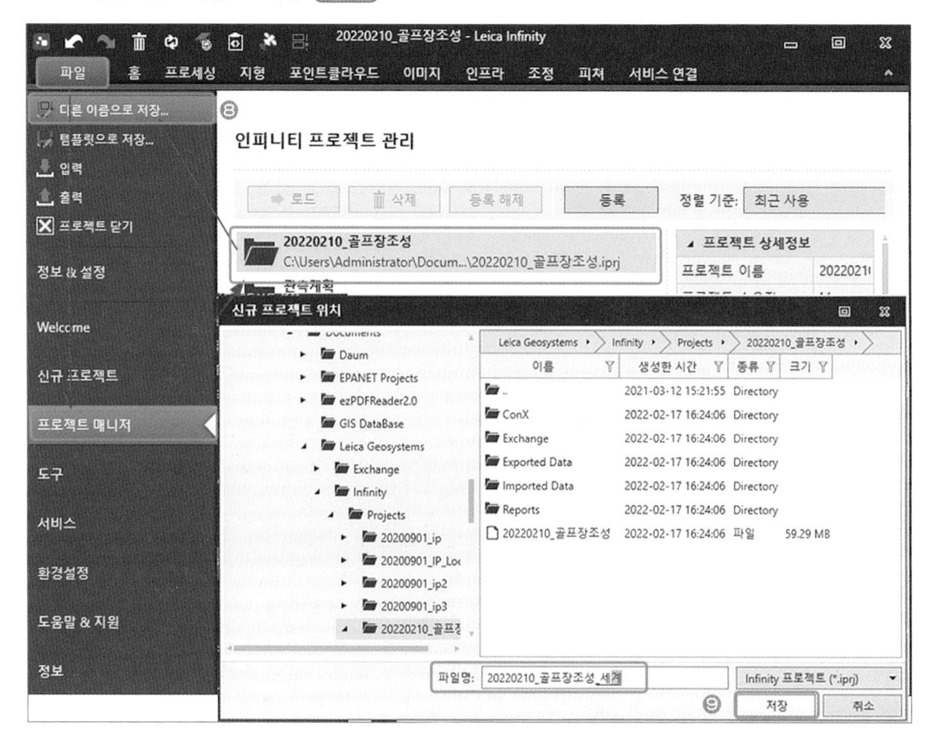

05 좌표변환

「공간정보관리법」에서 규정하고 있는 세계측지계(GRS80 타원체)는 프로젝트 설정 당시 출력좌표계로 입력하기 때문에 세계측지계의 성과를 별도로 계산할 필요는 없다. 그러나 해외사업을 실시하는 경우 또는 과거 사용되었던 지역측지계 성과를 사용하는 경우, 지역 위주의 성과를 결정해야 하는 경우 등에서는 좌표변환방법이 필요하다.

좌표변환을 위해서는 계획단계에서부터 기지점의 배치를 고민해야 한다. 세계측지계를 산출하는 경우에는 국토지리정보원의 위성기준점을 기지점으로 사용하면 되지만 해당 지역의 성과에 맞추기 위한 좌표변환을 위해서는 신설점 외곽에 3점 이상의 해당 지역 성과를 가진 기지점을 동시에 관측하고, 기선해석을 완료해야 한다.

본 교재에서는 앞에서 연습한 실습에서 고정점을 통합기준점으로 사용하였는데, 해당 통합기준점의 기준점조서를 살펴보면, 2015년에서 2017년에 고시된 성과로 비슷한 시기에 고시되었으므로 성과에 큰 차이가 없다고 가정하고, 고시성과를 기준으로 신설점의 좌표변환을 실시해 보기로 하자.

좌표변환은 다음 그림과 같이 망조정 완료가 끝난 프로젝트(Project A)와 신규 프로젝트(Project B)를 매칭을 하여 변환파라미터를 결정하고, 신설점에 대한 성과를 결정하는 순서로 진행한다. 따라서 기존에 망조정이 완료된 프로젝트를 하나 복사하고(골프장조성_좌표변환, Project A), 기지점을 입력할 신규 프로젝트를 생성한다(기지점, Project B).

Project B에 기지점 좌표를 입력한다(고정점으로 사용했던 통합기준점 고시성과). 기지점은 최소 3점 이상 입력한다. 이때 유의사항은 Project A에서 사용된 점명을 그대로 사용해야 한다. 예를 들면 U전의85는 Project A에서 Uje85로 사용되었으므로 동일한 이름으로 입력해야 매칭이 정상적으로 이루어진다.

Project A와 Project B가 준비되면 좌표계 매니저를 이용해 변환을 하는데, 변환방식을 선택해야 한다. 변환방식은 Classical 3D(Bursa Wolf, Molodensky모델), Onestep, Twostep방식이 있으며, 일반적으로 국소지역에서는 Onestep방식을 적용한다.

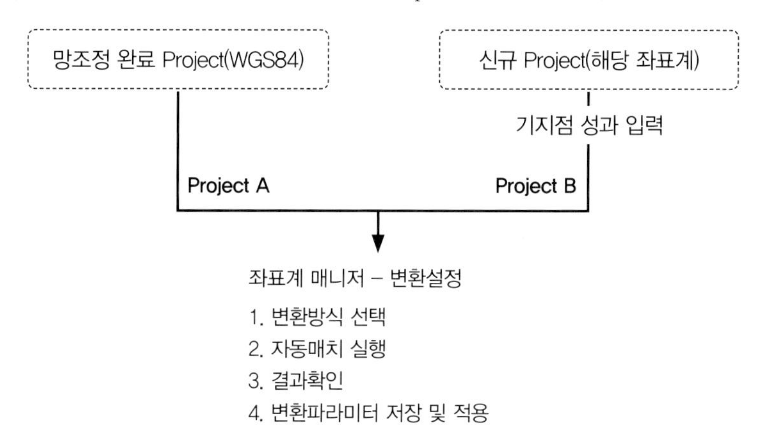

[규정]

<table>
<tr><th>규정</th><th>내용</th></tr>
<tr><td>지
GNSS에 의한 지적측량규정 제14조</td><td>• 세계좌표를 지역좌표로 변환하는 때에는 좌표변환계산방법 또는 조정계산방법에 의한다.
• 좌표변환계산방법
① 당해 관측지역에서 측정한 모든 기지점을 점검하여 변환계수 산출에 사용할 3점 이상의 양호한 점을 결정할 것
② 허용범위
<table>
<tr><th>측량범위</th><th>수평성분교차</th><th>비고</th></tr>
<tr><td>2km×2km 이내</td><td>6cm+2cm×$\sqrt{N}$ 이내</td><td rowspan="3">N은 좌표변환 시 사용한 기지점 수</td></tr>
<tr><td>5km×5km 이내</td><td>10cm+4cm×$\sqrt{N}$ 이내</td></tr>
<tr><td>10km×10km 이내</td><td>15cm+4cm×$\sqrt{N}$ 이내</td></tr>
</table>
</td></tr>
</table>

➊ 파일 – 프로젝트 매니저 – 망조정 완료된 프로젝트 선택 – 다른 이름으로 저장 → ➋ 이름 지정(골프장조성_좌표변환) – 저장 Click

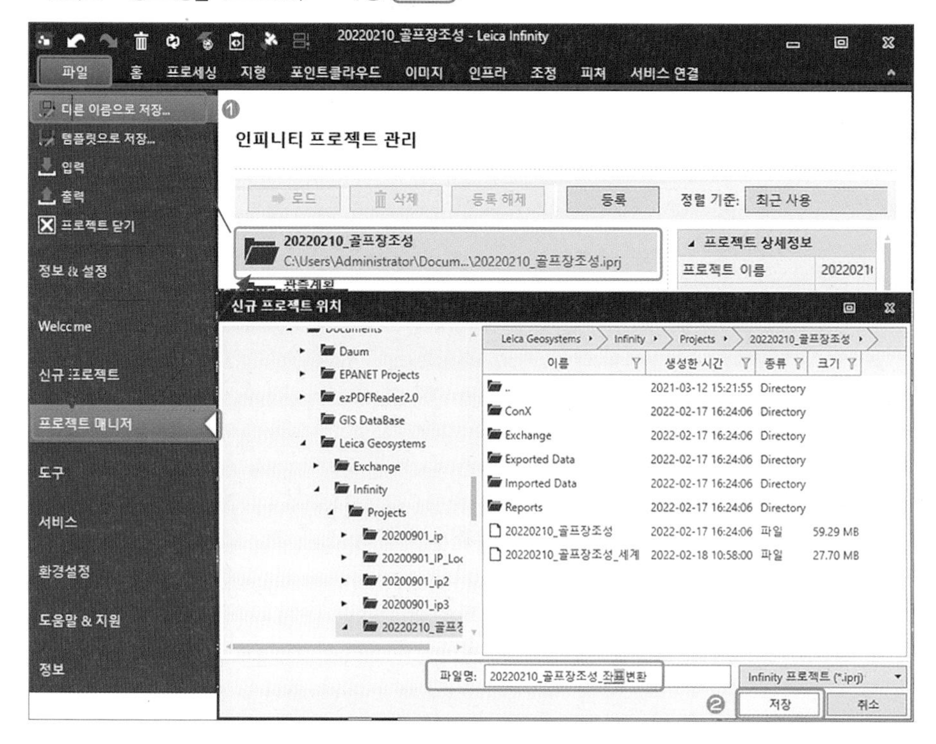

➌ 파일 – 신규 프로젝트 → ➍ 템플리트: 기본값 → ➎ 프로젝트명 – 단위, 좌표계(없음) 설정 → ➏ 생성 Click

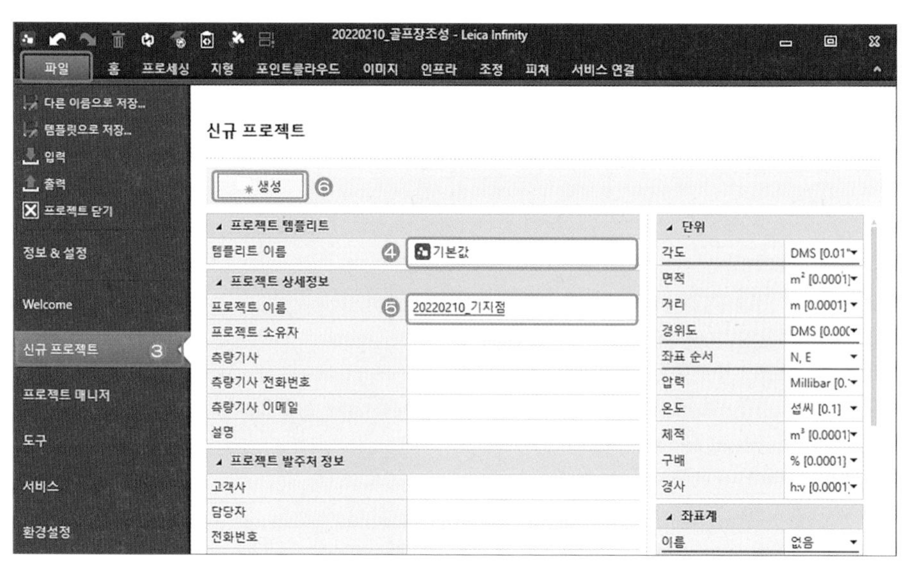

대항목	소항목	설정
단위	각도	DMS [0.01″]
	경위도	DMS [0.00001″]
	좌표 순서	N, E
좌표계	이름	없음

⑦ 홈 – 점 → ⑧ 기지점 점번호[Uje85(U전의85)]입력 – 편집 Click – 지역 좌표 입력 – 생성 Click

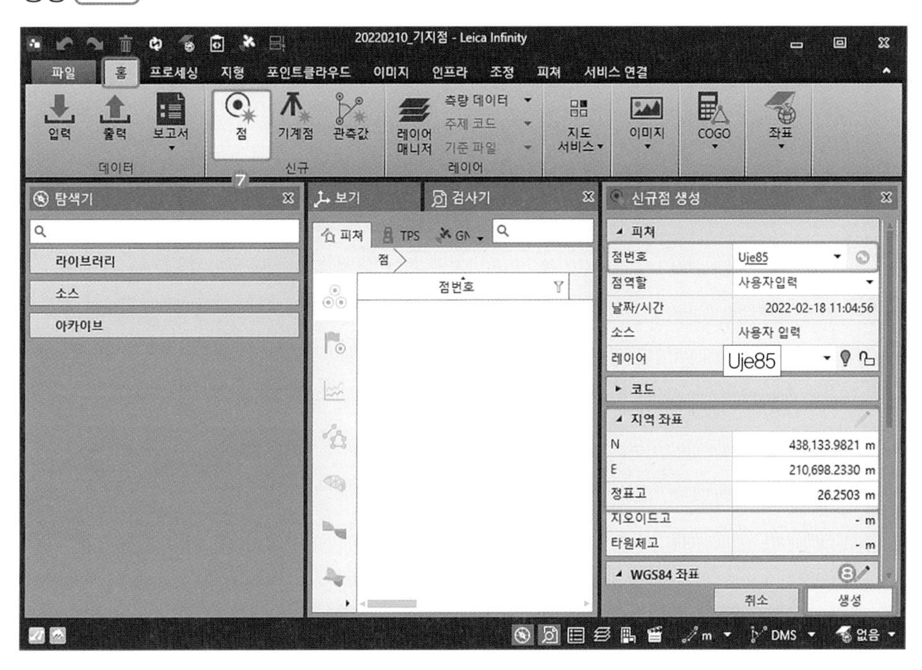

Tip◆ 반드시 망 조정 시 사용한 점명을 그대로 사용한다.

⑨ 나머지 Uje91(U전의91), Uje23(U전의23), Ugj04(U공주04) 지역 좌표 입력 후 생성 Click

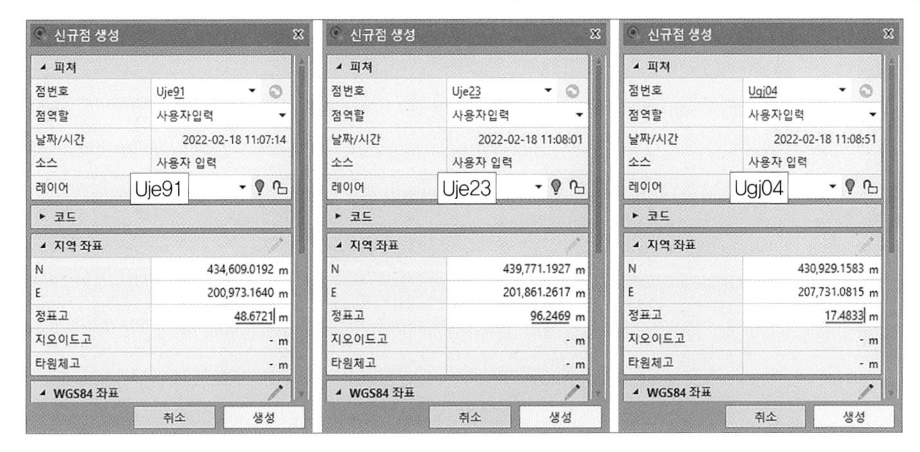

[결과 화면]

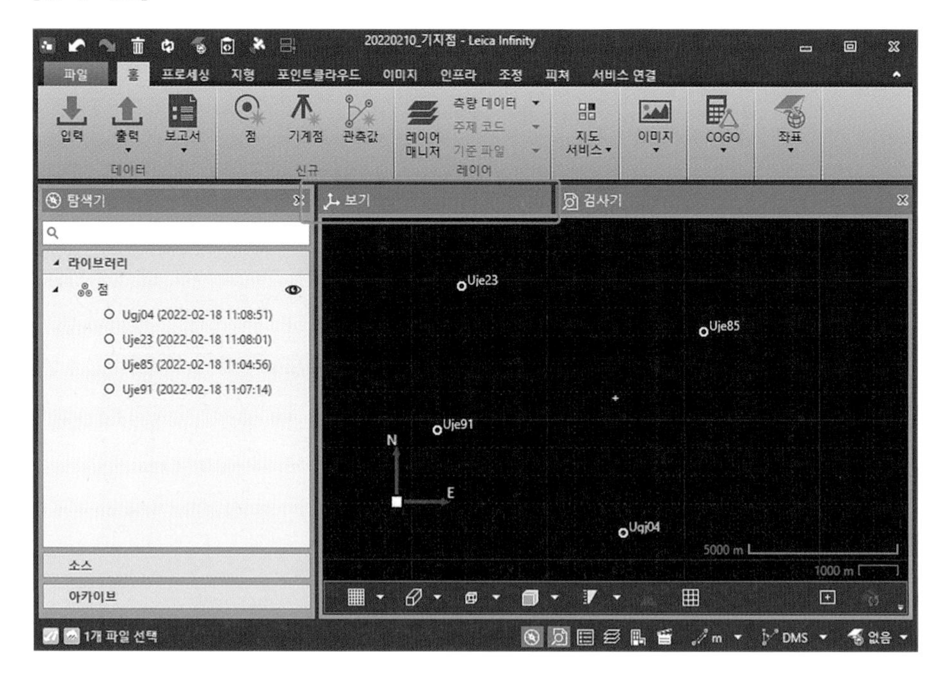

⑩ 파일 – 프로젝트 매니저 → ⑪ Project A(골프장조성_좌표변환) 열기

⑫ 홈 – 좌표 – 좌표계 매니저 Click

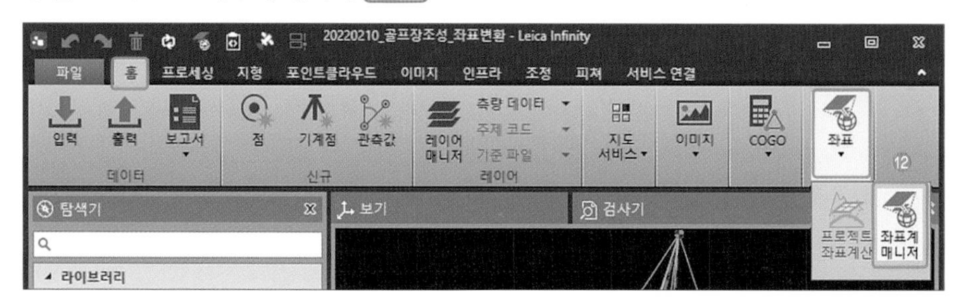

⑬ 변환 설정 Click → ⑭ 설정값 입력 – 다음 Click

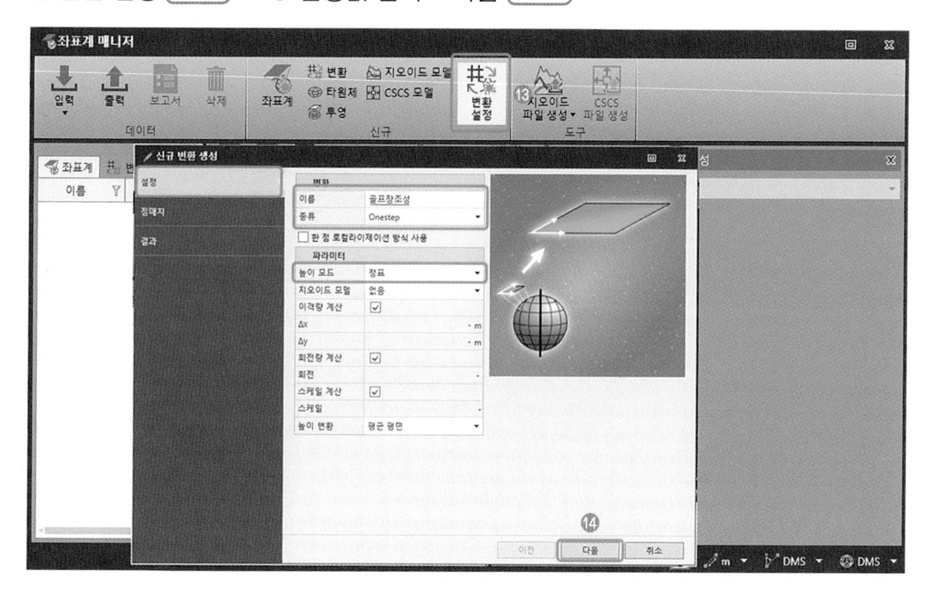

이름	종류	높이 모드
골프장조성	Onestep	정표

⑮ 좌표계 A: Project A(골프장조성_좌표변환), 좌표계 B: Project B(기지점) → ⑯ 점 매치 – ⑰ 다음 Click

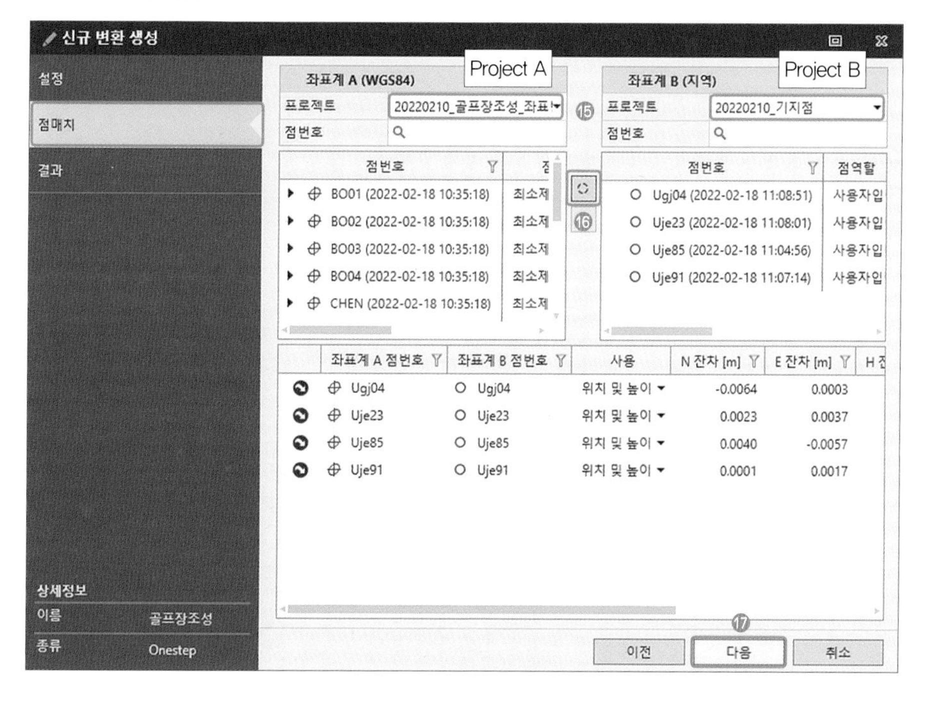

⑱ 설정값 입력 → ⑲ 종료 Click

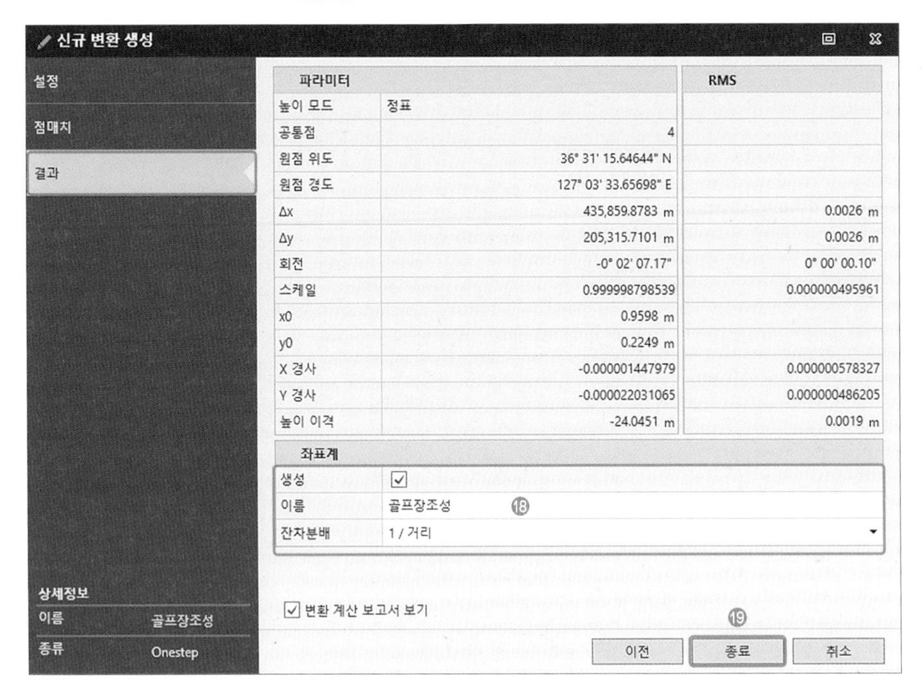

생성	이름	잔차 분배
체크	골프장조성	1 / 거리

Tip◆ 여기에서 저장된 이름은 좌표계에서 확인할 수 있다. 즉 사업지구 인근의 성과결정에 해당 좌표계를 설정하여 사용할 수도 있다.

[결과 보고서]

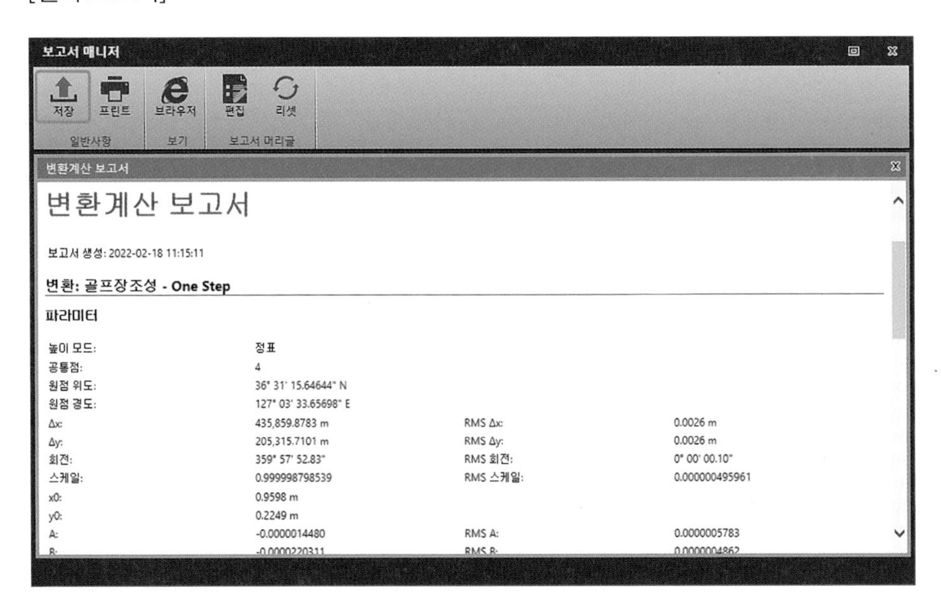

⑳ 검사기 – 피쳐 탭 – 점 – 다른 이름으로 저장 Click

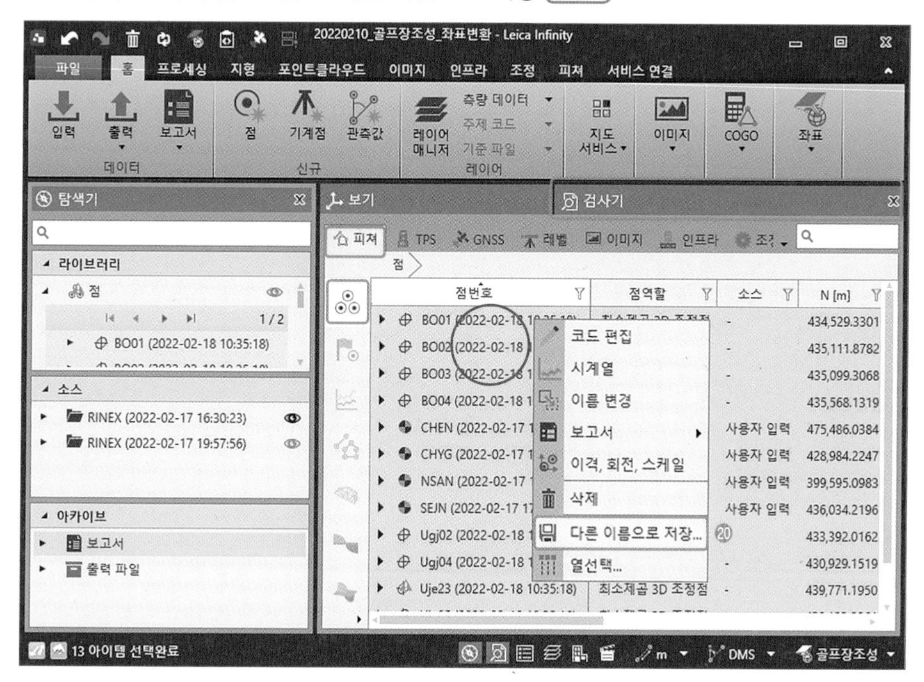

[저장파일]

점번호	점역할	소스	N [m]	E [m]	정표고 [m]
BO01	최소제곱 3D 조정점	-	434529.3301	203776.3657	41.0598
BO02	최소제곱 3D 조정점	-	435111.8782	203876.0904	48.5053
BO03	최소제곱 3D 조정점	-	435099.3068	202914.1796	30.1158
BO04	최소제곱 3D 조정점	-	435568.1319	202481.1119	46.8152
CHEN	기지점	사용자 입력	475486.0384	213841.3499	45.3688
CHYG	기지점	사용자 입력	428984.2247	182206.3266	112.5937
NSAN	기지점	사용자 입력	399595.0983	210102.5243	50.0733
SEJN	기지점	사용자 입력	436034.2196	227155.3923	156.2764
Ugj02	최소제곱 3D 조정점	-	433392.0162	203799.7787	34.2934
Ugj04	최소제곱 3D 조정점	-	430929.1519	207731.0818	17.4816
Uje23	최소제곱 3D 조정점	-	439771.195	201861.2654	96.2448
Uje85	최소제곱 3D 조정점	-	438133.9861	210698.2273	26.2517
Uje91	최소제곱 3D 조정점	-	434609.0193	200973.1657	48.6745

통합기준점 고시성과와 현재의 고시성과 차이를 확인해 보자. 좌표변환 결과 높이에서도 고시성과와 가까워지는 것을 확인할 수 있다.

점명		고시성과	계산성과	차이
U공주02	X	433392.0329	433392.0162	–0.0167
	Y	203799.7692	203799.7787	+0.0095
	h	34.440	34.293	–0.147

06 성과 작성

1) 국가기준점 국

국가기준점측량에서는 기준점 설치사업에 관한 보고서가 작성되는데, 해당 보고서의 첨부 서류를 다음과 같이 작성한다. 본 예제는 GNSS정지측량에 의한 통합기준점 신설을 예제로 하였으며, 수준측량 등 관련 없는 서류는 제외하였다.

가. 조사 및 선점현황

(1) 기준점현황

□ 통합기준점 선점현황

1. 총괄표

도엽명 / 상태	교육								
통합기준점	1								
수준점									
총계	1	0	0	0	0	0	0	0	

2. 세부조사결과

연번	도엽명	마산		소 재 지	지목	소유자	위치		비고
		신규	개선대상				위도	경도	
1	교육	U교육55		충청남도 공주시 사곡면 국토정보로	체육용지	공주시	36-13-35.0	127-30-11.9	완전

□ 국가기준점 조사현황

1. 총괄표

도엽명 / 상태	교육	전의	공주								
완전	1	3	1								
망실											
총계	1	3	1								
도엽명 / 상태											

2. 세부조사결과

연번	도엽명	교육	공주	조사내용		
				표석상태		보조수준점
				표석	보호석	A
1	전의	U전의85	충청남도 공주시 사곡면 국토리 100	완전	양호	완전
2	전의	U전의91	충청남도 공주시 정보면 국정리 24	완전	양호	완전
3	전의	U전의23	충청남도 공주시 상하면 정리 92	완전	양호	완전
4	공주	U공주04	충청남도 공주시 이안면 중리 123	완전	양호	완전
5	교육	BM24-18-06	충청남도 공주시 사사면 상중리 24	완전	양호	완전

(2) 기준점 조사 및 선점 조서

통합기준점 조사서

도엽명	점번호	소재지	지목	토지소유자
천외	U천외23	충청남도 공주시 상하면 정리 92	체육용지	국(공주시)
경로	과적화물 계측 검문소 옆 화단			

조사결과							
통합기준점	안내표지판	제1방위표	제2방위표	먼덕스방위표	보조점A	보조점B	GPS관측
완전	완전	완전	완전	완전	완전	완전	가능

특이사항		조사자	조사일
		나국토	2024-02-05

원경	근경

특이사항	

기준점 선점 주변현황조사서

측점명	U교육55		도엽명	마산	
소재지	충청남도 공주시 사곡면 국효리 100				
토지현황	지목	체육용지	표지매설 가능여부	지질	토양
	소유자	국(공주시)		견고성	견고
	관리기관	충청남도 공주시		공사계획	없음
경로	국도정보도 시작 안내 표지판 아래				
개략위치	위도	36-29-55	선점	선점일	2024-02-05
	경도	127-02-32		선점자	나국토

GPS 수신 장애요소	설치위치 주변현황(원경)
설치위치 주변현황(동방향)	설치위치 주변현황(서방향)
설치위치 주변현황(남방향)	설치위치 주변현황(북방향)

(3) 매설과정별 사진첩

나. 관측

(1) GNSS측량

① 관측망도

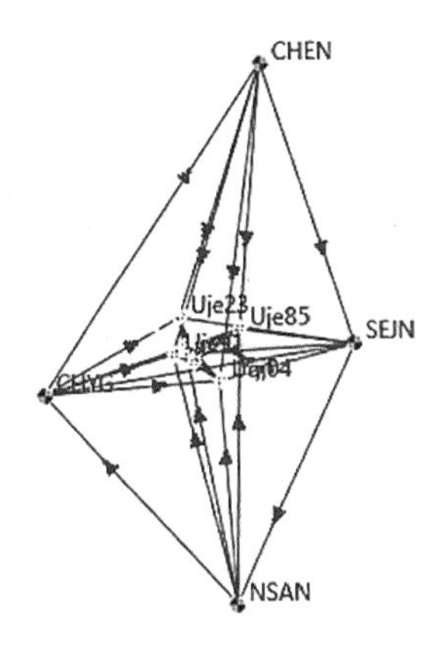

망조정에서 작성된 망도를 캡처하여 첨부

② GNSS 관측기록부

GNSS 관측기록부

2024년02월10일

세션	연번	점번호	측점	관측시간		Rinex	안테나	안테나고	측정	연직안테나고 ARP	점의 상태	수준	전세션과의	관측자	비고
			ID	시작	종료	파일명	종류	측정방법	안테나고			높이	중복점		
043A	1	U전의23	UJE11	2024년 02월10일 14시32분30초	2024년 02월11일 07시23분30초	uje230430	TRM41249.00	slant	1.222	1.1658	2차통합기준점	94.3094		홍길동	기지점
	2	U전의85	UJE11A	2024년 02월10일 14시52분30초	2024년 02월11일 07시30분30초	uje850430	TRM39105.00	slant	1.560	1.5185	2차통합기준점	102.5623		강감찬	기지점
	3	U공주04	UGJ21	2024년 02월10일 14시51분00초	2024년 02월11일 06시13분00초	ugj040430	TRM41249.00	slant	1.266	1.2102	2차통합기준점	152.9209		나지적	기지점
	4	U전의91	UJE18	2024년 02월10일 15시24분30초	2024년 02월11일 07시27분30초	uje910430	TRM39105.00	slant	1.182	1.1396	2차통합기준점	101.1811		김공간	기지점
	5	U교육55	U1250	2024년 04월10일 14시45분30초	2024년 02월11일 07시02분30초	u12500430	TRM41249.00	slant	1.210	1.1537	신설점	157.3344		이순신	

③ 기선처리 및 망조정

㉠ 점검계산

전후반 기선처리 결과

방송력사용

기선처리결과(15:42-19:42) kst								
from	to	관측시작시간	dx	dy	dz	slope dist	ant height	ant height
UJE85	UGJ04	02/16/2024 15:42:46	-6938.454	-2423.663	-3673.972	8216.712	1.1537	1.0924
UJE85	UJE91	02/16/2024 15:42:46	1598.023	5914.697	-5245.933	8065.800	1.1537	1.1396
UJE85	UKY55	02/16/2024 15:42:46	-1339.967	1616.385	-3080.096	3727.627	1.1537	1.1658
UKY55	UGJ04	02/16/2024 15:42:46	-5598.496	-4040.040	-593.874	6929.485	1.1658	1.0924
UKY55	UJE91	02/16/2024 15:42:46	2937.990	4298.313	-2165.836	5638.983	1.1658	1.1396
UKY55	UJE23	02/16/2024 15:42:46	-2312.280	321.883	-2295.102	3273.796	1.1658	1.2102
UJE23	UGJ04	02/16/2024 15:42:46	-3286.214	-4361.922	1701.228	5720.117	1.2102	1.0924
UJE23	UJE91	02/16/2024 15:42:46	5250.270	3976.432	129.266	6587.417	1.2102	1.1396

방송력사용

기선처리결과(00:27-04:27) kst								
from	to	관측시작시간	dx	dy	dz	slope dist	ant height	ant height
UJE85	UGJ04	02/17/2024 00:27:16	-6938.462	-2423.650	-3673.963	8216.711	1.1537	1.0924
UJE85	UJE91	02/17/2024 00:27:16	1598.027	5914.696	-5245.934	8065.801	1.1537	1.1396
UJE85	UKY55	02/17/2024 00:27:16	-1339.965	1616.384	-3080.098	3727.627	1.1537	1.1658
UKY55	UGJ04	02/17/2024 00:27:16	-5598.498	-4040.033	-593.865	6929.482	1.1658	1.0924
UKY55	UJE91	02/17/2024 00:27:16	2937.992	4298.314	-2165.836	5638.984	1.1658	1.1396
UKY55	UJE23	02/17/2024 00:27:16	-2312.284	321.897	-2295.101	3273.800	1.1658	1.2102
UJE23	UGJ04	02/17/2024 00:27:16	-3286.214	-4361.922	1701.236	5720.119	1.2102	1.0924
UJE23	UJE91	02/17/2024 00:27:16	5250.275	3976.417	129.266	6587.412	1.2102	1.1396

기선해석에서 산출된 'GNSS기선보고서'에서 양식에 필요한 내용 기재
(기본자료: GNSS기선보고서)

#	기계시점	점번호	시작시간	종료시간	기간	Δx [m]	Δy [m]	Δz [m]	사거리 ΔX [m]	사거리 ΔY [m]	사거리 ΔZ [m]	솔루션 종류
1	CHEN	Uje85	2022-02-10 14:13:42	2022-02-10 16:58:12	02:44:30	-10,920.6037	19,714.9614	-29,952.1537	0.0053	0.0064	0.0059	위상차 픽스
2	CHYG	Uje85	2022-02-10 14:13:42	2022-02-10 16:58:12	02:44:30	-19,445.5671	-21,538.8417	7,313.3698	0.0040	0.0050	0.0047	위상차 픽스

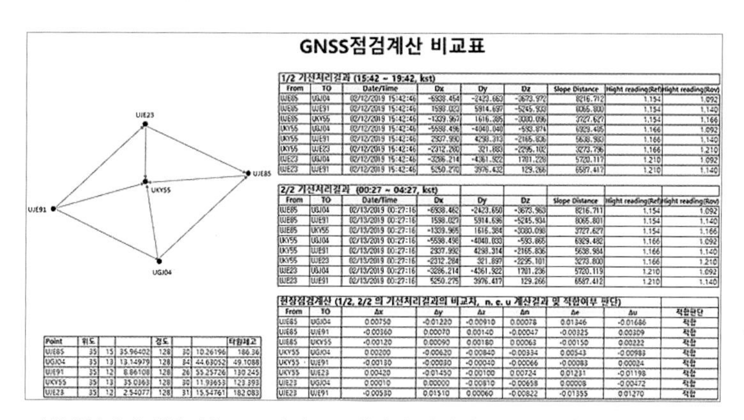

GNSS점검계산 비교표

1/2 기선처리결과 (15:42 ~ 19:42, kst)								
From	TO	Date/Time	Dx	Dy	Dz	Slope Distance	Hight reading(Ref)	Hight reading(Rov)
UJE85	UGJ04	02/12/2019 15:42:46	-6938.454	-2423.663	-3673.972	8216.712	1.154	1.092
UJE85	UJE91	02/12/2019 15:42:46	1598.023	5914.697	-5245.933	8065.800	1.154	1.140
UJE85	UKY55	02/12/2019 15:42:46	-1339.967	1616.385	-3080.096	3727.627	1.154	1.166
UKY55	UGJ04	02/12/2019 15:42:46	-5598.496	-4040.040	-593.874	6929.485	1.166	1.092
UKY55	UJE91	02/12/2019 15:42:46	2937.990	4298.313	-2165.836	5638.983	1.166	1.140
UKY55	UJE23	02/12/2019 15:42:46	-2312.280	321.883	-2295.102	3273.796	1.166	1.210
UJE23	UGJ04	02/12/2019 15:42:46	-3286.214	-4361.922	1701.228	5720.117	1.210	1.092
UJE23	UJE91	02/12/2019 15:42:46	5250.270	3976.432	129.266	6587.417	1.210	1.140

2/2 기선처리결과 (00:27 ~ 04:27, kst)								
From	TO	Date/Time	Dx	Dy	Dz	Slope Distance	Hight reading(Ref)	Hight reading(Rov)
UJE85	UGJ04	02/13/2019 00:27:16	-6938.462	-2423.650	-3673.963	8216.711	1.154	1.092
UJE85	UJE91	02/13/2019 00:27:16	1598.027	5914.696	-5245.934	8065.801	1.154	1.140
UJE85	UKY55	02/13/2019 00:27:16	-1339.965	1616.384	-3080.098	3727.627	1.154	1.166
UKY55	UGJ04	02/13/2019 00:27:16	-5598.498	-4040.033	-593.865	6929.482	1.166	1.092
UKY55	UJE91	02/13/2019 00:27:16	2937.992	4298.314	-2165.836	5638.984	1.166	1.140
UKY55	UJE23	02/13/2019 00:27:16	-2312.284	321.897	-2295.101	3273.800	1.166	1.210
UJE23	UGJ04	02/13/2019 00:27:16	-3286.214	-4361.922	1701.236	5720.119	1.210	1.092
UJE23	UJE91	02/13/2019 00:27:16	5250.275	3976.417	129.266	6587.412	1.210	1.140

Point	위도			경도			타원체고
UJE85	35	15	35.96402	128	30	10.26196	186.36
UGJ04	35	13	13.14979	128	34	44.63052	49.1088
UJE91	35	12	8.86108	128	26	55.25726	130.245
UKY55	35	13	35.0363	128	30	11.93653	123.393
UJE23	35	12	2.54077	128	31	15.54761	182.083

현장점검계산 (1/2, 2/2 의 기선처리결과의 비교치, n. e. u 계산결과 및 적합여부 판단)								
From	TO	Δx	Δy	Δz	Δn	Δe	Δu	적합판단
UJE85	UGJ04	0.00750	-0.01220	-0.00910	0.00078	0.01346	-0.01686	적합
UJE85	UJE91	-0.00360	0.00070	0.00140	-0.00047	-0.00325	0.00309	적합
UJE85	UKY55	-0.00120	0.00090	0.00180	0.00063	-0.00150	0.00222	적합
UKY55	UGJ04	0.00200	-0.00620	-0.00840	-0.00334	0.00543	-0.00983	적합
UKY55	UJE91	-0.00130	-0.00030	-0.00040	-0.00066	-0.00083	0.00024	적합
UKY55	UJE23	0.00420	-0.01450	-0.00100	0.00724	0.01231	-0.01198	적합
UJE23	UGJ04	0.00010	0.00000	-0.00810	-0.00658	0.00008	-0.00472	적합
UJE23	UJE91	-0.00530	0.01510	0.00060	-0.00822	-0.01355	0.01270	적합

기선해석에서 산출된 'GNSS기선보고서'에서 양식에 필요한 내용 기재
(기본자료: GNSS기선보고서)

#	기계시점	점번호	시작시간	종료시간	기간	Δx [m]	Δy [m]	Δz [m]	사거리 ΔX [m]	사거리 ΔY [m]	사거리 ΔZ [m]	솔루션 종류
1	CHEN	Uje85	2022-02-10 14:13:42	2022-02-10 16:58:12	02:44:30	-10,920.6037	19,714.9614	-29,952.1537	0.0053	0.0064	0.0059	위상차 픽스
2	CHYG	Uje85	2022-02-10 14:13:42	2022-02-10 16:58:12	02:44:30	-19,445.5671	-21,538.8417	7,313.3698	0.0040	0.0050	0.0047	위상차 픽스

점검계산 기선해석결과

방송력사용

기선처리결과(15:32-23:32) kst								
from	to	관측시작시간	dx	dy	dz	slope dist	ant height	ant height
UKY55	UJE85	02/16/2024 15:32:46	1339.9650	-1616.3830	3080.0982	3727.6273	1.1658	1.1537
UKY55	UJE23	02/16/2024 15:32:46	-2312.2820	321.8900	-2295.1000	3273.7968	1.1658	1.2102
UKY55	UJE91	02/16/2024 15:32:46	2937.9898	4298.3149	-2165.8348	5638.9835	1.1658	1.1396
UJE85	UJE91	02/16/2024 15:32:46	1598.0251	5914.6973	-5245.9333	8065.8009	1.1537	1.1396
UJE91	UJE23	02/16/2024 15:32:46	-5250.2710	-3976.4274	-129.2660	6587.4145	1.1396	1.2102
UKY55	UGJ04	02/16/2024 15:32:46	-5598.4936	-4040.0394	-593.8701	6929.4827	1.1658	1.0924
UJE85	UGJ04	02/16/2024 15:32:46	-6938.4564	-2423.6581	-3673.9691	8216.7113	1.1537	1.0924
UGJ04	UJE23	02/16/2024 15:32:46	3286.2120	4361.9217	-1701.2309	5720.1168	1.0924	1.2102

기선해석에서 산출된 'GNSS기선보고서'에서 양식에 필요한 내용 기재
(기본자료: GNSS기선보고서)

#	기계시점	점번호	시작시간	종료시간	기간	Δx [m]	Δy [m]	Δz [m]	사거리 ΔX [m]	사거리 ΔY [m]	사거리 ΔZ [m]	솔루션 종류
1	CHEN	Uje85	2022-02-10 14:13:42	2022-02-10 16:58:12	02:44:30	-10,920.6037	19,714.9614	-29,952.1537	0.0053	0.0064	0.0059	위상차 픽스
2	CHYG	Uje85	2022-02-10 14:13:42	2022-02-10 16:58:12	02:44:30	-19,445.5671	-21,538.8417	7,313.3698	0.0040	0.0050	0.0047	위상차 픽스

폐합차계산부

관측세션	기선명	기선성분			기선장	해석종류	비고
		dx	dy	dz			
1	UJE85 – UKY55	-1339.965	1616.383	-3080.098	3727.627	fix	
	UKY55 – UJE91	2937.990	4298.315	-2165.835	5638.984	fix	
	UJE91 – UJE85	-1598.025	-5914.697	5245.933	8065.801	fix	
		0.000	0.001	0.000	17432.412		
		√(∑dx² + ∑dx² + ∑dx²) ≤ 2.5mm √(∑D) 0.73 ≤ 10.44 ∴PASS					
2	UJE91 – UKY55	-2937.990	-4298.315	2165.835	5638.984	fix	
	UKY55 – UJE23	-2312.282	321.890	-2295.100	3273.797	fix	
	UJE23 – UJE91	5250.271	3976.427	129.266	6587.415	fix	
		-0.001	0.002	0.001	15500.195		
		√(∑dx² + ∑dx² + ∑dx²) ≤ 2.5mm √(∑D) 2.74 ≤ 9.84 ∴PASS					

망조정에서 산출된 '망 & 폐합오차 보고서'에서 양식에 필요한 내용 기재
(기본자료: 망 & 폐합오차 보고서)

시점	종점	ΔX [m]	ΔY [m]	ΔZ [m]	에포크
BO01 (2022-02-10 15:35:27)	Uje85 (2022-02-18 10:35:18)	-4,226.0526	-5,893.5639	2,883.3237	2022-02-10 14:17:57
Uje85 (2022-02-18 10:35:18)	BO03 (2022-02-10 15:34:57)	5,123.8151	6,134.8598	-2,431.4619	2022-02-10 14:18:42
BO03 (2022-02-10 15:34:57)	Uje91 (2022-02-18 10:35:18)	1,365.3734	1,413.3816	-382.6981	2022-02-10 14:18:42
Uje91 (2022-02-18 10:35:18)	BO01 (2022-02-10 15:35:27)	-2,263.1361	-1,654.6774	-69.1637	2022-02-10 14:17:57

WGS84 직교	X	Y	Z
폐합차	-0.0002 m	0.0001 m	-0.0001 m
W 검증	-0.04	0.01	-0.03

지역 직각좌표	N	E	높이
폐합차	-0.0002 m	0.0001 m	0.0000 m
W 검증	-0.04	0.02	0.01

폐합차	거리	PPM	비율
0.0002 m	20,965.5259 m	0.0	1/98023868

㉡ 위성기준점 기준

㉢ 통합기준점 성과계산

1차 위성기준점 연결 기선처리 결과

정밀력사용

기선처리결과(15:32-23:32) kst								
from	to	관측시작시간	dx	dy	dz	slope dist	ant height	ant height
CHEN	CHYG	02/16/2024 15:32:46	-27186.9563	2762.0179	-26866.8411	38322.1409	0.0300	0.0000
CHEN	SEJN	02/16/2024 15:32:46	16221.5486	42309.2448	-32561.6912	55798.5176	0.0300	0.0000
CHYG	NSOS	02/16/2024 15:32:46	17362.0323	34599.0279	-23206.6069	45134.0172	0.0000	0.0000
NSOS	SEJN	02/16/2024 15:32:46	26046.4726	4948.1995	17511.7598	31773.6549	0.0000	0.0000
CHEN	UJE85	02/16/2024 15:32:46	-12758.2790	12426.3155	-24647.5655	30408.7074	0.0300	1.1537
CHYG	UJE85	02/16/2024 15:32:46	14428.6806	9664.3125	2219.2719	17507.4534	0.0000	1.1537
UKY55	UJE85	02/16/2024 15:32:46	1339.9649	-1616.3828	3080.0983	3727.6273	1.1658	1.1537
CHYG	UJE23	02/16/2024 15:32:46	10776.4122	11602.6457	-3155.9134	16146.5859	0.0000	1.2102
NSOS	UJE23	02/16/2024 15:32:46	-6585.6131	-22996.4604	20050.6838	31212.7764	0.0000	1.2102
UKY55	UJE23	02/16/2024 15:32:46	-2312.2819	321.8899	-2295.1001	3273.7967	1.1658	1.2102

기선해석에서 산출된 'GNSS기선보고서'에서 양식에 필요한 내용 기재
(기본자료: GNSS기선보고서)

#	기계시점	점번호	시작시간	종료시간	기간	Δx [m]	Δy [m]	Δz [m]	사거리 ΔX [m]	사거리 ΔY [m]	사거리 ΔZ [m]	솔루션 종류
1	CHEN	Uje85	2022-02-10 14:13:42	2022-02-10 16:58:12	02:44:30	-10,920.6037	19,714.9614	-29,952.1537	0.0053	0.0064	0.0059	위상차 픽스
2	CHYG	Uje85	2022-02-10 14:13:42	2022-02-10 16:58:12	02:44:30	-19,445.5671	-21,538.8417	7,313.3698	0.0040	0.0050	0.0047	위상차 픽스

폐합차계산부

관측세션	기선명	기선성분 dx	기선성분 dy	기선성분 dz	기선장	해석종류	비고
1	CHEN – UJE85	-12758.279	12426.316	-24647.566	30408.707	fix	
	UJE85 – UJE91	1598.025	5914.697	-5245.934	8065.301	fix	
	UJE91 – CHEN	11160.258	-18341.016	29893.510	36804.482	fix	
		0.004	-0.004	0.011	75278.940		
		$\sqrt{(\Sigma dx^2 + \Sigma dx^2 + \Sigma dx^2)} \le 2.5mm\sqrt{(\Sigma D)}$ 12.40 ≤ 21.69 ∴PASS					
2	UJE91 – CHEN	11160.258	-18341.016	29898.510	36804.482	fix	
	CHEN – SEJN	16221.549	42309.245	-32561.691	55798.518	fix	
	SEJN – UJE91	-27381.812	-23968.226	2663.191	36487.758	fix	
		-0.005	0.004	0.010	129090.737		
		$\sqrt{(\Sigma dx^2 + \Sigma dx^2 + \Sigma dx^2)} \le 2.5mm\sqrt{(\Sigma D)}$ 12.05 ≤ 28.40 ∴PASS					

망조정에서 산출된 '망 & 폐합오차 보고서'에서 양식에 필요한 내용 기재
(기본자료: 망&폐합오차 보고서)

시점	종점	ΔX [m]	ΔY [m]	ΔZ [m]	에포크
BO01 (2022-02-10 15:35:27)	Uje85 (2022-02-18 10:35:18)	-4,226.0526	-5,893.5639	2,883.3237	2022-02-10 14:17:57
Uje85 (2022-02-18 10:35:18)	BO03 (2022-02-10 15:34:57)	5,123.8151	6,134.8598	-2,431.4619	2022-02-10 14:18:42
BO03 (2022-02-10 15:34:57)	Uje91 (2022-02-18 10:35:18)	1,365.3734	1,413.3816	-382.6981	2022-02-10 14:18:42
Uje91 (2022-02-18 10:35:18)	BO01 (2022-02-10 15:35:27)	-2,263.1361	-1,654.6774	-69.1637	2022-02-10 14:17:57

WGS84 직교	X	Y	Z
폐합차	-0.0002 m	0.0001 m	-0.0001 m
W 검증	-0.04	0.01	-0.03

지역 직각좌표	N	E	높이
폐합차	-0.0002 m	0.0001 m	0.0000 m
W 검증	-0.04	0.02	0.01

폐합차	거리	PPM	비율
0.0002 m	20,965.5259 m	0.0	1/98023868

위성기준점 및 통합기준점 성과 엑셀파일 작성

위성기준점 경위도					
CHEN	Control	02/16/2024 09:00:00	36° 52' 40.8312" N	127° 09' 18.9096" E	69.545
CHYG	Control	02/16/2024 09:00:00	36° 27' 32.0470" N	126° 48' 05.3825" E	136.474
NSOS	Control	02/16/2024 09:00:00	36° 11' 38.9906" N	127° 06' 44.3608" E	74.725
SEJN	Control	02/16/2024 09:00:00	36° 31' 19.9682" N	127° 18' 11.4836" E	181.196
UJE85	Adjusted	02/16/2024 10:21:10	36° 32' 29.5944" N	127° 07' 10.11175" E	50.7867
UGJ04	Adjusted	02/16/2024 10:21:10	36° 28' 35.62628" N	127° 05' 10.56106" E	41.9823
UJE91	Adjusted	02/16/2024 10:21:10	36° 30' 35.11782" N	127° 00' 39.10913" E	72.9778
UJE23	Adjusted	02/16/2024 10:21:10	36° 33' 22.58182" N	127° 01' 14.84446" E	120.6002
UKY55	Adjusted	02/16/2024 10:21:10	35° 12' 02.54094" N	128° 31' 15.54719" E	182.0931

통합기준점 경위도 → 평면좌표로 변환

투영변환 결과					
입력좌표계		타원체	GRS80	투영원점	126 - 128 (중부)
장반경	6378137	편평률	298.2572221	10.405초 보정	아니오
출력좌표계	TM 투영법				
측점명	위도(입력)	경도(입력)	Northing(X)(결과)	Easting(Y)(결과)	비고
UJE85	36-32-29.25944	127-07-10.11175	438133.9821	210698.2330	
UGJ04	36-28-35.62628	127-05-10.56106	430929.1583	207731.0815	
UJE91	36-30-35.11782	127-00-39.10913	434609.0192	200973.1640	
UJE23	36-33-22.58182	127-01-14.84446	439771.1927	201861.2617	

망조정에서 산출된 '기선벡터 조정 보고서' 첨부

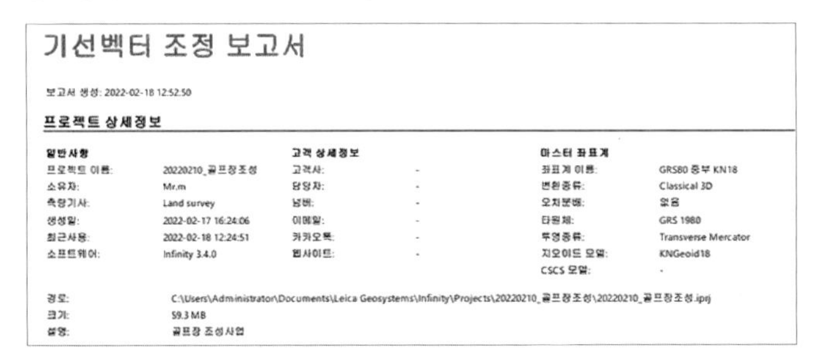

기선벡터 조정 보고서

보고서 생성: 2022-02-18 12:52:50

프로젝트 상세정보

일반사항		고객 상세정보		마스터 좌표계	
프로젝트 이름:	20220210_골프장조성	고객사:	-	좌표계 이름:	GRS80 중부 KN18
소유자:	Mr.m	담당자:	-	변환종류:	Classical 3D
측량기사:	Land survey	넘버:	-	오차분배:	없음
생성일:	2022-02-17 16:24:06	이메일:	-	타원체:	GRS 1980
최근사용:	2022-02-18 12:24:51	카카오톡:	-	투영종류:	Transverse Mercator
소프트웨어:	Infinity 3.4.0	웹사이트:	-	지오이드 모델:	KNGeoid18
				CSCS 모델:	-

경로: C:\Users\Administrator\Documents\Leica Geosystems\Infinity\Projects\20220210_골프장조성\20220210_골프장조성.iprj
크기: 59.3 MB
설명: 골프장 조성사업

통합기준점 고시성과와 계산성과 비교

1차 기선해석에 의한 통합기준점 성과 비교표

점명	직각좌표			경위도		타원체고	비고
	Point Id	Northing	Easting	Latitude	Longitude	Ellip. Hgt.	
U전의85	UJE85	438133.9701	210698.2345	36-32-29.25944	127-07-10.11176	50.7814	측량성과
		438133.9821	210698.2330	36-32-29.25944	127-07-10.11176	50.7867	고시성과
		-0.0120	0.0015	0.00040"	0.00002"	-0.0053	차이
U공주04	UGJ04	430929.1571	207731.0857	36-28-35.62628	127-05-10.56106	41.9852	측량성과
		430929.1583	207731.0815	36-28-35.62628	127-05-10.56106	41.9823	고시성과
		-0.0012	0.0042	0.00002"	-0.00025"	0.0029	차이

- 기선처리 및 망조정은 ㉠ 점검계산 → ㉡ 위성기준점기준 계산 → ㉢ 통합기준점 성과계산 순으로 진행한다.
- ㉠ 점검계산: 정밀궤도력은 입력하지 않고(방송궤도력), 기선해석 및 망조정 실시
- ㉡ 위성기준점 기준계산: 정밀궤도력 및 위성기준점의 고시성과를 입력하고, 기선해석 및 망조정 실시
- ㉢ 통합기준점 성과계산: ㉡(위성기준점기준 계산)을 완료한 프로젝트에서 통합기준점 고시성과를 입력하고, 망조정 실시

- ㉢ 통합기준점 성과계산의 성과물은 ㉡과 동일하게 작성하며, 1차 기선해석에 의한 통합기준점 성과 비교표는 작성하지 않는다.

다. 계산 및 정리

(1) 통합기준점 성과표

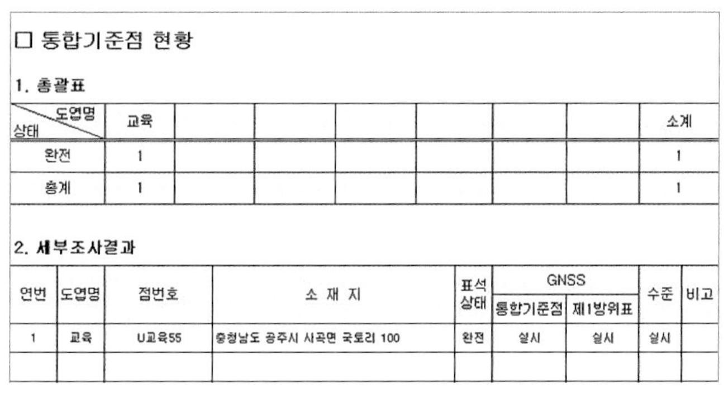

□ 통합기준점 현황

1. 총괄표

상태 \ 도엽명	교육							소계
완전	1							1
총계	1							1

2. 세부조사결과

연번	도엽명	점번호	소 재 지	표석상태	GNSS 통합기준점	GNSS 제1방위표	수준	비고
1	교육	U교육55	충청남도 공주시 사곡면 국토리 100	완전	실시	실시	실시	

세 부 내 역

연번	점번호	주 소	소유자	지목	경도	위도	비고
1	U교육55	충청남도 공주시 사곡면 국토리 100	공주시	체육용지	127-02-32.68270	36-29-55.61085	완전

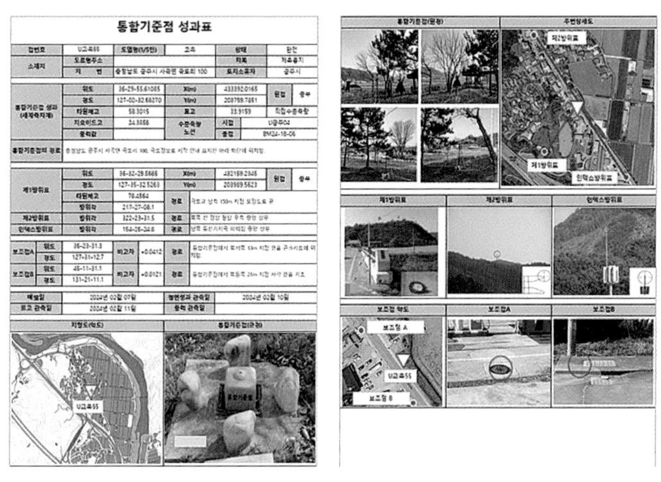

통합기준점 성과표

점번호	U교육55	도엽명(1/5만)	교육	상태	완전
소재지	도로명주소			지목	체육용지
	지번	충청남도 공주시 사곡면 국토리 100		토지소유자	공주시

통합기준점 성과(세계측지계)					
위도	36-29-55.61085	X(m)	433392.0165	원점	중부
경도	127-02-32.68270	Y(m)	203799.7851		
타원체고	58.3015	표고	33.9159	직접수준측량	
지오이드고	24.3856	수준측량 노선	시점	U공주04	
중력값			종점	BM24-18-06	
통합기준점의 경로	[illegible]				

제1방위표					
위도	36-32-29.5685	X(m)	432159.2345	원점	중부
경도	127-35-32.5263	Y(m)	203989.5623		
타원체고	78.4564	경로	[illegible]		
방위각	217-27-08.1				
제2방위표 방위각	322-23-31.5	경로	[illegible]		
인덱스방위표 방위각	154-26-24.8	경로	[illegible]		

보조점	구분	값	비고차	경로
보조점A	위도	36-23-31.3	+0.0412	[illegible]
	경도	127-31-12.7		
보조점B	위도	45-11-31.1	+0.0121	[illegible]
	경도	131-21-11.1		

매설일	2024년 02월 07일	평면성과 관측일	2024년 02월 10일
표고 관측일	2024년 02월 11일	중력 관측일	

국토교통부 국토지리정보원

통 합 기 준 점 성 과 표

연번	구분	점번호	측점 ID	도엽명칭 (1:50,000)	지구중심직교좌표		GRS80 경위도		평면직각좌표		지오이드고	매설년월	제1방위표 방위각	제1방위표 방향각	원점	비고
1	통합기준점	U교육55	UKY55	교육	X	-3247142.5689 m	위도	36-29-55.61085	X	433392.0165	24.3856 m	2024.02	217-27-08.1	238-52-23.5	중부	세계측지계
					Y	4081235.2356 m	경도	127-02-32.68270	Y	203799.7851						
					Z	3658124.5689 m	타원체고	58.3015	H	33.9159						

통 합 기 준 점 방 위 표 성 과 표

연번	구분	점번호	측점 ID	도엽명칭 (1:50,000)	지구중심직교좌표		GRS80 경위도		평면직각좌표		지오이드고	매설년월	제1방위표 방위각	제1방위표 방향각	원점	비고
1	통합기준점 제1방위표	U교육56	UKY56	교육	X	-3247896.5326 m	위도	36-32-29.5685	X	432159.2345	- m	2024.02			중부	세계측지계
					Y	4082789.4562 m	경도	127-35-32.5263	Y	203989.5623						
					Z	3658012.3245 m	타원체고	78.4564	H	m						

(2) 국가기준점 이전 부지 토지(임야)대장 및 지적(임야)도

기준점 매설위치의 토지대장등본 및 지적도 사본 첨부

(3) 토지사용허가 관련 증빙서류

국가기준점 설치승낙서

○ **토지소유자**

- 주 소 : 충남 공주시 시청길 1
- 성 명 : 공주시장

○ **국가기준점 관련**

- 점번호 : U교육55(신설)
- 주 소 : 충남 공주시 사곡면 국토리 100
- 지 목 : 체육용지
- 1/50,000 도엽명 및 번호 : NI51-1-06

위의 토지를 귀 원에서 실시하는 측량표지(국가기준점) 매설부지로 사용함을 승낙함

2024. 02. 12.

승 낙 자 : 공 주 시 장 (서명)

국토지리정보원장 귀하

(4) 사전조사, 매설, 관측 등 관련사진 일체 제출

2) 지적기준점 [지]

지적기준점측량에서는 지적위성측량부 서식에 맞춰 작성하면 된다. 본 예제는 GNSS정지측량에 의한 지적삼각보조점 신설을 예제로 하였으며, 좌표변환이 필요하지 않은 경우와 필요한 경우로 나눠 작성하였다.

본 교재에서는 좌표변환이 필요하다고 가정하고 통합기준점의 고시좌표로 좌표변환하였으나 현장업무에서는 지역좌표 등 현재 운영 중인 위성기준점(세계측지계)과 다른 좌표체계의 성과를 산출해야 하는 경우에만 좌표변환작업을 실시한다. 지적업무는 2021년부터 세계측지계를 전면 적용하고 있어 좌표변환작업을 별도로 진행해야 하는 경우는 거의 존재하지 않는다. 따라서 과거와 달리 대부분의 업무에서 좌표변환작업을 필요로 하지 않는다.

지적위성측량부 작성에 있어서 기선해석 및 성과계산을 위한 소프트웨어를 사용하는 경우 해당 소프트웨어에서 출력된 보고서를 사용할 수 있도록 규정하고 있으므로 출력물이 있는

경우 기본서식 뒤에 출력물을 첨부하여 성과물을 작성하면 된다.

가. 지적위성측량부

표지 및 목록

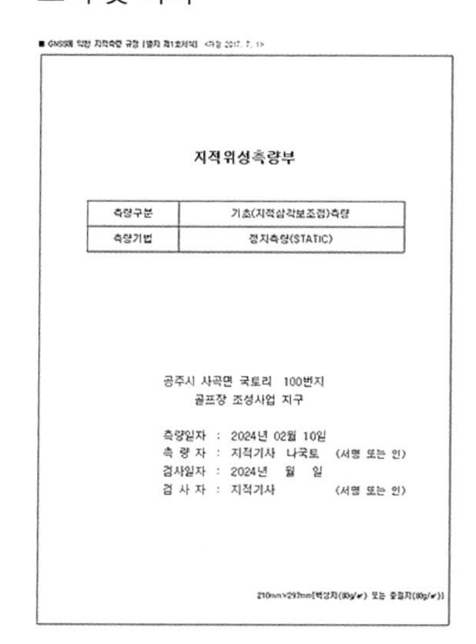

■ GNSS에 의한 지적측량 규정 [별지 제1호서식] <개정 2017. 7. 1>

지적위성측량부

측량구분	기초(지적삼각보조점)측량
측량기법	정지측량(STATIC)

공주시 사곡면 국토리 100번지
골프장 조성사업 지구

측량일자 : 2024년 02월 10일
측 량 자 : 지적기사 나국토 (서명 또는 인)
검사일자 : 2024년 월 일
검 사 자 : 지적기사 (서명 또는 인)

210mm×297mm[백상지(80g/㎡) 또는 중질지(80g/㎡)]

【 별지 1호 서식 붙임 】

1. 지적위성측량 관측표
2. 지적위성측량 관측(계획)망도
3. 지적위성측량관측기록부 정지측량
4. 기선해석계산부
5. 기선벡터점검계산부
6. 기선벡터점검계산망도
7. 조정계산부
8. 좌표변환계산부(필요한 경우에 작성)
9. 지적기준점 위성측량 성과표

※ 위 붙임 서류는 필요시 작성하며, 부속 소프트웨어의 출력물이 있을 경우 출력물로 대체 가능

① 지적위성측량관측표

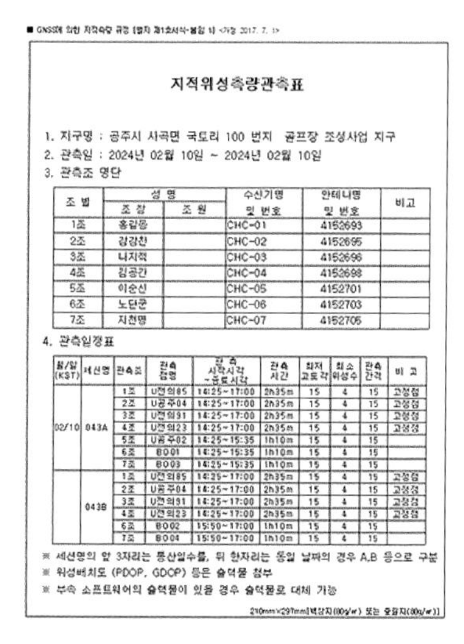

■ GNSS에 의한 지적측량 규정 [별지 제1호서식-붙임 1] <개정 2017. 7. 1>

지적위성측량관측표

1. 지구명 : 공주시 사곡면 국토리 100 번지 골프장 조성사업 지구
2. 관측일 : 2024년 02월 10일 ~ 2024년 02월 10일
3. 관측조 명단

조 별	성 명		수신기명 및 번호	안테나명 및 번호	비고
	조 장	조 원			
1조	홍길동		CHC-01	4152693	
2조	강감찬		CHC-02	4152695	
3조	나지적		CHC-03	4152696	
4조	김공간		CHC-04	4152698	
5조	이순신		CHC-05	4152701	
6조	노단군		CHC-06	4152703	
7조	지천명		CHC-07	4152705	

4. 관측일정표

월/일 (KST)	세션명	관측조	관측 점명	관측 시작시각 ~종료시각	관측 시간	최저 고도각	최소 위성수	관측 간격	비 고
02/10	043A	1조	U전의85	14:25~17:00	2h35m	15	4	15	고정점
		2조	U공주04	14:25~17:00	2h35m	15	4	15	고정점
		3조	U전의91	14:25~17:00	2h35m	15	4	15	고정점
		4조	U전의23	14:25~17:00	2h35m	15	4	15	고정점
		5조	U공주02	14:25~15:35	1h10m	15	4	15	
		6조	B001	14:25~15:35	1h10m	15	4	15	
		7조	B003	14:25~15:35	1h10m	15	4	15	
	043B	1조	U전의85	14:25~17:00	2h35m	15	4	15	고정점
		2조	U공주04	14:25~17:00	2h35m	15	4	15	고정점
		3조	U전의91	14:25~17:00	2h35m	15	4	15	고정점
		4조	U전의23	14:25~17:00	2h35m	15	4	15	고정점
		6조	B002	15:50~17:00	1h10m	15	4	15	
		7조	B004	15:50~17:00	1h10m	15	4	15	

※ 세션명의 앞 3자리는 통산일수를, 뒤 한자리는 동일 날짜의 경우 A,B 등으로 구분
※ 위성배치도 (PDOP, GDOP) 등은 출력물 첨부
※ 부속 소프트웨어의 출력물이 있을 경우 출력물로 대체 가능

210mm×297mm[백상지(80g/㎡) 또는 중질지(80g/㎡)]

② 지적위성측량관측(계획)망도

■ GNSS에 의한 지적측량 규정 [별지 제1호서식-붙임 2] <개정 2017. 7. 1>

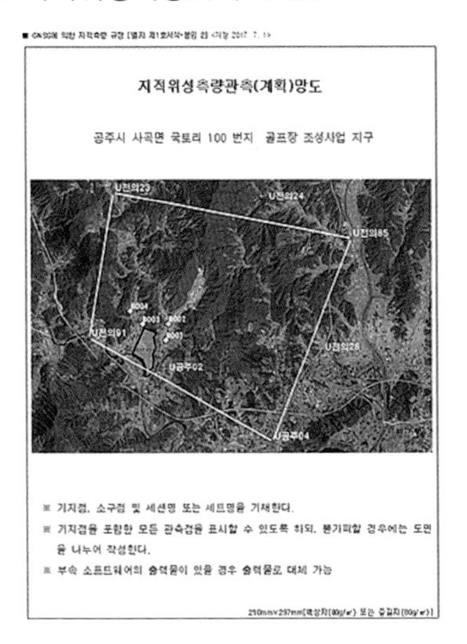

지적위성측량관측(계획)망도

공주시 사곡면 국토리 100 번지 골프장 조성사업 지구

※ 기지점, 소구점 및 세션명 또는 세트명을 기재한다.

※ 기지점을 포함한 모든 관측점을 표시할 수 있도록 하되, 불가피할 경우에는 도면을 나누어 작성한다.

※ 부속 소프트웨어의 출력물이 있을 경우 출력물로 대체 가능

210mm×297mm[백상지(80g/㎡) 또는 중질지(80g/㎡)]

③ 지적위성측량관측기록부

■ GNSS에 의한 지적측량 규정 [별지 제1호서식-붙임 3] <개정 2017. 7. 1>

지적위성측량관측기록부(정지측량)

관측년월일	2024년 02월 10일	관측조	1조
수신기명	CHCNAV	관측자	지적기사 홍 길 동
수신기 번호	CHC-01	관측점명	U전의23
안테나 번호	4152693	관측장소	지상, 옥상
전파종류	1주파, 2주파	관측상황	삼각, 타워
세션명	043A	관측환경	상, 중, 하
관측개시시각	14시 32분	기상상태	맑음, 흐림, 비, 눈
관측종료시각	17시 32분	위성고도각	15 도
소요시간	3시간 0분	취득간격	15 초

수직측정		경사측정	
①안테나 정수	m	측정치 1	2.222m
②측정치	m	측정치 2	2.222m
③안테나 높이	m	측정치 3	2.222m
		안테나 높이*	2.222m

※ 안테나 높이를 경사측정으로 수행한 경우에는 관측점으로부터 안테나까지 3점을 각각 측정하여 그 평균치를 안테나 높이로 선정.

※ 각 관측점별로 작성하여야 함.

※ 이동측량에 의할 경우에는 별도 서식에 의함.

※ 부속 소프트웨어의 출력물이 있을 경우 출력물로 대체 가능

210mm×297mm[백상지(80g/㎡) 또는 중질지(80g/㎡)]

관측점별로 각각 작성한다.

④ 기선해석계산부

■ GNSS에 의한 지적측량 규정 [별지 제1호서식-붙임 6] <개정 2017. 7. 1>

기선해석계산부

사용 소프트웨어	LEICA Infinity

기선해석결과

기점명	종점명	세션명	세계좌표				해의 종류	비고
			기선벡터(m)		추정오차(m)			
			ΔX		dX			
			ΔY		dY			
			ΔZ		dZ			
			ΔX		dX			
			ΔY		dY			
			ΔZ		dZ			
			ΔX		dX			
			ΔY		dY			
			ΔZ		dZ			
			ΔX		dX			
			ΔY		dY			
			ΔZ		dZ			
			ΔX		dX			
			ΔY		dY			
			ΔZ		dZ			
			ΔX		dX			
			ΔY		dY			
			ΔZ		dZ			

※ 삼차원(X,Y,Z) 좌표를 경위도(B,L,h)좌표로, (dX,dY,dZ)를 (dN,dE, dh)로 대체 가능
※ 부속 소프트웨어의 출력물이 있을 경우 출력물로 대체 가능

210mm×297mm[백상지(80g/㎡) 또는 중질지(80g/㎡)]

GNSS 기선보고서

출력물로 대체(기선해석에서 산출된 'GNSS기선보고서' 첨부)

⑤ 기선벡터점검계산부

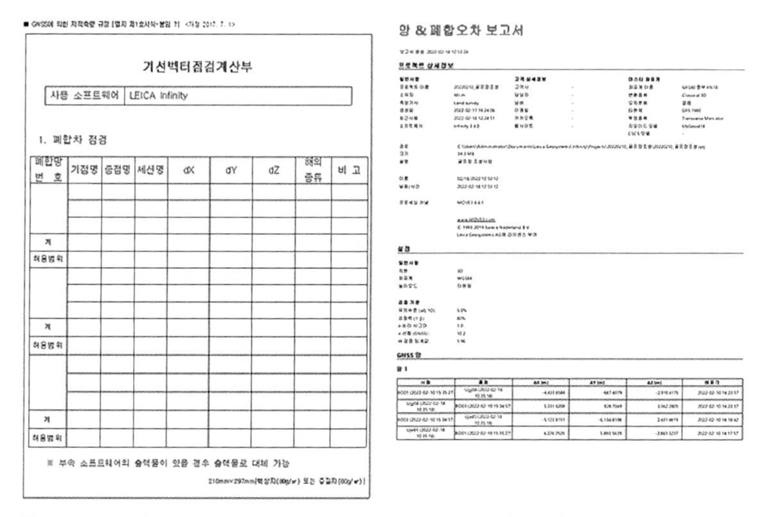

■ GNSS에 의한 지적측량 규정 [별지 제1호서식-붙임 7] <개정 2017. 7. 1>

기선벡터점검계산부

사용 소프트웨어	LEICA Infinity

1. 폐합차 점검

폐합망 번 호	기점명	종점명	세션명	dX	dY	dZ	해의 종류	비 고
계								
허용범위								
계								
허용범위								
계								
허용범위								

※ 부속 소프트웨어의 출력물이 있을 경우 출력물로 대체 가능

210mm×297mm[백상지(80g/㎡) 또는 중질지(80g/㎡)]

망 & 폐합오차 보고서

출력물로 대체(망조정에서 산출된 '망 & 폐합오차 보고서' 첨부)

⑥ 기선벡터점검계산망도

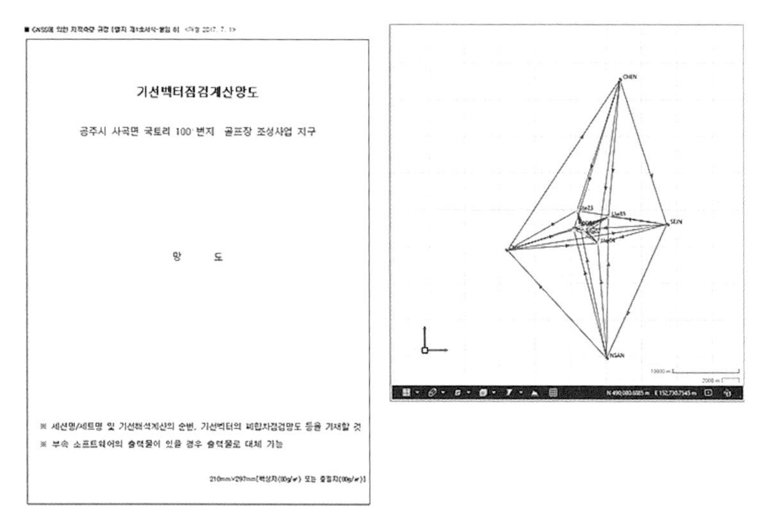

■ GNSS에 의한 지적측량 규정 [별지 제1호서식-붙임 8] <개정 2017. 7. 1>

기선벡터점검계산망도

공주시 사곡면 국토리 100-번지 골프장 조성사업 지구

망 도

※ 세션명/세트명 및 기선해석계산의 순번, 기선벡터의 폐합차점검망도 등을 기재할 것

※ 부속 소프트웨어의 출력물이 있을 경우 출력물로 대체 가능

210mm×297mm[백상지(80g/㎡) 또는 중질지(80g/㎡)]

출력물로 대체(망조정에서 작성된 망도를 캡처하여 첨부)

⑦ 조정계산부

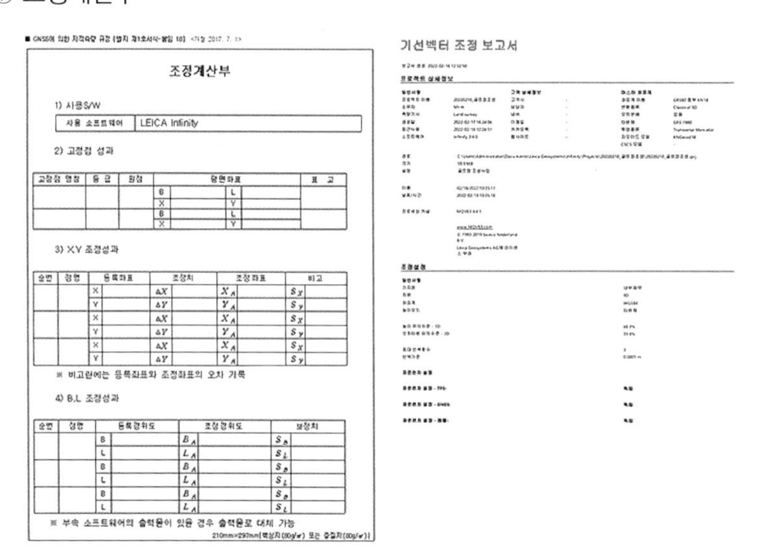

■ GNSS에 의한 지적측량 규정 [별지 제1호서식-붙임 10] <개정 2017. 7. 1>

조정계산부

1) 사용S/W

사용 소프트웨어	LEICA Infinity

2) 고정점 성과

고정점 명칭	등 급	원점	망원좌표				표 고
			B		L		
			X		Y		
			B		L		
			X		Y		

3) X,Y 조정성과

순번	점명		등록좌표	조정치	조정좌표	비고
		X		ΔX	X_A	S_X
		Y		ΔY	Y_A	S_Y
		X		ΔX	X_A	S_X
		Y		ΔY	Y_A	S_Y
		X		ΔX	X_A	S_X
		Y		ΔY	Y_A	S_Y

※ 비고란에는 등록좌표와 조정좌표의 오차 기록

4) B,L 조정성과

순번	점명		등록경위도	조정경위도	보정치
		B		B_A	S_B
		L		L_A	S_L
		B		B_A	S_B
		L		L_A	S_L
		B		B_A	S_B
		L		L_A	S_L

※ 부속 소프트웨어의 출력물이 있을 경우 출력물로 대체 가능

210mm×297mm[백상지(80g/㎡) 또는 중질지(80g/㎡)]

기선벡터 조정 보고서

출력물로 대체(망조정에서 산출된 '기선벡터 조정 보고서' 첨부)

⑧ 좌표변환계산부(필요시)

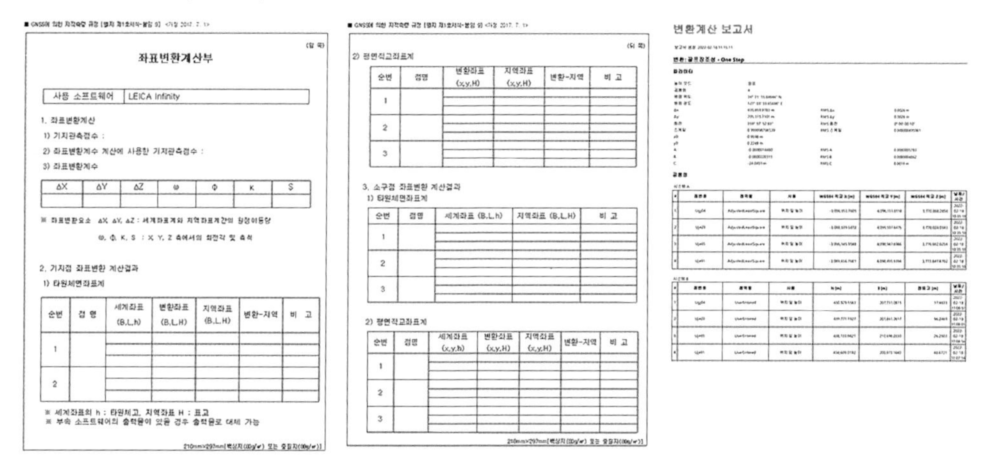

■ GNSS에 의한 지적측량 규정 [별지 제1호서식-붙임 9] <개정 2017. 7. 1>

(앞 쪽)

좌표변환계산부

사용 소프트웨어	LEICA Infinity

1. 좌표변환계산
 1) 기지관측점수 :
 2) 좌표변환계수 계산에 사용한 기지관측점수 :
 3) 좌표변환계수

ΔX	ΔY	ΔZ	ω	Φ	K	S

※ 좌표변환요소 ΔX, ΔY, ΔZ : 세계좌표계와 지역좌표계간의 원점이동량
ω, Φ, K, S : X, Y, Z 축에서의 회전각 및 축척

2. 기지점 좌표변환 계산결과
 1) 타원체면좌표계

순번	점 명	세계좌표 (B,L,h)	변환좌표 (B,L,H)	지역좌표 (B,L,H)	변환-지역	비 고
1						
2						

※ 세계좌표의 h : 타원체고, 지역좌표 H : 표고
※ 부속 소프트웨어의 출력물이 있을 경우 출력물로 대체 가능

210mm×297mm[백상지(80g/㎡) 또는 중질지(80g/㎡)]

■ GNSS에 의한 지적측량 규정 [별지 제1호서식-붙임 9] <개정 2017. 7. 1>

(뒤 쪽)

2) 평면직교좌표계

순번	점명	변환좌표 (x,y,H)	지역좌표 (x,y,H)	변환-지역	비 고
1					
2					
3					

3. 소구점 좌표변환 계산결과
 1) 타원체면좌표계

순번	점명	세계좌표 (B,L,h)	지역좌표 (B,L,H)	비 고
1				
2				
3				

2) 평면직교좌표계

순번	점명	세계좌표 (x,y,h)	변환좌표 (x,y,H)	지역좌표 (x,y,H)	변환-지역	비 고
1						
2						
3						

210mm×297mm[백상지(80g/㎡) 또는 중질지(80g/㎡)]

변환계산 보고서

출력물로 대체(좌표변환에서 산출된 '변환계산 보고서' 첨부)

⑨ 지적기준점 위성측량 성과표

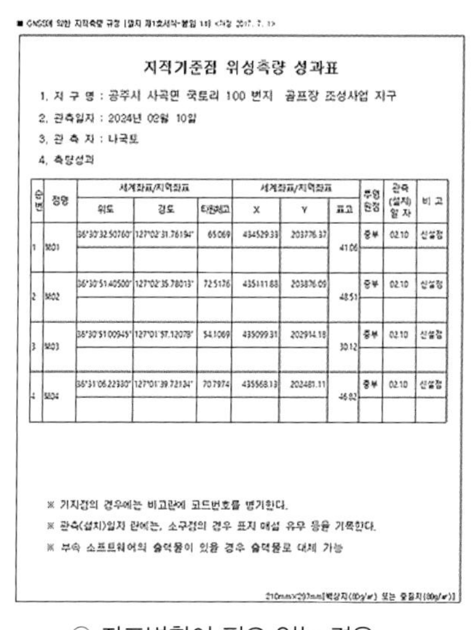

■ GNSS에 의한 지적측량 규정 [별지 제1호서식-붙임 11] <개정 2017. 7. 1>

지적기준점 위성측량 성과표

1. 지 구 명 : 공주시 사곡면 국토리 100 번지 골프장 조성사업 지구
2. 관측일자 : 2024년 02월 10일
3. 관 측 자 : 나국토
4. 측량성과

순번	점명	세계좌표/지역좌표 위도	경도	타원체고	세계좌표/지역좌표 X	Y	표고	투영원점	관측(설치)일자	비 고
1	보01	36°30'32.50760"	127°02'31.76194"	65.069	434529.33	203776.37	41.06	중부	02.10	신설점
2	보02	36°30'51.40500"	127°02'35.78013"	72.5176	435111.88	203876.09	48.51	중부	02.10	신설점
3	보03	36°30'51.00945"	127°01'57.12078"	54.1069	435099.31	202914.18	30.12	중부	02.10	신설점
4	보04	36°31'06.22330"	127°01'39.72124"	70.7974	435568.13	202481.11	46.82	중부	02.10	신설점

※ 기지점의 경우에는 비고란에 코드번호를 병기한다.
※ 관측(설치)일자 란에는, 소구점의 경우 표지 매설 유무 등을 기록한다.
※ 부속 소프트웨어의 출력물이 있을 경우 출력물로 대체 가능

210mm×297mm[백상지(80g/㎡) 또는 중질지(80g/㎡)]

㉠ 좌표변환이 필요 없는 경우

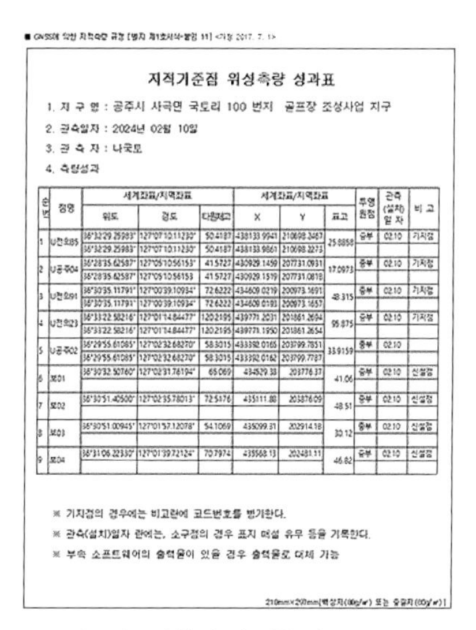

■ GNSS에 의한 지적측량 규정 [별지 제1호서식-붙임 11] <개정 2017. 7. 1>

지적기준점 위성측량 성과표

1. 지 구 명 : 공주시 사곡면 국토리 100 번지 골프장 조성사업 지구
2. 관측일자 : 2024년 02월 10일
3. 관 측 자 : 나국토
4. 측량성과

순번	점명	세계좌표/지역좌표 위도	경도	타원체고	세계좌표/지역좌표 X	Y	표고	투영원점	관측(설치)일자	비 고
1	U천안85	36°32'29.25983"	127°07'10.11230"	50.4187	438133.9941	210698.3467	25.8858	중부	02.10	기지점
		36°32'29.25983"	127°07'10.11230"	50.4187	438133.9861	210698.3273				
2	U공주04	36°28'35.62587"	127°05'10.56153"	41.5727	430929.1459	207731.0931	17.0973	중부	02.10	기지점
		36°28'35.62587"	127°05'10.56153"	41.5727	430929.1519	207731.0819				
3	U천안91	36°30'35.11791"	127°00'39.10934"	72.6222	434609.0219	200973.1691	48.315	중부	02.10	기지점
		36°30'35.11791"	127°00'39.10934"	72.6222	434609.0193	200973.1657				
4	U천안23	36°33'22.58216"	127°01'14.84477"	120.2195	439771.2031	201861.2694	95.875	중부	02.10	기지점
		36°33'22.58216"	127°01'14.84477"	120.2195	439771.1950	201861.2654				
5	U공주02	36°29'55.61085"	127°02'32.68270"	58.3015	433392.0165	203799.7851	33.9159	중부	02.10	
		36°29'55.61085"	127°02'32.68270"	58.3015	433392.0162	203799.7787				
6	보01	36°30'32.50760"	127°02'31.76194"	65.069	434529.33	203776.37	41.06	중부	02.10	신설점
7	보02	36°30'51.40500"	127°02'35.78013"	72.5176	435111.88	203876.09	48.51	중부	02.10	신설점
8	보03	36°30'51.00945"	127°01'57.12078"	54.1069	435099.31	202914.18	30.12	중부	02.10	신설점
9	보04	36°31'06.22330"	127°01'39.72124"	70.7974	435568.13	202481.11	46.82	중부	02.10	신설점

※ 기지점의 경우에는 비고란에 코드번호를 병기한다.
※ 관측(설치)일자 란에는, 소구점의 경우 표지 매설 유무 등을 기록한다.
※ 부속 소프트웨어의 출력물이 있을 경우 출력물로 대체 가능

210mm×297mm[백상지(80g/㎡) 또는 중질지(80g/㎡)]

㉡ 좌표변환이 필요한 경우

- 일반적으로 ㉠과 같이 작성하며, 위성기준점의 고시좌표로 계산하므로 계산된 신설점의 성과만 기록한다.
- 좌표변환이 반드시 필요한 경우 ㉡과 같이 좌표변환에 사용된 기지점과 신설점의 성과를 같이 기록한다.

3) 공공기준점 공

공공측량의 경우 다양한 사업이 존재하며, 관리기관들이 달라 요청양식이 약간은 다를 수 있으나 표준적인 내용 중심으로 성과물 샘플을 작성하였다. 본 샘플은 도로 또는 철도시공을 위한 측량을 예제로 하였다.

공공측량에서는 사업에 관한 보고서가 작성되는데, 해당 보고서의 첨부서류를 다음과 같이 작성한다. GNSS정지측량과 관련 없는 서류는 제외하였다.

가. 성과표

① 시공기준점 성과표

② TBM 성과표

③ 노선중심 선형좌표

④ 용지좌표

성 과 표

점의종류 : 시공기준점(GRS80)

점명 및 번호	X	Y	H(표고)	비 고
NO.102	440495.509	195427.067	19.253	설계기준점
NO.103	440403.535	195908.259	22.830	"
NO.104	436446.065	196932.661	32.199	"
NO.105	435239.349	196719.688	31.917	"
NO.106	435267.224	196924.709	35.445	"
PS.50	435226.898	197321.473	41.591	신설점
PS.51	435178.993	197431.056	40.343	"
PS.52	435339.169	197284.461	38.892	"
PS.53	435440.862	197303.433	39.666	"
PS.54	435771.323	197233.367	45.970	"

나. 기지점 성과표

① 통합기준점 성과표

② 국가수준점 성과표

성 과 표

점의종류 : 통합 기준점

점 명	X(종좌표)	Y(횡좌표)	H(표고)	비 고
U교육04	440495.5090	195427.067	19.253	
U교육05	440403.5350	195908.259	22.83	
U교육09	436446.0650	196932.661	32.199	
U교육12	435239.349	196719.688	31.917	

다. 성과 비교표

① 기준점 성과 비교표

② 중복변 비교표

③ 종단성과 비교표

기준점 성과 비교표

NO	사진대지	좌표계	실시설계성과			확인성과			차이			비고
			X	Y	Z	X	Y	Z	ΔX	ΔY	ΔZ	
NO.102		GRS80	440,495.509	195,427.067	19.253	440,495.502	195,427.069	19.246	0.007	-0.002	0.007	NO.102
NO.103		GRS80	440,403.535	195,908.259	22.830	440,403.531	195,908.254	22.839	0.004	0.005	-0.009	NO.103

중복변 비교표

점명 및 번호	Dx, Dy, Dz	측량년월일		비교차
		2024년 2월 10일	2024년 2월 10일	
U교육04->U교육05	Dx	-6156.277	-6156.277	0.000
	Dy	-4380.226	-4380.252	0.026
	Dz	-134.813	-134.817	0.004

- ① 기준점 성과 비교표

  기준점 점의조서에 고시된 성과와 망조정 완료된 성과를 비교하여 기재

- ② 중복변 비교표

  세션을 달리하여 중복관측된 점에 대하여 기선해석에서 산출된 'GNSS기선보고서'에서 양식에 필요한 내용 기재(기본자료: GNSS기선보고서)

정지측량

#	기계시점	점번호	시작시간	종료시간	기간	Δx [m]	Δy [m]	Δz [m]	사거리 ΔX [m]	사거리 ΔY [m]	사거리 ΔZ [m]	솔루션 종류
1	CHEN	Uje85	2022-02-10 14:13:42	2022-02-10 16:58:12	02:44:30	-10,920.6037	19,714.9614	-29,952.1537	0.0053	0.0064	0.0059	위상차 픽스
2	CHYG	Uje85	2022-02-10 14:13:42	2022-02-10 16:58:12	02:44:30	-19,445.5671	-21,538.8417	7,313.3698	0.0040	0.0050	0.0047	위상차 픽스
3	NSAN	Uje85	2022-02-10 14:13:42	2022-02-10 16:58:12	02:44:30	13,289.4999	-18,625.5686	31,017.7206	0.0039	0.0051	0.0047	위상차 픽스

라. 계산부

① GNSS정확도 관리표

② 기선해석 결과 보고서

③ 수준측량 계산부(표고)

④ 토공량 계산서

GNSS정확도 관리표

세션명	기선명	기선성분			기선장	해석종류	비고
		dx	dy	dz			
1	U05 · U04	6156.277	4380.252	134.817	7556.754	fix	
	U04 · U12	-4290.556	2434.838	-5877.389	7673.396	fix	
	U12 · U05	-1865.725	-6815.086	5742.574	9105.135	fix	
	계	-0.004	0.004	0.002	24335.285		
		(ds=√(Σdx2+Σdy2+Σdz2) ≤ 2mmΣD ,D은 사거리km) ⇒ 6 ≤ 48.7 ∴ pass					
2	U12 · U05	-1865.725	-6815.086	5742.574	9105.135	fix	
	U05 · PS.51	1524.405	5544.022	-4677.894	7412.333	fix	
	PS.51 · U12	341.312	1271.061	-1064.673	1692.814	fix	
	계	-0.008	-0.003	0.007	18210.282		
		(ds=√(Σdx2+Σdy2+Σdz2) ≤ 2mmΣD ,D은 사거리km) ⇒ 11 ≤ 36.4 ∴ pass					

기선해석 결과 보고서

시점	종점	dx	dy	dz	사거리	타원체고 차
U04	U05	-6156.277	-4380.252	-134.817	7556.754	7556.754
U04	U12	-4290.556	2434.838	-5877.389	7673.396	16.950
U04	PS.50	-4527.325	1207.147	-4774.037	6689.193	19.726

• ① GNSS정확도 관리표

망조정에서 산출된 ‘망 & 폐합오차 보고서’에서 양식에 필요한 내용 기재(기본자료: 망 & 폐합오차 보고서)

시점	종점	ΔX [m]	ΔY [m]	ΔZ [m]	에포크
BO01 (2022-02-10 15:35:27)	Uje85 (2022-02-18 10:35:18)	-4,226.0526	-5,893.5639	2,883.3237	2022-02-10 14:17:57
Uje85 (2022-02-18 10:35:18)	BO03 (2022-02-10 15:34:57)	5,123.8151	6,134.8598	-2,431.4619	2022-02-10 14:18:42
BO03 (2022-02-10 15:34:57)	Uje23 (2022-02-18 10:35:18)	2,482.5550	-1,544.9085	3,793.4685	2022-02-10 14:18:42
Uje23 (2022-02-18 10:35:18)	BO01 (2022-02-10 15:35:27)	-3,380.3184	1,303.6183	-4,245.3289	2022-02-10 14:17:57

WGS84 직교	X	Y	Z
폐합차	-0.0008 m	0.0057 m	0.0013 m
W 검증	-0.09	0.54	0.12

지역 직각좌표	N	E	높이
폐합차	-0.0020 m	-0.0028 m	0.0048 m
W 검증	-0.19	-0.29	0.47

• ② 기선해석 결과 보고서

기선자료 처리에서 산출된 ‘GNSS기선보고서’에서 양식에 필요한 내용 기재(기본자료: GNSS기선보고서)

정지측량

#	기계시점	점번호	시작시간	종료시간	기간	Δx [m]	Δy [m]	Δz [m]	사거리 ΔX [m]	사거리 ΔY [m]	사거리 ΔZ [m]	솔루션 종류
1	CHEN	Uje85	2022-02-10 14:13:42	2022-02-10 16:58:12	02:44:30	-10,920.6037	19,714.9614	-29,952.1537	0.0053	0.0064	0.0059	위상차 픽스
2	CHYG	Uje85	2022-02-10 14:13:42	2022-02-10 16:58:12	02:44:30	-19,445.5671	-21,538.8417	7,313.3698	0.0040	0.0050	0.0047	위상차 픽스
3	NSAN	Uje85	2022-02-10 14:13:42	2022-02-10 16:58:12	02:44:30	13,289.4999	-18,625.5686	31,017.7206	0.0039	0.0051	0.0047	위상차 픽스

마. 망도

① GNSS망도

② 수준망도

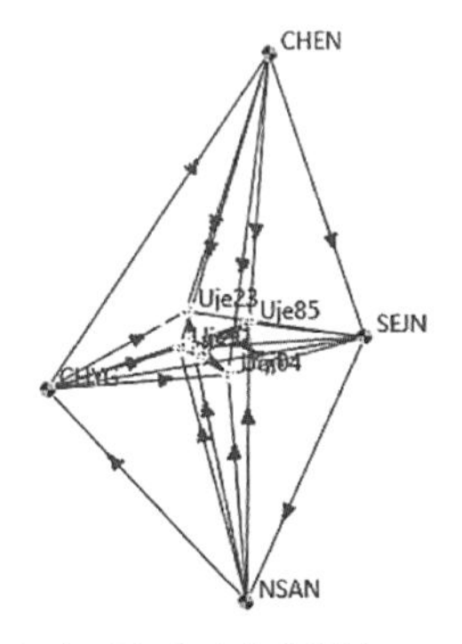

망조정에서 작성된 망도를 캡처하여 첨부

바. 관측기록부

① GNSS 관측기록부

② 수준측량 관측기록부

③ 횡단측량 관측기록부

GNSS 관측기록부

세 선	점번호	측 점 ID	관측 시간 (KST)		RINEX 파일명	안테나 종류	수신기번호	안테나고 측정방법	측정 안테나고	해석 안테나고	점의 상태	수준 높이	전세선 과의 공통점	관측자	비 고
1	1	U교육05	02/10/2024 10:28	02/10/2024 17:43		CHC190	123-2456	경 사	1.258	1.211	양호			나국토	
	2	U교육04	02/10/2024 14:52	02/10/2024 18:05		CHC190	123-2457	경 사	1.122	1.089	양호			이순신	
	3	U교육12	02/10/2024 14:51	02/10/2024 17:16		R12	1285-6578	경 사	1.205	1.172	양호			홍길동	
	4	PS.50	02/10/2024 15:29	02/10/2024 17:24		R12	1285-6579	경 사	1.446	1.413	양호			홍달래	
	5	PS.51	02/10/2024 15:27	02/10/2024 17:22		R12	1285-6580	경 사	1.505	1.472	양호			나디오	
	6	PS.52	02/10/2024 14:42	02/10/2024 17:18		HIV60	N2356-11	수 직	1.556	1.556	양호			최국가	
	7	PS.53	02/10/2024 15:00	02/10/2024 17:15		HIV60	N2356-12	수 직	1.495	1.495	양호			명천명	

사. 점의 조서

④ 기지점 조서

⑤ 시공기준점 조서

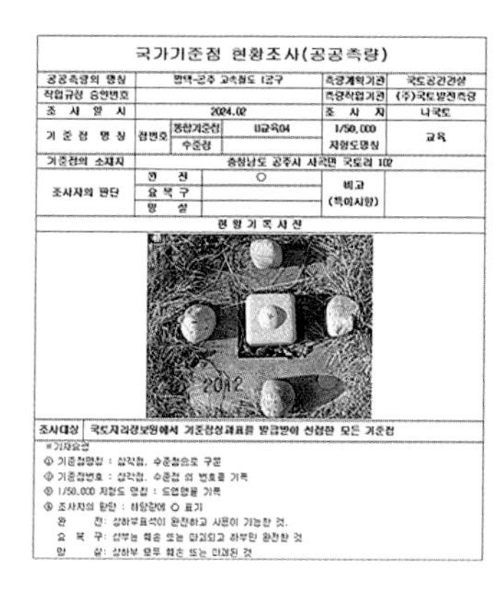

국가기준점 현황조사(공공측량)

공공측량의 명칭	평택-공주 고속철도 1공구			측량계획기관	국토공간건설
작업규정 승인번호				측량작업기관	(주)국토발전측량
조 사 일 시	2024.02			조 사 자	나국토
기 준 점 명 칭	점번호	통합기준점	U교육04	1/50,000 지형도명칭	교육
		수준점			
기준점의 소재지	충청남도 공주시 사곡면 국토리 102				
조사자의 판단	완 전	○		비고 (특이사항)	
	요 복 구				
	망 실				

현 황 기 록 사 진

조사대상: 국토지리정보원에서 기준점성과표를 발급받아 선점한 모든 기준점

※기재요령
① 기준점명칭 : 삼각점, 수준점으로 구분
② 기준점번호 : 삼각점, 수준점 의 번호를 기록
③ 1/50,000 지형도 명칭 : 도엽명을 기록
④ 조사자의 판단 : 해당란에 ○ 표기
완 전: 상하부표석이 완전하고 사용이 가능한 것.
요 복 구: 상부는 훼손 또는 망괴되고 하부만 완전한 것
망 실: 상하부 모두 훼손 또는 亡괴된 것

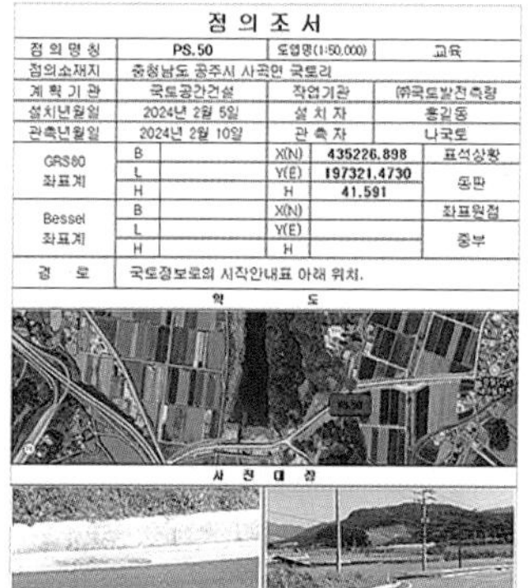

점 의 조 서

점 의 명 칭	PS.50		도엽명(1:50,000)	교육	
점의소재지	충청남도 공주시 사곡면 국토리				
계 획 기 관	국토공간건설		작업기관	㈜국토발전측량	
설치년월일	2024년 2월 5일		설 치 자	홍길동	
관측년월일	2024년 2월 10일		관 측 자	나국토	
GRS80 좌표계	B		X(N)	435226.898	표석상황
	L		Y(E)	197321.4730	동판
	H		H	41.591	
Bessel 좌표계	B		X(N)		좌표원점
	L		Y(E)		중부
	H		H		
경 로	국토정보로의 시작안내표 아래 위치.				

약 도

사 진 대 장

아. 작업사진

자. 투입장비 및 성능검사서

사 진 대 장

Page: 1

내 용	기준점측량/통합기준점	내 용	기준점측량/통합기준점
비 고	GPS 기준점측량	비 고	GPS 기준점측량

내 용	기준점측량/통합기준점	내 용	기준점측량/시공기준점
비 고	GPS 기준점측량	비 고	GPS 기준점측량

[별지 제88호서식] <개정 2015.6.4.>

측량기기 성능검사서

회 사 명	성능검사솔루션		사업자등록번호	13564521259	
등록번호(측량업)			등록기관(측량업)		
대 표 자	홍길동		생 년 월 일		
주 소	충남 공주시 사곡면 국토로100		전 화 번 호	041-222-2222	
측 량 기 기 명	규 격	기기번호	제 조 회 사 명	검사결과	
				등 급	검 사 유효기간
GNSS수신기		125-562		1	2023-11-20~2026-11-19
특 기 사 항	검사필증 일련번호: 23112052				

「공간정보의 구축 및 관리 등에 관한 법률」 제92조 및 같은 법 시행규칙 제103조제1항에 따라 측량기기 성능검사서를 발급합니다.

2023 년 11월 20일

성능검사솔루션 (인)

붙임: 성능검사 결과서

210㎜×297㎜(일반용지 60g/㎡)

참고문헌

국토교통부 국토지리정보원, 「공간정보 용어사전」, 2016.
대한측량협회, 「한국의 측량 · 지도」, 유성인쇄공사, 1993.
대한지적공사, 「한국지적백년사」, 2005.
문승주, 「스마트한 QGIS활용서」, 예문사, 2022.
오재홍, 「알기 쉬운 GPS 측량」, 구미서관, 2019.
이상욱 · 유준규 · 변우진, 「위성항법 시스템 및 기술 동향」, 전자통신동향분석 제36권 제4호, 2021.
조정관 · 최승영 · 문승주 · 김성진, 「지적관계법규」, 예문사, 2020.
한국국토정보공사 국토정보교육원 교재, 2021.
B Bhatta, Global Navigation Satellite System, CRC Press, 2011.
Jan Van Sickle, GPS for Land Surveyors, CRC Press, 2008.
Xiaodong Chen · Clive G. Parini · Brian Collins · Yuan Yao · Masood Ur Rehman, Antennas for Global Navigation Satellite Systems, WILEY, 2011.
Trimble GNSS Geodetic Antenna Brochure
http://geodesy.noaa.gov
http://gnss.eseoul.go.kr
http://www.e-education.psu.edu
http://www.igs.org
http://www.gnssdata.or.kr
http://www.gnssplanning.com
http://www.gps.gov
http://www.navcen.uscg.gov
TBC 도움말
Infinity 도움말

문승주

약 력

- 現 한국국토정보공사 근무
- 前 국토정보교육원 교수
- 前 행정안전부 지방자치단체 합동평가위원
- 국토교통부 기술평가위원
- 지방 지적재조사위원회 · 경계결정위원회 · 지명위원회 위원
- 법학박사, 공학석사, 지적기술사
- 국가기술자격위원 등 지적 · 국토정보 분야에서 다양한 활동 중

저 서

- 『경계의 이론과 실무(譯)』(2018, 형진사)
- 『경계분쟁(譯)』(2019, 형진사)
- 『드론활용 지적조사(공저)』(2021, ㈜한샘미디어)
- 『스마트한 QGIS활용서(개정1판)』(2022, 예문사)
- 『지적관계 법규(공저)』(2020, 예문사)
- 『지적전산 · 토지정보체계론(공저)』(근간, 예문사)
- 『지적재조사총론(공저)』(2020, 좋은땅)

국가·지적·공공기준점 측량을 위한

GNSS 측량실무

발행일 / 2022년 8월 20일 초판 발행

저 자 / 문 승 주

발행인 / 정 용 수

발행처 / 예문사

주 소 / 경기도 파주시 직지길 460(출판도시) 도서출판 예문사

T E L / 031) 955 – 0550

F A X / 031) 955 – 0660

등록번호 / 11 – 76호

정가 : 22,000원

ISBN 978-89-274-4779-5 13560